21世纪全国本科院校土木建筑类创新型应用人才培养规划教材

土木工程计量与计价

主　编　王翠琴　李春燕
副主编　屠尚奎　郭红英　李晓娟

北京大学出版社
PEKING UNIVERSITY PRESS

内 容 简 介

本书按照《建设工程工程量清单计价规范》(GB 50500—2008)及全国统一的工程量计算规则编写而成。全书共9章，主要内容包括工程造价总论、工程造价的构成、建设工程定额体系、工程造价的定额计价方法、工程计量、工程量清单计价、工程项目合同价格的管理、工程竣工决算、计算机在工程造价管理中的应用。

本书可作为普通高等院校土木工程专业和工程管理专业教材，也可作为工程技术人员培训参考用书。

图书在版编目(CIP)数据

土木工程计量与计价/王翠琴，李春燕主编. —北京：北京大学出版社，2010.2

(21世纪全国本科院校土木建筑类创新型应用人才培养规划教材)

ISBN 978-7-301-16733-5

Ⅰ.土… Ⅱ.①王…②李… Ⅲ.①土木工程—计量—高等学校—教材②土木工程—工程造价—高等学校—教材 Ⅳ.TU723.3

中国版本图书馆CIP数据核字(2010)第020521号

书 名：土木工程计量与计价

著作责任者：王翠琴 李春燕 主编

策划编辑：吴 迪

责任编辑：卢 东

标准书号：ISBN 978-7-301-16733-5/TU·0117

出 版 者：北京大学出版社

地 址：北京市海淀区成府路205号 100871

网 址：http://www.pup.cn http://www.pup6.cn

电 话：邮购部62752015 发行部62750672 编辑部62750667 出版部62754962

电子邮箱：pup_6@163.com

印 刷 者：三河市北燕印装有限公司

发 行 者：北京大学出版社

经 销 者：新华书店

787毫米×1092毫米 16开本 22.25印张 520千字

2010年2月第1版 2017年7月第8次印刷

定 价：35.00元

前　言

本书是为适应高等教育的发展需要，结合土木工程和工程管理专业人才的培养方案，以培养学生的工程计量与计价知识应用能力为目标编写而成。本书在对课程的基础内容进行了重组和扩展的同时，又适当引入了学科的最新内容和工程造价的最新发展，充分结合了工程造价的特点，使本书内容紧跟科技发展的步伐。

书中引用了大量的典型案例，并推荐了相关阅读资料，对学生拓展知识面有积极的作用。本书的特色如下。

(1) 体现最新政策。本书在编写过程中参照了工程造价领域最新颁布的法规和相关政策，尤其是工程造价的新法规、新规范。根据《建设工程工程量清单计价规范》（GB 50500—2008），对工程量清单计价的有关内容进行了修改，增加了采用工程量清单计价如何编制工程量清单和招标控制价、投标报价、合同价款约定以及工程计量与价款支付、工程价款调整、索赔、竣工结算、工程计价争议处理等内容。

(2) 内容结构新颖。每章中设定了教学目标、导入案例，增加了实例教学，同时设置了本章小结、思考与习题，以便于提高学生的实际运用能力和操作能力。同时，在理论讲解和例题分析过程中对一些需要特别注意或容易出错的地方添加特别提示，以引起学生的重视。

(3) 注重了实用性。本书的编写人员由具有多年教学经验和实践工作经验的多个区域、多个院校的教师及专家组成，将丰富的教学典型案例运用到书中，同时，本书的编写内容考虑到学生考取执业资格证书的需要，结合了注册造价工程师考试教材的内容，如参照全国造价工程师执业资格考试中有关内容进行优化。

(4) 实践性强。本书的编写以当前实际开展的工作为主要内容，辅以典型案例分析，重点说明如何操作，旨在提高学生的实践操作能力。

本书共 9 章，辽宁科技学院李春燕编写第 1、2、3 章，青岛农业大学王翠琴编写第 4、5 章，河南城建学院郭红英编写第 6 章，福建农林大学李晓娟编写第 7、8 章，青岛农业大学屠尚奎编写第 9 章。全书由王翠琴和李春燕担任主编，并由王翠琴统稿。

由于编者水平有限，书中难免存在不当之处，敬请读者批评指正。

编　者

2009 年 12 月

目　录

第1章 工程造价总论

教学目标

1. 熟悉基本建设的概念及程序。
2. 掌握基本建设的项目划分。
3. 熟悉工程造价的含义及特点。
4. 掌握工程造价文件分类。
5. 了解工程造价管理及造价师执业资格制度。

导入案例

面对建筑市场快速发展，造价咨询业市场的不断扩大，造价工程师执业资格考试正在不断升温，这一现象已引起各方关注。

据介绍，随着我国投资管理体制向市场经济过渡，造价工程师的人才培训工作也日趋繁忙。自2008年以来，有关部门已为财政部、审计署的投资评审系统及宝钢、首钢、大庆油田、国家电力公司等大型企业，举办了数千人次的培训。此外，截至2008年6月，全国有59所高校经建设部批准，取得了造价工程师执业资格考前培训资格。

造价工程师是既具工程计量与计价知识、又通晓经济法的专业人才，近年来社会对其需求正快速增长。据专家分析，目前我国每年有近3万亿元的固定资产投资，工程造价咨询行业每年应有数百亿元的潜在市场。全国现有约3000家造价工程咨询机构，80万名工程造价从业人员，行业发展十分迅速。但从业人员整体素质亟待提高。

1.1 基本建设概述

1.1.1 基本建设的概念

基本建设是指投资建造固定资产和形成物资基础的经济活动，凡是固定资产扩大再生产的新建、扩建、改建、迁建、恢复工程及设备购置活动均称为基本建设。

1.1.2 基本建设的分类

1. 按建设项目的性质不同分类

(1)新建工程，是指新开始建设的基本建设项目，或对原有建设项目重新进行总体设计，在原有固定资产的基础上扩大3倍以上规模的建设项目，是基本建设的主要形式。

(2)扩建工程，是指原有企业或单位为了扩大原有产品的生产能力或效益，在原有固定资产的基础上兴建一些主要车间或其他固定资产的建设项目。

(3)改建工程，是指为了提高生产效率或使用效益，对原有设备、工艺流程进行技术改造的建设项目。或为了提高综合生产能力，增加一些附属和辅助车间及非生产性工程的项目，也属于改建项目。

(4)迁建工程，是指由于各种原因迁移到另外的地方建设的项目。如某市因城市规模扩大，需将在新市区的化肥厂迁往郊县，就属于迁建项目。

(5)恢复建设工程(又称重建工程)，是指对因遭受自然灾害或战争而遭受严重破坏的固定资产，按原来规模重新建设或在恢复的同时进行扩建的工程项目。

2. 按建设过程的不同分类

(1)筹建项目，是指在计划年度内正准备建设还未正式开工的项目。

(2)施工项目，是指原已开工而正在施工的项目。

(3)投产项目，是指建设项目已经竣工验收，并且投产或交付使用的项目。

(4)收尾项目，是指已经竣工验收并投产或交付使用，但还有少量扫尾工作的建设项目。

3. 按资金来源渠道的不同分类

(1)国家投资项目,是指国家预算计划内直接安排的建设项目。

(2)自筹建设项目,是指各地区、各单位按照财政制度提留、管理和自行分配用于固定资产再生的资金进行建设的项目,自筹建设项目又分地方自筹建设项目和企业自筹建设项目。

(3)引进外资的建设项目,是指利用外资进行建设的项目。外资的来源有借用国外资金,向国外银行、国际金融机构、政府借入资金及吸引外国资本直接投资的项目。

4. 按建设规模和投资的大小分类

基本建设按建设规模和投资的不同,分为大型、中型、小型建设项目。一般是按产品的设计能力或全部投资额来划分。具体划分标准按国家划分标准执行。

1.1.3 基本建设的内容

基本建设的内容构成包括以下4个方面。

1. 建筑工程

建筑工程是指永久性和临时性的各种房屋和构筑物,如厂房、仓库、住宅、学校、剧院、矿井、桥梁、电站、铁路、码头、体育场等工程;各种民用管道和线路的敷设工程;设备基础、炉窑砌筑、金属结构构件工程;农田水利工程等。

2. 设备安装工程

设备安装工程是指永久性和临时性生产、动力、起重、运输传动和医疗、实验和体育等设备的装配、安装工程,以及附属于被安装设备的管线敷设、绝缘、保温、刷油等工程。

3. 设备及工器具购置

设备及工器具购置是指按照设计文件规定,对用于生产或服务于生产而又达到固定资产标准的车间、实验室、医院、学校、车站等所应配备的各种设备、工器具、生产家具及实验仪器的购置。

4. 建设项目的其他工作

建设项目的其他工作是指在上述工作之外而与建设项目有关的各项工作,如筹建机构、征用土地、生产人员培训、施工队伍调迁及大型临时设施等。

1.1.4 基本建设的一般程序

基本建设程序是指基本建设在整个建设过程中各项工作必须遵循的先后次序。一般基本建设程序由8个环节组成。

1. 提出项目建议书

项目建议书是根据区域发展和行业发展规划的要求,在项目投资决策前对拟建项目的设想，从拟建项目建设的必要性、条件的可行性、获利的可能性出发，向国家和省、市、地区主管部门提出的建议性文件。

2. 进行可行性研究

根据国民经济发展规划以及批准的项目建议书，结合各项自然资源、生产力状况和市场预测等，经过调查分析，运用多种科学研究方法（经济、技术等），对建设项目的投资进行技术经济论证，并得出可行与否的结论，即可行性研究。其主要任务是研究基本建设项目的必要性、可行性和合理性。

3. 编制设计文件

建设项目可行性研究报告经批准后，建设单位应委托设计单位，按照设计任务书的要求编制设计文件。设计文件是安排建设项目和组织施工的依据。一般建设项目设计分阶段进行，对技术复杂且缺乏经验的项目，应按照3个阶段设计，包括初步设计（编制初步设计概算）、技术设计（编制修正概算）、施工图设计（编制施工图预算）；对于一般大中型项目采用两个阶段设计，即初步设计、施工图设计。

4. 工程招投标、签订施工合同

设计文件及任务书批准后，建设单位根据已批准的固定资产投资计划，对拟建项目实行公开招标或邀请招标，择优选定具有一定技术、经济实力和管理经验，能胜任承包任务的施工单位，并与之签订施工合同。

5. 进行施工前准备

开工前，应做好施工前的各项准备工作。其主要内容有：征地拆迁；技术准备；搞好场地平整；完成施工用水、电、道路等准备工作；办理开工手续；修建临时生产和生活设施；协调图纸和技术资料的供应；落实建筑材料、设备和施工机械；组织施工力量按时进场。

6. 建设实施阶段

施工准备就绪，取得当地建设主管部门颁发的施工许可证即可组织正式施工。并在施工过程中做到计划、设计、施工3个环节互相衔接及投资、设计施工图、设备、材料、施工力量5个方面的落实，为确保工程质量，按照合理的施工顺序组织施工，加强经济核算。

7. 竣工验收、交付使用

把列入固定资产投资计划的建设项目或单项工程，按批准的设计文件所规定的内容建成并达到质量规范要求后，便可以组织竣工验收，这是对建设项目的全面性考核。验收合格后，施工单位应向建设单位办理竣工移交和竣工结算手续，并把项目交付建设单位使用。

8. 项目后评价

工程项目建设完成并投入生产或使用一段时间之后（通常为一年），对该项目所进行的总结性评价，称为项目后评价。项目后评价是对项目的质量、效益、作用和影响进行系统地、客观地分析、总结和评价，确保项目目标达到预期的投资效果。

1.1.5 基本建设项目划分

基本建设项目是一个系统工程，为适应工程管理和经济核算的要求，可以将基本建设项目由大到小，划分为建设项目、单项工程、单位工程、分部工程和分项工程。

1. 建设项目

建设项目是指具有计划任务书，按照一个总体设计进行施工的各个工程项目的总体。它是经济上实行独立核算，行政上实行独立管理，并具有独立法人资格的建设单位。建设项目可由一个单项工程或几个单项工程构成，如一个住宅小区、一所学校、一所医院、一座工厂等均为一个建设项目。

2. 单项工程

单项工程又叫工程项目，是指具有独立的设计文件、建成后可以独立发挥生产能力和使用效益的工程，是建设项目的组成部分。如一所学校的教学楼、办公楼、图书馆等，一座工厂中的各个车间、办公楼等。

3. 单位工程

单位工程是单项工程的组成部分。单位工程是指具有独立设计文件，可以独立组织施工，但建成后一般不能独立发挥生产能力和使用效益的工程。如某教学楼是一个单项工程，该教学楼的土建工程、装饰装修工程、供热通风工程、给排水工程、电气照明工程等都是单位工程。

4. 分部工程

分部工程是单位工程的组成部分。分部工程是指在一个单位工程中，按工程部位及使用的材料和工种进一步划分的工程。如一般土建工程的土石方工程、桩基础工程、砌筑工程、混凝土和钢筋混凝土工程、金属结构工程、屋面工程等。

5. 分项工程

分项工程是分部工程的组成部分。分项工程是指在一个分部工程中，按不同的施工方法、不同材料和规格，对分部工程进一步划分成的若干个分项，它是建筑工程的基本构成要素，是由专业工种完成的中间产品，是可通过较为简单的施工过程就能完成的产品。如砌筑工程可以划分为内墙、外墙、空斗墙、空心砖墙、钢筋砖过梁等分项工程。分项工程没有独立存在的意义，只是为了便于计算建筑工程造价而分解出来的“假定产品”。

综上所述，一个建设项目由一个或几个单项工程组成，一个单项工程由一个或几个单位工程组成，一个单位工程由几个分部工程组成，一个分部工程可以划分为若干个分项工程，而建设造价文件的编制就是从分项工程开始的。建设项目的这种划分，不仅有利于编制造价文件，同时有利于项目的组织管理，如图1.1所示。

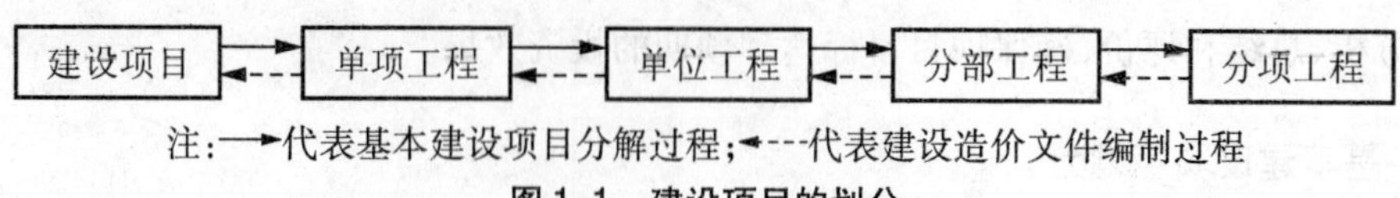

注:→代表基本建设项目分解过程;←---代表建设造价文件编制过程

图1.1 建设项目的划分

1.2 工程造价概述

1.2.1 工程造价的含义与特点

1. 工程造价的含义

工程造价的直意就是工程的建造价格。工程泛指一切建设工程,它的范围和内涵具有很大的不确定性。工程造价有如下两种含义。

第一种含义:从业主(投资者)的角度来定义,工程造价是指建设一项工程预期开支或实际开支的全部固定资产投资费用。投资者选定一个投资项目,为了获得预期的效益,就要通过项目评估进行决策,然后进行设计招标、工程投标,直至竣工验收等一系列投资管理活动。从这个意义上说,工程造价就是工程固定资产投资费用。

第二种含义:从市场角度来定义,工程造价是指工程建造价格。即为建成一项工程,预计或实际在土地市场、设备市场、技术劳务市场以及承包市场等交易活动中所形成的建筑安装工程的价格和建设工程总价格。在这里,工程的范围和内涵既可以是涵盖范围很大的一个建设项目,也可以是一个单项工程,甚至可以是整个建设项目中的某个阶段,如土地开发工程、建筑安装工程、装饰工程,或者其中的某个组成部分。

工程造价的两种含义是对客观存在的概括。它们既共生于一个统一体,又相互区别。最主要的区别在于需求主体和供给主体在市场追求的经济利益不同,因而管理的性质和管理的目标不同。从管理性质看,前者属于投资管理范畴,后者属于价格管理范畴。但二者又相互交叉。从管理目标看,作为项目投资或投资费用,投资者在进行项目决策和项目实施中,完善项目功能,提高工程质量,降低投资费用,是投资者始终关注的问题。因此,降低工程造价是投资者始终如一的追求。作为工程造价,承包商所关注的是利润,为此,他追求的是较高的工程造价。区别工程造价的两种含义,其理论意义在于为投资者和以承包商为代表的供应商的市场行为提供理论依据。

2. 工程造价计价的特点

建筑产品具有的单件性、固定性和建造周期长等特点,决定了工程计价在许多方面不同于一般的工农业产品,具有独特的计价特点。了解这些特点,对工程造价的确定与控制是非常必要的。

1)单件性计价

建筑产品的个体差别性决定了每项工程都必须单独计算造价。由于技术水平、建筑等级和建筑标准存在差别,即使用途相同的建设工程采用不同的工艺设备和建筑材料,施工方法、施工机械和技术组织措施等方案的选择也必须结合当地的自然的技术经济条件。因此,建设工程的每一个单位工程、分部分项工程都必须单独计算,形成了每一件产品计价的单件性。

2)多次性计价

建筑产品建设周期长、规模大、造价高,因此按建设工程程序要分阶段进行,为了适应工程建设过程中各方经济关系的建立,适应工程造价控制和管理的要求,需要在建设各阶段进行多次计价,其过程如图1.2所示。

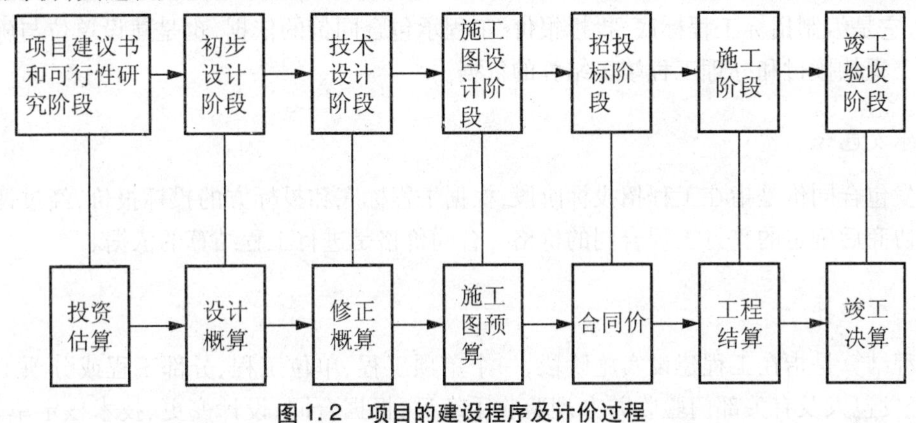

图1.2 项目的建设程序及计价过程

整个计价过程是一个由粗到细、由浅到深,最后确定建设工程实际造价的过程。计价过程各环节之间相互衔接,前者制约后者,后者补充前者。

3)组合性计价

工程造价的计算是分部分项工程组合而成的。一个建设项目是一个工程综合体,这个综合体可以分解为许多有内在联系的独立和不能独立工程。计价时,首先要对建设项目进行分解,按构成进行分部分项工程计算,并逐层汇总。其计算过程和计算顺序是:分部分项工程计价 →单位工程造价→单项工程造价→建设项目总造价。

1.2.2 工程计价的分类

根据基本建设的编制程序,结合建设工程概预算编制文件和管理的方法,按建设项目所处的建设阶段将工程计价分为以下6个阶段。

1.投资估算

投资估算是指建设项目在项目建议书和可行性研究阶段,由项目建设单位或其委托的工程咨询机构编制的建设项目总投资粗略估算的工程造价文件。投资估算是决策、筹资和控制造价的主要依据,可行性研究报告已经批准立项后,其投资估算总额作为控制建设项目总造价的最高限额,不得任意突破;它也是编制设计文件的重要依据。

2.设计概算

设计概算是指建设项目在设计阶段(初步设计阶段、技术设计阶段)由设计单位根据设计方案进行计算的,用以确定建设项目概算投资,进行设计方案比较,进一步控制建设项目投资的工程造价文件。设计概算是设计文件的重要组成部分,设计概算文件较投资估算准确性有所提高,但又受投资估算的控制。

3. 施工图预算

施工图预算是指在施工图设计完成之后,工程开工之前,根据施工图纸及相关资料编制的,用以确定工程预算造价及工料的工程造价文件。施工图预算造价较概算造价更为详尽和准确,它是编制招标工程标底、投标报价、工程承包合同价的依据,也是建设单位与施工单位进行工程款拨付和办理工程竣工结算的依据。

4. 承发包合同价

承发包合同价是指在工程招投标阶段,根据工程标底和投标方的投标报价,经过评标后经双方协商后确定的签订工程合同的价格。合同价格是进行工程结算的依据。

5. 工程结算

工程结算是指在工程建设实施阶段,一个单项工程、单位工程、分部工程或分项工程完工后,经发包人及有关部门验收并办理验收手续后,根据合同、设计变更、技术核定单、现场签证等竣工资料,在工程结算时按合同调价范围和调价方法,对实际发生的工程量增减设备和材料价差等进行调整后计算和确定的价格,是编制确定工程结算造价的经济文件。

6. 竣工决算

竣工决算是指建设项目竣工验收后,建设方根据竣工结算以及相关技术经济文件编制的,用以确定整个建设项目从筹建到竣工投产全过程的建设成果和项目财务专业的经济文件。它反映了工程项目建成后交付使用的固定资产及流动资金的详细情况和实际价值,是建设项目的实际投资总额。

1.2.3 工程造价管理

1. 工程造价管理的基本内容

工程造价管理是市场经济条件下建筑市场发展的必然产物,是按照经济规律的要求,根据社会主义市场经济的发展形势,利用科学的管理方法和先进的管理手段,合理地确定工程造价和有效地控制工程造价,以提高投资效益和建筑安装企业经营成果。因此,工程造价管理就是从项目可行性研究开始,经方案优选、初步设计、施工图设计、组织施工、竣工验收直至项目试运行投产,实行整个项目周期的造价控制和管理。

1)工程造价的合理确定

所谓工程造价的合理确定,就是在建设程序的各个阶段,即在项目建议书阶段、可行性研究阶段、初步设计阶段、施工图设计阶段、招投标阶段、施工阶段及竣工验收阶段,根据相应的计价依据和计算精度的要求,合理地确定投资估算、设计概算、施工图预算、合同价、工程结算、竣工决算,并按有关规定和报批程序,经有关部门批准后成为该阶段工程造价的控制目标,很显然,工程造价确定的合理程度,直接影响着工程造价的控制效果。

2)工程造价的有效控制

所谓工程造价的有效控制,就是在优化建设方案、设计方案的基础上,在建设程序的各个阶段,采用一定的方法和措施把工程造价的发生控制在合理的范围和核定造价限额以内,以求合理使用人力、物力、财力,取得较好的投资效益和社会效益。

工程造价的有效控制应体现以下3个原则。

(1)以设计阶段为重点的建设全过程造价控制。工程造价的控制应贯穿于项目建设的全过程,但必须突出重点。很显然,设计阶段是控制的重点阶段。建设工程的全寿命费用包括工程造价和工程交付使用后的经常开支费用以及其使用期满后的报废拆除费用等。统计表明,设计费一般只相当于建设工程全寿命费用的1%以下,但正是这小于1%费用的工作基本决定了几乎全部随后的费用。由此可见,设计质量对整个工程建设的效益是何等重要。

(2)主动控制,以取得令人满意的结果。控制是贯彻项目建设全过程的,也应是主动的。长期以来,人们一直把控制理解为目标值与实际值的比较,以及当实际值偏离目标值时,分析其产生偏差的原因,并确定下一步的对策。这种控制当然是有意义的,但也是有缺陷的。因为它只能发现偏离,不能使已产生的偏差消失,也不能预防偏差的产生,因而是被动、消极的控制。自系统论、控制论的研究成果用于项目管理后,将"控制"立足于事先主动地采取决策措施,以尽可能地减少以至避免偏离,这是主动的、积极的控制方法,因此称为主动控制。

(3)技术与经济相结合是控制工程造价的有效手段。要有效地控制工程造价,应从组织、技术、经济、合同与信息管理等多方面采取措施。组织上的措施如明确项目组织结构,明确造价控制者及其任务,明确管理职能分工;技术上的措施如重视设计方案的选择,严格审查监督初步设计、技术设计、施工图设计、施工组织设计,深入技术领域研究节约造价的可能;经济上的措施如动态地比较造价的计划值与实际值,严格审核各项费用支出,采用对节约投资有利的奖励措施等。

在工程建设过程中把技术与经济相结合,通过技术比较、经济分析和效果评价,正确处理技术先进与经济合理两者之间的对立统一关系,力求在技术先进下的经济合理,在经济合理基础上的技术先进,把控制工程造价的观念渗透到各项设计和施工技术措施之中。

2.我国工程造价管理的模式演变

改革开放以前,计划经济体制以政府管制为特征的工程造价特点:以政府管制价格为特征、实行定额制度(标准消耗量、费用定额等)、消耗量与单价长期固定不变、概预算是计划价格的基础。自20世纪80年代中期开始,我国工程造价管理领域的工作者就开始提出了工程项目全过程造价管理的思想。进入90年代以后,我国工程造价管理学界的学者更进一步地对全过程造价管理的思想与内涵提出了许多看法和设想。建设要素市场逐步开放,导致人工、材料、机械等要素价格随市场供求的变化而上下浮动,定额的编制和颁发随着市场价格及政策因素的变化按照一定的周期进行。到1997年,中国建设工程造价管理协会的学术委员会进一步明确了有关工程造价管理的目标和管理方针,强调建设工程造价管理要达到的目标,一是造价本身要合理,二是实际造价不超概算,为此要从建设工程的前期工作开始,采取"全过程、全方位"的管理方针。这表明我国在工程项目造价管理中采取"全过程造价管理"的大方针已经确立。基于概预算定额制度的工程计价第一阶段改革的核心思想是"量价分离",第二阶段改革的核心问题是工程造价计价方式的改革。计价由定额计价转变为工程量清单计价。

3. 工程造价管理体制改革的目标

中国工程造价管理体制改革的最终目标:建立市场形成价格的机制,实现工程造价管理市场化，形成社会化的工程造价咨询服务，实现与国际惯例接轨。

重视加强项目决策阶段的投资估算工作，发挥其对控制建设项目总造价的作用。明确概预算工作不仅要反映设计、计算工程造价，更要能动地影响和优化设计，并发挥控制工程造价、促进合理使用建设资金的作用。从建筑产品的认识出发，以价值为基础，确定建筑工程和安装工程的造价，使造价的构成合理化，逐步与国际管理接轨。引入竞争机制，打破以行政手段分配任务的惯例，择优选择工程承包公司和设备材料供应商，降低造价。用动态的方法研究和管理工程造价，要求各地区、各部门工程造价管理机构公布各类设备、材料、工资、机械台班的价格指数以及各类工程造价指数，建立地区、部门以及全国的工程造价管理信息系统。对工程造价的概算、估算、预算以及承包价格、结算价格、竣工决算实行“一体化管理”，研究如何建立一体化的管理制度，降低造价。

1.3 全国造价工程师执业资格制度

造价工程师是指经全国统一考试合格，取得造价工程师执业资格证书，并经注册从事建设工程造价业务活动的专业技术人员。人事部、建设部1996年下发的《关于建立造价工程师执业资格制度暂行规定》的文件以及建设部75号部令规定：造价工程师执业资格考试实行全国统一大纲、统一命题、统一组织的办法；原则上每年举行一次；考试设4个科目，《工程造价管理相关知识》、《工程造价的确定与控制》、《建设工程技术与计量》（分土建和安装两个专业）、《工程造价案例分析》。2002年7月建设部制定了《〈造价工程师注册管理办法〉的实施意见》，造价工程师执业资格制度逐步完善起来。

1.3.1 造价工程师执业资格考试报考条件

凡中华人民共和国公民，遵纪守法并具备以下条件之一者，均可参加造价工程师执业资格考试。

（1）工程造价专业大专毕业后，从事工程造价业务工作满5年；工程或工程经济类大专毕业后，从事工程造价业务工作满6年。

（2）工程造价专业本科毕业后，从事工程造价业务工作满4年；工程或工程经济类本科毕业后，从事工程造价业务工作满5年。

（3）获上述专业第二学士学位或研究生毕业和取得硕士学位后，从事工程造价业务工作满3年。

（4）获上述专业博士学位后，从事工程造价业务工作满2年。

1.3.2 造价工程师的注册管理

造价工程师执业资格实行执业注册登记制度，考试合格者，由建设部、各省、自治区、直辖市及国务院有关部门的建设行政主管部门为造价工程师进行注册管理，并颁发《造价工程师执业资格证书》。

取得《造价工程师执业资格证书》者，须按规定向所在省（区、市）造价工程师注册管理机构办理注册登记手续，造价工程师注册有效期为3年。有效期满前3个月，持证者须按规定到注册机构经单位考核合格并进行继续教育后办理再次注册手续。

1.3.3 造价工程师的业务范围

凡是从事工程建设活动的建设、设计、施工、工程造价咨询等单位，必须在计价、评估、审核、审查、控制及管理等岗位配备有造价工程师执业资格的专业技术人员。造价工程师只能在一个单位执业。造价工程师执业范围包括：建设项目投资估算的编制、审核及项目经济评价；工程概算、预算、结（决）算、标底价、投标报价的编审；工程变更及合同价款的调整和索赔费用的计算；建设项目各阶段工程造价控制；工程经济纠纷的鉴定；工程造价计价依据的编审；与工程造价业务有关的其他事项。

本章小结

每一个建设项目的全过程都是由一系列的项目阶段和具体项目活动构成的。它要求人们首先应该将一个建设项目划分成一系列的单项工程和单位工程，然后进一步划分为分项工程和分部工程，并且利用科学的管理方法和控制手段对建设项目全过程造价进行管理。本章主要介绍了基本建设的概念、基本建设的分类；详细分析了基本建设程序、基本建设的项目划分；阐述了工程造价的含义与特点、工程造价管理基本内容；通过了解工程造价改革的发展历程，达到对工程造价进行合理的控制；最后介绍了造价工程师执业资格制度的具体要求。

思考与习题

1. 什么是基本建设？
2. 简述基本建设的程序。
3. 举例说明基本建设的项目划分。
4. 简述工程造价的两层含义。
5. 用框图表示基本建设多次性计价特点。
6. 简述工程造价的基本内容。
7. 造价工程师执业资格考试报考条件是什么？

第2章 工程造价的构成

教学目标

1. 熟悉建设工程造价的构成。
2. 掌握建筑安装工程费用的组成。
3. 了解设备及工、器具购置费。
4. 熟悉工程建设其他费用。
5. 了解预备费、建设期贷款利息、固定资产投资方向调节税。

导入案例

在编制基价的时候，一定要以行业定额为依据进行，由于定额是结合各行业、各地区工程的特点，经专家测定、归纳总结出来的，具有平均先进的工、料、机消耗水平，是本行业或地区工程造价测定的法定性依据。因此，业主和其他投标人在预算编制时只能严格执行定额及说明，业主编制的标底价和其他投标人的报价必定是以定额为依据进行编制后下浮得到的。在此，要值得注意的是，如果为主招标文件中对投标的定额进行编制、分析，以确定合理的单价。如在广州的某地铁站土建工程中，业主对采用什么定额未作明确的规定，我们分别按地铁、市政、公路3种定额进行基价编制、分析，得到合理的报价，从而得以中标。

在选定定额以后，就需要确定有关的费用，费用的选定也要根据当地的有关文件规定进行选取，不宜随意增减费用项目。其次，特别需要注意的是，如果招标文件的清单已将部分费用的项目抽取归类于总则费用中，在进行清单其他项目的单价分析时，要将该部分的费用扣除，否则会造成该项费用的重复计算，虚增造价。例如，在市政工程的报价中，如果总则费用中已将保险费、临设费等有关项目列出，由于市政工程的综合费率中也包括该两个项目费率，因此，在进行其他项目的单价分析时，应将综合费率中保险率、临设费率扣除，以免造成费用重复计算。

2.1 建设工程造价的构成

2.1.1 我国现行投资构成和工程造价的构成

建设项目投资含固定资产投资和流动资产投资两部分。工程造价是工程项目按照确定的建设内容、建设规模、建设标准、功能要求和使用要求等全部建成并验收合格交付使用所需的全部费用。

根据原国家计委审定（计办投资[2002]15号）发行的《投资项目可行性研究指南》以及建设部（建标[2003]206号）颁布的"关于印发《建筑安装工程费用项目组成》的通知"，我国现行工程造价的构成主要有设备及工、器具购置费用、建筑安装工程费用、工程建设其他费用、预备费、建设期贷款利息、固定资产投资方向调节税等。具体构成内容如图2.1所示。

2.1.2 世界银行工程造价的构成

1. 项目直接建设成本

项目直接建设成本包括以下内容。

（1）土地征购费。

（2）场外设施费用，如道路、码头、桥梁、机场、输电线路等设施费用。

（3）场地费用，指用于场地准备，厂区道路、铁路、围栏、场内设施等的建设费用。

（4）工艺设备费，指主要设备、辅助设备及零配件的购置费用，包括海运包装费用、交货港离岸价，但不包括税金。

（5）设备安装费，指设备供应商的监理费用，本国劳务及工资费用，辅助材料、施工设备、消耗品和工具等费用，以及安装承包商的管理费和利润等。

(6)管道系统费用,指与系统的材料及劳务相关的全部费用。

(7)电气设备费。

(8)电气安装费,指电气设备供应商的监理费用,本国劳务与工资费用,辅助材料、电缆管道和工具费用,以及营造承包商的管理费和利润。

(9)仪器仪表费,指所有自动仪表、控制板、配线和辅助材料的费用以及供应商的监理费用,外国或本国劳务及工资费用,承包商的管理费和利润。

(10)机械的绝缘和油漆费,指与机械及管道的绝缘和油漆相关的全部费用。

(11)工艺建筑费,指原材料、劳务费以及与基础、建筑结构、屋顶、内外装修、公共设施等有关的全部费用。

(12)服务性建筑费用。

(13)工厂普通公共设施费,包括材料和劳务费以及与供水、燃料供应、通风、蒸汽发生及分配、下水道、污物处理等公共设施有关的费用。

(14)车辆费,指工艺操作必需的机动设备零件费用,包括海运包装费用以及交货港的离岸价,但不包括税金。

(15)其他当地费用,指那些不能归类于以上任何一个项目,不能计入项目间接成本,但在建设期间又是必不可少的当地费用。如临时设备、临时公共设施及场地的维持费,营地设施及其管理,建筑保险和债券,杂项开支等费用。

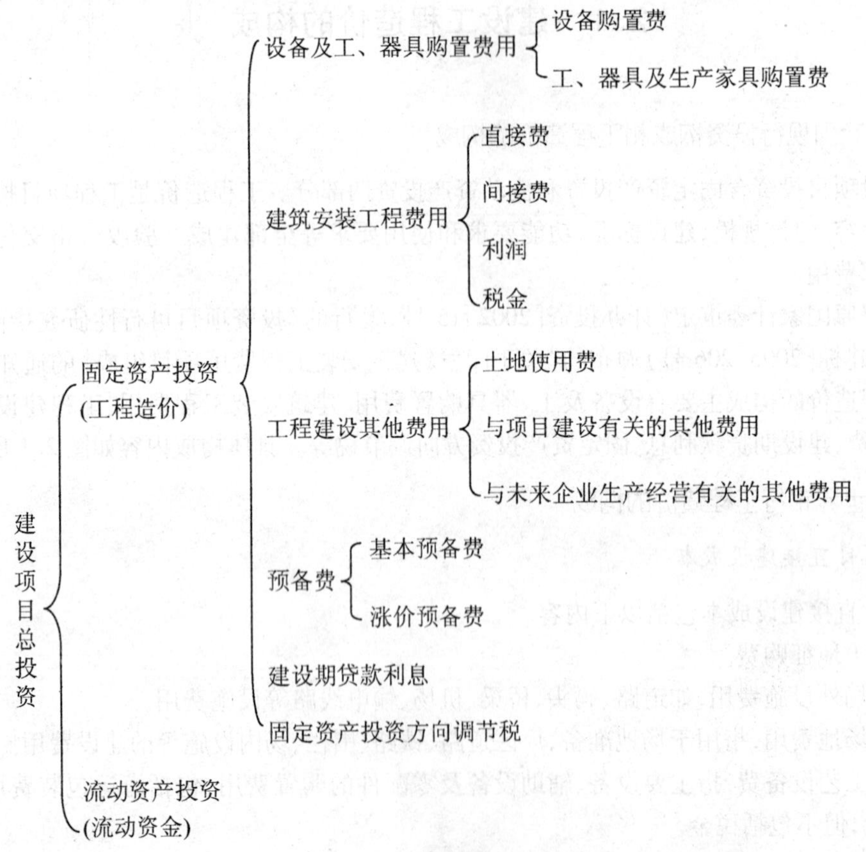

图2.1 工程造价构成图

2. 项目间接建设成本

项目间接建设成本主要包括以下几个方面。

(1)项目管理费。包括:①总部人员的薪金和福利费,以及用于初步和详细工程设计、采购、时间和成本控制、行政和其他一般管理的费用;②施工管理现场人员的薪金、福利费和用于施工现场监督、质量保证、现场采购、时间及成本控制、行政及其他施工管理机构的费用;③零星杂项费用;④各种酬金。

(2)开工试车费,指工厂投料试车必需的劳务和材料费用(项目直接成本包括项目完工后的试车和空运转费用)。

(3)业主的行政性费用,指业主的项目管理人员费用及支出。

(4)生产前费用。

(5)运费和保险费。

(6)地方税。

3. 应急费

应急费包括以下内容。

(1)未明确项目的准备金。此项准备金用于在估算时不可能明确的潜在项目,包括成本估算时因为缺乏完整、准确和详细的资料而不能完全预见和不能注明的项目,并且这些项目是必须完成的,或它们的费用是必定要发生的。在每一个组成部分中均单独以一定的百分比确定,并作为估算的一个项目单独列出。此项准备金既不是为了支付工作范围以外可能增加的项目,也不是用以应付自然灾害、非正常经济情况及罢工等情况,也不是用来补偿估算的任何误差,而是用来支付那些几乎可以肯定要发生的费用。因此,它是估算不可缺少的一个组成部分。

(2)不可预见准备金。此项准备金(在未明确项目准备金之外)用于在估算达到了一定的完整性并符合技术标准的基础上,由于物质、社会和经济的变化,导致估算增加的情况。此种情况可能发生,也可能不发生。因此,不可预见准备金只是一种储备,可能不动用。

4. 建设成本上升费用

通常,估算中主要用以补偿从工程造价估算之日起直至工程结束时的未知价格增长。

2.2 设备及工、器具购置费

设备及工、器具购置费用是由设备购置费和工具、器具及生产家具购置费用组成的,它是固定资产投资中的一部分。在生产性工程建设中,设备及工、器具购置费用占工程造价比重的增大,意味着生产技术的进步和资本有机构成的提高。

2.2.1 设备购置费

设备购置费是指为建设项目购置或自制的达到固定资产标准的各种国产或进口设备、工具、器具的购置费用。它由设备原价和设备运杂费构成。

$$设备购置费 = 设备原价 + 设备运杂费 \quad (2-1)$$

其中,设备原价指国产设备或进口设备的原价;设备运杂费指除设备原价之外的关于设备采购、运输、途中包装及仓库保管等方面支出费用的总和。

1. 国产设备原价的构成

国产设备原价一般指的是设备制造厂的交货价,或订货合同价。国产设备原价分为国产标准设备原价和国产非标准设备原价。

1)国产标准设备原价

国产标准设备是指按照主管部门颁布的标准图纸和技术要求,由我国设备生产厂批量生产的,符合国家质量检测标准的设备。国产标准设备原价有两种,即带有备件的原价和不带有备件的原价。一般采用带有备件的原价。

2)国产非标准设备原价

国产非标准设备是指国家尚无定型标准,各设备生产厂不可能在工艺过程中采用批量生产,只能按一次订货,并根据具体的设计图纸制造的设备。非标准设备原价有多种不同的计算方法,如成本计算估价法、系列设备插入估价法、分部组合估价法、定额估价法等。

2. 进口设备原价的构成

进口设备的原价是指进口设备的抵岸价,即抵达买方边境港口或边境车站,且交完关税等税费后形成的价格。

进口设备采用最多的是装运港船上交货价(FOB),其抵岸价的构成可概括为

进口设备抵岸价 = 货价 + 国际运费 + 运输保险费 + 银行财务费 + 外贸手续费 + 关税 + 增值税 + 消费税 + 海关监管手续费 + 车辆购置附加费　(2-2)

1)货价

一般是指装运港船上交货价(FOB),又称离岸价。设备货价分为原币货价(美元)和人民币汇率(中间价)。进口设备货价按有关生产厂家询价、报价、订货合同价计算。

2)国际运费

即从装运港(站)到达我国抵达港(站)的运费。

进口设备国际运费(海、陆、空) = 原币货价(FOB) × 运费率　(2-3)

进口设备国际运费(海、陆、空) = 运量 × 单位运价　(2-4)

3)运输保险费

对外贸易货物运输保险费是由保险人(保险公司)与被保险人(出口人或进口人)订立保险契约,在被保险人交付议定的保险费后,保险人根据保险契约的规定对货物在运输过程中发生的承保责任范围内的损失给予经济上的补偿,是一种财产保险。

运输保险费 = [原币货价(FOB) + 国际运费] ÷ (1 − 保险费率) × 保险费率　(2-5)

4)银行财务费

一般是指中国银行手续费。

银行财务费 = 原币货价(FOB) × 银行财务费率　(2-6)

5)外贸手续费

指按对外贸易部门规定的外贸手续费率计取的费用。

外贸手续费 =(原币货价(FOB) + 国际运费 + 运输保险费) × 外贸手续费率 (2-7)

6)关税

由海关对进出国境或关境的货物和物品征收的一种税。

关税 = 到岸价格(CIF) × 进口关税税率 (2-8)

7)增值税

是对从事进口贸易的单位或个人,在进口商品报关进口后征收的税种。

组成计税价格 = 关税完税价格 + 关税 + 消费税 (2-9)

进口产品增值税 = 组成计税价格 × 增值税税率 (2-10)

8)消费税

对部分进口设备(如轿车、摩托车等)征收。

应纳消费税额 =(到岸价格 + 关税) ÷ (1 - 消费税税率) × 消费税税率 (2-11)

9)海关监管手续费

指海关对进口减税、免税、保税货物实施监督、管理、提供服务的手续费。

海关监管手续费 = 到岸价格 × 海关监管手续费率 (2-12)

10)车辆购置附加费

进口车辆需缴进口车辆购置附加费。

车辆购置附加费 =(到岸价格 + 关税 + 消费税 + 增值税) × 车辆购置附加费率 (2-13)

3. 设备运杂费的构成

1)设备运杂费的构成

设备运杂费通常由以下各项构成。

(1)运费和装卸费。

国产设备是设备由制造厂交货地点起至工地仓库(或施工组织设计规定的需要安装设备的堆放地点)止所发生的运费和装卸费;进口设备则是由我国到岸港口或边境车站起至工地仓库(或施工组织设计规定的需要安装设备的堆放地点)止所发生的运费和装卸费。

(2)包装费。

在设备原价中没有包含的,为运输而进行的包装支出的各种费用。

(3)设备供销部门的手续费。

按有关部门规定的统一费率计算。

(4)采购与仓库保管费。

指采购、验收、保管和收发设备所发生的各种费用,包括设备采购人员、保管人员和管理人员的工资、工资附加费、办公费、差旅交通费,设备供应部门办公和仓库所占固定资产使用费、工具用具使用费、劳动保护费、检验试验费等。

2)设备运杂费的计算

设备运杂费 = 设备原价 × 设备运杂费率 (2-14)

2.2.2 工、器具及生产家具购置费的构成

工、器具及生产家具购置费,是指新建或扩建项目初步设计规定的,保证初期正常生产

必须购置的没有达到固定资产标准的设备、仪器、工卡具模、器具、生产家具和备品备件等的购置费用。一般以设备购置费为计算基数,按照部门或行业规定的工具、器具及生产家具费率计算。

$$\text{工、器具及生产家具购置费} = \text{设备购置费} \times \text{相应费率} \tag{2-15}$$

2.3 建筑安装工程费用

根据建设部、财政部建标[2003] 206号文件《关于印发 <建筑安装工程费用项目组成> 的通知》规定,建筑安装工程费用由直接费、间接费、利润和税金4部分组成。具体组成如图2.2所示。

2.3.1 直接费

直接费由直接工程费和措施费组成。

1. 直接工程费

直接工程费是指施工过程中耗费的构成工程实体的各项费用,包括人工费、材料费、施工机械使用费。

1)人工费

是指直接从事建筑安装工程施工的生产工人开支的各项费用,内容包括:①基本工资,是指发放给生产工人的基本工资;②工资性补贴,是指按规定标准发放的物价补贴,煤、燃气补贴,交通补贴,住房补贴,流动施工津贴等;③生产工人辅助工资,是指生产工人年有效施工天数以外非作业天数的工资,包括职工学习、培训期间的工资,调动工作、探亲、休假期间的工资,因气候影响的停工工资,女工哺乳时间的工资,病假在6个月以内的工资及产、婚、丧假期的工资;④职工福利费,是指按规定标准计提的职工福利费;⑤生产工人劳动保护费,是指按规定标准发放的劳动保护用品的购置费及修理费,徒工服装补贴,防暑降温费,在有碍身体健康环境中施工的保健费用等。

2)材料费

是指施工过程中耗费的构成工程实体的原材料、辅助材料、构配件、零件、半成品的费用。内容包括:①材料原价(或供应价格);②材料运杂费,是指材料自来源地运至工地仓库或指定堆放地点所发生的(除材料运输损耗以外)全部费用;③运输损耗费,是指材料在运输装卸过程中不可避免的损耗;④采购及保管费,是指为组织采购、供应和保管材料过程中所需要的各项费用,包括采购费、仓储费、工地保管费、仓储损耗;⑤检验试验费,是指对建筑材料、构件和建筑安装物进行一般鉴定、检查所发生的费用,包括自设试验室进行试验所耗用的材料和化学药品等费用,不包括新结构、新材料的试验费和建设单位对具有出厂合格证明的材料进行检验,对构件做破坏性试验及其他特殊要求检验试验的费用。

$$\text{材料费} = \sum(\text{材料消耗量} \times \text{材料基价}) + \text{材料检验试验费} \tag{2-16}$$

其中

$$\text{材料基价} = (\text{材料原价} + \text{运杂费}) \times (1 + \text{运输损耗率}) \times (1 + \text{采购保管费率}) \tag{2-17}$$

$$检验试验费 = \sum(单位材料量检验试验费 \times 材料消耗量) \tag{2-18}$$

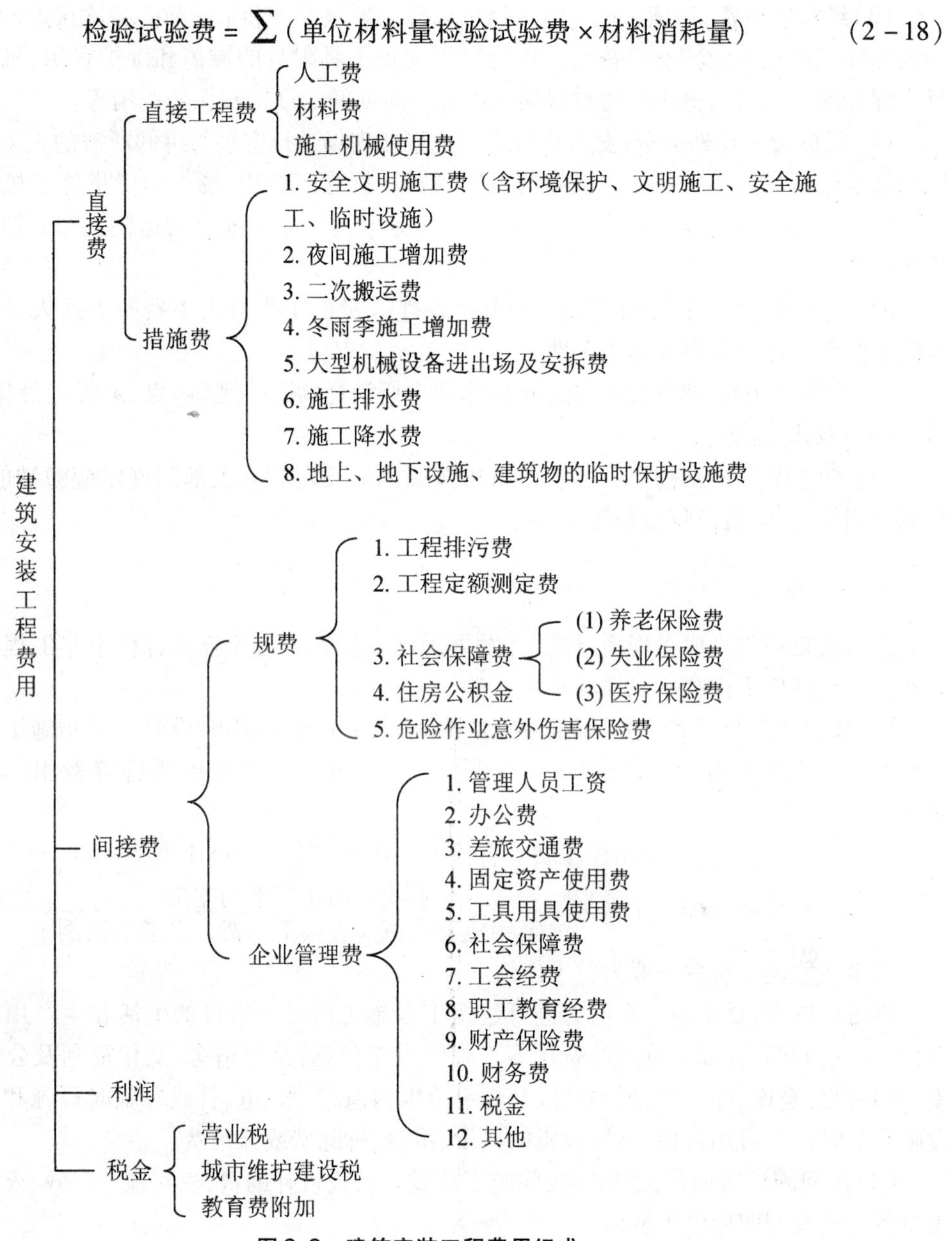

图2.2 建筑安装工程费用组成

3)施工机械使用费

是指施工机械作业所发生的机械使用费以及机械安拆费和场外运费。

其计算公式为

$$施工机械使用费 = \sum(施工机械台班消耗量 \times 机械台班单价) \tag{2-19}$$

施工机械台班单价应由下列7项费用组成。

(1)折旧费:指施工机械在规定的使用年限内,陆续收回其原值及购置资金的时间价值。

(2)大修理费:指施工机械按规定的大修理间隔台班进行必要的大修理,以恢复其正常功能所需的费用。

(3)经常修理费:指施工机械除大修理以外的各级保养和临时故障排除所需的费用。包括为保障机械正常运转所需替换设备与随机配备工具附具的摊销和维护费用,机械运转中日常保养所需润滑与擦拭的材料费用及机械停滞期间的维护和保养费用等。

(4)安拆费及场外运费:安拆费指施工机械在现场进行安装与拆卸所需的人工、材料、机械和试运转费用以及机械辅助设施的折旧、搭设、拆除等费用;场外运费指施工机械整体或分体自停放地点运至施工现场或由一施工地点运至另一施工地点的运输、装卸、辅助材料及架线等费用。

(5)人工费:指机上司机(司炉)和其他操作人员的工作日人工费及上述人员在施工机械规定的年工作台班以外的人工费。

(6)燃料动力费:指施工机械在运转作业中所消耗的固体燃料(煤、木柴)、液体燃料(汽油、柴油)及水、电等。

(7)养路费及车船使用税:指施工机械按照国家规定和有关部门规定应缴纳的养路费、车船使用税、保险费及年检费等。

2. 措施费

措施费是指为完成工程项目施工,发生于该工程施工前和施工过程中非工程实体项目的费用。包括以下内容。

(1)安全文明施工费(含环境保护、文明施工、安全施工、临时设施),是指施工现场为达到环保部门要求所需要的环境保护、文明施工及安全施工和临时设施等费用。其计算公式为

$$\text{安全文明施工费} = \text{直接工程费} \times \text{安全文明施工费率} \tag{2-20}$$

$$\text{安全文明施工费率} = \frac{\text{本项费用年度平均支出}}{\text{全年建安产值} \times \text{直接工程费占总造价比例}} \tag{2-21}$$

安全文明施工费率一般为包干使用。

临时设施费,是指施工企业为进行建筑工程施工所必须搭设的生活和生产用的临时建筑物、构筑物和其他临时设施的费用等。临时设施包括:临时宿舍,文化福利及公用事业房屋与构筑物,仓库、办公室、加工厂以及规定范围内道路、水、电、管线等临时设施和小型临时设施。临时设施费用包括:临时设施的搭设、维修、拆除费或摊销费。

(2)夜间施工增加费,是指因夜间施工所发生的夜班补助费、夜间施工降效、夜间施工照明设备摊销及照明用电等费用。

$$\text{夜间施工增加费} = \left(1 - \frac{\text{合同工期}}{\text{定额工期}}\right) \times \frac{\text{直接工程费中人工费合计} \times \text{每工日夜间施工费开支}}{\text{平均日工资单价}} \tag{2-22}$$

(3)二次搬运费,是指因施工场地狭小等特殊情况而发生的二次搬运费用。

$$\text{二次搬运费} = \text{直接工程费} \times \text{二次搬运费率} \tag{2-23}$$

$$\text{二次搬运费率} = \frac{\text{年平均二次搬运费支出额}}{\text{全年建安产值} \times \text{直接工程费占总造价比例}} \tag{2-24}$$

(4)冬雨季施工增加费,是指在冬季、雨季施工期间,为保证工程质量,采取保温、防护措施所增加的费用,以及因工效和机械作业效率降低所增加的费用。

$$冬雨季施工增加费 = 直接工程费 \times 冬雨季施工增加费率 \tag{2-25}$$

$$冬雨季施工增加费率 = \frac{本项费用年平均支出}{全年建安产值 \times 直接工程费占总造价比例} \tag{2-26}$$

(5)大型机械设备进出场及安拆费，是指机械整体或分体自停放场地运至施工现场或由一个施工地点运至另一个施工地点，所发生的机械进出场运输及转移费用及机械在施工现场进行安装、拆卸所需的人工费、材料费、机械费、试运转费和安装所需的辅助设施的费用。

$$大型机械设备进出场及安拆费 = 一次进出场及安拆费 \times \frac{年平均安拆次数}{年工作台班} \tag{2-27}$$

(6)施工排水费，是指为确保工程在正常条件下施工，采取各种排水措施所发生的各种费用。

$$施工排水费 = \sum 排水机械台班费 \times 排水台班数 + 排水使用材料费和人工费 \tag{2-28}$$

(7)施工降水费，是指为确保工程在正常条件下施工，采取各种降水措施以降低地下水位所发生的各种费用。

$$施工降水费 = \sum 降水机械台班费 \times 降水台班数 + 降水使用材料费和人工费 \tag{2-29}$$

(8)地上、地下设施、建筑物的临时保护设施费。

(9)已完工程及设备保护费，是指竣工验收前，对已完工程及设备进行保护所需费用。

2.3.2 间接费

间接费由规费、企业管理费组成。建筑工程中间接费的计算公式如下

$$间接费 = 直接费合计 \times 间接费率 \tag{2-30}$$

$$间接费率 = 规费费率 + 企业管理费率 \tag{2-31}$$

1. 规费

规费是指政府和有关权力部门规定必须缴纳的费用。内容包括以下几个方面。

(1)工程排污费，是指施工现场按规定缴纳的工程排污费。

(2)工程定额测定费，是指按规定支付工程造价(定额)管理部门的定额测定费。

(3)社会保障费，包括：①养老保险费，是指企业按规定标准为职工缴纳的基本养老保险费；②失业保险费，是指企业按照国家规定标准为职工缴纳的失业保险费；③医疗保险费，是指企业按照规定标准为职工缴纳的基本医疗保险费。

(4)住房公积金，是指企业按规定标准为职工缴纳的住房公积金。

(5)危险作业意外伤害保险，是指按照建筑法规定，企业为从事危险作业的建筑安装施工人员支付的意外伤害保险费。

2. 企业管理费

企业管理费是指建筑安装企业组织施工生产和经营管理所需费用。内容包括以下几个方面。

(1)管理人员工资，是指管理人员的基本工资、工资性补贴、职工福利费、劳动保护费等。

(2)办公费，是指企业管理办公用的文具、纸张、账表、印刷、邮电、书报、会议、水电、烧水和集体取暖(包括现场临时宿舍取暖)用煤等费用。

(3)差旅交通费,是指职工因公出差、调动工作的差旅费、住勤补助费、市内交通费和误餐补助费,职工探亲路费,劳动力招募费,职工离退休、退职一次性路费,工伤人员就医路费,工地转移费以及管理部门使用的交通工具的油料、燃料、养路费及牌照费。

(4)固定资产使用费,是指管理和试验部门及附属生产单位使用的属于固定资产的房屋、设备仪器等的折旧、大修、维修或租赁费。

(5)工具用具使用费,是指管理使用的不属于固定资产的生产工具、器具、家具、交通工具和检验、试验、测绘、消防用具等的购置、维修和摊销费。

(6)社会保障费,是指由企业支付离退休职工的易地安家补助费、职工退职金、6个月以上的病假人员工资,职工死亡丧葬补助费、抚恤费,按规定支付给离休干部的各项经费。

(7)工会经费,是指企业按职工工资总额计提的工会经费。

(8)职工教育经费,是指企业为职工学习先进技术和提高文化水平,按职工工资总额计提的费用。

(9)财产保险费,是指施工管理用财产、车辆保险费用。

(10)财务费,是指企业为筹集资金而发生的各种费用。

(11)税金,是指企业按规定缴纳的房产税、车船使用税、土地使用税、印花税等。

(12)其他,包括技术转让费、技术开发费、业务招待费、绿化费、广告费、公证费、法律顾问费、审计费、咨询费等。

其计算公式为

$$企业管理费=(直接工程费+措施费)(或人工费)\times 企业管理费率 \tag{2-32}$$

企业管理费率计算公式如下。

①以直接费为计算基础

$$企业管理费率=\frac{生产工人年平均管理费}{年有效施工天数\times 人工单价}\times 人工费占直接费比例 \tag{2-33}$$

②以人工费和机械费为计算基础

$$企业管理费率=\frac{生产工人年平均管理费}{年有效施工天数\times(人工单价+每一工日机械使用费)} \tag{2-34}$$

③以人工费为计算基础

$$企业管理费率=\frac{生产工人年平均管理费}{年有效施工天数\times 人工单价} \tag{2-35}$$

2.3.3 利润

利润是指施工企业完成所承包工程获得的盈利。利润的计算依据不同投资来源或工程类别,一般实施差别利润率。

$$利润=(直接费+间接费)\times 相应利润率 \tag{2-36}$$

2.3.4 税金

税金是指国家税法规定的应计入建筑安装工程造价内的营业税、城市维护建设税及教育费附加,简称“二税一费”。

$$税金=税前造价\times 不含税工程造价税率 \tag{2-37}$$

其中,税前造价是指税金计算之前的所有费用之和。按国家规定,建设工程处在不同地点,不含税工程造价税率见表2-1。

表2-1 不含税工程造价税率

工程所在地	不含税造价税率/%
市区	3.44
县或城镇	3.39
县级镇以外	3.26

2.4 工程建设其他费用

工程建设其他费用，是指从工程筹建起到工程竣工验收交付使用止的整个建设期间，除建筑安装工程费用和设备及工、器具购置费用以外的，为保证工程建设顺利完成和交付使用后能够正常发挥效用而发生的各项费用。工程建设其他费用由土地使用费、与工程建设有关的其他费用和与未来企业生产经营有关的费用构成。

2.4.1 土地使用费

1. 土地征用及迁移补偿费

土地征用及迁移补偿费，是指建设项目通过划拨方式取得无限期的土地使用权，依照《中华人民共和国土地管理法》等规定所支付的费用。其总和一般不得超过被征土地年产值的30倍，土地年产值则按该地被征用前3年的平均产量和国家规定的价格计算。其内容有以下几个方面。

(1) 土地补偿费。征收耕地的土地补偿费，为该耕地被征收前3年平均年产值的6~10倍。

(2) 青苗补偿费和被征用土地上的房屋、水井、树木等附着物补偿费。

(3) 安置补助费。征收耕地的安置补助费，按照需要安置的农业人口数计算。需要安置的农业人口数，按照被征收的耕地数量除以征地前被征收单位平均每人占有耕地的数量计算。每一个需要安置的农业人口的安置补助费标准，为该耕地被征收前3年平均年产值的4~6倍。但是，每公顷被征收耕地的安置补助费，最高不得超过被征收前3年平均年产值的15倍。

(4) 缴纳的耕地占用税或城镇土地使用税、土地登记费及征地管理费等。

(5) 征地动迁费。包括征用土地上的房屋及附属构筑物、城市公共设施等拆除、迁建补偿费，搬迁运输费，企业单位因搬迁造成的减产、停工损失补贴费，拆迁管理费等。

(6) 水利水电工程水库淹没处理补偿费。包括农村移民安置迁建费，城市迁建补偿费，库区工矿企业、交通、电力、通信、广播、管网、水利等的恢复、迁建补偿费，库底清理费，防护工程费，环境影响补偿费用等。

2. 土地使用权出让金

土地使用权出让金是指建设项目通过土地使用权出让方式，取得有限期的土地使用权，依照《中华人民共和国城镇国有土地使用权出让和转让暂行条例》规定支付土地使用权出让金。具体包括:土地使用权出让金、城市建设配套费、拆迁补偿与临时安置补助费等。

城市土地的出让和转让可采用招标、公开拍卖和协议等方式。政府有偿出让土地使用权的年限,一般在30~99年,按照地面附属建筑物的折旧年限看,以50年为宜。

2.4.2 与建设项目有关的其他费用

1. 建设单位管理费

建设单位管理费是指建设项目从立项、筹建、建设、联合试运转、竣工验收、交付使用及后评估等全过程管理所需的费用。包括以下两个方面。

(1)建设单位开办费,指新建项目为保证筹建和建设工作正常进行所需办公设备、生活家具、用具、交通工具等购置费用。

(2)建设单位经费,包括工作人员的基本工资、工资性补贴、职工福利费、劳动保护费、劳动保险费、办公费、差旅交通费、工会经费、职工教育经费、固定资产使用费、工具用具使用费、技术图书资料费、生产人员招募费、工程质量监督检测费、工程招标费、工程咨询费、审计费、合同契约公证费、业务招待费、排污费、法律顾问费、竣工交付使用清理及竣工验收费、后评估等费用。但不包括应计入设备、材料预算价格的建设单位采购及保管设备材料所需的费用。

建设单位管理费 = 单项工程费用 × 建设单位管理费率

2. 勘察设计费

勘察设计费是指为本建设项目提供项目建议书、可行性研究报告及设计文件等所需费用,包括编制项目建议书、可行性研究报告及投资估算以及为编制上述文件所进行勘察、设计、研究试验等所需费用;委托勘察、设计单位进行初步设计、施工图设计及概预算编制等所需费用。

3. 研究试验费

研究试验费是指为建设项目提供和验证设计参数、数据、资料等所进行的必要的试验费用以及设计规定在施工中必须进行试验、验证所需费用。包括自行或委托其他部门研究试验所需的人工费、材料费、实验设备及仪器使用费,支付的科技成果、先进技术的一次性技术转让费。

4. 建设单位临时设施费

建设单位临时设施费是指建设期间建设单位所需临时设施的搭设、维修、摊销费用或租赁费用。临时设施包括:临时宿舍、文化福利及公用事业房屋与构筑物,仓库、办公室、加工厂以及规定范围内道路、水、电、管线等临时设施和小型临时设施。

5. 工程监理费

工程监理费是指建设单位委托工程监理单位对工程实施监理工作所需费用。

6. 工程保险费

工程保险费是指建设项目在建设期间根据需要实施工程保险所需的费用。一般情况按工程概算或预算的百分比计算;对于单工种或临时性项目可根据参与监理的人数按人均年费用标准计算。

7. 引进技术和进口设备其他费用

引进技术和进口设备其他费用包括出国人员费用、国外工程技术人员来华费用、技术引进费、分期或延期付款利息、担保费以及进口设备检验鉴定费。

8. 工程承包费

工程承包费是指具有总承包条件的工程公司,对工程建设项目从开始建设至竣工投产全过程的总承包所需的管理费用。不实行工程总承包的项目不计该费用。

2.4.3 与未来企业生产经营有关的其他费用

1. 联合试运转费

联合试运转费是指新建企业或新增加生产工艺过程的扩建企业在竣工验收前,按照设计规定的工程质量标准,进行整个车间的负荷或无负荷联合试运转发生的费用支出大于试运转收入的亏损费用。不包括应由设备安装工程费开支的单台设备高度费及无负荷联动试运转费用(计入安装工程费)。

2. 生产准备费

生产准备费是指新建企业或新增生产能力的企业,为保证竣工交付使用进行必要的生产准备所发生的费用。如生产人员培训费、提前进厂参加施工、设备安装、调试等及熟悉工艺流程及设备性能等人员的工资。

3. 办公和生活家具购置费

办公和生活家具购置费是指为保证新建、改建、扩建项目初期正常生产、使用和管理所必需购置的办公和生活家具、用具的费用。

2.5 预备费、建设期贷款利息、固定资产投资方向调节税

2.5.1 预备费

按我国现行规定,包括基本预备费和涨价预备费。

1. 基本预备费

基本预备费是指在初步设计及概算内难以预料的工程费用,又称为不可预见费。费用内容包括以下几个方面。

(1)在批准的初步设计范围内,技术设计、施工图设计及施工过程中所增加的工程费用;设计变更、局部地基处理等增加的费用。

(2)一般自然灾害造成的损失和预防自然灾害所采取的措施费用。实行工程保险的工程项目费用应适当降低。

(3)竣工验收时为鉴定工程质量对隐蔽工程进行必要的挖掘和修复费用。

基本预备费 =(设备工器具购置费 + 建安工程费用 + 工程建设其他费用)× 基本预备费率 (2-38)

基本预备费率的取定应执行国家及有关部门的规定。

2. 涨价预备费

涨价预备费是指建设项目在建设期间内由于价格等变化引起工程造价变化,需要事先预留的费用。费用内容包括:人工、设备、材料、施工机械的价差费;建筑安装工程费及工程建设其他费用调整;利率、汇率调整等增加的费用。

$$\text{涨价预备费} = \sum_{t=1}^{n} I_t\left[(1+f)^t - 1\right] \quad (2-39)$$

式中:I_t——建设期中第 t 年的投资计划额,包括设备及工器具购置费、建筑安装工程费、工程建设其他费用及基本预备费;

f——年均投资价格上涨率。

【例 2-1】某工程建设期为 3 年,预计设备及工器具购置费、建筑安装工程费、工程建设其他费用及基本预备费的总投资额为 14905.3 万元,第 1 年投入 30%,第 2 年投入 50%,第 3 年投入 20%,预计建设期物价平均上涨率为 3%,试求:项目建设期间涨价预备费。

解:

(1)计算建设期各年投资额

第 1 年 14905.3 × 30% = 4471.59 万元

第 2 年 14905.3 × 50% = 7452.65 万元

第 3 年 14905.3 × 20% = 2981.06 万元

(2)计算建设期各年涨价预备费

第 1 年 $4471.59 \times [(1+3\%)-1] = 134.15$ 万元

第 2 年 $7452.65 \times [(1+3\%)^2-1] = 453.87$ 万元

第 3 年 $2981.06 \times [(1+3\%)^3-1] = 276.42$ 万元

合计:涨价预备费为 864.44 万元

2.5.2 建设期贷款利息

建设期贷款利息包括向国内银行和其他非银行金融机构贷款、出口信贷、外国政府贷款、国际商业银行贷款以及在境内外发行的债券等在建设期间内应偿还的贷款利息。

当总贷款是分年均额发放时,建设期利息的计算可按当年借款在年终支用考虑,即当年贷款按半年计息,上年贷款按全年计息。计算公式为

$$q_j = \left(P_{j-1} + \frac{1}{2} \times A_j\right) \times i \quad (2-40)$$

式中：q_j——建设期第 j 年应计利息；

P_{j-1}——建设期第 $(j-1)$ 年末贷款累计金额与利息累计金额之和；

A_j——建设期第 j 年贷款利息；

i——实际年利率。

若为名义年利率，则要换算为实际年利率，其公式为

$$i_{实}=\left(1+\frac{i_{名}}{n}\right)^{n}-1 \tag{2-41}$$

式中：$i_{实}$——实际年利率

$i_{名}$——名义利率；n——一年中的计算次数。

【例 2-2】某工程建设期为 3 年，贷款总额为 20910 万元，分年均衡进行贷款，第 1 年贷款 20%，第 2 年贷款 55%，第 3 年贷款 25%，贷款年利率为 13.08%，试估算建设项目建设期间贷款利息。

解：

(1)计算建设期各年贷款额

第 1 年 20910×20% =4182 万元

第 2 年 20910×55% =11500.5 万元

第 3 年 20910×25% =5227.5 万元

(2)计算建设期各年货款利息

第 1 年 (0+4182÷2)×13.08% =273.50 万元

第 2 年 [(4182+273.50)+11500.5÷2]×13.08% =1334.91 万元

第 3 年 [(4182+273.50+11500.5+1334.91)+5227.5÷2]×13.08%

=2603.53 万元

人民币合计利息 =273.50+1334.91+2603.53 =4211.94 万元

2.5.3 固定资产投资方向调节税

投资方向调节税根据国家产业政策和项目经济规模实行差别税率，税率为 0%、5%、10%、15%、30%5 个档次。差别税率按两大类设计，一是基本建设项目投资，二是更新改造项目投资。对前者设计了 4 档税率，即 0%、5%、15%、30%；对后者设计了两档税率，即 0%、10%。

为贯彻国家宏观调控政策，扩大内需，鼓励投资，根据国务院的决定，对《中华人民共和国固定资产投资方向调节税暂行条例》规定的纳税义务人，其固定资产投资应税项目自 2000 年 1 月 1 日起新发生的投资额，暂停征收固定资产投资方向调节税。但该税种并未取消。

2.6 建筑工程费用结算程序

2.6.1 工程类别划分标准

工程类别的划分标准，是确定工程施工难易程度，计取有关费用的依据，也是企业编制投标报价的参考标准。建筑工程费用中的间接费用及利润的计算都是按照不同的工程类别

和规定的取费费率提取的。因此，工程类别的划分标准是根据单位工程，按其施工难易程度，结合建筑市场的实际情况确定的。建筑工程的工程类别划分标准见表2－2。

表2－2 建筑工程类别划分标准

工程名称				单位	工程类别		
					Ⅰ	Ⅱ	Ⅲ
工业建筑	钢结构		跨度	m	>30	>18	≤18
			建筑面积	m^2	>16000	>10000	≤10000
	其他结构	单层	跨度	m	>24	>18	≤18
			建筑面积	m^2	>10000	>6000	≤6000
		多层	跨度	m	>50	>30	≤30
			建筑面积	m^2	>10000	>6000	≤6000
民用建筑	公用建筑	砖混结构	檐高	m	—	$30 < h < 50$	≤30
			建筑面积	m^2	—	$6000 < h < 10000$	≤6000
		其他结构	檐高	m	>60	>30	≤30
			建筑面积	m^2	>12000	>8000	≤8000
	居住建筑	砖混结构	层数	层	—	$8 < h < 12$	≤8
			建筑面积	m^2	—	$8000 < h < 12000$	≤8000
		其他结构	层数	层	>18	>8	≤8
			建筑面积	m^2	>12000	>8000	≤8000
构筑物	烟囱	混凝土结构高度		m	>100	>60	≤60
		砖结构高度		m	>60	>40	≤40
	水塔	高度		m	>60	>40	≤40
		容积		m^3	>100	>60	≤60
构筑物	筒仓	高度		m	>35	>20	≤20
		容积（单体）		m^3	>2500	>1500	≤1500
	贮池	容积（单体）		m^3	>3000	>1500	≤1500
单独土石方工程		单独挖、填土石方		m^3	>15000	>10000	$5000 < V \leq 11000$
桩基础工程		桩长		m	>30	>12	≤12

一般建筑工程类别划分说明如下。

（1）工程类别的确定，以单位工程为划分对象。

（2）建筑物、构筑物高度，自设计室外地坪算起，至屋面檐口高度。高出屋面的电梯间、水箱间、塔楼等不计算高度。建筑物的面积，按建筑面积计算规则的规定计算。建筑物的跨度，按设计图示尺寸标注的轴线跨度计算。

（3）居住建筑的附墙轻型框架结构，按砖混结构的工程类别套用；但设计层数大于18层，或建筑面积大于12000 m^2 时，按居住建筑其他结构的Ⅰ类工程套用。

(4)非工业建筑的钢结构工程,参照工业建筑工程的钢结构工程确定工程类别。

(5)工业建筑的设备基础,单体混凝土体积大于1000 m^3,按构筑物Ⅰ类工程套用;单体混凝土体积大于600 m^3,按构筑物Ⅱ类工程套用;单体混凝土体积小于600 m^3,大于50 m^3时,按构筑物Ⅲ类工程套用;小于50 m^3时,按相应建筑物或构筑物的工程类别确定。

(6)同一建筑物结构形式不同时,按建筑面积大的结构形式确定工程类别。

(7)强夯工程,均按单独土石方工程Ⅱ类工程执行。

(8)新建建筑工程中的装饰工程,按下列规定确定其工程类别。

①每平方米建筑面积装饰定额人工费合计在100元以上的,为Ⅰ类工程。

②每平方米建筑面积装饰定额人工费合计在50元以上、100元以下的,为Ⅱ类工程。

③每平方米建筑面积装饰定额人工费合计在50元以下的,为Ⅲ类工程。

④每平方米建筑面积装饰定额人工费计算,按计算出的全部装饰工程量,套用价目表中相应项目的定额人工费,合计后除以该建筑物的全部建筑面积。

⑤ 单独外墙装饰,每平方米外墙装饰面积和装饰定额人工费合计在50元以上的,为Ⅰ类工程。装饰价格在50元以下的、20元以上的,为Ⅱ类工程。每平方米建筑面积装饰价格在20元以下的,为Ⅲ类工程。

⑥ 单独招牌、灯箱、美术字为Ⅲ类工程。

(9)工程类别划分标准中有两个指标者,确定类别时只需满足其中一个指标即可。

(10)建筑物檐高的取法。

建筑物高度:从室外设计地坪标高算至屋面檐口高度。

①有女儿墙时:从室外设计地坪标高算至屋面结构板顶。

②坡屋顶者:从室外设计地坪标高算至支承屋架墙的轴线与屋面板的交点。

③阶梯式建筑物:按高层的建筑物计算檐高。

④球形或曲面屋面:从室外设计地坪标高算至曲屋面与外墙轴线的接触点处。

2.6.2 建筑工程定额计价结算程序

为了适应工程计价改革工作的需要,建设部、财政部于2003年10月15日颁布了《建筑安装工程费用项目组成》(建标[2003]206号)。根据该文件的规定,将建筑安装工程费分为直接费、间接费、利润和税金4大部分。

1. 建筑工程定额计价结算程序

其结算程序见表2-3。

表2-3 建筑工程定额计价结算程序

序号	费用项目	计算方法
1	直接费	(1)+(2)
	(1)直接工程费	$\sum$(人工费+材料费+机械费)
	其中:人工费(R_i)	
	(2)措施费	①+②

续表

序号	费用项目	计算方法
1	①参照省发布费率计取的	$\sum R_i$ ×相应费率
	②按施工组织设计计取的	按施工组织设计方案计取
2	企业管理费	1×管理费费率
3	利润	1×利润率
4	规费	(1+2+3)×规费费率
5	税金	(1+2+3+4)×税率
6	建筑工程费用合计	(1+2+3+4+5)

注:①参照有关费率计取的措施费是指按国家或省建设行政主管部门根据建筑市场状况和多数企业经营管理状况、技术水平等测算发布的参考费率的措施项目费用。它包括:环境保护费、文明施工费、夜间施工及冬雨季施工增加费、二次搬运费及已完工程及设备保护费等。

②按施工组织设计计取的措施费是指承包人按施工组织设计计算的措施费用,如大型机械进出场及安拆,施工排水、降水费用等。

③间接费及利润的费率计取参照各省建设行政主管部门颁布的有关费率标准实施。

2. 装饰工程定额计价结算程序

其计算程序见表2-4。

表2-4 装饰工程定额计价结算程序

序号	费用项目	计算方法
1	直接费	(1)+(2)
	(1)直接工程费	$\sum$(人工费+材料费+机械费)
	其中:人工费(R_i)	$\sum$(工程量×定额工日消耗量×人工单价)
	(2)措施费	①+②
	①参照省发布费率计取的	$\sum R_1$ ×相应费率
	②按施工组织设计计取的	按施工组织设计方案计取
	其中:人工费(R_2)	$\sum$ 措施费中的人工费
2	企业管理费	(R_1+R_2)×管理费费率
3	利润	(R_1+R_2)×利润率
4	规费	(1+2+3)×规费费率
5	税金	(1+2+3+4)×税率
6	建筑工程费用合计	(1+2+3+4+4)

本章小结

建设项目投资含固定资产投资和流动资产投资两部分。工程造价是工程项目按照确定的建设内容、建设规模、建设标准、功能要求和使用要求等全部建成并验收合格交付使用所需的全部费用。工程造价的构成按工程项目建设过程中各类费用支出的性质、途径等来确定,是通过费用划分和汇总所形成的工程造价的费用分解结构。它包含了建筑安装工程费用,设备及工、器具购置费,工程建设其他费用(土地使用费、与工程建设有关的其他费用和与未来企业生产经营有关的费用),预备费,建设期贷款利息,固定资产投资方向调节税。

同时根据单位工程,按其施工难易程度,结合建筑市场的实际情况及建设规模的大小,对工程进行类别的划分,以此作为计算程序中费率的计算依据。

思考与习题

1. 用框图说明我国现行固定资产投资(或工程造价)的构成。
2. 简述建筑安装工程费用的组成有哪些。
3. 什么是直接费?由哪几部分组成?
4. 什么是间接费?由哪几部分组成?
5. 什么是措施费?由哪几部分组成?
6. 什么是规费?由哪几部分组成?
7. 什么是设备购置费?如何计算?
8. 什么是工程建设其他费用?它包括哪些内容?
9. 什么是涨价预备费?如何计算?
10. 什么是建设期贷款利息?如何计算?
11. 案例:某公司承建青岛市区一栋住宅楼,该工程建筑面积 18000m^2,12 层框架结构。工程定额直接费为 4500 万元,按省站发布的措施项目的综合费率为 3.87%,按施工组织设计应计取的措施费为 56 万元,假设文件规定规费费率为 1.2%,企业管理费率为 8.9%,利润率为 7.6%。试计算该住宅楼的建筑工程造价。

建筑工程计费程序表

序号	费用名称	计算公式	数值

第3章　建设工程定额体系

教学目标

1. 熟悉定额的概念及作用；掌握定额的分类。
2. 熟悉劳动定额、机械台班使用定额、材料消耗定额的编制。
3. 掌握预算定额的概念、作用及消耗量指标和单价的编制。
4. 了解企业定额的概念及编制。
5. 了解概算定额和概算指标。
6. 了解投资估算指标。

导入案例

中华人民共和国住房和城乡建设部2009年2月3日，建标[2009]14号文件“关于进一步加强工程造价(定额)管理工作的意见”中明确提出，当前，随着中央扩大内需、促进经济平稳较快发展决策的落实和相关投资的到位，工程建设投资规模将会出现较快的增长，进一步加强工程造价(定额)管理，提高投资效益，显得更加重要和紧迫。为了进一步明确工程造价(定额)管理机构职责，确保工程造价(定额)管理工作的连续性、稳定性，发挥工程造价(定额)工作在工程建设行政管理中的作用，要求进一步加强工程造价(定额)管理工作，即工程造价管理是工程建设管理的重要组成部分，是政策性、技术性、经济性很强的工作。工程定额是工程造价管理的核心，是合理确定和有效控制工程项目投资的主要基础。它为建设项目评估决策、政府宏观调控投资规模以及监管市场定价提供依据。各地建设行政主管部门要按照国务院领导关于“进一步加强标准定额工作，加强造价管理，充分发挥标准定额的引导和约束作用”的要求，切实加强领导，进一步加强工程造价(定额)管理工作。

3.1 概　　述

3.1.1 定额的概念及作用

1. 定额的概念

所谓“定额”，从广度理解，定额就是规定的额度或限度，即标准或尺度。工程建设定额指在正常的施工条件和合理的劳动组织、合理地使用材料及机械的条件下，完成单位合格产品所需消耗的人工、材料和机械等资源数量标准。工程建设定额反映了工程建设过程中与各种资源消耗之间的客观规律，它是一个综合的概念。

在工程项目建设过程中，需要消耗大量的人力、物力和资金。工程建设定额作为众多定额中的一类，就是对这些消耗量的数量规定，即在一定生产力水平下，在工程建设中单位产品上人工、材料、机械、资金消耗的规定额度，这种数量关系体现出正常施工条件、合理的施工组织设计、合格产品下各种生产要素消耗的社会平均合理水平。

2. 工程建设定额的作用

1)是确定工程造价的重要依据

建筑产品的价格是工程项目产品价值的货币体现。工程造价的构成是根据设计文件规定的工程规模、工程数量和所需要的劳动力、材料和机械台班消耗等并结合市场价格确定的，而劳动力、材料和机械台班的消耗量主要是根据工程定额来确定的，因此，工程定额是工程造价确定的主要依据。

2)是编制计划的基础

作为工程项目建设，为了国家实行宏观调控，需要编制固定资产投资计划，以控制项目投资规模，其所需的规模、投资额及资源等技术经济指标，必须依据各种定额进行计算。同时，在项目设计阶段、施工阶段必须编制年度计划或季(月)计划，而这些计划的编制均离不开定额。

3)是施工企业组织和管理施工的工具和实行经济核算的重要依据

对施工企业而言,工程定额是企业进行决策的依据,在进行投标报价、安排各部门各工种的生产计划、企业内部实行各种形式的承包责任制时,都必须以各种定额作为主要依据,随着改革的深入,定额作为企业科学管理的基础,必将得到进一步完善和提高。

4)是评定最佳工程设计方案的依据

同一建设项目在选择设计方案时,可能会出现很多种设计方案,每个方案的投资额的多少,直接反映出设计方案技术经济水平的高低,所以,定额是作为选择经济合理的设计方案的主要依据。

3.1.2 定额的产生和发展

1. 定额的产生

定额产生于19世纪末,它是与资本主义企业管理科学化紧密联系在一起的。在19世纪末20世纪初,资本主义生产日益扩大,生产技术迅速发展,然而,生产管理科学的发展却相对落后,于是古典管理理论的代表人物泰勒等人开始了对企业管理理论和管理方法的研究。

企业管理成为科学是从泰勒制开始的。泰勒制的创始人弗·温·泰勒(F. W. Taylor,1856—1915)是19世纪末美国的一名矿山企业工程师,当时美国的资本主义正处于上升时期,资本主义大工业发展得很快,但企业却仍然采用传统的管理方法,绝大多数企业的劳动生产率很低,致使许多工厂的生产能力得不到充分发挥。正是在这种背景下,泰勒开始了对企业管理的研究,希望能够解决如何提高工人劳动效率的问题。于是,泰勒进行各种实验,努力把当时科学技术的最新成果应用于企业管理的研究。他还十分重视研究工人的操作方法,对工人劳动中的操作和动作,逐一记录,分析研究每一项动作的合理性,以便消除那些多余无效的动作,制定出最节约工作时间的所谓的“标准操作方法”。同时他也注意研究生产工具和设备对工时消耗的影响,从而把制定工时定额的工作建立在合理操作的基础上。制定工时定额,实行标准的操作方法,加上采用有差别的计件工资制,这就是泰勒制的主要内容。泰勒制的推行在提高劳动生产率方面取得了显著的成果,也给资本主义企业管理带来了根本性的变革和深远的影响。泰勒制使资本家获得了巨额超额利润,1911年,泰勒发表了《科学管理原理》一书,因此他被资产阶级尊称为“科学管理之父”。

继泰勒制以后,资本主义企业管理又有了许多新的发展,对于定额的制定也有了许多新的研究。20世纪初,出现了所谓的“资本主义管理科学”,实际上是对泰勒制的继承和发展。一方面,管理科学从操作方法、作业水平的研究向科学组织的研究上扩展;另一方面,充分利用现代自然科学的最新成果——运筹学和电子计算机等科学技术手段进行科学管理。20世纪20年代进入“最新管理阶段”,出现了行为科学和系统管理理论两门重要的学科。前者从社会学、心理学的角度去研究管理,强调和重视社会环境和人的相互关系对提高工效的影响;后者把管理科学和行为科学结合起来,以企业为一个系统,从事物的整体出发,对企业中人、物和环境等重要因素进行定性、定量相结合的系统分析研究,选取和确定企业管理的最优方案,实现最佳的经济效益。尽管管理科学发展到现在达到了一个新的高度,但是它仍然离不开定额。因为定额不但可以给企业提供可靠的基本管理数据,同时还是科学管理企业的基础和必备条件,因此它在企业的现代化管理中一直占着重要的地位。无论是在研究工作中还是在实际工作中，都必须重视工作时间和操作方法的研究，都必须重视定额的确定。

综上所述，定额与科学管理是不可分离的。定额伴随着管理科学的产生而产生，伴随着管理科学的发展而发展；定额是管理科学的基础，科学管理的发展又极大地促进了定额的发展。

2. 我国定额的发展

在我国古代，就很重视工料消耗的计算，并产生了许多成果。如我国北宋著名的土木建筑家李诫于公元1100年编著的《营造法式》，既是土木建筑工程技术方面的一本著作，也是工料计算方面的一本巨著[4]。

新中国建立后，国家十分重视工程建设定额的制定和管理。最初，吸取了前苏联定额工作的经验，20世纪中期又参考了欧、美、日等国家有关定额方面的管理科学内容。定额从无到有，从不健全到逐步健全，经历了大致5个发展阶段。

1）国民经济恢复时期（1949～1952）

这一时期是我国劳动定额工作创立阶段，主要是建立定额机构、开展劳动定额试点工作。1951年我国制定了东北地区统一劳动定额。1952年，华东、华北等地其他地区也相继参考东北地区定额，编制了各自的劳动定额和工料消耗定额，从此，定额工作在我国开始试行。

2）第一个五年计划时期（1953～1957）

1953年以后，伴随着大规模的社会主义经济建设的展开，定额工作也相应的获得了空前的发展。1953年，劳动部和矿山企业工程建设部联合编制了全国统一劳动定额，标志着定额集中管理开始起步。随后，国家建委对年统一劳动定额进行了修订，增加了材料消耗和机械台班定额部分，颁发了全国统一施工定额，定额水平提高了。至1957年年末，执行劳动定额的计件工人占全部生产工人总数的70%。这时期的定额工作，无论在深度和广度方面都有较快的发展，发挥了定额工作为生产和分配服务的双重作用。

3）从“大跃进”到“文化大革命”前期（1958～1966）

1958年开始的第二个五年计划期间，由于经济领域中的“左”倾思潮影响，否定社会主义时期的商品生产和按劳分配，否定劳动定额和计件工资制，撤销一切定额机构。到1960年，建筑业实行计件工资的工人占生产工人的比重不到5%。直到1962年，建筑工程部又正式修订颁发全国建筑安装工程统一劳动定额后，才逐步恢复定额制度。

4）“文化大革命”时期（1967～1976）

“文化大革命”时期，以平均主义代替按劳分配，将劳动定额看成是“管、卡、压”，彻底否定科学管理和经济规律，定额制度遭到破坏，国民经济遭到严重破坏，建筑业全行业亏损。

5）全面恢复时期（1978至今）

十年动乱结束为顺利重建造价管理制度提供了良好的条件。从1977年起，国家恢复、重建造价管理机构。1988年造价管理机构划归建设部管理，成立标准定额司。

1979年以后，我国国民经济又得到恢复和发展。重新颁发了《建筑安装工程统一劳动定额》。1986年，城乡建设环境保护部修订颁发了《建筑安装工程统一劳动定额》。1995年，建设部又颁布了《全国统一建筑工程基础定额》，之后，全国各地都先后重新修订了各类建筑工程预算定额，使定额管理更加规范化和制度化。到2002年建设部组织编制《全国统一建筑装饰装修工程消耗量定额》,为实行量价分离、工程实体消耗和施工措施消耗定额提供了可靠的依据。2003年建设部颁布《建设工程工程量清单计价规范》,该规范对清单计价中分部分项工程进行了统一编码、统一项目名称、统一计量单位、统一计算规则。2008年对原《建设工程工程量清单计价规范》进行了重新修订。

3.1.3 工程建设定额的特点及分类

1. 工程建设定额的特点

1)科学性

工程建设定额的科学性包括两重含义。一重含义是指工程建设定额和生产力发展水平相适应,反映出工程建设中生产消费的客观规律;另一重含义,是指工程建设定额管理在理论、方法和手段上适应现代科学技术和信息社会发展的需要。

工程建设定额的科学性,首先表现在用科学的态度制定定额,尊重客观实际,力求定额水平合理;其次表现在制定定额的技术方法上,利用现代科学管理的成就,形成一套系统的、完整的、在实践中行之有效的方法;最后表现在定额制定和贯彻的一体化上。制定是为了提供贯彻的依据,贯彻是为了实现管理的目标,也是对定额的信息反馈。

2)系统性

工程建设定额是相对独立的系统。它是由多种定额结合而成的有机的整体。它的结构复杂、层次鲜明、目标明确。工程建设定额的系统性是由工程建设的特点决定的。按照系统论的观点,工程建设就是庞大的实体系统,工程建设定额是为这个实体系统服务的。因而工程建设本身的多种类、多层次决定了以它为服务对象的工程建设定额的多种类、多层次。从整个国民经济来看,进行固定资产生产和再生产的工程建设,是一个有多项工程集合体的整体,其中包括农林水利、轻纺、机械、煤炭、电力、石油、冶金、化工、建材工业、交通运输、邮电工程,以及商业物资、科学教育文化、卫生体育、社会福利和住宅工程等。这些工程的建设又有严格的项目划分,如建设项目、单项工程、单位工程、分部分项工程;在计划和实施过程中有严密的逻辑阶段,如规划、可行性研究、设计、施工、竣工交付使用,以及投入使用后的维修。与此相适应必然形成工程建设定额的多种类、多层次。

3)统一性

工程建设定额的统一性,主要是由国家对经济发展的有计划的宏观调控职能决定的。为了使国民经济按照既定的目标发展,就需要借助于某些标准、定额、参数等,对工程建设进行规划、组织、调节、控制。

工程建设定额的统一性按照其影响力和执行范围来看,有全国统一定额、地区统一定额和行业统一定额等;按照定额的制定、颁布和贯彻使用来看,有统一的程序、统一的原则、统一的要求和统一的用途。

4)指导性

随着我国建设市场的不断成熟和规范,工程建设定额尤其是统一定额原具备的法令性特点逐渐弱化,转而成为对整个建设市场和具体建设产品交易的指导作用。

工程建设定额的指导性的客观基础是定额的科学性。只有科学的定额才能正确地指导客观的交易行为。工程建设定额的指导性体现在两个方面:一方面,工程建设定额作为国家各地区和行业颁布的指导性依据,可以规范建设市场的交易行为,在具体的建设产品定价过程中,也可以起到相应的参考性作用,同时统一定额还可以作为政府投资项目定价以及造价控制的重要依据;另一方面,在现行的工程量清单计价方式下,体现交易双方自主定价的特点,承包商报价的主要依据是企业定额,但企业定额的编制和完善仍然离不开统一定额的指导。

5)稳定性与时效性

工程建设定额是一定时期技术发展和管理水平的反映,而且在一段时间内都表现出稳定的状态。稳定的时间有长有短,一般在5年至10年之间。保持定额的稳定性是维护定额的权威性所必需的,更是有效地贯彻定额所必要的。但是工程建设定额的稳定性是相对的。社会生产力是不断发展的,随着生产力的发展,定额就会与生产力不相适应,主要体现在定额的资源消耗和价格水平的不断变化。这样,它原有的作用就会逐步减弱以至消失,需要重新编制或修订。

2. 工程建设定额的分类

工程建设产品所具有的构造复杂、产品规模宏大、种类繁多、生产周期长等技术经济特点,决定了工程建设定额的多种类、多层次、多用途。根据其内容、形式、用途等不同,可以进行以下分类。

1)按定额反映的生产要素分类

可以把工程建设定额划分为劳动消耗定额、机械消耗定额和材料消耗定额3种。

(1)劳动消耗定额。简称劳动定额(也称为人工定额),是指完成一定数量的合格产品(工程实体或劳务)规定活劳动消耗的数量标准。是施工定额、预算定额、概算定额、概算指标等多种定额的重要组成部分。

(2)机械消耗定额。机械消耗定额是以一台机械一个工作班(8小时)为计量单位,所以又称为机械台班定额。机械消耗定额是指为完成一定数量的合格产品(工程实体或劳务)所规定的施工机械消牦的数量标准。同劳动消耗定额相类似,同样也是施工定额、预算定额、概算定额、概算指标等多种定额的重要组成部分。

(3)材料消耗定额。简称材料定额,是指完成一定数量的合格产品所需消耗材料的数量标准。材料,是工程建设中使用的原材料、成品、半成品、构配件、燃料以及水、电等动力资源的统称。材料作为劳动对象构成工程的实体,需用数量很大,种类很多。所以材料消耗量的多少,消耗是否合理,不仅关系到资源的有效利用,而且对建设工程的项目投资、建筑产品的成本控制都起着决定性的影响。

2)按定额的编制程序和用途分类

可以把工程建设定额分为施工定额、预算定额、概算定额、概算指标、投资估算指标等5种。

(1)施工定额。施工定额是以同一性质的施工过程——工序,作为研究对象,表示生产产品数量与时间消耗综合关系的定额。是施工企业(建筑安装企业)组织生产和加强管理在企业内部使用的一种定额,属于生产定额。为了适应组织生产和管理的需要,施工定额的项目划分很细,是工程建设定额中分项最细,定额子目最多的一种定额,也是工程建设定额中的基础性定额。

施工定额本身由劳动定额、机械定额和材料定额3个相对独立的部分组成,主要用于工程的直接施工管理,以及作为编制工程施工设计、施工预算、施工作业计划、签发施工任务单、限额领料卡及结算计价工资或计量奖励工资的依据，它同时是编制预算定额的基础。

(2)预算定额。预算定额是以分项工程和结构构件为对象编制的定额。其内容包括劳动定额、机械台班定额、材料消耗定额3个基本部分，是一种计价性定额。预算定额是以施工定额为基础综合扩大编制的，同时它也是编制概算定额的基础。

预算定额是在编制施工图预算阶段，计算工程造价和计算工程中的劳动、机械台班、材料需要量时使用的，它是确定工程预算和工程造价的重要基础，也可以作为编制施工组织设计、施工财务计划的参考。

(3)概算定额。概算定额是以扩大分项工程或扩大结构构件为对象编制的，计算和确定劳动、机械台班、材料消耗量所使用的定额，也是一种计价性定额。概算定额是编制扩大初步设计概算、确定建设项目投资额的依据。概算定额的项目划分粗细，与扩大初步设计的深度相适应，一般是在预算定额的基础上综合扩大而成的。

(4)概算指标。概算指标是概算定额的扩大与合并，它是以整个建筑物和构筑物为对象，以更为扩大的计量单位来编制的。概算指标的内容包括劳动、机械台班、材料定额3个基本部分，同时还列出各结构分部的工程量及单位建筑工程(以体积计或面积计)的造价，是一种计价定额。

概算指标的设定和初步设计的深度相适应，一般是在概算定额或预算定额的基础上编制的，比概算定额更加综合扩大。它是设计单位编制工程概算或建设单位编制年度任务计划的依据，也可供国家编制年度基本建设投资计划参考。

(5)投资估算指标。它是在项目建议书和可行性研究阶段编制投资估算、计算投资需要量时使用的一种指标。投资估算指标往往根据历史的预、决算资料和价格变动等资料，以独立的单项工程或完整的工程项目为计算对象，也是一种计价指标。也可作为编制固定资产长远投资计划的参考指标。

上述各种定额的相互联系见表3-1。

表3-1 各种定额间的关系比较

定额分类	施工定额	预算定额	概算定额	概算指标	投资估算指标
对象	工序	分部分项工程	扩大分部分项工程	整个建筑物或构筑物	独立的单项工程或完整的工程项目
用途	编制施工预算	编制施工图预算	编制设计概算	编制初步设计概算	编制投资估算
项目划分	最细	细	较粗	粗	很粗
定额水平	平均先进	平均	平均	平均	平均
定额性质	生产性定额	计价性定额			

3)按投资的专业性质划分

工程建设定额分为建筑安装工程定额(包括建筑工程定额、给排水采暖定额、电气照明工程定额)、设备安装工程定额(机械设备、电气设备、空调通风工程、工艺管道、热力工程、自动控制仪表等定额)、市政工程定额、仿古园林工程定额等。

4)按主编单位和管理权限分类

工程建设定额可以分为全同统一定额、行业统一定额、地区统一定额、企业定额、补充定额5种。

(1)全国统一定额,是由国家建设行政主管部门综合全国工程建设中技术和施工组织管理的情况编制的,并在全国范围内执行的定额。

(2)行业统一定额,是考虑到各行业部门专业工程技术特点,以及施工生产和管理水平编制的。一般只是在本行业和相同专业性质的范围内使用。

(3)地区统一定额,包括省、自治区、直辖市定额。地区统一定额主要是根据地区性特点和全国统一定额水平作适当调整和补充编制的。

(4)企业定额,是由施工企业考虑本企业具体情况,参照国家、部门或地区定额的水平制定的定额。企业定额只在企业内部使用,是企业素质的一个标志。企业定额水平一般应高于国家现行定额,才能满足生产技术发展、企业管理和市场竞争的需要。在工程量清单方式下,企业定额正发挥着越来越大的作用。

(5)补充定额,是指随着设计、施工技术的发展,现行定额不能满足需要的情况下,为了补充缺陷所编制的定额。补充定额只能在指定的范围内使用,可以作为修订定额的基础。

上述各种定额虽然适用于不同的情况,有不同的用途,但是它们是一个互相联系的、有机的整体,在实际工作中配合使用。

3.2 工时研究

3.2.1 工时研究概述

1. 工时研究的含义

工时研究,是在一定的标准测定条件下,确定工人作业活动所需时间总量的一套程序和方法。工时研究的直接结果是制定出时间定额。研究施工中的工作时间,最主要的目的是确定施工的时间定额或产量定额,也称为确定时间标准。

工时研究还可以用于编制施工作业计划、检查劳动效率和定额执行情况、决定机械操作的人员组成、组织均衡生产、选择更好的施工方法和机械设备、决定工人和机械的调配、确定工程的计划成本以及作为计算工人劳动报酬的基础。但这些用途和目的,只有在确定了时间定额或产量定额的基础上才能达到。

施工过程的研究是工作研究的中心,工作时间的研究则是工作研究要达到的结果。工作时间,在这里指的是工作班延续时间(不包括午休)。

2. 施工过程研究

施工过程是在建筑工地范围内所进行的生产过程。施工过程是由不同工种、不同技术等级的建筑工人完成的,并且必须有一定的劳动对象——建筑材料、半成品、配件、预制品等;一定的劳动工具——手动工具、小型机具和机械等。

研究施工过程,首先是对施工过程进行分类。

(1)按施工过程的完成方法不同,可以分为手工操作过程(手动过程)、机械化过程(机动过程)和机手并动过程(半机械化过程)。

(2)按施工过程劳动分工的特点不同,可以分为个人完成的过程、工人班组完成的过程和施工队完成的过程。

(3)按施工过程组织上的复杂程度,可以分为工序、工作过程和综合工作过程。

①工序是组织上分不开和技术上相同的施工过程。工序的主要特征是:工人班组、工作地点、施工工具和材料均不发生变化。如果其中有一个因素发生变化,就意味着从一个工序转入另一个工序。从施工的技术操作和组织的观点看,工序是工艺方面最简单的施工过程。但是,如果从劳动过程的观点来看,工序又可以分解为操作和动作。

施工动作是施工工序中最小的可以测算的部分。施工操作是一个施工动作接一个施工动作的综合。每一个动作和操作都是完成施工工序的一部分。

例如,手工弯曲钢筋这一个工序,可分解为以下“操作”:将钢筋放到工作台上;对准位置;用扳手弯曲钢筋;扳手回原;将弯好的钢筋取出。其中“将钢筋放到工作台上”这个“操作”,可分解成以下“动作”:走到已整直的钢筋堆放处;弯腰拿起钢筋;拿着钢筋走向工作台;把钢筋放到工作台上。

工序可以由一个人来完成,也可以由工人班组或施工队几名工人协同完成;可以由手动完成,也可以由机械操作完成。在机械化的施工工序中又可以包括由工人自己完成的各项操作和由机器完成的工作两部分。在用计时观察法来制定劳动定额时,工序是主要的研究对象。

将一个施工过程分解成工序、操作和动作的目的,是为了分析、研究这些组成部分的必要性和合理性,测定每个组成部分的工时消耗,分析它们之间的关系及其衔接时间,最后测定施工过程或工序的定额。测定定额只是分解和标定到工序为止。如果进行某项先进技术或新技术的工时研究,就要分解到操作甚至动作为止,从研究中可加以改进操作或节约工时。

②工作过程是由同一工人或同一工人班组所完成的在技术操作上相互有机联系的工序的总和。其特点是人员编制不变、工作地点不变,而材料和工具则可以变换。例如,砌墙和勾缝,抹灰和刷浆。

③综合工作过程是同时进行的、在组织上有机地联系在一起的、最终能获得一种产品的工作过程的总和。例如,浇灌混凝土结构构件的施工过程,是由调制、运送、浇灌和捣实混凝土等工作过程组成的。

3. 工人工作时间消耗的分类

工人在工作班内消耗的工作时间按其消耗的性质分为两大类:必须消耗的时间和损失时间。

必须消耗的时间是工人在正常施工条件下,为完成一定数量合格产品所必需消耗的时间。它是制定定额的主要根据。

损失时间,是与产品生产无关,但与施工组织和技术上的缺点有关,与工人在施工过程的个人过失或某些偶然因素有关的时间消耗。

工人工作时间的一般分类如图 3.1 所示。

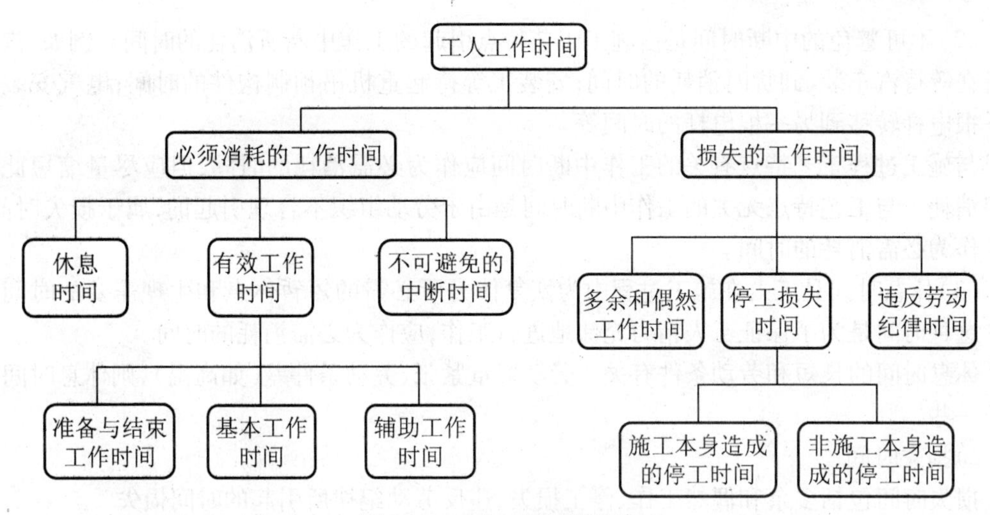

图3.1 工人工作时间分类

1)必须消耗的工作时间

必须消耗的工作时间包括有效工作时间、不可避免的中断时间和休息时间。

(1)有效工作时间是从生产效果来看与产品生产直接有关的时间消耗。其中包括基本工作时间、辅助工作时间、准备与结束工作时间。

①基本工作时间是工人完成基本工作所消耗的时间,是完成一定产品的施工工艺过程所消耗的时间。这些工艺过程可以使材料改变外形,如钢筋煨弯等;可以改变材料的结构与性质,如混凝土制品的养护干燥等;可以使预制构件安装组合成型,如预制混凝土梁、柱、板安装等;也可以改变产品外部及表面的性质,如油漆等。基本工作时间所包括的内容依工作性质而各不相同。例如,抹灰工的基本工作时间包括:准备工作时间、润湿表面时间、抹灰时间、抹平抹光的时间。工人操纵机械的时间也属基本工作时间。基本工作时间的长短和工作量大小成正比。

②辅助工作时间是为保证基本工作能顺利完成所做的辅助性工作所消耗的时间。在辅助工作时间里,不能使产品的形状大小、性质或位置发生变化。例如,施工过程中工具的校正和小修,机械的调整,搭设小型脚手架等所消耗的工作时间等。辅助工作时间的结束,往往是基本工作时间的开始。辅助工作一般是手工操作。但在机手并动即半机械化的情况下,辅助工作是在机械运转过程中进行的,这时不应再计辅助工作时间的消耗。辅助工作时间的长短与工作量大小有关。

③准备与结束工作时间是执行任务前或任务完成后所消耗的工作时间。例如,工作地点、劳动工具和劳动对象的准备工作时间;工作结束后的整理工作时间等。

准备和结束工作时间的长短与所担负的工作量大小无关,但往往和工作内容有关。所以,这项时间消耗又分为班内的准备与结束工作时间和任务的准备与结束工作时间。

班内的准备与结束工作时间包括:工人每天从工地仓库领取工具、设备的时间;准备安装设备的时间;机器开动前的观察和试车的时间;交接班时间等。

任务的准备与结束工作时间与每个工作日交替无关,但与具体任务有关。例如,接受施工任务书、研究施工详图、接受技术交底、领取完成该任务所需的工具和设备,以及验收交工等工作所消耗的时间。

(2)不可避免的中断时间是由施工工艺特点引起的工作中断所消耗的时间。例如,汽车司机在等待汽车装、卸货时消耗的时间;安装工等待起重机吊预制构件的时间;电气安装工由一根电杆转移到另一根电杆的时间等。

与施工过程工艺特点有关的工作中断时间应作为必需消耗的时间,但应尽量缩短此项时间消耗。与工艺特点无关的工作中断时间是由于劳动组织不合理引起的,属于损失时间,不能作为必需消耗的时间。

(3)休息时间是工人在施工过程中为恢复体力所必需的短暂休息和生理需要的时间消耗。这种时间是为了保证工人精力充沛地进行工作,应作为必需消耗的时间。

休息时间的长短和劳动条件有关。劳动繁重紧张、劳动条件差(如高温),则休息时间需要长一些。

2)损失时间

损失时间包括多余和偶然工作、停工损失、违反劳动纪律所引起的时间损失。

(1)多余和偶然工作的时间损失,包括多余工作引起的时间损失和偶然工作引起的时间损失两种情况。

①多余工作是工人进行了任务以外的而又不能增加产品数量的工作。如对质量不合格的墙体返工重砌;对已磨光的水磨石进行多余的磨光等。多余工作的时间损失,一般都是由工程技术人员和工人的差错而引起的修补废品和多余加工造成的,不是必需消耗的时间。

②偶然工作是工人在任务外进行的,但能够获得一定产品的工作。如电工铺设电缆时需要临时在墙上开洞;抹灰工不得不补上偶然遗留的墙洞等。从偶然工作的性质看,不应考虑它是必需消耗的时间,但由于偶然工作能获得一定产品,也可适当考虑。

(2)停工损失时间是工作班内停止工作造成的时间损失。停工损失时间按其性质可分为施工本身造成的停工时间和非施工本身造成的停工时间两种。

①施工本身造成的停工时间,是由于施工组织不善、材料供应不及时、工作前准备工作做得不好、工作地点组织不良等情况引起的停工时间。

②非施工本身造成的停工时间,是由于气候条件以及水源、电源中断引起的停工时间。由于自然气候条件的影响而又不在冬、雨季施工范围内的时间损失,应给予合理的考虑作为必需消耗的时间。

(3)违反劳动纪律造成的工作时间损失,是指工人在工作班内的迟到早退、擅自离开工作岗位、工作时间内聊天或办私事等造成的时间损失。由于个别工人违背劳动纪律而导致其他工人无法工作的时间损失,也包括在内。此项时间损失不应允许其存在。

【例3-1】现测定一砖基础墙的时间定额,已知每 m^3 砌体的基本工作时间为140工分,准备与结束时间、休息时间、不可避免的中断时间占时间定额的百分比分别为:5.45%、5.84%、2.49%,辅助工作时间不计,试确定其时间定额和产量定额。

解:

$$时间定额=\frac{140}{1-(5.45\%+5.84\%+2.49\%)}$$

$$=162.4\ 工分=\frac{162.4}{8\ 小时\times 60\ 分钟}=0.34\ 工日$$

$$产量定额=\frac{1}{0.34}=2.94m^3/工日$$

4. 机械工作时间消耗的分类

在机械化施工过程中，对工作时间消耗的分析和研究，除了要对工人工作时间的消耗进行分类研究之外，还需要分类研究机械工作时间的消耗。

机城工作时间的消耗和工人工作时间的消耗虽然有许多共同点，但也有其自身特点。机械工作时间的消耗，按其性质进行分的类如图 3.2 所示。

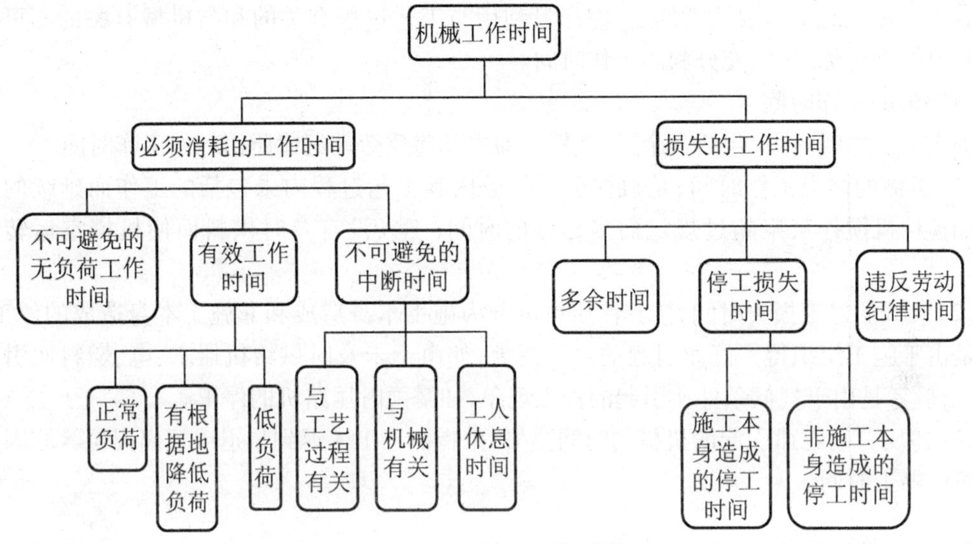

图 3.2 机械工作时间分类

1)必须消耗的工作时间

在必需消耗的工作时间里，包括有效工作、不可避免的无负荷工作和不可避免的中断时间 3 项时间消耗。

(1)有效工作时间包括正常负荷下、有根据地降低负荷下和低负荷下工作的工时消耗。

①正常负荷下的工作时间，是机械在与机械说明书规定的计算负荷相符的情况下进行工作的时间。

②有根据地降低负荷下的工作时间，是在个别情况下机械由于技术上的原因，在低于其计算负荷下工作的时间。例如，汽车运输重量轻而体积大的货物时，不能充分利用汽车的载重吨位；起重机吊装轻型结构时，不能充分利用其起重能力，因而低于其计算负荷。

③低负荷下的工作时间，是由于工人或技术人员的过错所造成的施工机械在降低负荷的情况下工作的时间。例如，工人装车的砂石数量不足、工人装入碎石机轧料口中的石块数量不够引起的汽车和碎石机在降低负荷的情况下工作所延续的时间。此项工作时间不能完全作为必需消耗的时间。

(2)不可避免的无负荷工作时间，是由施工过程的特点和机械结构的特点造成的机械无负荷工作时间。例如，载重汽车在工作班时间的单程“放空车”；筑路机在工作区末端调头等。

(3)不可避免的中断工作时间，是与工艺过程的特点、机械的使用和保养、工人休息有关的不可避免的中断时间。

①与工艺过程的特点有关的不可避免中断工作时间，有循环的和定期的两种。循环的

不可避免中断，在机械工作的每一个循环中重复一次，如汽车装货和卸货时的停车；定期的不可避免中断，经过一定时期重复一次，如把灰浆泵由一个工作地点转移到另一工作地点时的工作中断。

②与机械有关的不可避免中断工作时间，是由于工人进行准备与结束工作或辅助工作时，机械停止工作而引起的中断工作时间。它是与机械的使用与保养有关的不可避免中断时间。

③工人休息时间。要注意的是，应尽量利用与工艺过程有关的和与机械有关的不可避免中断时间进行休息，以充分利用工作时间。

2）损失的工作时间

损失的工作时间中，包括多余工作、停工损失和违反劳动纪律所消耗的工作时间。

（1）机械的多余工作时间，是机械进行任务内和工艺过程内未包括的工作而延续的时间。如搅拌机搅拌灰浆超过规定而多延续的时间；工人没有及时供料而使机械空运转的时间。

（2）机械的停工损失时间，按其性质也可分为施工本身造成和非施工本身造成的停工。前者是由于施工组织得不好而引起的停工现象，如由于未及时供给机器水、电、燃料而引起的停工；后者是由于气候条件所引起的停工现象，如暴雨时压路机的停工。

（3）违反劳动纪律引起的机械的时间损失，是指由于工人迟到早退或擅离岗位等原因引起的机械停工时间。

3.2.2 定额测定的方法

定额测定是制定定额的一个主要步骤。测定定额是用科学的方法观察、记录、整理、分析施工过程，为制定建筑工程定额提供可靠依据。测定定额通常使用计时观察法。

1. 计时观察法的含义与步骤

计时观察法，是研究工作时间消耗的一种技术测定方法。它以工时消耗为对象，以观察测时为手段，通过抽样技术进行直接的时间研究。

计时观察法适宜于研究人工手动过程和机手并动过程的工时消耗。

计时观察法运用于建筑施工中，是以现场观察为特征的，所以也称之为现场观察法。

在建筑施工中运用计时观察法的主要目的是：查明工作时间消耗的性质和数量；查明和确定各种因素对工作时间消耗数量的影响；找出工时损失的原因和研究缩短工时、减少损失的可能性。

利用计时观察法编制劳动定额和机械台班定额，一般按如下步骤进行。

（1）确定计时观察的施工过程。

（2）划分施工过程的组成部分。

（3）选择正常施工条件。

（4）选择观察对象。

（5）观察测时。

（6）整理和分析观察资料。

（7）编制定额。

2. 计时观察前的准备工作

1) 对施工过程进行预研究

对施工过程进行预研究,目的是为了正确地安排计时观察工作和收集可靠的原始资料。

(1) 熟悉与该施工过程有关的现行技术规范和技术标准等文件和资料。

(2) 了解新采用的工作方法的先进程度,了解已经得到推广的先进施工技术和操作,还应该了解施工过程存在的技术组织方面的缺点和由于某些原因造成的混乱现象。

(3) 注意系统地收集完成定额的统计资料和经验资料,以便与计时观察所得的资料进行对比分析。

(4) 把施工过程划分为若干个组成部分(一般划分到工序)。例如砌砖墙的施工过程可以划分为拉线、铺灰、砌砖、勾缝和检查砌体质量等工序。施工过程划分的目的是便于计时观察。如果计时观察的目的是为了研究先进工作法,或是分析影响劳动生产率提高或降低的因素,则必须将施工过程划分到操作甚至动作。

(5) 确定定时点和施工过程产品的计量单位。

定时点是上下两个相衔接的组成部分之间的时间上的分界点。确定定时点,对于保证计时观察的精确性是不容忽略的因素。例如,砌砖过程中,取砖和将砖放在墙上这个组成部分,它的开始是工人手接触砖的那一瞬间,结束是将砖放在墙上手离开砖的那一瞬间。

确定产品计量单位,要能具体地反映产品的数量,并具有最大限度的稳定性。

2) 选择施工的正常条件

绝大多数施工企业和施工队、班组,在合理组织施工的条件下所处的施工条件,称之为施工的正常条件。

施工条件一般包括:工人的技术等级是否与工作等级相符、工具与设备的种类和质量、工程机械化程度、材料实际需要量、劳动的组织形式、工资报酬形式、工作地点的组织和其准备工作是否及时、安全技术措施的执行情况、气候条件、劳动竞赛开展情况等。所有这些条件,都有可能影响产品生产中的工时消耗。

施工的正常条件应该符合有关的技术规范;符合正确的施工组织和劳动组织条件;符合已经推广的先进的施工方法、施工技术和操作。施工的正常条件是施工企业和施工队(班组)应该具备也能够具备的施工条件。

3) 选择观察对象

根据测定的目的来选择测定对象:①制定劳动定额,应选择有代表性的班组或个人,包括各类先进的或比较后进的班组或个人;②总结推广先进经验,应选择先进的班组或个人;③帮助后进班组提高工效,应选择长期不能完成定额的班组或个人。

4) 调查所测定施工过程的影响因素

施工过程的影响因素包括技术、组织及自然因素。例如,产品和材料的特征(规格、质量、性能等);工具和机械性能、型号;劳动组织和分工;施工技术说明(工作内容、要求等),并附施工简图和工作地点平面布置图。

5) 其他准备工作

进行计时观察还必须准备好必要的用具和表格。如测时用的秒表或电子计时器,测量产品数量的工、器具,记录和整理测时资料用的各种表格等。如果有条件并且也有必要,还可配备电影摄像和电子记录设备。

3. 计时观察法的种类

计时观察法的种类有很多,但主要的有3种:测时法、写实记录法和工作日写实法。

1)测时法

测时法主要适用于测定那些定时重复的循环工作的工时消耗,主要测定“有效工作时间”中的“基本工作时间”,是精确度比较高的一种计时观察法。有选择法测时和连续法测时两种具体方法。

(1)选择法测时,是间隔选择施工过程中非紧连的组成部分(工序或操作)测定工时,精确度达到0.2~0.5s。

选择法测时也称间隔法测时。采用选择法测时,当被观察的某一循环工作的组成部分开始,观察者立即开动秒表;当该组成部分终止,则立即停止秒表;把秒表上指示的延续时间记录到选择法测时记录表上,并把秒针回位到零点。下一组成部分开始,再开动秒表,如此依次观察下去,并依次记录下延续时间。

当所测定的各工序或操作的延续时间较短时,连续测定比较困难,用选择法测时则方便而简单。这是在标定定额中常用的方法。

(2)连续法测时,是连续测定一个施工过程各工序或操作的延续时间。连续法测时每次要记录各工序或操作的终止时间,并计算出本工序的延续时间。

连续法测时也称接续法测时。它较选择法测时准确、完善,但观察技术也较之复杂。它的特点是,在工作进行中和非循环组成部分出现之前一直不停止秒表,秒针走动过程中,观察者根据各组成部分之间的定时点,记录它的终止时间。由于这个特点,在观察时,要使用双针秒表,以便使其辅助针停止在某一组成部分的终止时间上。

2)写实记录法

写实记录法是一种研究各种性质的工作时间消耗的方法。采用这种方法,可以获得分析工作时间消耗的全部资料,是一种值得提倡的方法。

写实记录法测时用普通表进行,详细记录在一段时间内观察对象的各种活动及其时间消耗(起止时间),以及完成的产品数量。

对于写实记录的各项观察资料,要在事后加以整理。在整理时,先将施工过程各组成部分按施工工艺顺序从写实记录表上抄录下来,并摘录相应的工时消耗;然后按工时消耗的性质,分为基本工作与辅助工作时间、休息和不可避免中断时间、违背劳动纪律时间等项,按各类时间消耗进行统计,并计算整个观察时间即总工时消耗;再计算各组成部分时间消耗占总工时消耗的百分比。产品数量从写实记录表内抄录。单位产品工时消耗,由总工时消耗除以产品数量得到。写实记录法按照记录时间的方法不同分为数示法、图示法和混合法。

(1)数示法。数示法的特征是用数字记录工时消耗,精确度达到5s。可以同时对两个工人进行观察。这种方法用来对整个工作班进行长时间观察,因此能反映出工人或机器工作日的全部情况。

(2)图示法。图示法是在规定格式的图表上用时间进度线条表示工时耗用量的一种记录方式,精确度可达30s,观察对象不超过3人。此法适用于观测组成部分不多的施工过程。

(3)混合法。混合法吸取数示法和图示法两种方法的优点,以时间进度线条表示工序的延续时间,在进度线上部加写数字表示各时间区段的工人数。混合法适用于3个工人以上的小组工时消耗的测定和分析。

3)工作日写实法

工作日写实法,主要是一种研究整个工作班内的各种损失时间、休息时间和不可避免中断时间的方法,也是研究有效工作时间消耗的一种方法。

运用工作日写实法主要有两个目的:一是取得编制定额的基础资料;二是检查定额的执行情况,找出缺点,改进工作。

工作日写实法与测时法、写实记录法比较,具有技术简便、费力不多、应用面广和资料全面的优点。在我国是一种采用较广的编制定额的方法。

3.3 施工定额

3.3.1 施工定额的概念

施工定额是施工企业直接用于建筑安装工程施工管理的一种定额。它是以同一性质的施工过程或工序为测定对象,确定建筑安装工程在正常的施工条件下,为完成一定计量单位的某一施工过程或工序所需人工、材料和机械台班等消耗的数量标准。是属于企业定额性质的生产性定额。

3.3.2 施工定额的作用

(1)是企业编制施工组织设计,施工作业计划,劳动力、材料、机械台班使用计划的依据。
(2)是编制工程施工预算,加强企业成本管理和经济核算的依据。
(3)是施工队向工人班组签发施工任务书和限额领料单,考核工料消耗的依据。
(4)是计算工人劳动报酬的依据。
(5)是企业提高生产率的手段,有利于推广先进技术。
(6)是编制预算定额的基础。

3.3.3 施工定额的编制原则

1. 定额水平平均先进原则

定额水平是指规定的单位产品上的活劳动和物化劳动的消耗水平,在确定定额水平时,要本着有利于提高劳动生产率、降低消耗、便于考虑劳动成果、有利于科学管理的原则。定额水平与消耗量之间成反比关系,定额水平越高,消耗量就越少,反之亦然。所谓平均先进水平,就是在正常的施工条件下,具有多数企业或个人能够达到或超过、少数落后的企业或个人经过努力也能达到的鼓励先进、勉励中间和鞭策落后的平均先进的理想水平。

2. 内容形式简明适用原则

施工定额是要直接在工人群众中执行的,这就要求它在内容和形式上做到简明适用,灵活方便,通俗易懂,便于掌握和使用。同时及时将已成熟和推广的新材料、新结构和新的施工技术,以及缺少的定额项目,尽可能地补编到定额中;淘汰实际中不再采用、陈旧过时的项目，使得划分的定额项目少而全，严密明确，简明扼要。各项指标应具有灵活性，以满足劳动组织、班组核算、计取劳动报酬和简化计算工作的要求，以及适合不同工程的使用。还要注意计量单位的选择、系数的利用、说明和附注的合理设计，防止执行中发生争议。

3. 贯彻专群结合、以专为主的原则

定额的编制工作具有很强的技术性、政策性和经济性。这就要求编制施工定额应由专门的机构和人员负责组织、协调指挥、掌握方针政策、制定编制方案，以有丰富专业技术知识和管理经验的人员为主，对日常的定额资料，做好积累、分析、整理、测定、管理、编制、颁发和执行等工作；以有丰富实践经验的工人代表为辅，发挥其民主权利，取得他们的密切配合和支持。从而克服片面性，确保定额的质量，使定额的管理、使用和执行工作具有良好的群众基础。

3.3.4 劳动定额

1. 劳动定额的概念

劳动定额是在正常的施工组织和生产条件下，完成单位合格建筑产品所必需的劳动消耗量的标准，又称人工定额。

劳动定额是表示建筑安装工人劳动生产率的一个先进合理的指标，反映了劳动生产率的社会平均先进水平。

2. 劳动定额的表达形式

劳动定额的表达形式分为时间定额和产量定额。

(1)时间定额。时间定额是指某种专业、某种技术等级的工人班组或个人，在合理劳动组织、合理的材料使用和施工机械配合的条件下，完成单位合格产品所需要的工作时间。时间定额的单位为工日，即工人工作8小时为一个工日。

$$\text{单位产品的时间定额(工日)}=\frac{1}{\text{每工产量}} \tag{3-1}$$

$$\text{或单位产品的时间定额(工日)}=\frac{\text{小组成员工日数总和}}{\text{台班产量}} \tag{3-2}$$

例：砖基础时间定额为0.86工日。

(2)产量定额。产量定额是指某种专业、某种技术等级的工人班组或个人，在合理劳动组织、合理的材料使用和施工机械配合的条件下，单位时间内完成产品的数量标准。

$$\text{单位产品的产量定额}=\frac{1}{\text{单位产品的时间定额}} \tag{3-3}$$

$$\text{或台班产量}=\frac{\text{小组成员工日数总和}}{\text{单位产品的时间定额}} \tag{3-4}$$

例：砖基础产量定额 $=\frac{1\text{m}^3}{0.86\ \text{工日}}=1.16\text{m}^3/\text{工日}$。

(3)两者的关系为时间定额与产量定额互为倒数。即时间定额降低，则产量定额提高；反之，时间定额提高，则产量定额降低。

【例3-2】某工程砖基础工程量共为136.8m^3，基础墙厚为240mm，若施工小组共30人，试安排施工生产计划。

解:(1)求劳动量(查劳动定额知:时间定额为 0.89 工日/m^3)

$Q=0.89\times136.8=121.75$ 工日

(2)施工生产计划

$D=\frac{121.75}{30}=4.06$ 天≈4 天

3.3.5 机械台班使用定额

1. 机械台班使用定额的概念

机械台班使用定额是指施工机械在正常施工和合理组织的条件下,完成单位合格产品所必需的定额时间。

2. 机械台班使用定额的表达形式

机械台班使用定额以台班为计量单位,其表达形式与劳动定额相同,也有机械台班时间定额和机械台班产量定额两种形式。

(1)机械台班时间定额。机械时间定额是指在合理劳动组织和合理使用机械正常施工的条件下,完成单位合格产品所必须消耗的工作时间。

$$\text{机械台班时间定额}=\frac{1}{\text{机械台班产量}} \qquad (3-5)$$

当机械与工人小组配合操作时,完成单位合格产品的时间定额,需要列出人工时间定额。

$$\text{人工时间定额}=\frac{\text{小组成员工日数总和}}{\text{机械台班产量}} \qquad (3-6)$$

(2)机械产量定额。机械台班产量定额是指在合理劳动组织和合理使用机械正常施工的条件下,在单位时间内完成合格产品的数量。

$$\text{机械台班产量定额}=\frac{1}{\text{机械时间定额}} \qquad (3-7)$$

(3)两者的关系为互为倒数。

【例 3-3】已知某塔吊吊装某种混凝土预制构件,由 1 名吊车司机,8 名安装起重工,4 名电焊工组成综合小组共同完成。已知机械台班产量定额为 40 块,则吊装每一块构件的机械时间定额和人工时间定额分别为多少?

解:小组总人数 $=1+8+4=13$ 人

$\text{机械台班时间定额}=\frac{1}{\text{机械台班产量}}=\frac{1}{40}=0.025$ 台班

$\text{人工时间定额}=\frac{\text{小组成员工日数总和}}{\text{机械台班产量}}=13\times0.025=0.325$ 工日

3.3.6 材料消耗定额的编制

1. 材料消耗定额的概念

材料消耗定额是指在合理和节约使用材料的条件下，生产单位合格建筑产品所必需消耗的一定品种、规格的建筑材料、半成品、配件的数量标准。

2. 材料的分类

合理确定材料消耗定额，必须研究和区分材料在施工过程中的类别。

1）根据材料消耗的性质划分

施工中材料的消耗可分为必需的材料消耗和损失的材料两类性质。必需消耗的材料，是指在合理用料的条件下，生产合格产品所需消耗的材料。它包括：直接用于建筑和安装工程的材料；不可避免的施工废料；不可避免的材料损耗。必需消耗的材料属于施工正常消耗，是确定材料消耗定额的基本数据。其中，直接用于建筑和安装工程的材料，编制材料净用量定额；不可避免的施工废料和材料损耗，编制材料损耗定额。

2）根据材料消耗与工程实体的关系划分

施工中的材料可分为实体材料和非实体材料两类。

实体材料，是指直接构成工程实体的材料，包括主要材料和辅助材料。主要材料用量大，辅助材料用量少。

非实体材料，是指在施工中必须使用但又不能构成工程实体的施工措施性材料。非实体材料主要是指周转性材料，如模板、脚手架等。

3. 材料消耗定额的组成

材料消耗定额由材料净用量和材料消耗定额损耗量组成。

材料消耗定额损耗量，指在正常条件下不可避免的材料损耗，如现场内材料运输及施工操作过程中的损耗等。其关系式如下

$$\text{材料损耗率}=\frac{\text{损耗量}}{\text{净用量}}\times 100\% \tag{3-8}$$

$$\text{材料消耗定额消耗量}=\text{材料的净用量}+\text{材料的损耗量} \tag{3-9}$$

$$\text{损耗量}=\text{净用量}\times\text{损耗率} \tag{3-10}$$

$$\text{材料消耗定额消耗量}=\text{材料的净用量}\times(1+\text{损耗率}) \tag{3-11}$$

4. 确定材料消耗量的基本方法

确定实体材料的净用量定额和材料损耗定额的计算数据，是通过现场技术测定、实验室试验、现场统计和理论计算等方法获得的。

1）现场技术测定法

现场技术测定法，是在合理使用材料的条件下，在施工现场按一定的程序进行测定完成合格产品的材料耗用量，通过分析、整理，最后得出各施工过程单位产品产量和材料消耗的情况，为编制材料定额提供技术根据。

它的首要任务是选择典型的工程项目，其施工技术、组织及产品质量，均要符合技术规

范的要求；材料的品种、型号、质量也应符合设计要求；产品检验合格，操作工人能合理使用材料和保证产品质量。

在观测前要充分做好准备工作，如选用标准的运输工具和衡量工具，采取减少材料损耗措施等。

观测的成果是取得施工过程单位产品的材料消耗量。观测中要区分不可避免的材料损耗和可以避免的材料损耗，后者不应包括在定额损耗量内。必须经过科学的分析研究以后，确定确切的材料消耗标准列入定额。

2）实验室试验法

实验室试验法，主要是编制材料净用量定额。通过试验，能够对材料的结构、化学成分和物理性能以及按强度等级控制的混凝土、砂浆配比做出科学的结论，给编制材料消耗定额提供有技术根据的、比较精确的计算数据。例如，以各种原材料为变量因素，求得不同强度等级混凝土的配合比，从而计算出每立方米混凝土的各种材料耗用量。

但是，试验法不能取得在施工现场实际条件下，由于各种客观因素对材料耗用量影响的实际数据，这是该法的不足之处。

3）现场统计法

现场统计法，是通过对现场进料、用料的大量统计资料进行分析计算，获得材料消耗的数据。这种方法由于不能分清材料消耗的性质，因而不能作为确定材料净用量定额和材料损耗定额的依据。

采用统计法，必须要保证统计和测算的耗用材料和相应产品一致。在施工现场中的某些材料，往往难以区分用在各个不同部位上的准确数量。因此，要有意识地加以区分，才能得到有效的统计数据。

上述3种方法的选择必须符合国家有关标准规范即材料的产品标准，计量要使用标准容器和称量设备，质量要符合施工验收规范要求，以保证获得可靠的定额编制依据。

4）理论计算法

理论计算法是根据施工图，运用一定的数学公式，直接计算材料耗用量。计算法只能计算出单位产品的材料净用量，材料的损耗量仍要在现场通过实测取得。这是一般板块类材料计算常用的方法。

（1）计算1 m^3 标准砖砌体中材料的消耗量。

$$\text{标准砖的净用量} = \frac{\text{墙厚砖数} \times 2}{\text{墙厚}(\text{砖长}+\text{灰缝})(\text{砖厚}+\text{灰缝})} \tag{3-12}$$

其中：墙厚砖数为$\frac{1}{2}$砖、$\frac{3}{4}$砖、1砖、1$\frac{1}{2}$砖、2砖等；

墙厚为0.115；0.18；0.24；0.365；0.49等；

灰缝一般取定为10mm。

$$\text{标准砖的消耗量} = \text{标准砖的净用量} \times (1+\text{损耗率}) \tag{3-13}$$

$$\text{砂浆的净用量} = 1 - \text{砖净用量} \times \text{单块砖的体积} \tag{3-14}$$

$$\text{砂浆的消耗量} = \text{砂浆的净用量} \times (1+\text{损耗率}) \tag{3-15}$$

【例3-4】计算1砖墙每立方米砌体中标准砖和砂浆的消耗量，其中损耗率为：标准砖1%，砂浆1%。

解:①标准砖的消耗量。

$$标准砖的净用量=\frac{墙厚砖数\times 2}{墙厚(砖长+灰缝)(砖厚+灰缝)}$$

$$=\frac{1\times 2}{0.24\times(0.24+0.01)(0.053+0.01)}=529\ 块$$

标准砖的消耗用量 = 标准砖的净用量 ×(1 + 损耗率)

= 529 ×(1 + 1%) = 534 块

②砂浆的消耗量。

砂浆的净用量 = 1 − 砖净用量 × 单块砖的体积 = 1 − 529 × 0.24 × 0.115 × 0.053

$=0.226m^3$

砂浆的消耗量 = 砂浆的净用量 ×(1 + 损耗率) = 0.226 ×(1 + 1%) = $0.228m^3$

(2)计算块料面层中材料的消耗量。

$$每\ 100m^2\ 面层块料净用量=\frac{100}{(块料长+灰缝)(块料宽+灰缝)}$$

面层块料消耗量 = 面层块料净用量 ×(1 + 损耗率)

【例 3-5】釉面砖规格为 150mm×150×8mm,灰缝 1mm,结合层厚度 20mm,釉面砖损耗率为 1.5%,砂浆损耗率为 2%。试计算 100 m^2 墙面釉面砖消耗量。

$$解:100m^2\ 墙面釉面砖净用量=\frac{100}{(块料长+灰缝)(块料宽+灰缝)}$$

$$=\frac{100}{(0.15+0.001)(0.15+0.001)}\approx 4386\ 块$$

$100m^2$ 墙面釉面砖消耗量 = 面层块料净用量 ×(1 + 损耗率)

= 4386 ×(1 + 1.5%) ≈ 4452 块

5. 施工中周转性材料的消耗量计算

周转性材料在施工过程中不是属通常的一次性消耗材料,而是可多次周转使用,经过修理、补充才逐渐消耗尽的材料,如模板、钢板桩、脚手架等,实际上它也是作为一种施工工具和措施。

周转性材料消耗的定额量是指每使用一次摊销的数量,其计算必须考虑一次使用量、周转使用量、回收价值和摊销量之间的关系。

我国现行建筑工程定额贯彻工程实体消耗和施工措施消耗相分离的原则,将工程实体消耗相对不变的量与施工措施消耗相对可变的量分开,引导施工单位逐步实施依工程的个别成本参与建筑市场竞争。因此,周转性材料即施工措施项目的计算已成为定额与预算中的一个重要内容。

1)现浇构件周转性材料(木模板)用量计算

(1)一次使用量的计算。一次使用量是指周转性材料一次使用的基本量,即一次投入量。周转性材料的一次使用量根据施工图计算,其用量与各分部分项工程部位、施工工艺和施工方法有关。

例如,现浇钢筋混凝土构件模板的一次使用量的计算,需先求构件混凝土与模板的接触面积,再乘以该构件每平方米模板接触面积所需要的材料数量。计算公式如下

$$一次使用量=混凝土模板接触面积\times接触面积需模量\times(1+制作损耗率) \quad (3-16)$$

混凝土模板接触面积应根据施工图计算。

(2)周转使用量的计算。周转使用量是指周转性材料在周转使用和补损的条件下,每周转一次的平均需用量,根据一定的周转次数和每次周转使用的损耗量等因素来确定。

周转次数是指周转性材料从第一次使用起可重复使用的次数。它与不同的周转性材料、使用的工程部位、施工方法及操作技术有关。

周转次数的确定要经现场调查、观测及统计分析,取平均合理的水平。正确规定周转次数,对准确计算用料、加强周转性材料管理和经济核算起重要作用。

损耗量是周转性材料使用一次后由于损坏而需补损的数量,故在周转性材料中又称"补损量",按一次使用量的百分数计算。该百分数即为损耗率。

周转性材料在其由周转次数决定的全部周转过程中,投入使用总量为

$$周转使用量=\frac{一次使用量+一次使用量\times(周转次数-1)\times补损率}{周转次数} \quad (3-17)$$

$$补损率=\frac{平均每次损耗量}{一次使用量}\times100\% \quad (3-18)$$

各种周转性材料,当使用在不同的项目中,只要知道其周转次数和损耗率,即可计算出相应的周转使用系数 。

(3)周转回收量计算。周转回收量是指周转性材料在周转使用后除去损耗部分的剩余数量,即尚可以回收的数量。其计算式为

$$回收量=一次使用量\times\frac{1-补损率}{周转次数} \quad (3-19)$$

(4)摊销量的计算。周转性材料摊销量是指完成一定计量单位产品,一次消耗周转性材料的数量。

$$摊销量=周转使用量-周转回收量\times回收折价率 \quad (3-20)$$

【例3-6】某工程有钢筋砼方形柱 $10m^3$,经计算其砼模板接触面积为 $119m^2$,每 $10m^2$ 模板接触面积需木模板板枋材 $0.525m^3$,操作损耗为5%。已知模板周转次数为5次,每次周转补损率为15%。试计算模板的摊销量。(取回收折价率为50%。)

$$解:一次使用量=119\times\frac{0.525}{10}(1+5\%)=6.56m^3$$

$$周转使用量=\frac{6.56+6.56\times(5-1)\times15\%}{5}=2.099m^3$$

$$回收量=6.56\times\frac{1-15\%}{5}\times50\%=0.5576m^3$$

$$摊销量=周转使用量-回收量=2.099-0.5576=1.541m^3$$

2)预制构件模板及其他定型模板计算

预制混凝土构件的模板,虽属周转使用材料,但其摊销量的计算方法与现浇混凝土木模板计算方法不同,按照多次使用平均摊销的方法计算,即不需计算每次周转的损耗,只需根据一次使用量及周转次数,即可算出摊销量。计算公式如下

$$模板摊销量=\frac{一次使用量}{周转次数} \quad (3-21)$$

其他定型模板，如组合式钢模板、复合木模板亦按上式计算摊销量。

3.4 预算定额

3.4.1 预算定额的概念

预算定额是指在正常合理的施工条件下，完成一定计量单位的分项工程或结构构件所需的人工、材料和机械台班消耗的数量标准。预算定额反映了完成规定计量单位符合设计标准和施工及验收规范要求的分项工程消耗的劳动和物化劳动的数量限度，这种限度决定了单项工程和单位工程的成本和造价。因此，预算定额是一种计价性定额。

3.4.2 预算定额的作用

(1)是编制施工图预算、确定建筑安装工程造价的基础。

(2)工程结算的依据。

(3)是对设计方案和施工方案进行技术经济评价的依据。

(4)是施工单位进行经济活动分析的依据。

(5)是编制概算定额的基础。

(6)是合理编制招标标底、投标报价的基础。

3.4.3 预算定额与施工定额的关系

现行的建筑工程预算定额是以施工定额为基础编制的，但是两种定额水平确定的原则是不相同的。预算定额按社会消耗的平均劳动时间确定其定额水平，它要对先进、中等和落后3种类型的企业及地区进行分析，比较它们之间存在的水平差距的原因，并要注意切实反映大多数企业和地区经过努力能够达到或超过的水平。因此，预算定额基本上反映了社会平均水平。然而，施工定额反映的则是平均先进水平。这就说明两种定额存在着一定差别。因为预算定额比施工定额考虑的可变因素多，需要保留一个合理的水平幅度差，即预算定额的水平比施工定额水平相对低一些，一般预算定额水平低于施工定额水平10%左右。

预算定额和施工定额是施工企业实现科学管理的工具。预算定额是确定工程预算成本的依据，施工定额是确定工程计划成本以及进行成本核算的依据。但是，施工定额项目的划分远比预算定额项目划分细，精确程度相对高些，它是编制预算定额的基础资料。因此，两者之间有着密切的关系。

3.4.4 预算定额的编制

1. 编制原则

1)社会平均水平的原则

预算定额的编制必须遵循价值规律的要求，按生产该产品的社会平均必要劳动时间来确定其价值，即在正常施工条件下，以平均的劳动强度、平均的技术熟练程度、在平均的技术装备条件下，完成单位合格产品所需的劳动消耗量，就是预算定额的消耗水平。这种以社会平均劳动时间来确定的定额水平，就是通常所说的社会平均水平。

2）简明适用的原则

编制预算定额应简明适用，使执行定额的可操作性强。定额项目划分应合理，对于那些主要的、常用的、价值量大的项目，分项工程划分宜细；次要的、不常用的、价值量相对较小的项目则可以粗一些。

3）预算定额的项目齐全

预算定额项目要齐全，并且合理确定预算定额的计量单位，简化工程量的计算，尽可能避免同一种材料用不同的计量单位，尽量少留活口减少换算工作量。

2. 编制依据

（1）国家或各省、市、自治区现行的施工定额，以及现行的建筑工程预算定额等有关定额资料。

（2）现行的设计规范、施工及验收规范、质量评定标准和安全操作规程等文件。

（3）通用设计标准图集、有代表性的设计图纸等有关设计文件。

（4）新技术、新结构、新工艺和新材料，以及科学实验、技术测定和经济分析等有关最新科学技术资料。

（5）现行的工人工资标准、材料预算价格和施工机械台班费用等有关价格资料。

3. 编制步骤和方法

1）编制步骤

编制步骤包括以下几个阶段。

（1）准备阶段。调集人员、成立编制小组，收集编制资料，拟定编制方案，确定定额项目、水平和表现形式。

（2）编制初稿阶段。进行市场调查，审查、熟悉和修改资料，进行测算和分析，按确定的定额项目和图纸等资料计算工程量，确定人工、材料和施工机械台班消耗量，计算定额基价，编制定额项目表和拟定文字说明。

（3）审定阶段。测算新编定额水平，审查、修改所编定额，定稿后报送上级主管部门审批、颁发执行。

2）编制方法

编制方法包括以下几个方面。

（1）根据编制建筑工程预算定额的有关资料，参照施工定额分项项目，综合确定预算定额的分部分项工程（或结构构件）项目及其所含子项目的名称和工作内容。

（2）确定定额项目的计量单位。

其确定的方法如下：一般来说，当物体的长、宽、高都发生变化时，应当采用立方米为计量单位，如土石方、砌筑工程、钢筋混凝土等工程；当物体有一定的厚度，而面积不固定时，应当采用平方米为计量单位，如地面、墙面和天棚抹灰、屋面工程等；当物体的截面形状和大小不变，而长度发生变化时，应当采用延长米为计量单位，如楼梯扶手、阳台栏杆、装饰线工程等；当物体的体积或面积相同，但质量和价格差异较大时，应当采用吨或千克为计量单位，如金属构件制作、安装工程等；当物体形状不规则，难以量度时，则采用自然单位为计量单位，如根、套等。

定额计量单位的表示方法：建筑工程预算定额的计量单位均按国际单位制执行，长度采用毫米、厘米、米和千米；面积采用平方毫米、平方米；体积采用立方米，重量采用千克、吨。

定额项目单位及其小数点的取定：人工以工日为单位，取两位小数；主要材料及成品、半成品中的木材以立方米为单位，取4位小数；钢材和钢筋以吨为单位，取4位小数；其他材料费以元为单位，取两位小数；施工机械以台班为单位，取3位小数；数字计算过程中取3位小数，计算结果四舍五入，保留两位小数。

(3)根据确定的分项工程或结构构件项目及其子项目，结合选定的典型设计图纸或资料、典型施工组织设计，计算工程量并确定定额人工、材料和施工机械台班消耗量指标。

(4)编制定额表，即确定和填制定额中的各项内容。

①确定人工消耗定额。按工种分别列出各工种工人的工日数和他们的合计工日数。

②确定材料消耗定额。应列出主要材料名称和消耗量，对一些用量很少的次要材料，可合并一项按"其他材料费"，以金额"元"来表示。

③ 确定机械台班消耗定额。列出各种机械名称，消耗定额以"台班"表示；对于一些次要机械，可合并成一项按"其他机械费"，直接以金额"元"列入定额表。

有些地区的建筑工程预算定额，在各分项工程(或结构构件)中不包括水、电和小型机械消耗量，而在全部工程直接费基础上，按本地区所确定的系数计取。

(5)确定定额基价。建筑工程预算定额表中，直接列出定额基价和其中的人工费、材料费、机械使用费。按照建筑工程预算定额的工程特征，包括工作内容施工方法、计量单位以及具体要求，编制简要的定额说明。

3.4.5 建筑工程预算定额手册的组成

为了便于确定各分部分项工程或结构构件的人工、材料和机械台班等的消耗指标及相应的价值货币表观的标准，将预算定额按一定的顺序汇编成册。这种汇编成册的预算定额，称为建筑工程预算定额手册。

1. 建筑工程预算定额手册的内容

建筑工程预算定额手册的内容由目录、总说明、建筑面积计算规则、分部分项工程说明及其相应的工程量计算规则、定额项目表和有关附录等组成。

(1)定额总说明。定额总说明，概述了建筑工程预算定额的编制目的、指导思想、编制原则、编制依据、定额的适用范围和作用以及有关问题的说明和使用方法。

(2)建筑面积计算规则。建筑面积计算规则严格、系统地规定了计算建筑面积内容范围和计算规则，这是正确计算建筑面积的前提条件，使全国各地区的同类建筑产品的计划价格有科学的可比性。例如，对同一类型结构性质的建筑物，可通过计算单位建筑面积造价，进行技术经济效果的分析和比较。

(3)分部工程说明。分部工程说明是建筑工程预算定额手册的重要内容，它介绍了分部工程定额中包括的主要分项工程和使用定额的一些基本规定，并阐述了该分部工程中各项工程的工程量计算规则和方法。

(4)分项工程定额项目表。分项工程定额项目表的表达形式，见表3-2(以山东省建筑工程消耗量定额为例)。

（5）定额附录。建筑工程预算定额手册中的附录包括机械台班价格和材料预算价格。它们主要作为定额换算和编制补充预算定额的基本依据。

表3-2 实砌砖墙

工作内容：①调运砂浆、铺砂浆、运砖。

②砌砖包括安装窗台虎头砖、腰线、门窗套；安放木砖、铁件等。

定额编号			3-1-6	3-1-7	3-1-8	3-1-9	3-1-10
项目			单面清水砖墙（墙厚/mm）				
			115	180	240	365	490及以上
名称		单位	数量				
人工	综合工日	工日	20.80	20.54	18.05	17.05	16.39
材料	混合砂浆M2.5	m^3	1.9500	2.1350	2.2500	2.4000	2.4500
	混合砂浆M5.0	m^3	(1.9500)	(2.1350)	(2.2500)	(2.4000)	(2.4500)
	机制红砖 240mm×115mm×53mm	千块	5.6411	5.5101	5.3140	5.3500	5.3100
	水	m^3	1.1400	1.1000	1.0600	1.0700	1.0600
机械	灰浆搅拌机200L	台班	0.244	0.267	0.281	0.298	0.300

2. 建筑工程预算定额手册的应用

定额项目的选套方法如下。

预算定额是编制施工图预算的基础资料，在选套定额项目时，一定要认真阅读定额的总说明、分部工程说明、分节说明和附注内容。要明确定额的适用范围，定额考虑的因素和有关问题的规定，以及定额中的用语和符号的含义，如定额中凡注有“以内”或“以下”者，均包括其本身在内，而“以外”或“以上”者，均不包括其本身在内等。要正确理解、熟记建筑面积和各分项工程量的计算规则，以便在熟悉施工图纸的基础上能够迅速准确地计算建筑面积和各分项工程的工程量，并注意分项工程（或结构构件）的工程量计量单位应与定额单位相一致，做到准确地套用相应的定额项目，如计算铁栏杆工程量时，其计量单位为“延长米”，但在套用金属栏杆工程相应定额确定其工料和费用时，定额计量单位为“吨”，因此必须将铁栏杆的计量单位“延长米”折算成“吨”，才能符合定额计量单位的要求。一定要明确定额换算范围，能够应用定额附录资料，熟练地进行定额换算和调整。在选套定额项目时，可能会遇到下列几种情况。

（1）直接套用定额项目。当施工图纸的分部分项工程内容与所选套的相应定额项目内容相一致时，应直接套用定额项目。要查阅、选套定额项目和确定单位预算价值时，绝大多数工程项目属于这种情况。其选套定额项目的步骤和方法如下：根据设计的分部分项工程内容，从定额目录中查出该分部分项工程所在定额中的页数及其部位；判断设计的分部分项工程内容与定额规定的工程内容是否相一致，当完全一致（或虽然不相一致，但定额规定不允许换算调整）时，即可直接套用定额基价；将定额编号和定额基价（其中包括人工费、材料费和机械使用费）填入预算表内。

(2)套用换算后定额项目。当施工图纸设计的分部分项工程内容,与所选套的相应定额项目内容不完全一致时,如定额规定允许换算,则应在定额规定范围内进行换算,套用换算后的定额基价。当采用换算后定额基价时,应在原定额编号右下角注明“换”字,以示区别。

(3)套用补充定额项目。当施工图纸中的某些分部分项工程,采用的是新材料、新工艺和新结构,这些项目还未列入建筑工程预算定额手册中或定额手册中缺少某类项目,也没有相类似的定额供参照时,为了确定其预算价值,就必须制定补充定额。当采用补充定额时,应在原定额编号内编写一个“补”字,以示区别。

3.4.6 预算定额消耗量指标的确定

1. 人工消耗量指标的确定

预算定额中的人工消耗量指标是指在正常施工技术、合理的劳动组织和合理使用材料的条件下,完成单位合格产品所必需消耗的人工工日数量。人工消耗指标是反映产品生产中活劳动消耗的数量标准。预算定额中人工消耗指标不分工种、技术等级,一律以综合工日表示,内容包括基本用工、超运距用工、辅助用工和人工幅度差4部分。其确定方法主要有两种:一种是以劳动定额为基础确定;另一种是以现场观察测定资料为基础进行计算。本书中主要以劳动定额为基础进行确定。

1)基本用工

基本用工指完成一定计量单位的分项工程或结构构件的各项工作过程的施工任务必须消耗的技术工种的用工。主要包括以下两个方面。

(1)完成定额计量单位的主要用工,如砌砖工程中的砌砖、调制砂浆、运砖等的用工。

(2)按施工定额规定应增(减)计算的人工消耗量。由于预算定额是在施工定额基础上的综合和扩大,包括的工作内容较多,如砌砖项目中还要增加砌附墙烟囱孔、垃圾道等的用工。其计算公式为如下

①基本工工日数量:按综合取定的工程量套劳动定额计算即

$$\text{基本用工} = \sum(\text{综合取定的工程量} \times \text{时间定额}) \tag{3-22}$$

②基本工工资等级系数(基本工平均工资等级系数):由劳动小组的平均工资等级确定

$$\text{劳动小组成员平均工资等级系数} = \frac{\sum(\text{某工资等级工人数} \times \text{相应等级工人系数})}{\text{劳动小组成员总数}} \tag{3-23}$$

【例3-7】劳动定额中砖石结构工程规定劳动小组成员中技工、普通技工等级是:技工包括七级1人,六级1人,五级1人,四级1人,三级2人,二级4人;普通工包括三级6人,二级6人。

求:该小组的平均工资等级系数。

解:砖石结构技工、普工平均工资等级系数为

$$\frac{1\times2.8+1\times2.36+1\times1.99+1\times1.67+2\times1.41+4\times1.187+6\times1.41+6\times1.187}{1+1+1+1+2+4+6+6}$$

$=1.453$

由此系数查劳动定额可得该小组的平均工资等级为3.2级。

2)超运距用工

超运距用工是指消耗量定额取定的材料、半成品的平均运距超过劳动定额规定的平均运距,应增加用工量。计算时应先求每种材料的超运距,然后再根据劳动定额计算超运距用工。

$$超运距=预算定额取定运距-劳动定额已包括的运距 \tag{3-24}$$

$$超运距用工=\sum(超运距材料数量\times 时间定额) \tag{3-25}$$

3)辅助用工

辅助用工指施工现场发生的加工材料等而在劳动定额中未包括的用工。如筛沙子、淋石灰膏的用工。

$$辅助用工=\sum(材料加工数量\times 相应的时间定额) \tag{3-26}$$

定额规定材料加工为普工二级,工资系数为1.187。

4)人工幅度差

人工幅度差主要指正常施工条件下不可避免要发生的,而劳动定额中没有包含的用工因素。人工幅度差包括以下内容。

(1)各工种间的工序搭接及交叉作业互相配合所发生的停歇用工。

(2)施工机械在单位工程之间转移及临时水电线路移动所造成的停工。

(3)质量检查和隐蔽工程验收工作的影响。

(4)班组操作地点转移用工。

(5)工序交接时对前一工序不可避免的修整用工。

(6)施工中不可避免的其他零星用工。

其计算公式为

$$人工幅度差用工=(基本用工+超运距用工+辅助用工)\times 人工幅度差系数 \tag{3-27}$$

我们国家现行规定,一般人工幅度差系数取定为10%~15%。

2. 材料消耗指标的计算

预算定额中的材料消耗指标是指在正常施工条件下,完成单位合格产品所必需消耗的材料、成品、半成品、构配件及周转性材料的数量标准。按用途划分为主要材料、辅助材料、周转性材料和其他材料4种。

(1)主要材料。主要材料指直接构成工程实体的材料,其中也包括成品、半成品的材料。其确定方法与施工定额中的确定方法相同,计算公式如下

$$材料消耗量=材料净用量+损耗量 \tag{3-28}$$

或

$$材料消耗量=材料净用量\times(1+材料损耗率) \tag{3-29}$$

注意:预算定额中的材料损耗率与施工定额中的材料的损耗率不同,预算定额中材料的损耗考虑的范围比施工定额中的要广,除了正常材料施工操作过程中的损耗,还必须考虑施工现场范围内材料堆放、运输、制作等方面的损耗。

(2)辅助材料。辅助材料是构成工程实体除主要材料以外的其他材料,如垫木、钉子、铅丝等。预算定额中对于用量很少、价值又不大的次要材料,估算其用量后,合并成“其他材料费”,以“元”为单位列入预算定额表中。

(3)周转性材料。周转性材料是指脚手架、模板等多次周转使用的不构成工程实体的摊销性材料。

(4)其他材料。其他材料是指用量较少,难以计量的零星用料,如棉纱、编号用的油漆等。

3. 机械台班消耗指标的计算

预算定额中的机械台班消耗指标是指在施工定额的基础上,考虑机械幅度差后确定的机械台班数量。机械台班消耗指标有两种计算方法:根据施工定额确定机械台班消耗指标和以现场测定资料为基础确定机械台班消耗指标。

1)根据施工定额确定机械台班消耗指标

这种方法是指施工定额或劳动定额中机械台班产量加机械幅度差计算预算定额的机械台班消耗量。预算定额中机械台班幅度差的内容主要包括以下几点。

(1)施工机械转移工作面及配套机械相互影响所损失的时间。

(2)检查工程质量影响机械操作的时间。

(3)在正常施工情况下机械施工中不可避免的工序间歇。

(4)临时水、电线路在施工过程中移动所发生的不可避免的机械操作间歇时间。

(5)冬季施工期间发动机械的时间等。

其计算公式如下

$$预算定额机械台班消耗量 = 施工定额机械台班消耗量 \times (1 + 机械幅度差系数) \tag{3-30}$$

大型机械幅度差系数为:土方机械25%,打桩机械33%,吊装机械30%%,砂浆、混凝土搅拌机由于按小组配用,以小组产量计算机械台班产量,不另增加机械幅度差。其他分部工程中如钢筋加工、木材、水磨石等各项专用机械的幅度差为10%。

2)以现场测定资料为基础确定机械台班消耗指标

当施工定额缺项时,需要按机械单位时间完成的产量进行测定并经过分析后确定机械台班消耗量。

3.4.7 建筑安装工程人工、材料和机械台班单价的确定方法

1. 人工单价的组成和确定方法

1)人工单价及其组成内容

人工单价是指一个建筑安装生产工人一个工作日在计价时应计入的全部人工费用。它基本上反映了建筑安装生产工人的工资水平和一个工人在一个工作日中可以得到的报酬。合理确定人工单价是正确计算人工费和工程造价的前提和基础。当前,按照现行规定生产工人的人工工日单价组成见表3-3。

2)人工单价确定的依据和方法

(1)基本工资,是指发给生产工人的基本工资。生产工人的基本工资应执行岗位工资和技能工资制度。根据有关部门制定的《全民所有制大中型建筑安装企业的岗位技能工资试行方案》,按岗位工资、技能工资和工龄工资计算。工人岗位工资标准设8个岗位。技能工资分初级工、中级工、高级工、技师和高级技师5类,工资标准分33档。

基本工资(G1)=生产工人平均月工资/年平均每月法定工作日 (3-31)

年平均每月法定工作日=(全年日历日-法定假日)/12 (3-32)

(2)工资性补贴，是指按规定标准发放的物价补贴，煤、燃气补贴，交通费补贴，住房补贴，流动施工津贴及地区津贴等。

$$工资性补贴(G2) = \sum 年发放标准/(全年日历日-法定假日) + \sum 年发放标准/年平均每月法定工作日 + 每工作日发放标准 \quad (3-33)$$

其中:法定假日指双休日和法定节日。

(3)生产工人辅助工资，是指生产工人年有效施工天数以外非作业天数的工资，包括职工学习、培训期间的工资，调动工作、探亲、休假期间的工资，因气候影响的停工工资，女工哺乳时间工资，病假在6个月以内的工资及产、婚、丧假期的工资。

(4)职工福利费，是指按规定标准计提的职工福利费和工会经费。

职工福利费=(G4)=(G1+G2+G3)×福利费计提比例(%) (3-34)

(5)生产工人劳动保护费，是指按规定标准发放的劳动保护用品等的购置费及修理费，徒工服装补贴，防暑降温费，在有碍身体健康环境中的施工保健费用等。

近几年国家陆续出台了养老保险、医疗保险、住房公积金、失业保险等社会保障的改革措施，新的工资标准会将上述内容逐步纳入人工预算单价中。

表3-3 人工单价的组成

基本工资	岗位工资
	技能工资
	工龄工资
工资性补贴	物价补贴
	煤、燃气补贴
	交通补贴
	住房补贴
	流动施工津贴
辅助工资	开会和执行必要的社会义务期间的工资
职工福利费	按国家规定自工人工资中提取的职工福利基金和工会经费
劳动保护费	按规定发放的劳保用品

2. 材料预算单价的组成和确定方法

建筑工程中，材料费约占总造价的60%~70%，是工程直接费的主要组成部分。因此合理确定材料价格构成，正确计算材料价格，有利于合理确定和有效控制工程造价。

1)材料预算单价的构成

材料预算单价是指材料(包括构件、成品及半成品等)从其来源地(或交货地点、供应者仓库提货地点)到达施工工地仓库(施工地点内存放材料的地点)后出库的综合平均价格。

材料预算单价一般由材料出厂价（或供应价格）、材料运杂费、材料运输损耗费、采购及保管费及材料检验试验费组成。

2）材料预算单价的确定方法

（1）材料基价。材料基价是材料原价（或供应价格）、材料运杂费、运输损耗费以及采购保管费合计而成的。

①材料原价（或供应价格）。材料原价是指材料的出厂价格、进口材料抵岸价或销售部门的批发价或市场采购价格（或信息价）。

在确定原价时，凡同一种材料因来源地、交货地、供货单位、生产厂家不同，而有几种价格时，根据不同来源地供货数量比例，采取加权平均的方法确定其综合原价。计算公式如下

$$加权平均原价 = (K_1C_1 + K_2C_2 + \cdots + K_nC_n)/(K_1 + K_2 + \cdots + K_n) \tag{3-35}$$

式中：$K_1, K_2, \cdots, K_n$ ——各不同供应地点的供应量或各不同使用地点的需求量；

$C_1, C_2, \cdots, C_n$ ——各不同供应地点的原价。

②材料运杂费。材料运杂费是指材料自来源地运至工地仓库或指定堆放地点所发生的全部费用。含外埠中转运输过程中所发生的一切费用和过境过桥费用，包括包装费、调车和驳船费、装卸费、运输费及附加工作费等。

同一品种的材料有若干个来源地，应采用加权平均的方法计算材料运杂费。计算公式如下

$$加权平均运杂费 = (K_1T_2 + K_2C_2 + \cdots + K_nT_n)/(K_1 + K_2 + \cdots K_n) \tag{3-36}$$

式中：$K_1, K_2, \cdots, K_n$——各不同供应地点的供应量或各不同使用地点的需求量；

$T_1, T_2, \cdots, T_n$——各不同运距的运费。

另外，在运杂费中需要考虑为了便于材料运输和保护材料而发生的包装费。材料包装费用有两种情况：一种情况是包装费已计入材料原价中，此种情况不再计算包装费，如袋装水泥，水泥纸袋已包括在水泥原价中；另一种情况是材料原价中未包括包装费，如需包装时包装费则应计入材料价格内。

注意：材料的包装费中，如果所用的包装材料可以回收利用时，应从材料的基价中冲减包装品回收价值。其计算方法为

$$包装材料回收价值 = \frac{包装材料费 \times 回收率 \times 回收价值率}{包装材料数量} \tag{3-37}$$

③运输消耗。在材料的运输中应考虑一定的场外运输损耗费用。这是指材料在运输装卸过程中不可避免的损耗。运输损耗的计算公式是

$$运输损耗 = (材料原价 + 运杂费) \times 相应材料损耗率 \tag{3-38}$$

④采购及保管费。采购及保管费是指材料供应部门（包括工地仓库及其以上各级材料主管部门）在组织采购、供应和保管材料过程中所需的各项费用，包含采购费、仓储费、工地保管费和仓储损耗。

采购及保管费一般按照材料到仓库价格以费率取定。材料采购及保管费计算公式如下

$$采购及保管费 = 材料运到工地仓库价格 \times 采购及保管费率 \tag{3-39}$$

或 $$采购及保管费 = (材料原价 + 运杂费 + 运费损耗费) \times 采购及保管费率 \tag{3-40}$$

综上所述，材料基价的一般计算公式为

$$材料基价 = \{(供应价格 + 运杂费) \times [1 + 运输损耗率(\%)]\} \times [1 + 采购及保管费率(\%)] \tag{3-41}$$

(2)检验试验费。检验试验费是指对建筑材料、构件及建筑安装物进行一般鉴定、检查所发生的费用,包括自设实验室进行实验所耗用的材料和化学药品等费用。不包括新结构、新材料的试验费和建设单位对具有出厂合格证明的材料进行检验,对构件做破坏性试验及其他特殊要求检验试验的费用。其计算公式如下

$$检验试验费 = \sum(单位材料量检验试验费 \times 材料消耗量) \tag{3-42}$$

由于我国幅员辽阔,建筑材料产地与使用地点的距离在各地差异很大,同时采购、保管、运输方式也不尽相同,因此材料价格原则上按地区范围编制。

3)影响材料价格变动的因素

(1)市场供需变化。材料原价是材料价格中最基本的组成。市场供大于求价格就会下降;反之,价格就会上升。从而也就会影响材料价格的涨落。

(2)材料生产成本的变动直接导致材料价格的波动。

(3)流通环节的多少和材料供应体制也会影响材料价格。

(4)运输距离和运输方法的改变会造成材料运输费用的增减,从而也会影响材料的价格。

(5)国际市场行情会对进口材料价格产生影响。

【例3-8】某工地使用32.5级硅酸盐水泥的材料(表3-4),水泥为纸袋包装,其包装费已包括在原价中,纸袋回收量为60%,回收折旧率为50%,每个纸袋单价为0.6元,试计算其预算价格。(注:运输损耗率1.5%,采购保管费率为2.5%,检验试验费率为2%。)

表3-4 32.5级硅酸盐水泥的供应情况表

货源地	数量/t	出厂价/(元/t)	运杂费/(元/t)
甲	500	280	20
乙	300	282	18
丙	200	276	22

解:(1)材料原价 $= \dfrac{500 \times 280 + 300 \times 282 + 200 \times 276}{500 + 300 + 200} = 279.80$ 元/t

(2)运杂费 $= \dfrac{500 \times 20 + 300 \times 18 + 200 \times 22}{500 + 300 + 200} = 19.80$ 元/t

(3)运输损耗 $= (279.80 + 19.80) \times 1.5\% = 5.99$ 元/t

(4)采购及保管费 $= (279.80 + 19.80 + 5.99) \times 2.5\% = 7.64$ 元/t

(5)包装品回收 = 包装品原值 × 回收量比率 × 回收折价率

$= 20$ 元/t $\times 0.6 \times 60\% \times 50\% = 3.6$ 元/t(每吨20个袋子)

(6)检验试验费 $= 279.80 \times 2\% = 5.60$ 元/t

(7)材料预算价格 $= 279.80 + 19.80 + 5.99 + 7.64 + 5.60 - 3.60 = 315.23$ 元/t

3. 施工机械台班单价的组成和确定方法

施工机械使用费是根据施工中耗用的机械台班数量和机械台班单价确定的。施工机械台班耗用量按预算定额规定计算;施工机械台班单价是指一台施工机械,在正常运转条件下

一个工作班中所发生的全部费用，每台班按8小时工作制计算。

施工机械台班单价由7项费用组成，包括折旧费、大修理费、经常修理费、安拆费及场外运输费、燃料动力费、机上人工费、车船使用税等。

1）折旧费

$$折旧费 = \frac{机械预算价格 \times (1-残值率) \times 贷款系数}{耐用总台班} \tag{3-43}$$

残值率根据废旧机械变价处理的情况决定，按有关文件规定：运输机械为2%，特大型机械为3%，中小型机械为4%，掘进机械为5%。

$$贷款利息系数 = 1 + \frac{(n+1)i}{2} \tag{3-44}$$

式中：n——此类机械的折旧年限；

i——当年银行贷款利率。

耐用总台班：机械从开始投入使用至报废前所使用的总台班数。

$$耐用总台班 = 折旧年限 \times 年工作台班 = 大修理间隔台班 \times 大修理周期 \tag{3-45}$$

大修理间隔台班，是指机械自投入使用起至第一次大修止或自上一次大修后投入使用起至下一次为止应达到的使用台班数。

大修理周期，是指机械在正常的施工条件下，将其寿命期（即耐用总台班）按规定的大修理次数划分为若干个周期。其计算公式为

$$大修理周期 = 寿命期大修理次数 + 1 \tag{3-46}$$

2）大修理费

机械按规定的大修间隔进行必要的大修，以恢复正常功能的费用。其计算公式为

$$台班大修理费 = \frac{一次大修理费 \times 寿命周期大修理次数}{耐用总台班} \tag{3-47}$$

$$寿命周期大修理次数 = \frac{使用总台班}{大修理间隔台班} \tag{3-48}$$

3）经常修理费

除大修外的各级保养及临时故障排除所需费用。

$$台班经常修理费 = 大修理费 \times K_a \tag{3-49}$$

式中：K_a——台班经常维修系数；

4）安拆费及场外运输费

安拆费指施工机械在现场进行安装，拆卸所需的人工、材料、机械和试运转费用以及机械辅助设施的折旧、搭设、拆除等费用；场外运费指施工机械整体或分体自停放地点运至施工现场或由一施工地点运至另一施工地点的运输、装卸、辅助材料及架线等费用。

$$台班安拆及场外运输费 = \frac{机械一次安拆费 \times 每年平均安拆次数}{年工作台班} + 台班辅助设施费 \tag{3-50}$$

$$台班辅助设施费 = (一次运输及装卸费 + 辅助材料一次摊销费 + 一次架线费) \times 年运输次数 \div 机械年工作总台班 \tag{3-51}$$

场外运输费：25 km 以内机械进出场及转移费用。

5)燃料动力费

是指施工机械在运转作业中所耗用的固体燃料(煤、木柴)、液体燃料(汽油、柴油)及水、电等费用。其计算公式为

$$台班燃料动力消耗量=(实测数\times4+定额平均值+调查平均值)/6 \quad (3-52)$$

$$台班燃料动力费=\sum(燃料动力消耗量\times燃料动力单价) \quad (3-53)$$

6)机上人工费:指机上司机、司炉和其他操作人员的工作日费用。

$$台班人工费=定额机上人工工日\times日工资单价 \quad (3-54)$$

7)车船使用税

指施工机械按照国家和有关部门规定应缴纳的车船使用税、保险费及年检费用。

(1)年车船使用税、年检费用应执行编制期有关部门的规定。

(2)年保险费执行编制期有关部门强制性保险的规定,非强制性保险不应计算在内。

3.5 企业定额

根据目前建设市场经济的发展要求,现行的地方定额或行业定额已不能满足市场要求;实行工程量清单报价的基本思路就是“控制量,放开价,由企业自主报价,最终由市场开放价格”。控制量即由国家统一工程量计算规则、项目分类、编码、术语。当前,建设部对招投标工程已大力推行工程量清单计价并已开始组织制定《全国统一工程量清单计价方法》。这就要求每个施工企业要及时调整思路,紧跟市场,尽早制定适合本企业适应新形势的企业定额,不断提高企业竞争力。

3.5.1 企业定额的概念

1. 企业定额的定义

企业定额是指施工企业根据本企业的施工技术和管理水平以及有关工程造价资料制定的,并供本企业使用的人工、材料和机械台班消耗量标准和价格水平。

企业定额是由企业自行编制,只限于本企业内部使用的定额,例如施工企业附属的加工厂、车间为了内部核算便利而编制的定额。至于对外实行独立核算的单位,如预制混凝土和金属构件厂、大型机械化施工公司、机械租赁站等,虽然它们的定额标准并不纳入建筑安装工程定额系列之内,但它们的生产服务活动与建设工程密切相关,因此,其定额标准、出厂价格、机械台班租赁价格等,都要按规定的编制程序和方法经有关部门的批准才能在规定的范围内执行。企业定额只在企业内部使用,是企业素质的一个标志。企业定额水平一般应高于国家现行定额,才能满足生产技术发展、企业管理和市场竞争的需要。

2. 企业定额与施工定额的区别

企业定额指建筑安装企业根据自身的技术和管理水平,所确定的完成单位合格产品所必需的人工、材料和施工机械台班的消耗量,以及人工、材料和机械台班费用的价值标准。施工定额是编制企业定额的基础。

施工定额是以同一性质的施工过程——工序,作为研究对象,表示生产产品数量与生产要素消耗综合关系编制的定额。是施工企业为了组织生产和加强管理在企业内部使用的一

种定额，属于企业定额的性质。它是工程建设定额的基础性定额，由劳动定额、机械定额、材料定额3个相对独立的部分组成，是编制预算定额的基础。

3.5.2 企业定额在工程量清单报价中的作用

实行工程量清单报价，其目的很明显是为了打破过去由政府的造价部门统一单价的做法，让施工企业能最大限度地发挥自己的价格和技术优势，不断提高自己企业的管理水平，推动竞争，从而在竞争中形成市场，进一步推进整个建设领域的纵深发展；这也是招投标制度和造价管理与国际惯例接轨过程中要经过的必然阶段。施工企业要生存壮大，就现有的建设市场形势，有一套切合企业本身实际情况的企业定额是十分重要的。运用自己的企业定额资料去制定工程量清单中的报价，尽管工程量清单中的工程量计算规则和报价包括的内容仍然沿用了地方定额或行业定额的规定，但是，在材料消耗、用工消耗、机械种类、机械配置和使用方案、管理费用的构成等各项指标上，基本上是按本企业的具体情况制定的。与地方定额或行业定额相比，企业定额表现了自己企业的施工管理上的个性特点，提高了竞争力。如电力工程建设，其特点是建设规模大、投资大、建设工期较长、施工工艺要求高等，为此，在电力工程项目招投标中，科学合理先进的企业定额显得更为重要。同一个项目，可能由于每个企业根据自身的情况而制定的企业定额的水平差距较大，相应的投标报价也会相差较大。这是因为每个电力施工企业在材料消耗、用工消耗、管理费用的构成等各项指标上的不同，更为重要的是机械种类、机械配置和使用方案的不同，因为机械费用在电力建设费用中占有较大比重。如在某电厂2×600MW机组工程招投标中某一标段的投标报价，最高报价为3.44亿元，最低报价为3.07亿元，相差3700万元，这就充分说明了企业定额在工程量清单报价中的重要性。

3.5.3 企业定额的编制原则

作为企业定额，必须体现以下特点。

(1)企业定额各单项的平均造价要比社会平均价低，体现企业定额的先进合理性，至少要与之基本持平，否则，就失去企业定额的实际意义。

(2)企业定额要体现本企业在某方面的技术优势，以及本企业的局部管理或全面管理方面的优势。

(3)企业定额的所有单价都实行动态管理；要定期调查市场，定期总结本企业各方面业绩与资料，不断完善，及时调整，与建设市场紧密联系，不断提高竞争力。

(4)企业定额要紧紧联系施工方案、施工工艺并能与其全面接轨。

根据以上特点，企业定额的编制应坚持以下几条原则。

1. 定额水平的平均先进性原则

我国现行《全国统一基础定额》的水平是按照正常的施工条件，多数建筑企业的施工机械装备程度，合理的施工工期、施工工艺、劳动组织为基础编制的，反映了社会平均消耗水平标准；而企业定额水平则反映的是单个施工企业在一定的施工程序和工艺条件下施工生产过程中活劳动和物化劳动的实际水平，即在正常的施工条件下某一施工企业的大多数施工班组和生产者经过努力能够达到和超过的水平。这种水平既要在技术上先进，又要在经济上合理可行，是一种可以鼓励中间、鞭策落后的定额水平，是编制企业定额的理想水平。这种定额水平的制定将有利于降低工、料、机的消耗，有利于提高企业管理水平和获取最大的利益。同时，还能够正确地反映比较先进的施工技术和施工管理水平，以促进新技术在施工企业中的不断推广和提高及施工管理的日益完善。编制企业定额还要考虑达到定额水平的客观条件和主观因素，以促使施工企业根据现有的施工条件，经过主观努力可以达到定额水平。但是，企业定额水平绝不是简单意义上的“施工定额”水平，它应包括预算定额中包含的合理的幅度差等可变因素。企业定额水平应当能够真实地反映企业管理现状。只有这样企业才能在市场经济条件下，在与国际惯例接轨的进程中，更多地占有建筑市场份额。

2. 定额项目的适用性原则

企业定额作为参与市场经济竞争和承发包计价的依据，在编制项目总思路上，应与国家标准“建筑工程量清单计价规范”编号和项目名称、计量单位等保持一致，这样既有利于报价组价的需要，又有利于企业尽快建立自己的定额标准，更有利于企业个别成本与社会平均成本的比较分析。由于企业定额更多地考虑了施工组织设计、先进施工工艺和技术以及其他的成本降低性措施，更加贴近实际，因此对影响工程造价的主要、常用项目，在划项时要比预算定额具体详尽，对次要的、不常用的、价值相对小的项目，可尽量综合，减少零散项目，便于定额管理，但要确保定额的适用性。同时每章节后要预留空档位置，不断补充因采用新技术、新结构、新工艺、新材料而出现的新的定额子目。

3. 独立自主编制的原则

施工企业作为具有独立法人地位的经济实体，应根据企业的具体情况，结合政府的价格政策和产业导向，以盈利为目标，自主地编制企业定额。贯彻这一原则有利于企业自主经营；有利于推行现代企业财务制度；有利于施工企业摆脱过多的行政干预，更好地面对建筑市场竞争环境；也有利于促进新的施工技术和施工方法的采用。企业独立自主地制定定额，主要是自主地确定定额水平，自主地划分定额项目，自主地根据需要增加新的定额项目。但是，企业定额毕竟是一定时期企业生产力水平的反映，它不可能也不应该割断历史。因此企业定额在工程量计算规则、项目划分规定和计量单位等应与国家政策规定保持衔接。

3.5.4 企业定额的编制内容

企业定额从其表现形式上看，编制内容应包括：编制方案，总说明，工程量计算规则，定额项目，定额水平的制定（人工、材料、机械台班消耗水平和管理成本费的测算和制定），定额水平的测算（典型工程测算及与全国基础定额的对比测算），定额编制基础资料的整理、归类和编写。

企业定额从定额体系上看，应包括两部分：企业施工定额和企业预算定额，具体如图3.3所示。

（1）企业施工定额，主要用于企业内部编制成本计划，进行成本核算和成本控制及落实内部经济责任制，是生产管理性定额。

（2）企业预算定额，主要用于企业对外投标报价，参与市场竞争，是企业的计价性定额。

定额的编制依据主要有：国家的有关法律、法规，政府的价格政策，现行的建筑安装工程施工及验收规范,安全技术操作规程和现行劳动保护法律、法规,国家设计规范,各种类型具有代表性的标准图集,施工图纸,企业技术与管理水平,工程施工组织方案,现场实际调查和测定的有关数据,工程具体结构和难易程度状况,以及采用新工艺、新技术、新材料、新方法的情况等。

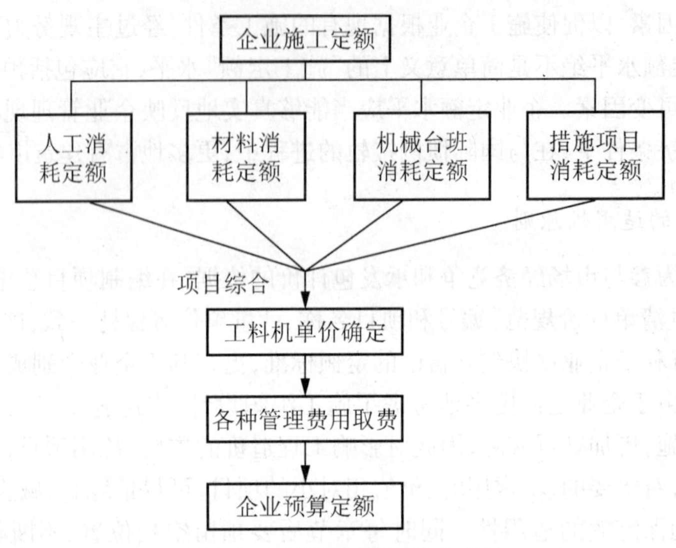

图 3.3 企业定额体系的构成图

3.5.5 企业定额的编制方法

编制企业定额最关键的工作是确定人工、材料和机械台班的消耗量,以及计算分项工程单价或综合单价。具体测定和计算方法同前述施工定额及基础定额的编制。

企业定额编制方法可以根据子目特殊性,所占工程造价的比重,技术含量等因素选择不同的方法,以下几种方法供参照。

1. 现场观察测定法

现场观察测定法是我国多年来专业测定定额的常用方法。它以研究工时消耗为对象,以观察测时为手段。通过密集抽样和粗放抽样等技术进行直接的时间研究,确定人工消耗和机械台班定额水平。这种方法的特点,是能够把现场工时消耗情况和施工组织技术条件联系起来加以观察、测时、计量和分析,以获得该施工过程的技术组织条件和工时消耗的有技术根据的基础资料。它不仅能为制定定额提供基础数据,也能为改善施工组织管理、改善工艺过程和操作方法、消除不合理的工时损失和进一步挖掘生产潜力提供依据。这种方法技术简便、应用面广、资料全面,适用影响工程造价大的主要项目及新技术、新工艺、新施工方法的劳动力消耗和机械台班水平的测定。这里要强调的是劳动消耗中要包含人工幅度差的因素,至于人工幅度差考虑为多少,是低于现行预算定额水平还是作不同的取值,由企业在实践中探索确定。

2. 经验统计法(抽样统计法)

经验统计法是运用抽样统计的方法,从以往类似工程施工竣工结算资料和典型设计图纸资料及成本核算资料中抽取若干个项目的资料，进行分析、测算及定量的方法。运用这种方法，首先要建立一系列数学模型，对以往不同类型的样本工程项目成本降低情况进行统计、分析，然后得出同类型工程成本的平均值或是平均先进值。由于典型工程的经验数据权重不断增加，使其统计数据资料越来越完善、真实、可靠。这种方法只要正确确定基础类型，然后对号入座就行了。此方法的特点是积累过程长，统计分析细致，但使用时简单易行，方便快捷。缺点是模型中考虑的因素有限，而工程实际情况则要复杂得多，对各种变化情况的需要不能一一适应，准确性也不够，因此这种方法对设计方案较规范的一般住宅民建工程的常用项目的人、材、机消耗及管理费测定较适用。

3. 定额换算法

定额换算法是按照工程预算的计算程序计算出造价，分析出成本，然后根据具体工程项目的施工图纸、现场条件和企业劳务、设备及材料储备状况，结合实际情况对定额水平进行调增或调减，从而确定工程实际成本。在各施工单位企业定额尚未建立的今天，采用这种定额换算的方法建立部分定额水平，不失为一捷径。这种方法在假设条件下，把变化的条件罗列出来进行适当的增减，既比较简单易行，又相对准确，是补充企业一般工程项目人、材、机和管理费标准的较好方法之一，不过这种方法制定的定额水平要在实践中得到检验和完善。

3.6 概算定额和概算指标

3.6.1 概算定额

1. 概算定额的概念

概算定额也称为扩大结构定额。它是指规定完成单位合格产品(扩大分项工程)所需的人工、材料和机械台班的消耗量标准。

概算定额是在预算定额的基础上，根据有代表性的建筑工程通用图和标准图等资料，进行综合、扩大和合并而成的。因此。建筑工程概算定额又称“扩大结构定额”。

概算定额与预算定额的相同之处在于，它们都是以建(构)筑物各个结构部分和分部分项工程为单位表示的，内容也包括人工、材料和机械台班使用量定额3个基本部分，并列有基准价。概算定额表达的主要内容、主要方式及基本使用方法都与预算定额相近。但不同之处是，概算定额的计算程序、工程量计算都更为简化，精确性降低，两者之间的幅度差一般为5%左右。

2. 概算定额的作用

(1)概算定额是初步设计阶段编制设计概算和技术设计阶段的修正概算的依据。

(2)概算定额是多种设计方案进行技术经济分析与比较的依据。

(3)概算定额是编制主要材料需要量计划的参考。

(4)概算定额是编制概算指标的依据。

(5)概算定额也是施工企业编制施工组织总设计或总规划时，对生产要素提出需要量计划的依据。

3. 概算定额的编制原则和依据

1）概算定额的编制原则

(1)按社会平均水平确定概算定额水平的原则。

(2)简明适用的原则。

2)概算定额的编制依据

(1)现行的国家有关设计标准及规范。

(2)现行建筑和安装工程预算定额。

(3)有代表性的设计图纸和其他设计资料等。

(4)现行的人工工资标准、材料预算价格、机械台班单价,现行的概算定额及其编制资料。

(5)有关的施工图预算资料或有代表性的竣工决算资料。

4. 概算定额的内容

概算定额由文字说明和定额项目表组成,其格式见表3-5。

1)文字说明部分

文字说明部分包括总说明和分部工程说明。

2)定额项目表

(1)定额项目的划分。概算定额项目一般按以下两种方法划分:一是按工程结构划分;二是按工程部位(分部)划分。

(2)定额项目表。定额项目表是概算定额手册的主要内容,由若干分节定额组成。各节定额由工程内容、定额表及附注说明组成。

表3-5 砖砌外墙

工作内容:砖砌、砌块、必要镶砖、钢筋砖过梁、砌平石旋、钢筋混凝土过梁、钢筋加固、伸缩缝、刷红土子、抹灰勾缝和刷白。

编号			1	2	3	4	5
项目		单位	双面清水墙				
			实砌			空斗	
			一砖	一砖半	二砖	二砖	每增(减)半砖
基价		元	1645.42	2399.99	3130.91	2573.09	584.80
其中	人工费	元	206.48	262.71	310.81	268.47	43.67
	材料费	元	1358.20	2020.99	2670.55	2173.57	511.27
	机械费	元	80.74	116.29	149.55	131.05	39.86
主要材料	钢筋	t	0.022	0.032	0.044	0.044	0.011
	木材	m^3	0.053	0.078	0.104	0.129	0.122
	水泥	kg	1653	2219	2763	2548	515

5. 概算定额应用

(1)符合概算定额规定的应用范围。

(2)工程内容、计量单位及综合程度应与概算定额一致。

(3)必要的调整和换算应严格按定额的文字说明和附录进行。

(4)避免重复计算和漏项。

(5)参考预算定额的应用规则。

3.6.2 概算指标

1. 概算指标的概念

概算指标是指以整个建筑物(如100m^2 建筑面积或1000m^3 建筑体积)和构筑物(以座为单位)为对象为研究对象,规定的人工、材料、机械台班的消耗量标准和造价指标。

2. 概算指标的主要作用

概算指标主要在初步设计阶段使用,其作用如下。

(1)建设项目规划阶段,建设单位编制投资估算、计算资源量、申请投资额和主要材料需要量的依据。

(2)编制设计概算,确定工程概算造价的依据。

(3)设计单位对设计方案进行技术经济分析,衡量设计水平,考核基本建设投资效果的重要标准之一。

3. 概算定额与概算指标的区别

1)确定各种消耗量指标的对象不同

概算定额是以单位扩大分项工程或单位扩大结构构件为对象,而概算指标则是以整个建筑物(如100m^2 建筑面积或1000m^3 建筑体积)和构筑物(以座为单位)为对象,规定所需人工、材料、机械消耗和资金数量的定额指标。因此概算指标比概算定额更加综合与扩大。

2)确定各种消耗量指标的依据不同

概算定额以现行预算定额为基础,通过计算之后才综合确定出各种消耗量指标,而概算指标中各种消耗量指标的确定,则主要来自各种预算或结算资料。

概算指标和概算定额、预算定额一样,其作用主要有:①概算指标可以作为编制投资估算的参考;②概算指标中的主要材料指标可以作为匡算主要材料用量的依据;③概算指标是设计单位进行设计方案比较、建设单位选址的一种依据;④概算指标是编制固定资产投资计划、确定投资额和主要材料计划的主要依据。

4. 概算指标的编制原则和编制依据

概算指标的编制原则与概算定额的编制原则相同,其编制依据如下。

(1)现行的设计标准,各种类型的典型工程设计和具有代表性的标准设计图纸。

(2)国家颁发的建筑标准、设计规模、施工技术验收规范和有关规定。

(3)现行预算定额和概算定额。

(4)地区工资标准、材料预算价格、机械台班预算价格以及取费标准。

(5)典型工程的结算资料和有代表性的概、预算资料。

(6)现行的基本建设政策、法令和规章等。

5. 概算指标的组成内容

(1)总说明。说明指标的作用、编制依据、适用范围和使用方法等。

(2)示意图。说明工程的结构形式,工业建筑还表示出吊车起重能力。

(3)结构特征。进一步说明工程的结构形式、层高、层数和建筑面积等。

(4)经济指标。说明该工程每 $100m^2$ 造价及其土建、水暖和电照等单位工程的相应造价。

(5)构造内容及工程量指标。说明构造内容及每建筑面积的扩大分项工程量指标及其人工、主要材料消耗指标。

6. 概算指标的编制

概算指标的编制方法和步骤与概算定额的编制方法和步骤基本相同,只是比概算定额更为综合和概括。

3.7 投资估算指标

3.7.1 投资估算指标的概念

投资估算指标,是确定和控制建设项目全过程各项投资支出的技术经济指标,其范围涉及建设前期、建设实施期和竣工验收交付使用期等各个阶段的费用支出。

投资估算指标是编制建设项目建议书、可行性研究报告等前期工作阶段投资估算的依据,也可以作为编制固定资产长远规划投资额的参考。

3.7.2 投资估算指标的作用

(1)为完成项目建设的投资估算提供依据和手段。

(2)在固定资产的形成过程中为投资预测、投资控制、投资效益分析提供依据。

(3)是合理确定项目投资的基础。

(4)可以作为计算建设项目主要材料的消耗量的基础。

(5)对建设项目的合理评估,正确决策具有重要作用。

3.7.3 投资估算指标的内容

投资估算指标一般可分为建设项目综合指标、单项工程指标和单位工程指标3个层次。

1. 建设项目综合指标

建设项目综合指标指按规定应列入建设项目从立项筹建开始至竣工验收交付使用的全部投资额,包括单项工程投资、工程建设其他费用和预备费等。建设项目综合指标一般以项目的综合生产能力单位投资表示,如“元/t”、“元/kW”,或以使用功能表示,如医院床位:“元/床”。

2. 单项工程指标

单项工程指标一般以单项工程生产能力单位投资表示。单项工程指标指按规定应列入能独立发挥生产能力或使用效益的单项工程内的全部投资额，如“元/t”，包括构成该单项工程全部费用的估算费用。

3. 单位工程指标

单位工程指标按规定应列入能独立设计、施工的工程项目的费用，即建筑安装工程费用。单位工程指标一般以如下方式表示：如房屋区别不同结构形式以“元/m^2”表示；道路区别不同结构层、面层以“元/m^2”表示；水塔区别不同结构层、容积以“元/座”表示；管道区别不同材质、管径以“元/m”表示。但单位工程概算指标不包括工程建设的其他费用。

本章小结

(1)本章介绍了定额的概念及作用；工程建设定额的特点；详细介绍了定额的分类方法。要求学生理解定额的概念及特点，重点掌握并区分定额的不同分类。

(2)理解并掌握工时研究的方法及过程，掌握工人工作时间及机械工作时间的确定方法。

(3)介绍施工定额的概念、作用及编制原则；重点介绍劳动定额、机械台班使用定额、材料消耗定额的编制。通过学习，首先掌握施工定额的概念及编制原则；理解劳动定额、材料消耗定额、机械台班使用定额的概念及劳动定额和机械台班使用定额的表现形式及关系。熟悉并掌握材料消耗定额的分类及组成内容，尤其是材料消耗定额的确定方法必须掌握。

(4)预算定额是本章中的重点，首先应理解其概念、作用及编制原则；重点掌握预算定额各消耗量指标的确定方法及建筑安装工程人工、材料、机械台班单价及工程单价的确定。

(5)理解企业定额的概念、作用及编制原则；区分企业定额与施工定额之间的关系，熟悉企业定额的编制内容、方法。

思考与习题

1. 工程建设定额按生产要素分为哪几种？
2. 工程建设定额按定额的编制程序和用途分类分为哪几种？
3. 试说明施工定额、预算定额、概算定额、概算指标及投资估算指标的关系。
4. 什么是施工定额？其作用有哪些？

5. 什么是劳动定额？其表现形式有哪些？

6. 什么是材料消耗定额？材料消耗量由哪几部分组成？

7. 什么是机械台班使用定额？其表现形式有哪些？

8. 什么是预算定额？其作用有哪些？

9. 预算定额中的人工消耗指标包括哪几部分？

10. 预算定额中的材料消耗指标包括哪几种？

11. 预算定额中的人工单价包括哪些内容？

12. 预算定额中的材料价格的组成有哪些？

13. 预算定额中的机械台班单价的组成包括哪几部分？

14. 如何确定预算定额的工程单价？

15. 阐述企业定额的概念及与施工定额的关系。

16. 什么是概算定额？其作用有哪些？

17. 什么是概算指标？其作用有哪些？

18. 什么是投资估算指标？其作用有哪些？

19. 某砖混结构墙体砌筑工程，完成10 m^3 砌体基本用工为13.5工日，辅助用工2.0工日，超运距用工1.5工日，人工幅度差系数为10%，则该砌筑工程预算定额中人工消耗量为多少？

第4章 工程造价的定额计价方法

教学目标

1. 熟悉建设项目投资估算的概念及作用；掌握投资估算的阶段划分；重点掌握投资估算的编制方法。
2. 熟悉设计概算的概念及与施工图预算之间的区别。
3. 掌握设计概算的编制方法及步骤；熟悉设计概算的审查方法。
4. 熟悉施工图预算的概念及作用；掌握施工图预算编制的方法和步骤；熟悉施工图预算审查的步骤和方法。

导入案例

在国家进行大规模经济建设的起步阶段,新兴的建筑业占有先行的重要地位。以工程预算定额为基础的工程造价计价体系应运而生,并且在经济建设中起到了不可替代的作用。但是,计划经济在发挥了巨大优势作用的过程中也逐渐暴露出体制自身的矛盾,并且同时积累了大量的阻碍生产力发展的矛盾和问题。就像计划经济不能适应市场经济的需要一样,计划经济的工程造价计价体系也不能适应市场经济的需要。随着国家改革开放的不断发展,工程造价计价体系也在不断地进行改革。

在由计划经济向市场经济转型的过程中,工程造价计价方法也逐步进行了一系列的改革。例如:在价格改革方面,国家计划控制的主要原材料、设备器材的价格从双轨制到完全放开;在工程预算定额改革方面,从统一基础定额的单一形式到单项定额、综合定额等多种形式并存,以及各种费用的重新划分;在计价和报价方法的改革方面,随着工程招投标的开展,摆脱了概、预算计价方法的固定模式,出现了定额量、市场价、竞争费的报价方法。虽然这一系列的改革都取得了一定的成效,但是,并没有完全摆脱计划经济模式的根本束缚。

因此,建筑企业要按照市场经济规律的要求加快建立由企业内部形成建筑产品个别成本的改革步伐,以适应高层竞争的需要,而工程量清单计价方法的推出就是关键的一步。

4.1 投资估算

建设项目决策阶段是选择和决定投资方案的过程。投资估算是建设项目投资决策阶段的一项重要的经济指标,是判断项目可行性的重要依据之一。在这一阶段,造价管理人员和投资者通过对拟建项目的不同建设方案进行经济、技术分析论证,编制工程投资估算,从而确定项目的建设方案。

4.1.1 概述

1. 投资估算的概念

投资估算是指建设项目在整个投资决策过程中,依据经市场调查所取得的资料,运用科学的方法,对拟建项目全部投资额进行预测和估算。它是项目建设前期从投资决策直至初步设计阶段以前的重要工作内容,是项目建议书、可行性研究报告的重要组成部分,是项目决策的重要依据之一。投资估算的准确与否不仅影响到可行性研究工作的质量和经济评价的结果,而且直接关系到以后的设计概算和施工图预算的编制,对建设项目资金筹措方案也会有直接的影响。

2. 投资估算的作用

全面准确地估算建设项目的工程造价,是可行性研究乃至整个决策阶段的造价管理的重要任务。投资估算在项目开发建设过程中的主要作用有以下几点。

(1)投资估算是项目建设前期工作中制定融资方案、进行经济评价的基础。

建设项目的前期工作包括项目建议书阶段和项目可行性研究阶段,是整个建设项目的决策阶段。工程项目的各项技术经济评价,对项目的工程造价有重大影响,特别是建设标准的确定、建设地点和工艺的选择、设备的选用等,都直接关系到工程造价的高低。因此,正确地进行投资估算,是确定设计概算和施工图预算的限额,是对工程建设全过程投资进行控制,建设单位必须根据已批准的投资估算额进行资金筹措和银行贷款。

(2)投资估算是编制设计概算的依据。设计概算的编制以投资估算为依据,设计概算不能突破批准的投资估算额,并应控制在投资估算范围以内。

(3)投资估算是核算建设项目固定资产投资额和编制固定资产投资计划的重要依据。

(4)项目投资估算是进行工程设计招标、优选设计方案的依据之一。它也是实行工程限额设计的依据。

3. 投资估算的阶段划分

投资估算贯穿于整个建设项目投资决策过程中,由于投资决策过程可划分为项目规划阶段、项目建议书阶段、初步可行性研究阶段和详细可行性研究阶段,因此投资估算工作也可划分为相应的4个阶段。不同阶段所具备的条件和掌握的资料不同,对投资估算的要求也各不相同,因此投资估算的准确程度在不同阶段也不相同,每个阶段所起的作用也有所区别,见表4-1。

表4-1 各阶段投资估算的划分

投资估算阶段	主要作用	投资估算误差幅度
项目规划阶段	按项目规划的要求和内容,粗略估算建设项目所需的投资额	$> \pm 30\%$
项目建议书阶段	判断一个项目是否可行,是否需要进行可行性研究的工作	$\leqslant \pm 30\%$
初步可行性研究阶段	在项目方案初步明确的基础上,作出投资估算,为项目进行技术经济论证提供依据	$\leqslant \pm 20\%$
详细可行性研究阶段	为全面、详细、深入的技术经济分析论证提供依据,是决定项目可行性的依据	$\leqslant \pm 10\%$

(1)项目规划阶段的投资估算。项目规划设计阶段是指有关部门根据国民经济发展规划、地区发展规划和行业发展规划的要求,编制一个建设项目的建设规划;此阶段是按项目规划的要求和内容,粗略地估算建设项目所需要的投资额。这个阶段的估算依据主要是依据同类型已投产项目的投资额并考虑涨价因素等进行估算。估算的目的是判断一个项目是否值得去投资。由于资料的综合性强,因此,估算的工作量小,时间和费用均消耗少,但估算的误差较大,一般误差大于±30%。

(2)项目建议书阶段的投资估算。在项目建议书阶段,项目建设的地理位置、初步的工艺流程图、主要设备的生产能力均已具备,此阶段的投资估算主要按项目建议书中的产品方案、项目建设规模、产品主要生产工艺、项目选址情况等,估算建设项目所需的投资额。项目建议书是由建设主管部门进行审批,所以此阶段的投资估算比较重要,是判断项目可行性研究是否进行的依据,并对初步可行性研究的投资估算起着指导作用。这一时期的投资估算的误差一般≤±30%。

(3)初步可行性研究阶段投资估算。项目建议书经建设主管部门批准后,进入初步可行性研究阶段,主要任务是确定项目选址、建设规模、工艺技术、建设进度、材料来源、投资金额等,确定初步方案,并进行项目的初步投资评价、经济效益评价,判断项目是否进行详细可行性研究,为项目进行技术经济论证提供依据。因此,这一阶段所规定的投资估算相对精确一些,误差一般为≤±20%。

(4)详细可行性研究阶段的投资估算。此阶段也称为最终可行性研究阶段,主要是进行全面、详细、深入的技术经济分析论证,评价并选择拟建项目的最佳投资方案。对项目的可行性提出结论性意见。该阶段研究内容详尽,投资估算精确,误差控制在±10%以内。

4.1.2 投资估算的编制

1. 投资估算的编制内容

从体现建设项目投资计划和投资规模的角度来说,建设项目投资估算包括固定资产投资估算和铺底流动资金估算。其中固定资产投资估算的费用内容包括:建筑安装工程费、设备及工器具购置费、工程建设其他费用、预备费、建设期贷款利息、固定资产投资方向调节税。铺底流动资金是项目总投资估算中流动资金的一部分,是保证项目投产后能正常生产经营所需要的最基本的周转资金数额,根据国家规定,铺底流动资金应占流动资金总额的30%以上。

从体现资金的时间价值考虑,可将投资估算分为静态投资和动态投资两部分。静态投资是指不考虑资金时间价值的投资部分,一般包括建筑安装工程费、设备及工器具购置费、工程建设其他费用及预备费中的基本预备费。而动态投资包括预备费中的涨价预备费、建设期贷款利息及固定资产投资方向调节税等。

投资估算的内容构成如图4.1所示。

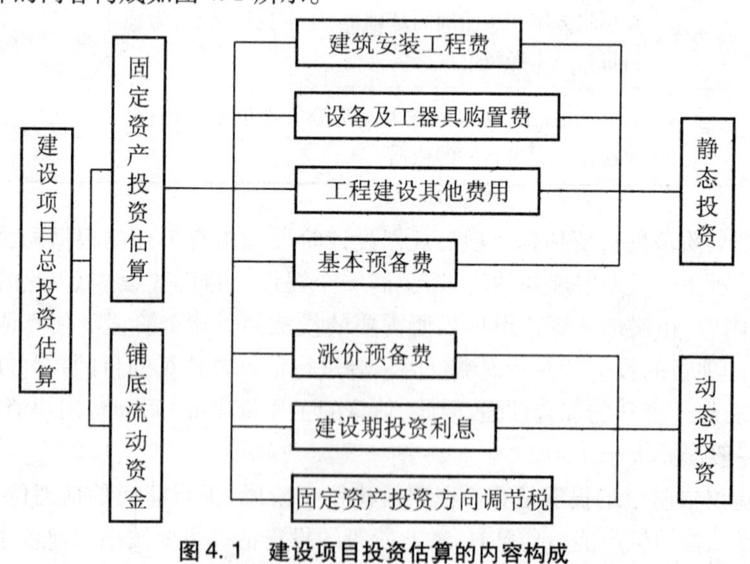

图4.1 建设项目投资估算的内容构成

2. 投资估算的编制依据及步骤

1）投资估算编制的依据

（1）主管机构发布的建设工程造价费用构成、估算指标、各类工程造价指数及计算方法，及其他有关计算工程造价的文件。

（2）主管机构发布的工程建设其他费用计算办法和费用标准，政府部门发布的物价指数。

（3）拟建项目的项目特征及工程量，包括拟建项目的类型、规模、建设地点、时间、总体建筑结构、施工方案、主要设备类型、建设标准等。

（4）已建同类工程项目的投资档案资料。

（5）影响建设工程投资的动态因素，如利率、汇率、税率等。

2）投资估算的编制步骤

（1）分别估算各单项工程所需的建筑工程费、安装工程费、设备及工器具购置费。

（2）汇总各单项工程费用，并在此基础上，估算工程建设其他费用和基本预备费。

（3）估算涨价预备费和建设期贷款利息。

（4）估算铺底流动资金。

（5）汇总以上各项费用，得到建设项目总投资估算。

4.1.3 投资估算的编制方法

编制投资估算首先应分清项目的类型，然后根据该类项目的投资构成列出费用名称；进而依据有关规定、数据资料选用一定的估算方法，对各项费用进行估算。具体估算时，一般可分为固定资产投资估算（静态、动态）和铺底流动资金两部分的估算。

1. 固定资产投资的估算方法

1）静态投资部分的估算

（1）单位生产能力估算法。这种方法依据调查的统计资料，利用相近规模的单位生产能力投资乘以建设规模，即得拟建项目的投资，估算方法见式（4－1）。

$$\text{拟建项目投资额} = \frac{\text{已建类似项目投资额}}{\text{已建类似项目的生产能力}} \times \text{拟建项目生产能力} \times \text{综合调整系数} \tag{4-1}$$

这种方法把项目的建设投资与其生产能力的关系视为简单的线性关系，估算结果精确度较差。主要用于新建项目或装置的估算，十分简便迅速，但要估价人员掌握足够的典型工程的历史数据。

（2）生产能力指数法。根据调查的资料及已建成的类似项目生产能力和投资频率粗略估算拟建项目投资额的方法，估算方法见式（4－2）。

$$C_2 = C_1\left(\frac{Q_2}{Q_1}\right)^n f \tag{4-2}$$

式中：C_1——已建类似项目或装置的投资额；

C_2——拟建项目或装置的投资额；

Q_1——已建类似项目或装置的生产能力;

Q_2——拟建项目或装置的生产能力;

f——不同时期、不同地点的定额、单价、费用变更等的综合系数;

n——生产规模指数($0 \leqslant n \leqslant 1$)。

若已建类似项目或装置的规模和拟建项目或装置的规模相差不大,生产规模比值为0.5~2,则指数 n 的取值近似为1。

若已建类似项目或装置与拟建项目或装置的规模相差不大于50倍,且拟建项目生产规模的扩大仅靠增大设备规模来达到时,则 n 的取值约在0.6~0.7之间;若是靠增大规格设备的数量达到时,n 的取值约在0.8~0.9之间。

生产能力指数法有它独特的好处,即这种估价方法不需要详细的工程设计资料。只知道工艺流程及规模就可以在总承包工程报价时,承包商大都采用这种方法估价。

【例4-1】某建设投资项目,设计生产能力20万吨,已知生产能力为5万吨的同类项目投入设备费用为4000万元,设备综合调整系数1.25,该项目生产能力指数估计为0.85,采用生产能力指数法估算设备费。

解:生产能力指数法估算设备费为

$$4000 \times \left(\frac{20}{5}\right)^{0.85} \times 1.25 = 16425.05(\text{元})$$

(3)系数估算法。系数估算法也称为因子估算法,它是以拟建项目的主体工程费或主要设备费为基数,以其他工程费占主体工程费的百分比为系数估算项目总投资的方法。这种方法简便易行,但精确度较低,一般用于项目建议书阶段。系数估算法的种类很多,下面介绍几种主要类型。

①设备系数法。以拟建项目的设备费为基数,根据已建成的同类项目的建筑安装费和其他工程费等占设备价值的百分比,求出拟建项目建筑安装工程费和其他工程费,从而求出建设项目总投资。其计算公式如下

$$C = E(1 + f_1P_1 + f_2P_2 + f_3P_3 + \cdots) + I \quad (4-3)$$

式中: C——拟建项目总投资;

E——拟建项目设备费;

$P_1, P_2, P_3, \cdots$——已建项目中建筑安装费及其他工程费等占设备费的比重;

$f_1, f_2, f_3, \cdots$——由于时间因素引起的定额、价格、费用标准等变化的综合调整系数;

I——拟建项目的其他费用。

②主体专业系数法。以拟建项目中投资比重较大,并与生产能力直接相关的工艺设备投资为基数,根据已建同类项目的有关统计资料,计算出拟建项目各专业工程(总图、土建、采暖、给排水、管道、电气、自控等)占工艺设备投资的百分比,据以求出拟建项目各专业投资,然后加总即为项目总投资。其计算公式为

$$C = E(1 + f_1P_1 + f_2P_2 + f_3P_3 + \cdots) + I \quad (4-4)$$

式中:$P_1, P_2, P_3, \cdots$——已建项目中各专业工程费用占设备费的比重。

③朗格系数法。这种方法是以设备费为基数,乘以适当系数来推算项目的建设费用的。方法简单但精度不高。其公式为

$$C = E(1 + \sum K_i)K_c \quad (4-5)$$

式中：E——主要设备费用；

K_i——包括管道、仪表、建筑等在内的各项费用的估算系数；

K_c——包括间接费等在内的总估算系数。

朗格系数

$$K_L = C/E = (1 + \sum K_i)K_c \tag{4-6}$$

采用这种方法比较简单，但没有考虑设备规格、材质的差异，所以精确度不高。

(4)指标估算法。根据有关部门编制的各种具体的投资估算指标，进行单位投资的估算。投资估算指标的表示形式较多，可用元/m、元/m^2、元/m^3、元/t、元/(kV·A)等单位来表示。根据这些投资估算指标，乘以所需的面积、体积、容量等，就可以求出相应的土建工程、给排水工程、照明工程、采暖工程、变配电工程等单位工程的投资，在此基础上，可汇总成某一单项工程的投资。另外再估算工程建设其他费用及预备费，即可得所需的投资。

在实际工作中，要根据国家有关规定、投资主管部门或地区主管部门颁布的估算指标，结合工程的具体情况编制。若套用的指标与具体工程之间的标准或条件有差异时，应加以必要的换算或调整，使用的指标单位应密切结合每个单位工程的特点，能正确反映其设计参数。

指标估算法简便易行，但由于项目相关数据的确定性较差，投资估算的精度较低。

(5)比例估算法。根据统计资料，先求出已有同类企业主要设备投资占全厂建设投资的比例，然后再估算出拟建项目的主要设备投资，即可按比例求出拟建项目的建设投资。其表达式为

$$I = \frac{\sum_{i=1}^{n} Q_i P_i}{K} \tag{4-7}$$

式中：I——拟建项目的建设投资；

K——主要设备投资占拟建项目投资的比例；

n——设备种类数；

Q_i——第 i 种设备的数量；

P_i——第 i 种设备的单价(到厂价格)。

2. 动态部分的估算方法

动态投资估算主要包括由价格波动可能增加的投资额，即涨价预备费和建设期贷款利息的计算，对于涉外项目还应考虑汇率的变化对投资的影响。

(1)涨价预备费的估算一般按下式估算

$$PC = \sum_{i=1}^{n} K_t[(1+f)^t - 1] \tag{4-8}$$

式中：PC——涨价预备费估算额；

K_t——建设期中第 t 年的投资计划数；

n——项目的建设期年数；

f——平均价格预计上涨指数；

t——施工年度。

(2)建设期贷款利息估算。

一般可视为均衡贷款,按年计算,其公式为

建设期每年应计利息 =(年初借款累计额 + 当年借款额/2)×实际年利率

其中:一般的利率都是按年计算的,即年利率。

如果计息期也以年为单位,则该利率即为实际利率;如果计息期以月、季、或半年为单位,那么该利率就是名义利率。

一般在案例计算中所使用的利率均为实际利率,因此要将名义利率换算为实际利率。

名义利率与实际利率的换算公式为

$$i_{实际} = \left(1 + \frac{i_{名义}}{m}\right)^{m} - 1 \quad (4-9)$$

式中:m——根据题目中给出的计息期所算出的年计息次数。

【例4-2】某一建设投资项目,设计生产能力35万吨,已知生产能力为10万吨的同类项目投入设备费用为5000万元,设备综合调整系数1.15,该项目生产能力指数估计为0.75,该类项目的建筑工程是设备费的10%,安装工程费用是设备费的20%,其他工程费用是设备费的10%,这3项的综合调整系数定为1.0,其他投资费用估算为1200万元,该项目的自有资金4000万元,其余通过银行贷款获得,年利率为8%,按季计息。建设期为2年,投资进度分别为40%,60%,基本预备费率为7%,建设期内生产资料涨价预备费率为5%,自有资金筹资计划为:第一年4200万元,第二年5800万元,该项目固定资产投资方向调节税为0,建设期间不还贷款利息。试估算建设期借款利息。

解:①采用生产能力指数法估算设备费为

$$5000 \times \left(\frac{35}{10}\right)^{0.75} \times 1.15 = 14713.60\text{ 万元}$$

②采用比例法估算静态投资为

建安工程费 = 14713.60×(1+10%+20%+10%)×1.0+1200

= 21799.04万元

基本预备费 = 21799.04×7% = 1525.93万元

建设项目静态投资 = 建安工程费 + 基本预备费 = 21799.04+1525.93

= 23324.97万元

③计算涨价预备费为

第1年的涨价预备费 = 23324.97×40%×[(1+5%)-1] = 466.50万元

第1年含涨价预备费的投资额 = 23324.97×40% +466.50 = 9796.49万元

第2年的涨价预备费 = 23324.97×60%×[(1+5%)2-1] = 1434.49万元

第2年含涨价预备费的投资额 = 23324.97×60% +1434.49 = 15429.47万元

涨价预备费 = 466.50+1434.49 = 1900.99万元

④计算建设期借款利息为

$$实际年利率 = \left(1 + \frac{8\%}{4}\right)^{4} - 1 = 8.24\%$$

本年借款 = 本年度固定资产投资 - 本年自有资金投入

第1年当年借款 = 9796.49 - 4200 = 5596.49万元

第 2 年借款 = 15429.47 - 5800 = 9629.47 万元

各年应计利息 = (年初借款本息累计 + 本年借款额/2) × 年利率

第 1 年贷款利息 = (5596.49/2) × 8.24% = 230.58 万元

第 2 年贷款利息 = [(5596.49 + 230.58) + 9629.47/2] × 8.24% = 876.88 万元

建设期贷款利息 = 230.58 + 876.88 = 1107.46 万元

2. 铺底流动资金估算方法

铺底流动资金是保证项目投产后,能正常生产经营所需要的最基本的周围资金数额,是项目总投资中流动资金的一部分。在项目决策阶段,这部分资金就要求落实。铺底流动资金一般占流动资金总额的 30%。

该部分的流动资金估算的主要方法有两种:扩大指标估算法和分项详细估算法。

1)扩大指标估算法

扩大指标估算法是按照流动资金占某种基数的比率来估算流动资金。一般常用的基数有销售收入、经营成本、总成本费用和固定资产投资等,究竟采用何种基数以行业习惯而定。所采用的比率根据经验确定,或根据现有同行业的实际资料确定,或依部门给定的参考值确定。扩大指标估算法简便易行,但准确度不高,适用于项目建议书阶段的估算。

(1)产值(或销售收入)资金率估算法。

流动资金 = 年产值(年销售收入额) × 产值(或销售收入)资金率　　(4-10)

【例 4-3】某项目投资后的年产值为 1.8 亿元,其同类企业的百元产值流动资金占用额为 19.5 元,则该项目的流动资金估算额为多少?

解:该项目的流动资金估算额为

18000 × 19.5 ÷ 100 = 3510 万元

(2)经营成本(或总成本)资金率估算法。

由于经营成本(或总成本)是一项综合性指标,能反映项目的物资消耗、生产技术和经营管理水平及自然资源条件的差异实际状况,一些采掘工业项目常采用经营成本(或总成本)资金率估算流动资金。

流动资金 = 年经营成本(年总成本) × 经营成本资金率(总成本资金率)　　(4-11)

(3)固定资产投资资金率估算法。

固定资产投资资金率是流动资金占固定资产投资的百分比。如化工项目流动资金约占固定资产投资的 12% ~ 15%,一般工业项目流动资金约占固定资产投资的 5% ~ 12%。

流动资金额 = 固定资产资金 × 固定资产投资资金率　　(4-12)

(4)单位产量资金率估算法。

单位产量资金率估算法,即单位产量占用流动资金的数额。

流动资金额 = 年生产能力 × 单位产量资金率　　(4-13)

2)分项详细估算法

分项详细估算法,也称为分项定额估算法,它根据周转额与周转速度之间的关系,对构成流动资金的各项流动资产和流动负债分别进行估算,是国际上通行的流动资金估算方法,其估算方法见表 4-2。

流动资产 = 现金 + 应收及预付账款 + 存货 (4－14)

流动负债 = 应付账款 + 预收账款 (4－15)

流动资金本年增加额 = 本年流动资金 － 上年流动资金 (4－16)

年其他费用 = 制造费用 + 管理费用 + 财务费用 + 销售费用 － 以上4项费用中包含的工资及福利费、折旧费、维简费、摊销费、修理费和利息支出 (4－17)

$$周转次数 = \frac{360天}{最低需要周转天数} \quad (4-18)$$

表4－2 分项详细估算法计算流动资金表

费用项目			估算方法
流动资产	应收账款		年经营成本 ÷ 应收账款周转次数
	存货	外购原材料	年外购原材料总成本 ÷ 原材料周转次数
		外购燃料	年外购燃料 ÷ 按种类分项周转次数
		在产品	（年外购原材料、燃料 + 年工资福利 + 年修理费 + 年其他费用）÷ 在产品周转次数
		产成品	年经营成本 ÷ 产成品周转次数
	现金		（年工资及福利费 + 年其他费用）÷ 现金周转次数
流动负债	应付账款		（年外购原材料 + 年外购燃料）÷ 应付账款周转次数
流动资金			流动资金 = 流动资产 － 流动负债

流动资金估算应注意以下问题。

（1）在采用分项详细估算法时，应根据项目实际情况分别确定现金、应收账款、存货和应付账款的最低周转天数，并考虑一定的保险系数。

（2）在不同生产负荷下的流动资金，应按不同生产负荷所需的各项费用金额，分别按照上述的计算公式进行估算，而不能直接按照100%生产负荷下的流动资金乘以生产负荷百分比求得。

（3）流动资金属于长期性（永久性）流动资产，流动资金的筹措可通过长期负债和资本金（一般要求占30%）的方式解决。

【例4－4】假定已知某拟建项目达到设计生产能力后，全场定员1000人，工资和福利费按照每人每年10000元估算。每年的其他费用为800万元。年外购原材料、燃料动力费估算为21600万元。年经营成本25200万元，年修理费占年经营成本的10%。各项流动资金的最低周转天数分别为：应收账款30天，现金40天，应付账款30天，存货40天。用分项详细估算法对该项目进行流动资金的估算。

解：（1）应收账款 = 年经营成本 ÷ 年周转次数

= 25200 ÷（360 ÷ 30）= 2100万元

（2）现金 =（年工资福利费 + 年其他费）÷ 年周转次数

=（1 × 1000 + 800）÷（360 ÷ 40）= 200万元

（3）存货 = 外购原材料、燃料 = 年外购原材料、燃料动力费 ÷ 年周转次数

= 21600 ÷（360 ÷ 40）= 2400万元

在产品 =（年工资福利费 + 年其他费 + 年外购原材料、燃料动力费 + 年修理费）

÷ 年周转次数 =（$1 \times 1000 + 800 + 21600 + 25200 \times 10\%$）

÷（$360 \div 40$）= 2880 万元

产成品 = 年经营成本 ÷ 年周转次数 = $25200 \div (360 \div 40) = 2800$ 万元

存货 = $2400 + 2880 + 2800 = 8080$ 万元

（4）流动资金 = 现金 + 应收账款 + 存货

= $200 + 2100 + 8080 = 10380$ 万元

（5）应付账款 = 年外购原材料、燃料动力费 ÷ 年周转次数

= $21600 \div (360 \div 30) = 1800$ 万元

（6）流动负债 = 应付账款 = 1800 万元

（7）流动资产 = 流动资产 − 流动负债 = $10380 - 1800 = 8580$ 万元

用分项详细估算法估算出的该拟建项目的流动资金额是 8580 万元。需说明的是，流动资金中的铺底流动资金是保证项目投产后，能正常生产经营所需要的最基本的周转资金。铺底流金在项目决策阶段就必须落实。其计算公式是

铺底流动资金 = 流动资金 × 30% = $8580 \times 30\% = 2574$ 万元

该拟建项目的铺底流动资金额估算为 2574 万元。

4.2 设计概算

4.2.1 设计概算的概念

设计概算是设计文件的重要组成部分，是由设计单位在初步设计或扩大初步设计阶段，根据初步投资估算、设计要求及初步设计或扩大初步设计图纸及说明书，依据概算定额（或概算指标）、各项费用定额或取费标准、建设地区自然技术经济条件和设备、材料价格等资料、或类似工程预算文件，编制和确定的建设项目从筹建至竣工交付使用的全部建设费用的经济文件。

设计概算的编制内容指项目从筹建至竣工投产所需的动态投资，包括按编制期价格、费率、利率、汇率等确定的静态投资和编制期到竣工验收前的工程和价格变化等多种因素的动态投资两部分。静态投资作为考核工程设计和施工图预算的依据；动态投资则作为筹措、控制资金使用的限额。

4.2.2 设计概算的作用

（1）是编制建设项目投资计划，确定和控制建设项目投资的依据。

国家规定，编制年度固定资产投资计划，确定计划投资总额及构成数额，要以批准的初步设计概算为依据，没有批准的初步设计文件及概算的建设工程不能列入年度固定资产投资计划。经批准的建设项目设计总概算的投资额，是该工程建设投资的最高限额，在工程建设过程中，年度固定资产投资计划安排、国家拨款、银行贷款、施工图设计及预算、竣工决算等，未经按规定的程序批准，一律不能突破这一限额。若建设项目实际投资额确需超过总概算，则必须由原设计单位和建设单位共同提出追加投资的申请报告，经上级计划部门审核批

准后,方可追加投资。

(2)是控制施工图设计和施工图预算的依据。

设计单位必须按照批准的初步设计和总概算进行施工图设计,施工图预算不得突破设计概算,如确需突破总概算时,应按规定程序报批。

(3)是衡量设计方案经济合理性和选择最佳设计方案的依据。

设计部门在初步设计阶段要选择最佳设计方案,设计概算是从经济角度衡量设计方案经济合理性的重要依据。初步设计应该在几个方案中进行比较,选择最优设计方案。因此,设计概算是衡量设计方案技术经济合理性和选择最佳设计方案的依据。

(4)是工程造价管理、编制招标标底和投标报价的依据。

以设计总概算作为工程造价管理的最高限额,对工程造价进行严格的控制。以设计概算进行招投标的工程,招标单位编制标底是以设计概算造价为依据的,并以此作为评标、定标的依据。承包单位为了在投标竞争中取胜,也以设计概算为依据,编制出合适的投标报价。

(5)是考核建设项目投资效果的依据。

通过设计概算与竣工决算对比,可以分析和考核投资效果的好坏,同时还可以验证设计概算的准确性,有利于加强设计概算管理和建设项目的造价管理工作。

4.2.3 设计概算与施工图预算的主要区别

1. 两者的编制阶段和编制单位不同

设计概算是由设计单位在初步设计和扩大初步设计阶段编制的经济文件。施工图预算是由施工单位在施工图设计完成后编制的经济文件。

2. 两者审批过程和作用不同

设计概算是初步设计文件的一部分,一并申报并由主管部门审批。只有在初步设计图纸和设计总概算批准后,施工图设计和预算才能开始,因此,它是控制工程造价和控制施工图设计的依据。施工图预算是先报建设单位初审后,作为拨付工程款和竣工结算的依据。

3. 两者采用的取费标准即定额不同

设计概算采用概算定额,具有较强的综合性。施工图预算采用预算定额。

4. 两者控制的限额不同

设计概算的控制限额是投资估算,被批准的投资估算是设计概算的最高限额;而施工图预算的控制的最高限额是设计概算。

4.2.4 设计概算的内容

根据编制的范围不同,设计概算分为3级:单位工程设计概算、单项工程设计概算、建设项目总概算。各级设计概算之间的相互关系如图4.2所示。

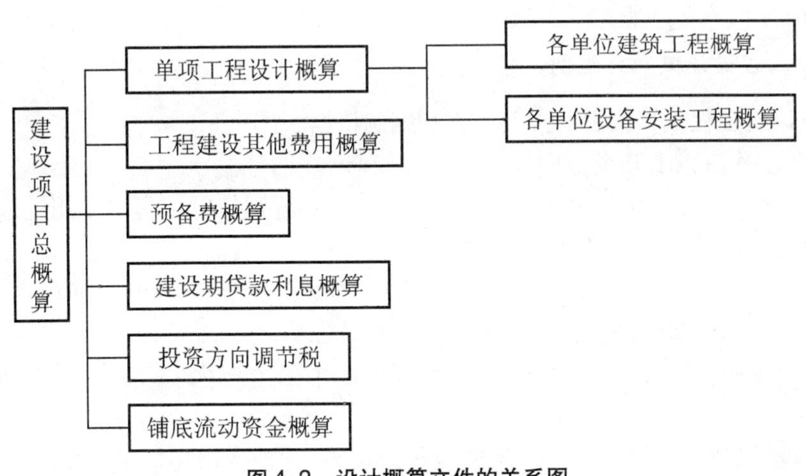

图4.2 设计概算文件的关系图

1. 单位工程设计概算

单位工程概算是确定各单位工程建设费用的文件,是编制单项工程综合概算的依据,是单项工程综合概算的组成部分。对于一般工业与民用建筑工程而言,单位工程概算按其工程性质分为建筑工程概算和设备安装工程概算两大类。建筑工程概算包括土建工程概算,给水排水、采暖工程概算,通风、空调工程概算,电气照明工程概算,弱电工程概算,特殊构筑物工程概算等;设备及安装工程概算包括机械设备及安装工程概算、电气设备及安装工程概算,以及工具、器具及生产家具购置费概算等。

2. 单项工程设计概算

单项工程概算是确定一个单项工程所需建设费用的文件,它是由单项工程中的各单位工程概算汇总编制而成的,是建设项目总概算的组成部分。一般包括:土建、给水排水、采暖、电气等工程和费用的单位工程概算综合而成的。

3. 建设项目总概算

建设项目的总概算是确定整个建设项目从筹建到竣工验收所需全部费用的文件。它是根据各个单项工程综合概算、其他工程和费用概算以及预备费汇总编制而成的。

建设项目总概算一般包括:工程费用、工程建设其他费用、预备费、固定资产投资方向调节税、建设期贷款利息等。其中工程费用包括:主要工程项目综合概算、辅助和服务性工程项目综合概算、室外工程项目综合概算、场外工程项目综合概算。工程建设其他费用包括:土地使用费、建设单位管理费、勘察设计费和研究试验费、联合试运转费、施工机构迁移费、引进技术和进口设备项目和其他费、供电贴费、办公和生活用具购置费、工程监理费、工程保险费和财务费用等。

4.2.5 设计概算的编制

设计概算由单位工程概算、单项工程综合概算和建设项目总概算3级组成,设计概算的编制是从单位工程概算这一级开始编制,经过逐级汇总而成的。

1. 单位工程设计概算的编制

1)单位建筑工程概算编制的准备工作和编制依据

(1)准备工作有以下几个方面。

①现场调查,深入研究,掌握该工程的第一手资料,特别是对工程中采用的新结构、新材料、新技术及一些非标准设备价格的资料,要认真收集并落实。

②根据设计说明、总平面图和全部工程项目一览表等资料,对工程项目的内容、性质、建设单位的要求及施工条件进行详细了解。

③拟定出编制设计概算的大纲,明确编制工作中的主要内容、重点、编制步骤及审查方法。

④根据设计概算的编制大纲,利用所收集的资料,合理选用编制的依据,写出编制计划及步骤,依据定额及有关资料进行合理取费,认真计算。

(2)编制依据有以下几种。

①国家有关建设和造价管理的法律、法规和方针政策。

②批准的建设项目设计任务书(或批准的可行性研究报告)。

③设计文件,包括能满足编制设计概算的各专业经审查并签字的设计图纸、设计说明、工程项目一览表和主要设备表、主材表等。通过这些资料,可以对各个工程的性质、内容、构造和生产工艺要求作初步了解,是编制概算书的必要前提。

④建设场地的自然条件和施工条件,包括水文、地质、地理环境等。

⑤类似工程的概预算及技术经济指标。

⑥现行的有关其他费用定额、指标和价格。

2)单位工程概算的主要编制方法

根据工程项目规模大小,初步设计或扩大初步设计深度等有关资料的齐备程度不同,通常可以采用以下3种方法编制建筑工程概算,即概算定额法、概算指标法、类似工程预算法。

(1)概算定额法。

①概念:又称扩大单价法或扩大结构定额法,是采用概算定额编制建筑工程概算的方法,当初步设计或扩大初步设计达到一定的深度时,根据设计图纸、概算定额及工程量计算规则,计算各种扩大结构的工程量,套用概算定额基价,再根据计算出的工程直接费计算其他费用后,得到的概算价格,它类似于用预算定额编制建筑工程预算。

该方法适用于初步设计达到一定深度、建筑结构比较明确的工程。

②编制方法与步骤。

利用概算定额法编制设计概算是一种比较准确的方法。其编制程序及计算方法如下。

(a)收集基础资料。采用概算定额编制概算,最基本的资料为前面所提的编制依据。除此之外,还应获得建筑工程中各分部工程施工方法的有关资料。对于改建或扩建的建筑工程,还需要收集原有建筑工程的状况图,拆除及修缮工程概算定额的费用定额及旧料残值回收计算方法等资料。

(b)了解施工现场,熟悉设计图纸。工程造价人员在编制概算之前必须深入施工现场,调查分析和核对地形、地貌、作业环境等有关原始资料,同时必须熟悉图纸,掌握工程结构形式和特点,充分了解设计意图,从而保证概算内容能更好地反映客观实际,为进一步提高设计质量提供可靠的原始依据。

(c)计算工程量。根据概算定额中规定的工程量计算规则和初步设计图纸,列出扩大分项工程项目,计算工程量。

(d)套用概算定额。当分项的工程项目及相应汇总的工程量经复核无误后,根据计算的工程量分别套用相应的概算定额,确定定额单价,计算出人、材、机消耗量及定额直接费,并分别填入工程概算表和工料分析表中,然后汇总各分项工程的直接工程费及人工、材料、机械消耗量,即可得到该单位工程的直接工程费和工料分析汇总表;最后计算出措施费,即可得到该单位工程的直接费。如果规定有地区的人工、材料价差调整指标,则在计算直接工程费时,按规定的调整系数进行调整计算。

(e)计取各项费用。当工程概算直费确定后,就可按费用计算程序进行各项费用的计算,根据有关标准计算间接费、利润和税金。按下式计算单位工程概算造价和单方造价

$$单位工程概算造价 = 直接费 + 间接费 + 利润 + 税金 \tag{4-19}$$

$$单方造价(元/平方米) = 单位工程造价/建筑面积 \tag{4-20}$$

(f)编制工程概算书。按表4-3的内容填写概算表;按表4-4的内容计算各项费用;并根据工程的情况,如工程概况、概算的编制依据、需要说明的问题等编制概算说明书,最后按表4-5的内容填写概算书的封面。

表4-3 建筑工程概算表

序号	项目名称	单位	工程量	价值/元	
				单价	合价

表4-4 建筑工程费用计算

序号	项目名称	计算式	合价/元
1	直接费		
(1)	直接工程费		
(2)	措施费		
2	间接费		
(1)	规费		
(2)	企业管理费		
3	利润		
4	税金		
5	概算造价		

表4-5 建筑工程概算书封面

建筑工程概算书

工程编号

工程名称______________________________

建设单位______________ 编制单位__________ 编制人__________

建筑面积______________

概算价值______________ 审核人______________

单方造价______________

编制日期： 年 月 日

【例4-5】某单位拟建一幢办公楼，建筑面积为4700平方米，根据表4-6给出的扩大单价和工程量编制出该办公楼土建工程概算造价和单方造价。各项费率：措施费率为4%，间接费率为5.2%，利润率为7%，税率为3.44%。

表4-6 办公楼土建工程量和扩大单价表

项目名称	单位	工程量	扩大单价/元
土方工程	$100m^3$	150	1800
基础工程	$10m^3$	120	2300
砌筑工程	$10m^3$	260	2100
砼及钢筋砼工程	$10m^3$	150	3700
楼地面工程	$100m^2$	120	468
屋面工程	$100m^2$	16	1020
门窗工程	$100m^2$	21	10500
装饰工程	$100m^2$	36	3600

解：根据已知条件和表4-6给出的扩大单价和工程量求得该办公楼的土建工程造价见表4-7和表4-8

表4-7 办公楼土建工程概算造价计算表

	项目名称	单位	工程量	扩大单价/元	合价/元
1	土方工程	$100m^3$	150	1800	270000
2	基础工程	$10m^3$	120	2300	276000
3	砌筑工程	$10m^3$	260	2100	546000
4	砼及钢筋砼工程	$10m^3$	150	3700	555000
5	楼地面工程	$100m^2$	120	468	56160
6	屋面工程	$100m^2$	16	1020	16320

续表

	项目名称	单位	工程量	扩大单价/元	合价/元
7	门窗工程	$100m^2$	21	10500	220500
8	装饰工程	$100m^2$	38	3600	136800
	合计				2076780

表4－8　工程费用计算程序

	项目名称	计算公式	金额/元
A	直接工程费合计	1～8项合计	2076780
B	措施费	$A\times4\%$	83071.2
C	间接费	$(A+B)\times5.2\%$	112312.26
D	利润	$(A+B+C)\times7\%$	159051.44
E	税金	$(A+B+C+D)\times3.44\%$	83633.79
F	概算造价	$A+B+C+D+E$	2514848.69
G	单方造价	2514848.69/4700	535.07

根据相应工程情况编制说明书，填写封面，即构成该工程的概算书。

(2)概算指标法。

①概念：通常是以整个建筑物和构筑物为对象，利用拟建的建筑物的建筑面积(或体积)为单位，以规定的人工、材料、机械台班的消耗量标准和造价指标，乘以技术条件相同或基本相同的概算指标编制概算的方法。

当设计深度不够，不能准确地计算工程量，但工程采用的技术比较成熟而又有类似概算指标可以利用时，可采用概算指标编制概算。

对于一般民用工程和中小型通用厂房工程，在初步设计文件尚不完备、处于方案阶段，无法计算工程量时，可采用概算指标编制概算。概算指标是一种以建筑面积或体积为单位，以整个建筑物为依据编制的定额。它通常以整个房屋每$100m^2$建筑面积(或按每座构筑物)为单位，规定人工、材料和施工机械台班的消耗量，所以比概算定额更综合、扩大，采用概算指标编制概算比采用概算定额编制概算更加简化。

②概算指标的编制原则。

(a)平均水平原则。

(b)内容和形式要贯彻简明适用的原则。

(c)编制依据具有代表性原则。

③概算指标的步骤。

(a)收集编制概算的原始资料，并根据设计图纸计算建筑面积。

(b)根据拟建工程项目的性质、规模、结构内容及层数等基本条件，选用相应的概算指标。

(c)计算直接工程费。通常可按式4－21进行计算

$$直接工程费=每百平方米造价指标/100\times建筑面积 \tag{4-21}$$

(d)调整直接工程费。调整公式如下式

$$调整后工程直接费=直接工程费\times调整费率 \tag{4-22}$$

(e)计算措施费、间接费、利润、税金。

(f)计算工程概算造价。

④概算指标编制方法。

(a)直接用概算指标编制概算。设计对象的结构特征与概算指标的结构特征相同时利用此法。

(b)用修正概算指标编制概算。设计对象的结构特征与概算指标的结构特征局部有差别时,可用修正概算指标进行换算。

$$单位造价修正指数=原指标单价-换出结构构件单价+换入结构构件单价 \tag{4-23}$$

换出(入)结构构件单价可按式(4-24)进行计算

$$换出(入)结构=\left[\begin{matrix}换出(入)结构\\构件工程量\end{matrix}\times\begin{matrix}相应概算定额\\地区单价\end{matrix}\right]\div100 \tag{4-24}$$

(3)类似工程预算法。

①概念:是利用技术条件与设计对象相类似的已完工程或在建工程的工程造价资料来编制拟建工程设计概算的方法。具体做法是以原有的相似工程的预算为基础,按编制概算指标的方法,求单位工程的概算指标,再按概算指标法编制建筑工程概算。

类似工程预算法适用于拟建工程初步设计与已完工程或在建工程的设计相类似又没有可用的概算指标时采用,但必须对建筑结构差异和价差进行调整。

②编制的步骤和方法。

(a)收集有关类似工程设计资料和预(决)算文件等原始资料。

(b)了解和掌握拟建工程初步设计方案。

(c)计算建筑面积。

(d)选定与拟建工程相类似的已(在)建工程预(决)算。

(e)根据类似工程预(决)算资料和拟建工程的建筑面积,计算工程概算造价和主要材料消耗量。

(f)调整拟建工程与类似工程预(决)算资料的差异部分,使其成为符合拟建工程要求的概算造价。

③调整价差的方法。

采用类似工程预(决)算编制概算,往往因为拟建工程与类似工程之间在基本结构特征上存在着差异,而影响概算的准确性。因此,必须先求出各种不同影响因素的调整系数(或费用),加以修正。具体调整方法如下。

(a)费用差异系数法。采用类似工程预算编制概算,由于受时间因素的变化,拟建工程与类似工程时间差异较长,其人工工资标准、材料预算价格和施工机械使用费及措施费、间接费、利润和税金等费用标准必然会发生变化。因此,应将类似工程预算的上述价格和费用标准与现行的标准进行比较,测定其价格和费用变动幅度系数,加以适当调整。采用费用差异系数法调整类似工程预算,一般按下列公式进行计算

$$拟建工程单方概算造价 = 类似工程单方预算造价 \times 调整系数 G \quad (4-25)$$

其中

$$G = a_1\% G_1 + a_2\% G_2 + G_3\%(a)3 + \cdots \alpha_n\% G_n = \sum \alpha_i\% G_i \quad (4-26)$$

a_i——拟建工程预算中的人工费、材料费、机械费等所占类似工程预算的比重；

G_i——拟建工程中各项费用与类似工程预算造价各种费用之间的差异系数。

(b)综合调整系数法。类似工程预算法编制概算，由于所比较的项目因建设地点不同而引起人工费、材料费、施工机械使用费及措施费、间接费、利润和税金等因素的变化，因此采用上述各项费用占类似工程预算价值的比重系数进行调整，即综合系数调整用下列公式

$$拟建工程单方概算造价 = 类似工程单方预算造价 \times 综合调整系数 K \quad (4-27)$$

其中

$$K = \alpha_1\% K_1 + \alpha_2\% K_2 + \alpha_3\% K_3 + \cdots = \sum \alpha_i\% K_i \quad (4-28)$$

α_i——拟建工程预算中的人工费、材料费、机械费等所占类似工程预算总价值的比重；

K_i——拟建工程中各项费用因地区不同而产生在价值上差别的调整系数，按下列公式计算

$$K_i = \frac{拟建工程所在地区（人工工资、材料等）单价}{类似工程地区（人工、材料等）预算单价} \quad (4-29)$$

【例4-6】拟建砖混结构教学楼建筑面积701.71m^2，外墙为二砖外墙，M7.5混合砂浆砌筑，其结构形式与已建成的某工程相同，只有外墙厚度不同，其他部分均较为接近。类似工程外墙为一砖半厚，M5.0混合砂浆砌筑，每平方米建筑面积消耗量分别为：普通黏土砖0.535千块，砂浆0.24m^3，普通黏土砖134.38元/千块，M5.0砂浆148.92元/m^3，拟建工程外墙为二砖外墙，每平方米建筑面积消耗量分别为：普通黏土砖0.531千块，砂浆0.245m^3，M7.5砂浆165.67元/m^3。类似工程单方造价为583元/m^2，其中，人工费、材料费、机械费、间接费和其他取费占单方造价比例分别为：18%、55%、6%、3%、18%，拟建工程与类似工程预算造价在这几方面的差异系数分别为：1.91、1.03、1.79、1.02和0.88。

问题：

(1)应用类似工程预算法确定拟建工程的单位工程概算造价。

(2)若类似工程预算中，每平方米建筑面积主要资源消耗为人工消耗4.8工日，水泥225kg，钢材15.8kg，木材0.05m^3，铝合金门窗0.2m^2。其他材料费为主材费41%，机械费占定额直接费8%，拟建工程主要资源的现行预算价格分别为人工22.88元/工日，钢材3.2元/kg，水泥0.39元/kg，木材1700元/m^3，铝合金门窗平均350元/m^2. 拟建工程综合费率24%，应用概算指标法，确定拟建工程的单位工程概算造价。

解：问题(1)

①$K = 18\% \times 1.91 + 55\% \times 1.03 + 6\% \times 1.79 + 3\% \times 1.02 + 18\% \times 0.88 = 1.21$

拟建工程概算指标 = 583 × 1.21 = 703.51元/m^2

②结构差异额 = 0.531 × 134.38 + 0.245 × 165.67 − (0.535 × 134.38 + 0.24 × 148.92) = 4.31元/m^2

③修正概算指标 = 703.51 + 4.31 = 707.82元/m^2

④拟建工程概算造价 = 拟建工程建筑面积 × 修正概算指标
= 701.71 × 707.82 = 496684.37元

问题(2)

①计算拟建工程单位建筑面积的人工费、材料费、机械费。

人工费 $=4.8\times22.88=109.82$ 元

材料费 $=(225\times0.39+15.8\times3.2+0.05\times1700+0.2\times350)\times(1+41\%)$

$=413.57$ 元

机械费 = 直接工程费(人工费、材料费、机械费)×8%

$=(109.82+413.57)\times8\%\div(1-8\%)=45.51$ 元

直接工程费 $=109.82+413.57+45.51=568.90$ 元/m^2

②计算拟建工程概算指标、修正概算指标和概算造价。

概算指标 $=568.90\times(1+24\%)=705.44$ 元/m^2

修正概算指标 $=705.44+4.31=709.75$ 元/m^2

拟建工程概算造价 $=701.71\times709.75=498028.67$ 元

3)设备及安装工程概算的编制

设备及安装工程概算包括设备购置费用概算和安装工程费用概算两部分。

(1)设备购置概算。

设备购置概算是根据初步设计的设备清单计算出设备所需的原价,并汇总求出设备总原价,然后按有关规定的设备运杂费率乘以设备总原价,两项相加而得的。由此而编制的文件。

设备分为标准设备和非标准设备。标准设备的原价按各部、省、市、自治区规定的现行产品出厂价格计算;非标准设备是指制造厂过去没有生产过或不经常生产,而必须由选用单位先行设计委托承制的设备,其原价由设计机构依据设计图纸按设备类型、材质、重量、加工精度、复杂程度等进行估价,逐项计算,主要由加工费、材料费、设计费组成。

设备购置费用概算的计算公式见下式

$$\text{设备购置费用概算}=\sum\left(\begin{matrix}\text{设备清单中}\\\text{的设备数量}\end{matrix}\times\text{设备原价}\right)\times(1+\text{运杂费率}) \tag{4-30}$$

(2)设备安装工程概算。

根据初步设计深度和要求明确程度,通常设备安装工程概算的编制方法主要有预算单价法、扩大单价法和设备价值百分法、综合吨位指标法 4 种。

①预算单价法。当初步设计或扩大初步设计文件具有一定深度,要求比较明确,有详细的设备清单,基本上能计算工程量时,可根据各类安装工程预算定额编制设备安装工程概算。

②扩大单价法。当初步设计的设备清单不完备,或仅有成套设备的数量时,要采用主体设备、成套设备或工艺线的综合扩大安装单价编制概算。

③设备价值百分比,又叫安装设备百分比法。当初步设计或扩大初步设计程度较浅,只有设备的出厂价而无详细完备的设备清单规格和数量时,其安装费可按占设备原价的百分比计算。其安装费率由主管部门制定或由设计单位根据已完类似工程确定。该方法常用于价格波动较小的定型产品和通用设备产品。其公式为

$$\text{设备安装费}=\text{设备原价}\times\text{安装费率}(\%) \tag{4-31}$$

④综合吨位指标法。当初步设计提供的设备清单有规格和设备重量时,可采用综合吨

位指标编制概算,其中综合吨位指标由主管部门或由设计单位根据已完工程资料确定。此方法常用于设备价格波动较大的非标准设备和引进设备的安装工程概算。其公式为

$$设备安装费 = 设备总吨数 \times 每吨设备安装费指标 \quad (4-32)$$

2. 单项工程综合概算的编制

1)概念

单项工程综合概算是根据单项工程内各专业单位工程概算和工器具及生产家具购置费汇总而成的,是确定单项工程建设费用的综合性文件,是建设项目总概算的组成部分。如果建设项目只含有一个单项工程,则单项工程的综合概算造价中,还应包括建造工程的其他费用、预备费、贷款利息、固定资产投资方向调节税等所有费用,也就是建设项目总概算。

2)单项工程综合概算表的组成

(1)工业建筑概算:一般包括建筑工程概算和设备及安装工程概算。其中:建筑工程包括土建工程,给水、排水、采暖、通风工程,工业管道工程,特殊构筑物工程和电气照明工程等;设备及安装工程包括机械设备及安装工程和电气设备及安装工程。

(2)民用建筑概算:包括土建工程,给水、排水、采暖、通风工程,电气照明工程。

3)单项工程综合概算费用组成

(1)建筑工程费用。

(2)安装工程费用。

(3)设备购置费用。

(4)工器具及生产家具购置。

注意:当工程为一个单项工程时,单项工程综合概算中还应包括工程建设其他费用的概算和预备费、建设期贷款利息和固定资产投资方向调节税。

4)综合概算书的编制

综合概算书的编制包括编制说明书和综合概算表两大部分。

(1)编制说明书。

一般列于综合概算表的前面。说明书主要包括工程概况、编制依据、编制方法、需要说明的问题等。

当只编综合概算而不编总概算时,编制说明书应当详细;如果编制总概算,则编制说明可省略或从简。

(2)综合概算表。

若建设项目只由一个单项工程组成,其综合概算表的编制见表4-9。

3. 建设项目总概算的编制

1)建设项目总概算概述

建设项目总概算是设计文件的重要组成部分,是确定整个建设项目从筹建到竣工交付使用所预计全部建设费用的总文件。它由各单项工程综合概算、工程建设其他费用、建设期贷款利息、预备费、固定资产投资方向调节税和经营性项目的铺底流动资金概算组成。

2)建设项目总概算的内容

总概算文件一般应包括:封面及目录、编制说明、总概算表、工程建设其他费用概算表、

单项工程综合概算表、单位工程概算表、工程量计算表、分年度投资汇总表与分年度资金流量汇总表以及主要材料汇总表等。

表 4-9 某建设项目综合概算表

建设单位名称： 建筑面积：

建设项目名称：

序号	单位工程名称	概算价值/元						技术经济指标/(元/m^2)	占投资额/%	备注
		建筑工程费	安装工程费	设备购置费	工器具和生产家具购置费	其他	总价值			
1	土建工程									
2	装饰工程									
3	采暖工程									
4	给排水									
5	电气照明									
6	通风工程									
7	合计									

(1)封面、签署页及目录。

(2)编制说明。

设计总概算的编制说明应包括下列内容。

①工程概况。简述建设项目性质、特点、生产规模、建设周期、建设地点等工程基本概况。引进项目需要说明引进内容及与国内配套工程等主要情况。

②资金来源及投资方式。

③编制依据及编制原则。说明设计文件依据，概算指标或概算定额、材料概算价格及各种费用标准等编制依据。

④编制方法。说明设计概算是采用概算定额法、概算指标法，还是采用的类似工程预算法等。

⑤投资分析。主要分析各项投资的比重、各专业投资的比重等经济指标及与类似工程比较、分析投资高低的原因，说明该设计是否经济合理。

(3)总概算表。

总概算表反映静态投资和动态投资两个部分。静态投资是按设计概算编制期价格、费率、利率、汇率等确定的投资；动态投资是指从概算编制时期到竣工验收前因价格变化等多种因素影响所需的投资。为了便于投资分析，总概算表中的项目按工程性质分成以下 4 部分内容。

①工程费用。工程费用是指直接构成固定资产项目的费用。包括建筑安装工程费用和设备、工器具费用。详细又可分为以下几个项目。

(a)主要工程项目。

(b)辅助工程项目和服务性工程项目。

(c)室外工程项目(红线以内),包括土石方、道路、围墙、排水沟等各种构筑物管道、管网、供电线路、绿化等工程。

(d)公共设施项目,包括市政道路、供热、供电、通信等工程。

②工程建设其他费用。包括:征地费、拆迁补偿费、建设单位管理费、勘察设计费、研究试验费、建设监理费、招标承包费、工程保险费等与工程有关但不直接发生在工程费用以内的费用。

③预备费用。包括基本预备费用和涨价预备费用两部分。

④建设期贷款利息、固定资产投资方向调节税和经营性项目的铺底流动资金。

表4－10是某单位建设项目的总概算表的格式。

表4－10　某单位建设项目的总概算表

序号	工程项目名称	概算价值/万元								技术经济指标			占总投资额/%
		静态投资						动态投资	合计	单位	数量	指标	
		建筑工程费	设备费		工器具及家具购置费	其他费用	合计						
			购置费	安装费									
1	工程费用												
(1)	主要生产项目												
(2)	辅助生产项目												
(3)	公共设施项目												
2	工程建设其他费用												
(1)	土地征用费												
(2)	勘察设计费												
(3)	工程监理费												
(4)	其他费用												
3	预备费												
(1)	基本预备费												
(2)	涨价预备费												

续表

序号	工程项目名称	概算价值/万元								技术经济指标			占总投资额/%
		静态投资						动态投资	合计	单位	数量	指标	
		建筑工程费	设备费		工器具及家具购置费	其他费用	合计						
			购置费	安装费									
4	建设期贷款利息												
5	投资方向调节税												
合计													

4.2.6 设计概算的审查

1. 设计概算审查的作用

(1)审查设计概算是确定工程建设投资、编制工程建设计划的重要依据。概算编制如果不正确,会使投资得不到落实,也会影响投资的合理分配和项目建设的发展速度,无法确定工程建设投资计划。因此,审查设计概算,有利于为建设项目投资的落实提供可行依据,有助于提高建设项目的投资效益。

(2)审查设计概算,可以促进概算编制单位严格执行国家有关概算的编制规定和费用标准,从而提高概算的编制质量。

(3)审查设计概算,有利于核定建设项目的投资规模,可以使建设项目总投资力求做到准确、完整,防止任意扩大投资规模,或故意压低概算投资,最后导致预算超概算的现象发生。

(4)审查设计概算,有利于促进设计的技术先进性和经济合理性。概算中的技术经济指标是概算的综合反映,通过与同类工程概算对比,可分析得出该建设项目概算的先进和合理程度。

2. 设计概算的审查依据

(1)初步设计或扩大初步设计文件及有关资料。

(2)概算定额、概算指标或类似工程预算。

(3)费用定额或指标。

(4)国家、部委、地方主管部门的有关文件和规定。

3. 设计概算审查的内容

1)审查设计概算的编制依据

即对编制依据的“三性”(合法性、时效性、适用性)进行审查。

(1)合法性,设计概算采用的各种编制依据必须经过国家和授权机关的批准,符合国家的编制规定。不能擅自提高概算定额、指标和费用标准。

(2)时效性,设计概算编制的各种依据都应根据国家有关部门现行的各种规定进行,要特别注意有无调整和新的规定,如果有新的规定,应按新规定和调整后的办法执行。

(3)适用性,各种编制依据都有规定的适用范围,如定额分国家定额、部门定额和地方定额。各地区应适应地区范围之内的定额,特别是地区的材料预算价格不能跨区域取价。

2)审查设计概算文件

(1)审查设计概算文件是否齐全。审查按概算编制规定的各种概算表、编制说明及工程计算表是否齐全,是否符合规定和建设项目的实际情况。一般大中型的建设项目应有完整的编制说明和“三级概算”(即总概算、单项工程综合概算表、单位工程概算表)。

(2)审查设计概算的编制范围。概算文件的编制范围和具体内容要全面完整,审查概算编制范围及具体内容是否与主管部门批准的内容一致;对已列入设计文件的工程项目不能遗漏,但也不能多计项目;审查分期建设项目的范围及具体工程内容有无重复交叉计算。审查其他费用应列的项目是否符合规定,静态投资、动态投资和经营性项目铺底流动资金是否分别列出等。

(3)审查建设规模及标准。审查概算的投资规模、生产能力、建设用地、建筑面积、室外配套工程等是否符合原批准可行性研究报告或立项批文的标准。如果投资可能增加,如概算总工程投资超过原批准投资估算10%以上,应进一步审查超过估算的原因,并重新上报审批。

(4)审查设备的规格、数量和配置。主要审查设备规格、数量和配置是否符合设计要求,是否与设备清单相一致,设备预算价格是否真实,设备价值的计算是否符合规定。

(5)审查单位工程概算的内容。

①审查工程量计算的准确性。工程量计算是否准确关系到整个概算的编制质量,要根据初步设计图纸、概算定额及工程量计算规则等,审查工程量的计算有无多算、重复计算和漏算,尤其对工程量大、造价高的项目要重点审查。

②审查单价。定额计价时应审查采用的定额单价是否正确,清单计价时应审查综合单价的确定是否正确合理。

③取费程序的审查。根据概算定额的取费程序审查是否符合国家或地方有关部门的现行规定,取费标准是否正确。

(6)审查其他费用。主要审查建设项目中的其他费用是否严格按照国家、地方建设主管部门的标准进行编制,是否有多算、漏算或重复计算的项目。

(7)审查技术经济指标和投资经济效果。审查的内容包括各项技术经济指标是否经济合理,可按同类工程的经济指标进行对比,分析投资高低的原因;按照生产规模、工艺流程、产品品种和质量,从企业的经济效益、社会效益和环境效益进行全面分析,判断其是否达到了先进可行、全面合理的要求。

4. 设计概算审查的方法和步骤

1)设计概算审查的方法

审查设计概算时,应根据工程项目的投资规模、工程类别、结构复杂程度和概算编制质量,来确定审查方法。审查过程中常用的主要方法有对比分析法、查询核实法和联合会审法等。

(1)对比分析法。对比分析法主要是建设规模、建设标准与立项批文对比;工程量与设计图纸对比;综合范围、内容与编制方法和规定对比;各项取费与规定标准对比;材料、人工单价与市场信息单价对比;引进设备、技术投资与报价对比;技术经济指标与同类工程预算对比等。

(2)查询核实法。主要是对一些关键设备和设施、重要装置、引进设备工程图纸不全、难以核算的较大投资进行多方查询核对,采取逐项落实的方法。主要设备的市场价向设备供应部门或厂家查询核实;重要生产装置、设施向同类企业或工程施工公司查询了解;引进设备价格及有关费税向进出口公司调查落实;复杂的建筑安装工程向同类工程的建设单位、承包商咨询。

(3)联合会审法。通常的做法有两种:一种是先由设计单位、建设单位、工程造价咨询公司等分头审查,层层把关,然后组织以上单位和专家进行会审,认真分析,确定设计概算,并报主管部门复核后,正式下达设计总概算。另一种方法是由设计单位上报设计概算后,由主管部门组织经济、技术等各方面专家直接进行会审,根据专业分头审查,然后汇总结果,确定设计概算总额,正式下达审批概算。

2)设计概算审查的步骤

(1)收集资料,熟悉情况。收集项目的可行性研究报告、设计任务书,了解本工程及类似工程建设项目的建设规模、设计能力、工艺流程、建设条件等及概算定额、类似工程概算指标、综合预算定额、现行费用标准和其他文件资料。同时在审查前要熟悉掌握设计概算的编制依据、编制内容和编制方法。

(2)进行审查,分析主要的技术经济指标。首先确定合理的审查方法,然后根据该工程设计方案中的工程性质、建设规模、结构类型、建设条件、费用构成、设备数量、造价指标等情况,利用概算定额或概算指标及类似工程有关技术经济指标进行调查或对比分析,按照从单位工程概算到单项工程概算和设计总概算由小到大的顺序逐步审查。

(3)汇总整理。根据审查结果,将已审查好的资料进行全面的汇总整理。

(4)写出审查报告。经过整理后的内容,要写出审查报告。审查报告的主要内容包括:审查单位、审查依据、审查中发现的问题、概算修改意见等。经主管部门研究批准后下达文件。

4.3 单位工程施工图预算编制方法

4.3.1 施工图预算的概念与作用

1. 施工图预算的概念

施工图预算是在施工图设计完成后,工程开工前,根据已批准的施工图纸,在施工方案(或施工组织设计)已确定的前提下,按照国家和地区现行的统一的计算规则、费用构成、材料价格等有关文件的规定,编制的单位工程造价的技术经济文件。

2. 施工图预算的作用

在社会主义市场经济条件下,施工图预算的主要作用有以下几点。

(1)是确定建筑工程造价，实行财务监督的依据，是调整和控制投资的基础，在招投标项目中是确定“标底”的依据。

(2)是建设单位与施工单位签订承发包工程经济合同的依据，也是拨付工程价款、办理竣工结算的主要依据。

(3)是施工单位进行施工，编制施工组织设计，进行成本核算不可缺少的文件。

4.3.2 施工图预算编制依据

1. 经批准和会审的施工图设计文件

在编制施工图预算之前，施工图纸必须经过主管机关批准，同时还要经过图纸会审，并签署图纸会审纪要；预算部门不仅要具备全部的施工图设计文件，而且要具备图纸所要求的全部标准图集。

2. 经过批准的施工组织设计文件

施工组织设计是确定单位工程进度计划、施工方法或主要工序的施工方法以及施工现场平面布置等内容的文件。它确定了基础开挖形式、土方运具、余土运距、挖土放坡系数、基础工作面的大小以及钢筋混凝土构件、金属构件是现场制作还是预制厂制作等，这些资料都是编制预算不可缺少的依据。

3. 建设行政部门颁发的文件

《消耗量定额》、《措施费计价办法》、《建设工程造价计价规则》、《工程造价构成的取费程序和标准》等。

4. 建设行政部门发布的人工、材料、机械及设备的价格信息

人工、材料、机械台班预算价格是预算定额的三大要素，是构成直接工程费的主要因素。尤其是材料费在工程成本中占的比重大，而且在市场经济条件下，材料、人工、机械台班的价格是随着市场变化的。所以，工程预算造价的确定必须采用当地的现行市场价格作为实际预算价格的计算依据。

5. 工具书和有关手册

工具书和有关手册中包括各种单位的换算比例，计算各种构件面积和体积的公式，钢材、木材等单位用量表，金属材料重量表等。

6. 工程承发包合同(或协议书)、招标文件

它明确了施工单位承包的工程范围，具有的权利和应承担的责任与义务。通常要根据工程合同或协议计取间接费和其他费用。

4.3.3 施工图预算编制程序

施工图预算编制中直接工程费的最基本内容包括两大部分：工程量和单价。工程量指分项工程数量或人工、材料、机械台班定额消耗量，单价指分项工程定额基价或人工、材料、

机械台班预算单价。为统一口径，一般均以统一的项目划分方法和工程量计算规则所计算的工程量作为确定造价的基础，按照当地现时适用的定额单价或定额消耗量进行套算，从而计算出直接工程费或人工、材料、机械台班总消耗量。随着市场经济体制改革的深化，上述工料消耗量、定额基价及人、材、机的预算单价的计算标准将不断市场化。施工图预算编制程序示意图如图 4.3 所示。

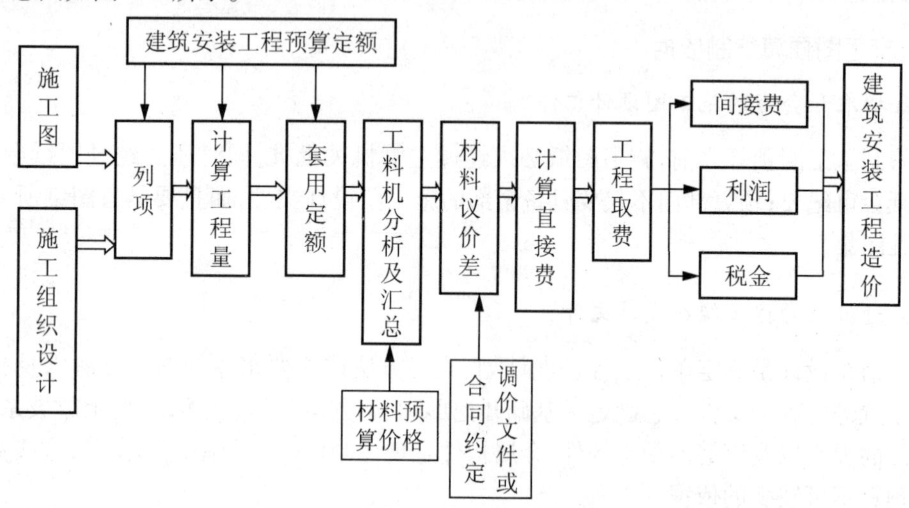

图 4.3　施工图预算编制程序

4.3.4　施工图预算编制方法

一般单位工程施工图预算定额计价有 3 种编制方法，即定额单价法、实物法和综合单价法。

1. 定额单价法

定额单价法是利用预算定额中各分项工程相应的定额单价来编制施工图预算的方法。首先按施工图计算各分部分项工程量，再分别乘以本地区单位价格表中的相应单价，汇总相加，得到单位工程直接工程费；再加上直接成本中的措施项目费，根据本地区颁发的建筑安装工程费用定额及有关取费标准，乘以相应费率，求出该工程的间接成本中的间接费、利润、规费、税金等，最后汇总以上各项费用即为该单位工程的施工图预算造价。定额单价法是目前我国各地区编制施工图预算普遍采用的方法。

定额单价法编制工作简单，便于进行技术经济分析。但在市场价格波动较大的情况下，会造成较大的偏差，应进行价差调整。

利用定额单价法编制施工图预算的主要步骤如图 4.4 所示。

(1)搜集各种资料。各种编制预算的资料包括施工图纸、施工组织设计或施工方案、现行建筑安装工程预算定额、费用定额、预算工作手册、招标文件、承包合同等。

(2)计算分项工程量。工程量计算在整个预算过程中是最重要、最繁重的一个环节，是预算工作中的主要部分，其准确与否直接影响施工图预算的编制质量。计算工程量一般按下列步骤进行。

①划分工程项目。划分的工程项目必须和定额规定的项目一致，这样才能正确地套用

定额,防止出现漏项或重复套项的现象。

②计算工程量。必须按照定额规定的工程量计算规则进行计算,并列出计算公式,该扣除的、该增加的部分应注意列出,以避免出现工程量计算错误或重复计算现象。如砌筑工程中砖墙的计算,应扣除门窗洞口、圈梁、过梁等,应增加女儿墙、附墙烟囱等;不应扣除的内容要仔细查看。

工程量全部计算完毕后,应对工程项目和工程量进行汇总整理,即合并同类项目和按顺序排列,为套用定额打下基础。

(3)套定额基价。将计算出的工程量与相应的预算单价相乘,得出分项工程直接费。其计算公式为

分项工程直接费 = 分项工程量 × 相应预算单价

(4)汇总单位工程基价并计算直接费。检查套用定额基价,然后进行各分部分项工程定额费用汇总。通常情况下,汇总各分部工程的定额费用后,再汇总得到单位工程的定额费用。计算公式为

$$直接成本 = \sum 实体项目各分部直接费 \tag{4-33}$$

$$技术措施成本 = \sum 技术措施项目各分项工程定额成本 \tag{4-34}$$

$$组织措施成本 = \sum 直接成本 \times \sum 组织措施项目费率 \tag{4-35}$$

将直接成本、技术措施成本和组织措施成本合计得出单位工程直接费。

(5)工料分析。根据各分部分项工程的工程量和定额中相应项目的用工工日及材料、机械台班数量,计算出各分部分项工程所需的人材机数量,相加汇总得出该单位工程所需要的人工和材料、机械台班用量。工料分析是计算材料差价的重要准备工作。

(6)价差分析。根据当地的市场价格与定额单价相减再乘以汇总的每项人工和材料、机械台班用量,得出人工和材料、机械台班的价差。

(7)计算其他费用并汇总工程造价。按照地区规定费用项目及费率,分别计算出间接费、利润、规费、税金,并汇总单位工程造价。

(8)复核。主要是对编制的主要内容及计算情况进行核对检查。在复核中,应对项目列项、工程量计算公式、实际尺寸的使用、计算结果、套用定额基价、取费费率等进行全面复核,注意有无漏算、多算、缺项、重复计算现象发生。

(9)编制说明、封面填写。

编制说明一般应包括以下内容。

①工程概况:说明工程范围、工程规模、工程类别、承包企业的资质和承包方式等。

②编制依据:依据的图纸、预算定额及费用定额、有关部门现行的调价文件号、市场材料价格的来源等。

③需要说明的问题:说明哪些项目是采用补充定额及补充定额基价的构成;说明哪些是遗留项目或暂估项目及产生原因;说明土方开挖方式、构件运输距离及其他需要说明的问题。

封面应写明工程编号、工程名称、建筑面积、预算造价、单方造价、编制单位名称、负责人和编制日期,审核单位的名称、负责人和审核日期等。

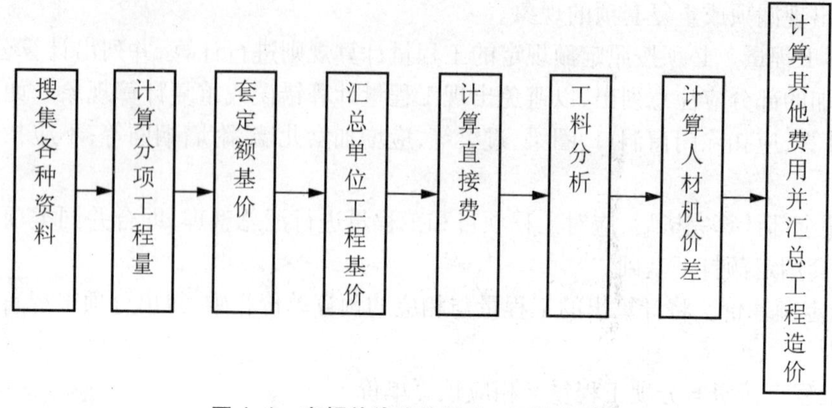

图 4.4　定额单价法编制施工图预算步骤

2. 实物法

实物法是根据施工图纸，计算出分项工程量，然后套用相应消耗量定额中人工、材料、机械台班的定额用量，汇总求和。再分别乘以工程所在地当时的人工、材料、机械台班的实际单价，得到直接工程费，然后按规定计取其他各项费用，最后汇总就可得出单位工程施工图预算造价。其编制步骤如图 4.5 所示。

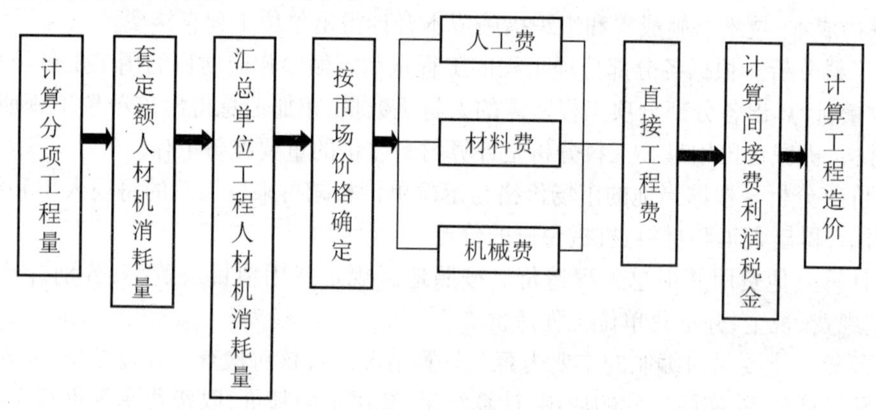

图 4.5　实物法编制施工图预算步骤

其中直接费的计算公式如下

$$\begin{aligned}\text{单位工程直接费} = &\sum(\text{工程量}\times\text{人工预算定额用量}\times\text{当时当地人工工资单价})\\ &+\sum(\text{工程量}\times\text{材料预算定额用量}\times\text{当时当地材料预算价格})\\ &+\sum(\text{工程量}\times\text{机械台班预算定额用量}\times\text{当时当地机械台班单价})\end{aligned} \tag{4-36}$$

实物法编制除了中间步骤有所差别以外，其他的前后步骤与单价法基本相同。这种实物法是目前实行工程量清单计价方法应用的主要方法。

3. 综合单价法

所谓综合单价，即分项工程全费用单价，也就是工程量清单的单价；它综合了人工费、材料费、机械费、措施费，有关文件规定的调价、利润、税金，现行取费中有关费用、材料价差，以及采用固定价格的工程所测算的风险金等全部费用。

这种方法与前述方法相比较，主要区别在于：间接费和利润等是用一个综合管理费率分摊到分项工程单价中，从而组成分项工程全费用单价，某分项工程单价乘以工程量即为该分项工程的合价，所有分项工程合价汇总后即为该工程的总价。

分项工程全费用造价的计算是根据建筑安装工程量、预算定额和有关费用定额，直接计算每一分项工程的工程造价。然后再将各分项工程造价汇总成单位工程造价。其数学模型如下

$$\text{建筑安装工程造价} = \sum(\text{分项工程完全造价}) \tag{4-37}$$

$$\text{建筑分项工程完全造价} = [\text{分项工程量} \times \text{定额基价} \times (1 + \text{措施费费率} + \text{间接费费率})] \times (1 + \text{利润率}) \times (1 + \text{税率}) \tag{4-38}$$

$$\text{安装分项工程完全造价} = [\text{分项工程量} \times \text{定额基价} + \text{分项工程量} \times \text{定额人工费单价} \times (1 + \text{措施费费率} + \text{间接费费率} + \text{利润率})] \times (1 + \text{税率}) \tag{4-39}$$

4.3.5 施工图预算的审查

1. 施工图预算审查的意义

（1）有利于合理确定和控制工程造价，克服和防止高估冒算，排除不正当提高工程预算造价的现象。

（2）有利于施工承包合同价的合理确定和控制，在激烈的建设市场竞争情况下，通过审查工程预算，可以制止不合理的压价现象，维护施工企业的合法经济利益。

（3）可以促进工程预算编制水平的提高，使施工企业端正经营思想，从而达到加强工程预算管理的目的。

（4）有利于加强固定资产投资管理，节约建设资金。

（5）有利于积累和分析各项技术经济指标，不断提高设计水平。通过审查工程预算，核实预算价格，为积累和分析技术经济指标提供了准确数据，进而通过有关指标的比较，找出设计中的薄弱环节，以便及时改进，提高设计水平。

2. 审查施工图预算的内容

1）审查工程量

在工程预算中，工程量是确定建筑或设备安装工程预算价值的决定因素。工程量的大小与预算价值的大小成正比。审查施工图预算的重点应该放在工程量计算上。工程量的审查要根据设计图纸、工程量计算规则对已计算出来的工程量计算表进行审查。如发现漏算、重复计算和错算的工程量，应及时与预算编制人员研究更正。

2）审查预算单价

审查预算单价时，应注意以下几方面的问题。

（1）审查预算中所列的分部分项工程名称、计量单位、预算单价的套用是否与定额相符，所包括的工程内容是否与单位估价表相一致。

（2）审查换算单价。审查换算条件和换算方法。预算定额中规定允许换算部分的分项

工程单价,应根据预算定额的分部分项说明、有关规定进行换算。预算定额中规定不允许换算部分的分项目工程单价,则不得任意加以换算。对允许换算部分要审查其换算是否正确。

(3)审查补充单价。对补充定额和单位估价表,要审查其编制原则、编制仿制和项目内容及人、材、机的数量和单价是否正确。对于采用新技术、新材料、新方法的工程,在定额确实缺少这些项目,尚需编制补充单位估价时,应该审查其分项项目的工程量是否属实,套用单价是否正确;审查其补充单价的工料分析的测算是否准确。

3)审查有关费用项目及其计取

(1)审查各项费用的计取是否正确。主要根据当地的现行规定,审查费用计取的内容是否符合现行规定和定额要求。

(2)审查工程类别及各项费用的计算基础。工程取费时,首先应该根据规模大小、跨度、建筑面积确定工程类别,审查其工程类别套用是否准确;再审查各项费用的计算基础是否正确,如间接费、利润等在建筑工程、装饰工程、安装工程等工程运用的计算基础不同,判断是否有混淆现象。

(3)审查取费的费率。主要依据所用费用定额规定的费率,对预算编制所选套的费率进行核对。这部分经常会出现高套费率问题,如二类工程套一类工程费率、县城税率套用市区税率等。

3. 审查施工图预算的方法

施工图预算审查,要根据工程的建设规模大小、结构复杂程度和施工企业情况不同等因素,来确定审查的深度和方法。审查施工图预算的方法多种多样,常用的有以下几种。

1)全面审查法

全面审查法又叫逐项审查法。它是指按照设计图纸的要求,结合建筑工程预算定额分项工程中的工程项目,对该预算中每一项进行详细审查的方法。这种方法的优点是全面、准确、质量高、审查效果好;缺点是工作量大,时间较长。这种方法主要适用于设计较简单、工程量较少的工程。

2)重点抽查法

重点抽查法是抓住工程预算中的重点进行审查的方法。审查的重点一般是:工程量大或造价较高(如基础、砌筑工程、砼及钢筋砼工程等)、工程结构复杂的工程,补充单位估价表,计取的各项费用(计算基础、取费费率等)。而对其他价值较低或占投资比例较小的分项工程,如普通装饰项目、零星工程等可简单审查或不审查。其优点是重点突出,审查时间短、效果好。

3)分组计算审查法

分组计算审查法又称统筹审查法。此法实质上应是应用统筹法计算工程量的原理进行审查。该方法是把预算中的项目划分为若干组,并把有一定联系的项目划分为一组,审查和计算同一组中某个分项工程量,利用工程量间具有相同或相似计算的基数关系,判断同组中其他几个分项工程量计算的准确性的方法。这种作法的特点是审查速度快,工作量小。

4)分解对比审查法

分解对比审查法是将一个单位工程按直接费与间接费进行分解,然后再把直接费按工种和分部工程进行分解,分别与审定的标准预算进行对比分析的方法。

一些单位建筑工程，如果其用途、结构和标准都相似，在一个地区或一个城市内，其预算造价也应该基本相似。虽然某些项目之间的施工条件、材料耗用等可能不同，但总体上可以利用对比方法，计算出它们之间的预算价值差别，以进一步对比审查整个单位工程施工图预算。即把一个单位工程直接费和间接费进行分解，然后再把直接费按工种工程和分部工程进行分析，分别与审定的标准图施工图预算进行对比。如果出入不大，就可以认为本工程预算编制质量合格，不必再作审查；如果出入较大，应需边对比、边分解审查。审查过程可分为以下步骤。

(1)全面审核某种建筑的标准定额施工图或已用的施工图的工程预算，经审定后作为审核其他类似工程预算的对比基础。并将审定预算按直接费和间接费分解成两部分，再把直接费分解为各工种和分部工程预算，分部计算出它们的平方米单价。

(2)把拟审的工程预算与同类预算单方造价进行对比，若出入在 1% ~3% 以内，再按分部分项工程进行分解，边分解边对比，对出入较大者，进一步审核。

(3)进一步对比审核。经分析对比，如发现应取费用相关较大，应考虑建设项目的投资来源和工程类别及取费项目的取费标准是否符合规定；材料调价相差较大，则应进一步审查议价差表，将各种调价材料的用量、单位减价及其调增数量等进行对比。如发现土建工程预算价格出入较大，首先审核其土方和基础工程，因为 ±0.00 以下的工程往往相差较大，再对比其余各个分部工程，如分部工程相差较大，再进一步审查该分部工程中每一个分项工程项目的工程量及取费情况。

分解对比审查法适用于规模小、结构简单的一般民用建筑住宅工程等，特别适合于采用标准施工图或利用施工图的工程。其优点是简单易行，准确率较高，审查速度快。

5)标准预算审查法

就是对利用标准图纸或通用图纸施工的工程，先集中力量编制标准预算，以此为标准审查预算的一种方法。这种方法时间短、效果好、易定案。但适用范围小，主要适用于采用标准图纸施工的工程。

6)筛选审查法

这种方法是将分部分项工程加以汇集、优选，找出分部分项工程在每单位建筑面积上的工程量、价格、用工的基本数值，归纳为工程量、价格、用工的单方基本表，并注明基本值适用的建筑标准。这些基本值用来筛选各分部分项工程，如果分部分项工程的单位建筑面积数值在其基本值范围之内，就不用审查了，如果不在此范围内，就要对该分部分项工程详细审查。如果所审查的预算的建筑标准与“基本值”所适用的标准不同，就要对其进行调整。筛选法的优点是简单易懂，便于掌握，审查速度和发现问题快。但解决差错分析其原因需继续审查。主要适用于住宅工程或不具备全面审查条件的工程。

7)利用手册审查法

就是指把工程中常用的构件、配件等事前整理成预算手册，按手册对照审查的方法。这种方法可大大简化预结算的编审工作。

本章小结

本章主要介绍了建设项目的投资过程,从项目的投资估算、设计概算、施工图预算进行了全面的分析,并介绍每一项目的计算方法和步骤。要求学生熟悉建设项目投资估算的概念及作用;掌握投资估算的阶段划分;重点掌握投资估算的编制方法;掌握设计概算的编制方法及步骤;熟悉设计概算的审查方法;熟悉施工图预算的概念及作用;掌握施工图预算编制的方法和步骤;熟悉施工图预算审查的步骤和方法。

思考与习题

1. 简述投资估算的概念及内容。

2. 简述投资估算的编制方法的特点及适用范围。

3. 设计概算的概念是什么?简述设计概算的作用。

4. 设计概算与施工图预算有哪些区别?

5. 设计概算的分类有哪些?单位工程设计概算的主要方法有几种?试述各种编制方法的特点和适用范围。

6. 设计概算的审查内容和审查的方法分别有哪些?

7. 简述施工图预算的概念及作用。

8. 施工图预算的编制方法有几种?各种编制方法的特点和适用范围有哪些?

9. 简述施工图预算审查的意义。

10. 简述施工图预算审查的内容和审查的方法。

11. 某建设投资项目,设计生产能力 20 万吨,已知生产能力为 5 万吨的同类项目投入设备费用为 4000 万元,设备综合调整系数 1.25,该项目生产能力指数估计为 0.85,该类项目的建筑工程是设备费的 15%,安装工程费用是设备费的 18%,其他工程费用是设备费的 7%,这 3 项的综合调整系数定为 1.0,其他投资费用估算为 500 万元,该项目的自有资金 9000 万元,其余通过银行贷款获得,年利率为 8%,每半年计息一次。建设期为 2 年,投资进度分别为 40%,60%,基本预备费率为 10%,建设期内生产资料涨价预备费率为 5%,自有资金筹资计划为:第一年 5000 万元,第二年 4000 万元,该项目固定资产投资方向调节税为 0,建设期间不还贷款利息。

该项目达到设计生产能力以后,全厂定员 200 人,工资与福利费按照每人每年 12000 元估算,每年的其他费用为 180 万元,生产存货占用流动资金估算为 1500 万元,年外购原材料、燃料及动力费为 6300 万元,年经营成本为 6000 万元,各项流动资金的最低周转天数分别为:应收账款 36 天,现金 40 天,应付账款 30 天。

问题:(1)试估算该项目的固定资产总额。

(2)估算建设期借款利息。

(3)用分项估算法估算拟建项目的流动资金。

(4)求建设项目的总投资估算额。

第5章 工程计量

教学目标

1. 熟悉工程量计算方法。
2. 理解并掌握建筑面积计算规则及各分部工程的工程量计算规则。

导入案例

工程计量,是编制建筑工程施工图预算的和工程量清单计价的基础工作,是预算文件和工程量清单文件的重要组成部分。工程量计算是否准确,直接影响到整个工程的造价。

工程计价是一个分部组合计价的过程,不同的计价模式对项目的设置规则和结果都是不尽相同的。作为定额计价模式的工程量计算的主要依据就是工程量计算规则,它是规定在计算分项工程实物数量时,从施工图纸中计取数据的基本原则。为统一工业与民用建筑工程预算工程量的计算,建设部于1995年制定《全国统一建筑工程基础定额》(土建工程)的同时发布了《全国统一建筑工程预算工程量计算规则》(土建工程 GJDGZ—101—95),作为指导预算工程量计算的依据。2003年国家发布的《建设工程工程量清单计价规范》(GB 50500—2003)中规定了配套的工程量计算规则。但清单项目中每一分项包括多项定额项目内容,据此制定了《建筑工程消耗量定额计算规则》。以下主要介绍关于定额计价模式的工程量计算规则。

5.1 工程量计算方法

5.1.1 概述

1. 工程量的概念

工程量是根据设计图纸,以物理计量单位或自然计量单位表示的各分项工程或结构构件的数量。物理计量单位是以物体的某种物理属性为计量单位,一般以长度(米)、面积(平方米)、体积(立方米)、重量(吨)等或它们的倍数为单位。例如,建筑面积以“平方米”为计量单位,混凝土以“立方米”为计量单位,钢筋以“吨”为计量单位。自然计量单位是以物体本身的自然属性为计量单位,一般用件、个(只)、台、座、套等作为计量单位。例如烟囱、水塔以“座”为单位。

2. 工程量计算的依据

(1)经审定的施工设计图纸及设计说明。设计施工图是计算工程量的基础资料,因为施工图纸反映工程的构造和各部位尺寸,是计算工程量的基本依据。在取得施工图和设计说明等资料后,必须全面、细致地熟悉和核对有关图纸和资料,检查图纸是否齐全、正确。如果发现设计图纸有错漏或相互间有矛盾,应及时向设计人员提出修正意见,予以更正。经过审核、修正后的施工图才能作为计算工程量的依据。

(2)建筑工程预算定额。建筑工程预算定额是指《全国统一建筑工程预算工程量计算规则》(以下简称工程量计算规则)、《建筑工程工程量清单计价规范》(GB 50500—2003)(以下清单计价规范)以及省、市、自治区颁发的地区性建筑工程消耗量定额。工程量计算规则和清单计价规范比较详细地规定了各个分部分项工程量的计算规则和计算方法。计算工程量时必须严格按照定额中规定的计量单位、计算规则和方法进行,否则,将可能出现计算结果的数据和单位等的不一致。

(3)经审定的施工组织设计或施工技术措施方案。计算工程量时,还必须参照施工组织设计或施工技术措施方案进行。例如计算土方工程量仅仅依据施工图是不够的,因为施工图上并未标明实际施工场地土壤的类别以及施工中是否采取放坡或是否用挡土板的方式进行。对这类问题就需要借助于施工组织设计或者施工技术措施予以解决。计算工程量有时还要结合施工现场的实际情况进行。例如平整场地和余土外运工程量,一般在施工图纸上是不反映的,应根据建设基地的具体情况予以计算确定。

(4)经确定的其他有关技术经济文件。

5.1.2 工程量计算的方法

1. 工程量计算顺序

通常所说的"工程量计算方法",实际上是个计算顺序问题,因为一幢建筑物的工程项目(指分项工程)繁多,少则几十项,多则上百项,且这些工程上下、左右、内外交叉,如果计算时不讲究顺序,就很可能出现漏算或重复计算的情况,并给审核带来不便。因此,计算工程量必须按照一定的顺序进行,常用的计算顺序有以下几种。

1)按施工顺序计算

即按工程施工顺序的先后来计算工程量。计算时,先地下,后地上;先底层,后上层;先主要,后次要。大型和复杂工程应先划成区域,编成区号,分区计算。

2)按定额项目的顺序计算

即按全国统一的清单计价规范所列分部分项工程的次序来计算工程量。其次序为:土、石方工程,桩基础及地基处理工程,砌筑工程,混凝土及钢筋混凝土工程,门窗及木结构工程,屋面及防水工程,金属结构制作工程,构筑物及其他工程,装饰工程,施工技术措施项目等。

3)按顺时针顺序计算

先从工程平面图左上角开始,按顺时针方向自左至右,由上而下逐步计算,环绕一周后再回到左上方为止。如计算外墙、外墙基础、楼地面、天棚等都可按此法进行,如图5.1所示。

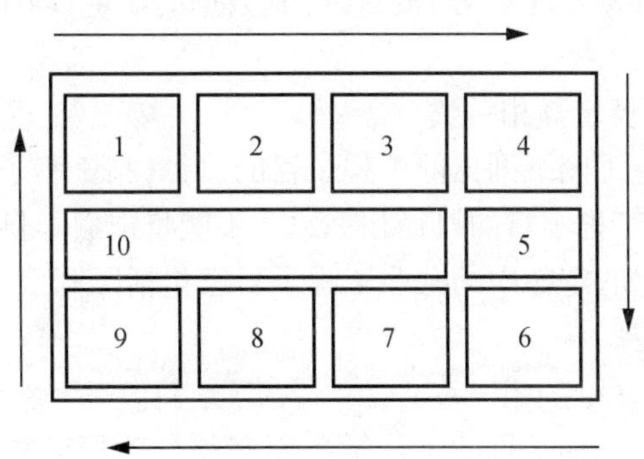

图5.1 顺时针计算法

例如:计算外墙工程量,由左上角开始,沿图中箭头所示方向逐段计算;楼地面、天棚的工程量亦可按图中箭头或编号顺序进行。

4)按先横后竖计算

这种方法是依据平面图,按先横后竖,先上后下,先左后右依次计算,如图5.2所示。计算内墙、内墙基础、隔墙等可用这种顺序。

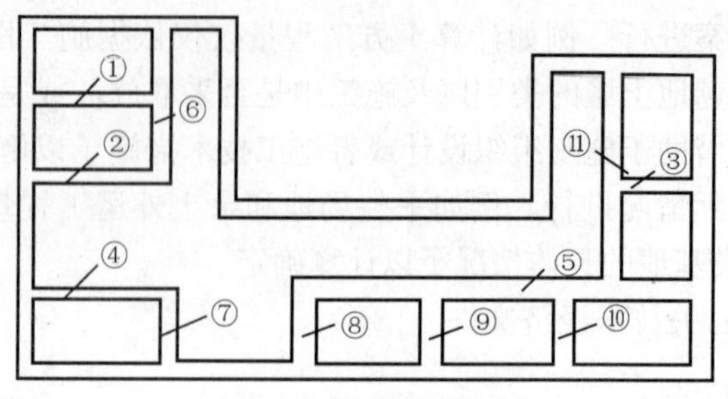

图 5.2 横竖计算法

例如计算内墙工程量，先计算横线，由上而下为① 、② 、③…… ，在同一横线上的② 和③ 墙、④和⑤墙，则应按先左后右的计算方法。横线上的内墙计算完毕再计算竖线，仍然是从左至右计算。

5）按编号顺序计算

按图纸上所注各种构件、配件的编号顺序进行计算。例如在施工图上，对钢、木门窗构件、钢筋混凝土构件（柱、梁、板等）、木结构构件、金属结构构件、屋架等都按序编号，计算它们的工程量时，可分别按所注编号逐一分别计算。

6）按定位轴线编号计算

对于比较复杂的建筑工程，按设计图纸上标注的定位轴线编号顺序计算，不易出现漏项或重复计算，并可将各工程子项所在的位置标注出来。

2. 计算工程量应遵循的原则

1）工程量计算所用原始数据必须和设计图纸相一致

工程量是按每一分项工程，根据设计图纸进行计算的，计算时所采用的原始数据都必须以施工图纸所表示的尺寸或施工图纸能读出的尺寸为准进行计算，不得任意加大或缩小各部位尺寸。特别对工程量有重大影响的尺寸（如建筑物的外包尺寸、轴线尺寸等）以及价值较大的分项工程（如钢筋混凝土工程等）的尺寸，其数据的取定，均应根据图纸所注尺寸线及尺寸数字，通过计算确定。

2）计算口径必须与预算定额相一致

计算工程量时，根据施工图纸列出的工程子目的口径（指工程子目所包括的工作内容），必须与工程定额中相应的工程子目的口径相一致。不能将定额子目中已包含了的工作内容拿出来另列子目计算。例如，定额中的某些工程子目已包括了刷素水泥浆，计算工程量时就不应将其另列子目重复计算。

3）计算单位必须与预算定额相一致

计算工程量时，所计算工程子目的工程量单位必须与工程定额中相应子目的单位相一致。例如预算定额是以立方米作单位的，所计算的工程量也必须以立方米作单位。

在土建预算定额中，工程量的计算单位规定为：①以体积计算的为立方米（m^3）；②以面积计算的为平方米（m^2）；③长度为米（m）；④重量为吨或千克（t 或 kg）；⑤以件（个或组）计算的为件（个或组）。

基础定额中大多数用扩大定额（按计量单位的倍数）的方法来计量，如“10 米”，“10 平方米”，“10 立方米”等。因此，在套用定额时应注意分清，务必使工程子项的计量单位与定额一致,不能随意决定工程量的单位,以免由于计量单位搞错而影响工程量的正确性。比如,脚手架工程的计量单位就有扩大10平方米(m^2)、延长米(m)和座等,使用时不得混淆。还要注意某些定额单位的简化,例如,踢脚线是以"延长米"计算而不是以"平方米"计算的。

4)工程量计算规则必须与定额一致

工程量计算必须与定额中规定的工程量计算规则(或计算方法)相一致,才符合定额的要求。预算定额中对分项工程的工程量计算规则和计算方法都作了具体规定,计算时必须严格按规定执行。例如墙体工程量计算中,外墙长度按外墙中心线长度计算,内墙长度按内墙净长线计算,又如楼梯面层及台阶面层的工程量按水平投影面积计算。

5)工程量计算的准确度

工程量的数字计算要准确,一般应精确到小数点后3位,汇总时,其准确度取值要达到:①立方米(m^3)、平方米(m^2)及米(m)取两位小数;②吨(t)取3位小数;③千克(kg)、件等取整数。

6)按图纸结合建筑物的具体情况进行计算

一般应做到主体结构分层计算;内装修按分层分房间计算;外装修分立面计算;或按施工方案的要求分段计算。由几种结构类型组成的建筑,要按不同结构类型分别计算;比较大的由几段组成的组合体建筑,应分段进行计算。

5.1.3 应用统筹法计算工程量

单位工程施工图预算的工程量计算都有几十乃至一百多个分项工程项目,应先算哪一个项目,后算哪一个项目,才能事半功倍?运用统筹法原理计算工程量,可以简化计算,提高工作效率,是计算工程量的一种有效方法。

1. 统筹法计算工程量的基本原理

统筹法是我国著名数学家华罗庚在20世纪50年代中期引进并推广命名的。这种方法是通过研究分析事物内在规律及其相互依赖关系,从全局出发,统筹安排工作顺序,明确工作重心,以提高工作质量和工作效率的一种科学管理方法。

根据统筹法原理,对工程量计算过程进行分析,可以看出各分项工程量之间有着各自的特点,也存在着内在联系。例如,沟槽挖土、基础垫层的长度,外墙均按外墙中心线计算,内墙均按内基槽净长线计算;基础砌筑、墙基防潮、地圈梁、墙体的砌筑等分项工程,都按断面面积乘以长度计算。而所有的长度,外墙均按外墙中心线计算,内墙均按净长线计算。又如外墙勾缝、外墙抹灰、明沟、散水、封檐板等分项工程,都与外墙外边线长度有关,而平整场地、室内回填、地面防潮层、找平层、楼地面面层、天棚、屋面等分项工程的计算都和底层建筑面积有关。

从上述的分析可以看出,在计算许多分项工程量时都离不开外墙中心线、内基槽净长线、内墙净长线、外墙外边线的长度以及底层建筑面积。这些"线"和"面"的数值要在许多分项工程计算式中多次出现。为了避免重复计算,加快计算速度,我们把在工程量计算式中经常重复使用的数据或系数先算出来,以使工程量计算工作简便、迅速、准确。

通过总结多年预算工作经验和学习统筹法原理,经过反复实践,得出了"四线一面一册"的工程量计算统筹方法。

"四线"是指外墙中心线、内墙净长线、内基槽净长线、外墙外边线，分别用 $L_{中}$、$L_{内}$ $L_{内基}$、$L_{外}$ 表示。

"一面"是指底层建筑面积，用 $S_{底}$ 表示。

"一册"是指除线、面以外，在工程量计算中经常使用的数据、系数或标准构配件的单件工程量，可预先集中一次算出，汇编成工程量计算手册，以供工程量计算时查找。

2. 统筹法计算工程量的基本要点

1）统筹程序、合理安排

工程量计算的先后顺序是否合理，直接关系到工程量计算工作效率的高低。如果按施工顺序或定额编号的顺序计算工程量，就没有充分利用项目之间的内在联系。

例如，计算屋面保温层、屋面找平层、屋面防水 3 个分项工程量时，按施工顺序计算是

$$①\xrightarrow[\text{长}\times\text{宽}\times\text{厚}]{\text{保温}}②\xrightarrow[\text{长}\times\text{宽}]{\text{找平}}③\xrightarrow[\text{长}\times\text{宽}]{\text{防水}}④$$

在上述计算中"长×宽"重复计算了 3 次，影响了计算速度。利用统筹法计算工程量，就是把重复应用"长×宽"的工程量先计算出来，然后以此为基数计算其相关的项目，加快了计算速度。此时计算程序为

③

找平↓长× 宽

$$①\xrightarrow{\text{屋面防水}}②\xrightarrow{\text{找平}}④$$

长×宽　长×宽×厚

2）利用基数、连续计算

所谓基数是指前面讲的"四线"、"一面"。利用基数、连续计算就是根据施工图纸先把"四线"、"一面"的数值先计算出来，然后再算出与这些基数有关的分项工程。利用基数连续计算时，把与基数有关的项目有机地排列组织起来，使前面项目的计算结果能应用于后面的计算式，以避免重复计算。

3）一次算出、多次使用

在工程量计算中，凡是不能用"线"、"面"基数进行连续计算的项目，或工程量计算中经常用到的一些系致，如标准预制构件、标准配件的工程量，砖基础的折加高度，屋面坡度系数等，可预先集中一次算出，汇编成工程量计算手册，即"册"，供计算工程量时使用。

4）结合实际、灵活机动

由于各种建筑工程结构和造型不同，各部位的装饰用材及标准各不相同，且基础断面、墙体厚度、砂浆标号、各楼层的面积等都可能不同，因此在计算工程量时还必须结合设计图纸，灵活机动地进行计算。常用的方法有以下几种

(1) 分段计算法。如果基础断面不同，基础埋深不同，则沟槽土方、基础垫层、砖基础等分项工程应分段计算。

(2) 分层计算法。对多层建筑物，当各楼层的建筑面积、墙厚、砂浆等不同时可分层计算。

(3) 分块法。楼地面、天棚、墙面抹灰的做法不同时，应分块计算。可先算小块，然后用总面积减去小分块面积，即得较大的分块面积，如墙裙和非墙裙部位工程量的计算。

(4)补加补减法。如果计算工程量涉及的各部位,除极小部位外其他部位都相同,可先算出共同性部位的工程量,然后将个别不同部位的工程量补加或补减进去。例如某建筑物每层的墙体总体积都相同,仅底层多(少)一隔墙,则可按每层都没有(有)这一隔墙的情况计算,然后补加(减)这一隔墙的体积。

5.2 工程量计算规则

5.2.1 建筑面积计算规则

建筑面积是指房屋建筑各层水平平面的总面积,包括使用面积、辅助面积、结构面积等3部分面积。使用面积是指建筑物各层平面布置中直接为生产生活使用的净面积;辅助面积是指建筑物各层平面布置中为辅助生产或辅助生活所占的净面积,如住宅建筑中的的楼梯、厕所、厨房等;结构面积是指建筑物的所有承重墙(柱)和非承重墙所占面积的总和,即内墙、外墙、柱等结构件所占面积的总和。

建筑面积的计算,是按照建设部2005年7月1日实施的规范GB/T 50353—2005《建筑面积计算规则》进行。

(1)单层建筑物的建筑面积,应按其外墙勒角以上结构外围水平面积计算,层高在2.20m及以上者计算全部面积;层高不足2.20m者计算1/2面积。单层建筑物内设有局部楼层者如图5.3所示,局部楼层的二层及以上楼层,有围护结构的按其围护结构的外围水平面积计算,无围护结构的按其结构底板的水平面积计算,层高在2.20m及以上者计算全面积,层高不足2.20m的要计算1/2面积。

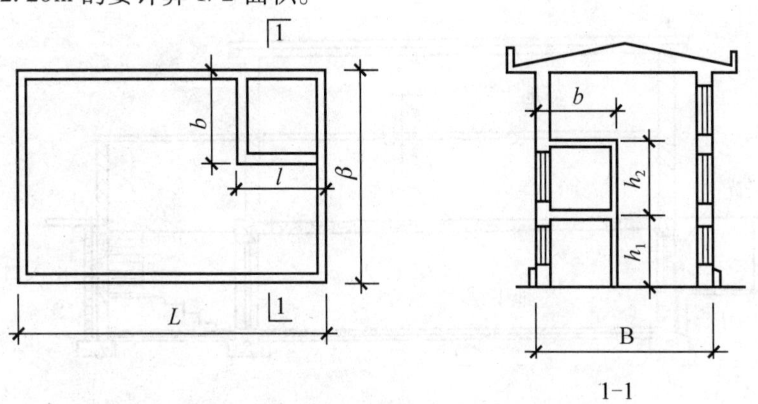

图5.3 单层建筑物内没有局部楼层示意图

注意:利用坡屋顶内空间时,净高超过2.10m的部位全部计算建筑面积;净高在1.20m至2.10m的部位计算1/2面积;净高不足1.20m的部位不计算建筑面积。

(2)高低联跨的建筑物,应以高跨结构外边线为界分别计算建筑面积;当高低跨内部连通时,其变形缝应计算在低跨面积内,如图5.4所示。

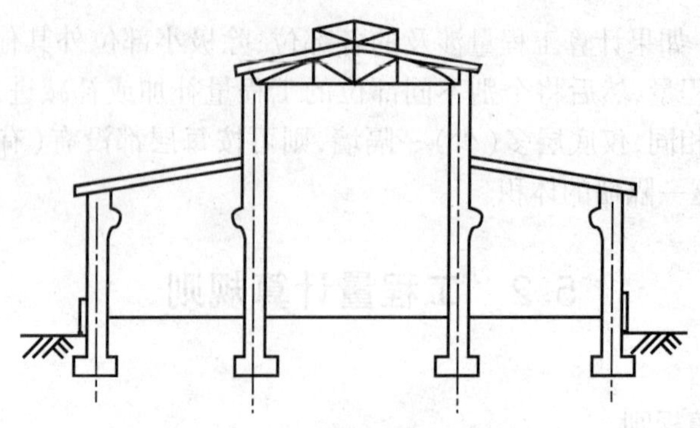

图 5.4　高低跨内部连通示意图

(3)多层建筑物的建筑面积按各层建筑物面积的总和计算。其底层按建筑物外墙勒脚以上外围水平面积计算;二层及二层以上按外墙结构的外围水平面积计算。层高在 2.20m 及以上者要计算全部面积;层高不足 2.20m 者要计算 1/2 面积。

注意:①多层建筑坡屋顶内和场馆看台下,当设计加以利用时,净高超过 2.10m 的部位计算全面积;净高在 1.20m 至 2.10m 的部位计算 1/2 面积;当设计不利用或净高不足 1.20m 时不计算建筑面积。

②以幕墙作为围护结构的建筑物,应按幕墙的外边线计算建筑面积。

③建筑物外墙外侧有保温隔热层的,应按保温隔热层外边线计算建筑面积。

(4)地下室、半地下室(车间、商店、车站、车库、仓库等),包括相应的有永久性顶盖的出入口如图 5.5 所示,应按其外墙上口(不包括采光井、外墙防潮层及其保护墙)外边线所围水平面积计算。层高在 2.20m 及以上者计算全面积;层高不足 2.20m 者应计算 1/2 面积。如图 5.5 所示。

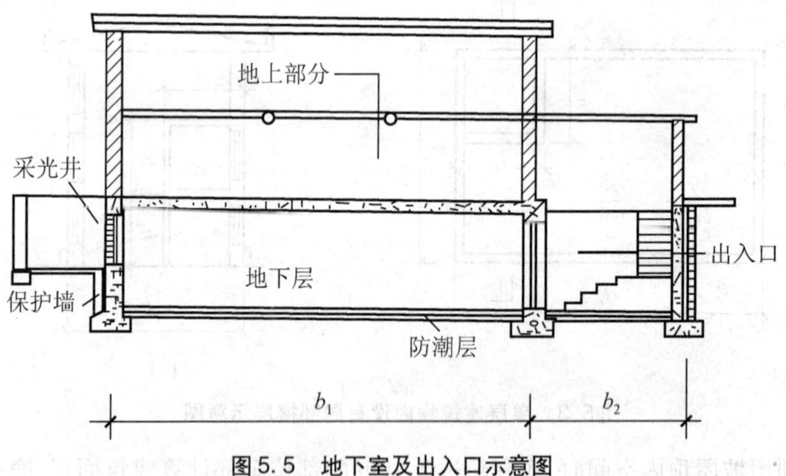

图 5.5　地下室及出入口示意图

(5)建于坡地的建筑物利用吊脚空间设置架空层(如图 5.6 所示)和设计利用深基础的下架空层时(如图 5.7 所示),有围护结构的,其层高在 2.20m 及以上的部位计算全面积,层高不足 2.20m 的部位计算 1/2 面积。

坡地吊脚建筑物指沿河坡或山坡采用打桩或筑柱来承托建筑物底层板的一种结构,深基础是指埋深大于或等于 4m 的基础。

注意:设计加以利用无围护结构的建筑吊脚架空层,按其利用部位水平面积的 1/2 计算。设计不利用的深基础架空层、坡地角架空层、多层建筑坡屋顶内和场馆看台下的空间不计算建筑面积。

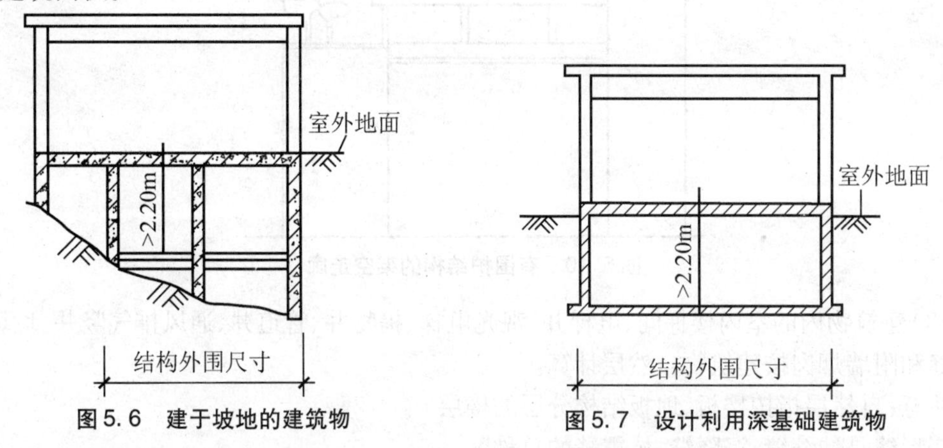

图 5.6　建于坡地的建筑物　　　图 5.7　设计利用深基础建筑物

(6)穿越建筑物的通道、建筑物内的门厅、大厅，不论其高度如何，均按一层计算建筑面积。如图 5.8 所示。建筑物的门厅、大厅内的回廊部分，如图 5.9 所示，按其机构底板的水平面积计算。层高在 2.20m 及以上者计算全部面积；层高不足 2.20m 者计算 1/2 面积。

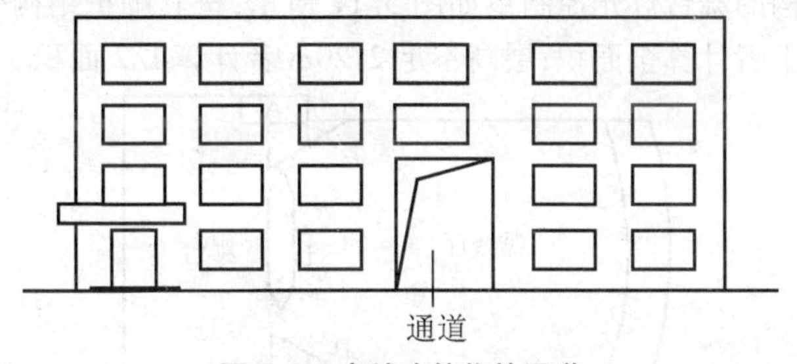

图 5.8　穿越建筑物的通道

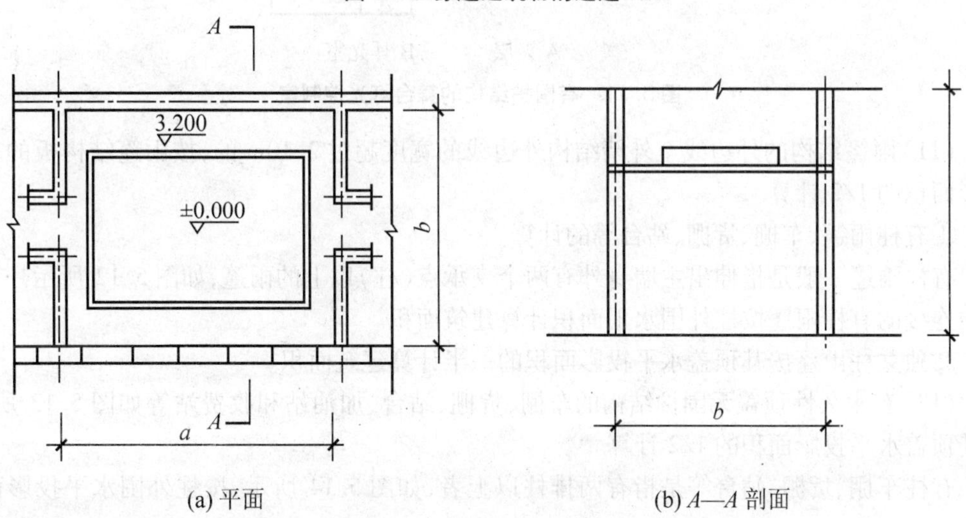

图 5.9　建筑物门厅部分

(7)建筑物间有围护结构的架空走廊如图 5.10 所示，按其围护结构外围水平面积计算，层高在 2.20m 及以上者计算全面积；层高不足 2.20m 者计算 1/2 面积。有永久性屋盖无围护结构的架空走廊按其结构底板的水平面积的 1/2 计算。

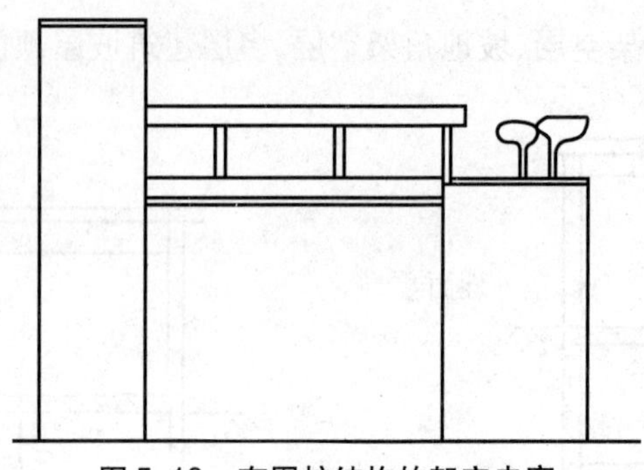

图 5.10 有围护结构的架空走廊

(8)建筑物内的室内楼梯间、电梯井、观光电梯、提物井、管道井、通风排气竖井、垃圾道、变形缝和附墙烟囱按建筑物自然层计算。

注意:自然层指按楼板、地板结构分层的楼层。

变形缝是伸缩缝、沉降缝、抗震缝的总称。

(9)立体书库、立体仓库、立体车库,无结构层的按一层计算,有结构层的按其结构层面积分别计算。层高在 2.20m 及以上者计算全面积;层高不足 2.20m 者计算 1/2 面积。

(10)有围护结构的舞台灯光控制室如图 5.11 所示,按其围护结构外围水平面积计算。层高在 2.20m 及以上者计算全面积;层高不足 2.20m 者计算 1/2 面积。

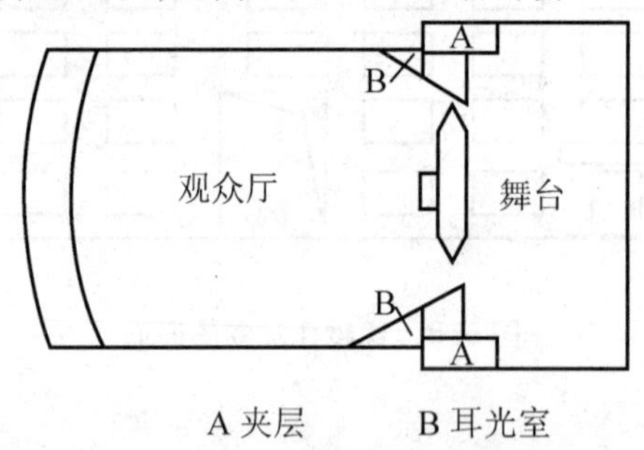

A 夹层　　B 耳光室

图 5.11 有围护结构的舞台灯光控制室

(11)雨篷结构的外边线至外墙结构外边线的宽度超过 2.10m 的,按雨篷结构板的水平投影面积的 1/2 计算。

①有柱雨篷、车棚、货棚、站台等的计算。

有柱雨篷一般是指伸出主墙身外有两个支承点(柱)以上的雨篷,如图 5.12 所示。与建筑物连接的有柱雨篷按柱外围水平面积计算建筑面积。

②独立柱雨篷按其顶盖水平投影面积的一半计算建筑面积。

(12)有永久性顶盖无围护结构的车棚、货棚、站台、加油站和收费站等如图 5.13 所示,按其顶盖水平投影面积的 1/2 计算。

有柱车棚、货棚、站台等是指有两排柱以上者,如图 5.14 所示,按柱外围水平投影面积计算。

(13)建筑物顶部有围护结构的楼梯间、水箱间和电梯机房等如图 5.15 所示,层高在 2.20m及以上者计算全面积;层高不足 2.20m 者计算 1/2 面积。

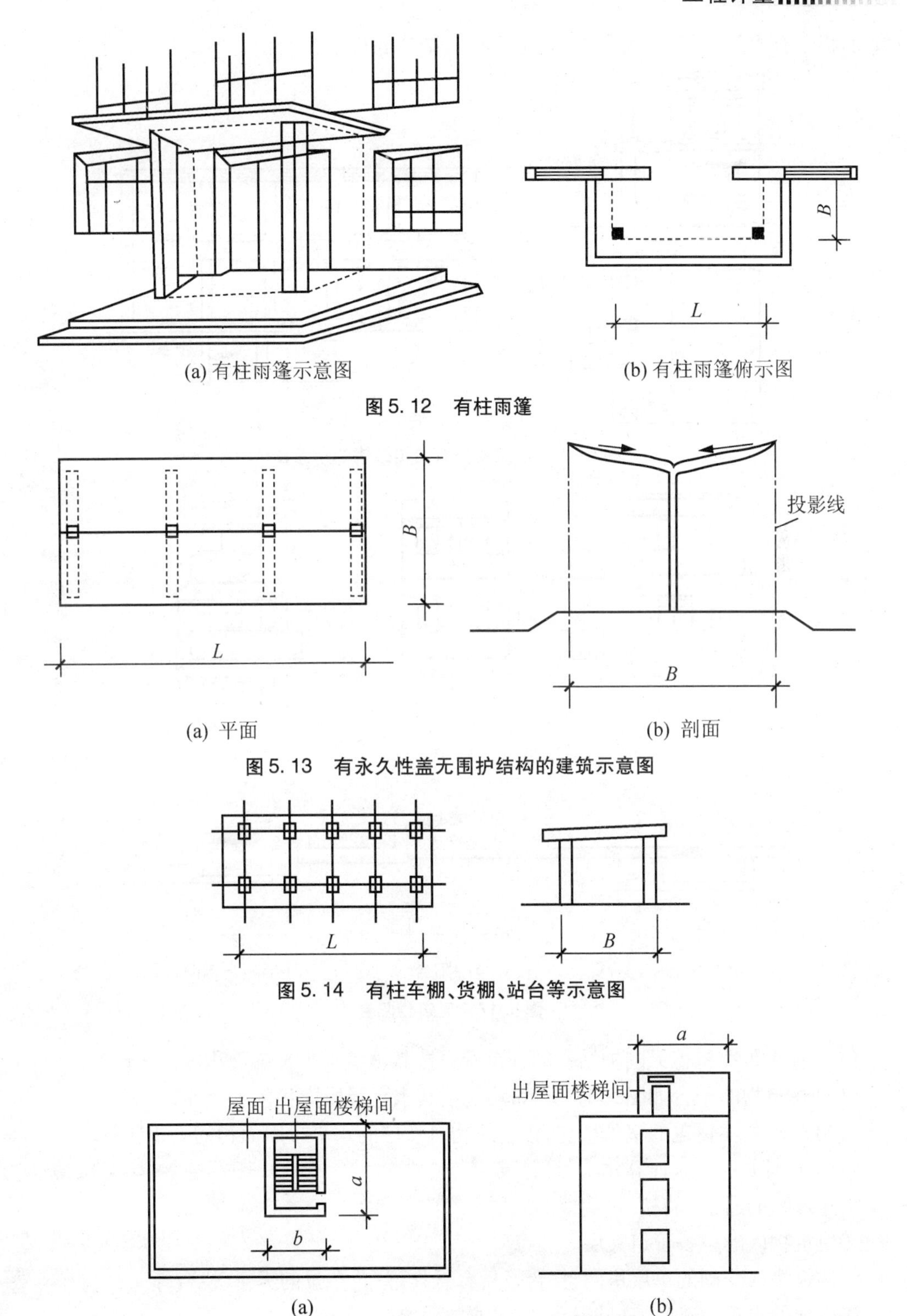

(a) 有柱雨篷示意图　(b) 有柱雨篷俯示图

图5.12　有柱雨篷

(a) 平面　(b) 剖面

图5.13　有永久性盖无围护结构的建筑示意图

图5.14　有柱车棚、货棚、站台等示意图

(a)　(b)

图5.15　建筑物顶部有围护结构的示意图

(14)建筑物外有围护结构的落地橱窗、门斗、挑廊、走廊和檐廊如图5.16所示,应按其围护结构外围水平面积计算。层高在2.20m及以上者计算全面积;层高不足2.20m者计算

1/2 面积。有永久性屋盖无围护结构的应按其结构底板水平面积的 1/2 计算。

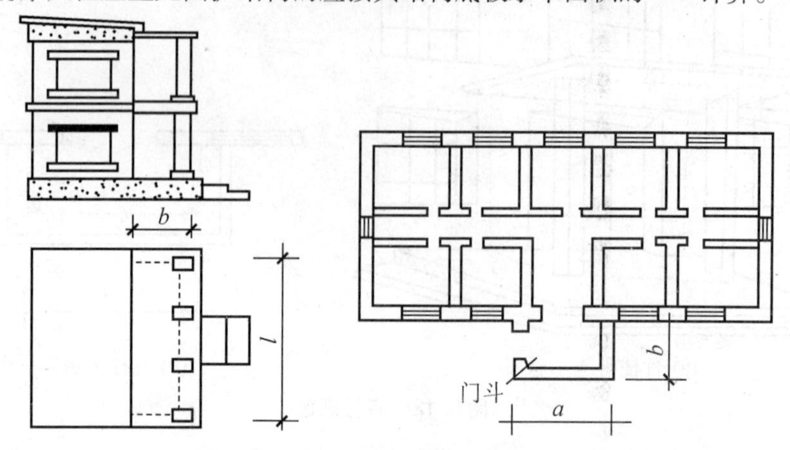

图 5.16　建筑物外有围护结构的示意图

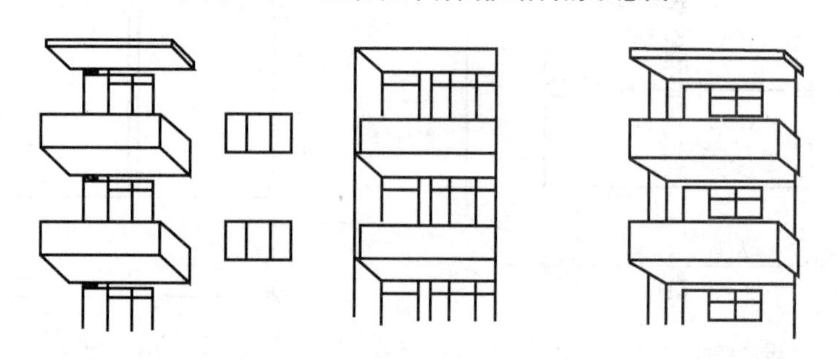

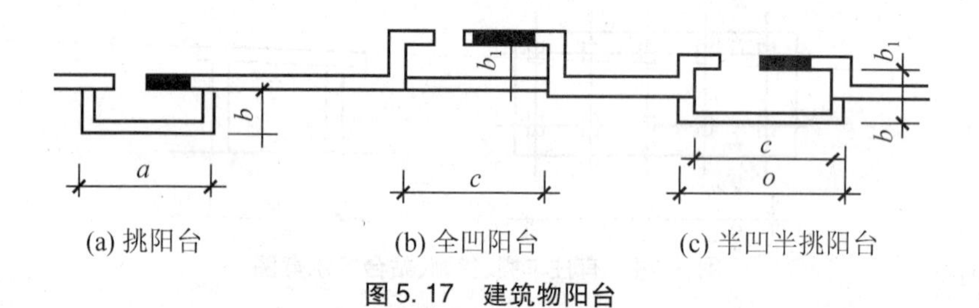

(a) 挑阳台　(b) 全凹阳台　(c) 半凹半挑阳台

图 5.17　建筑物阳台

(15)有永久性屋盖无围护结构的场馆看台按其顶盖水平投影面积的 1/2 计算。

(16)建筑物的阳台如图 5.17 所示,均应按其水平投影面积的 1/2 计算。

(17)有永久性顶盖的室外楼梯,按建筑物自然层的水平投影面积的 1/2 计算。

(18)下列项目不应计算建筑面积。

①建筑物的通道(骑楼、过街楼的底层)。

②建筑物内的设备管道夹层。

③建筑物内分割的单层房间,舞台及后台悬挂幕布、布景的天桥、挑台等。

④屋顶的水箱、花架、凉棚、露台、露天游泳池等。

⑤建筑物内的操作平台、上料平台、安装箱和罐体的平台。

⑥勒脚、附墙柱、垛、台阶、墙面抹灰、装饰面、镶贴块料面层、装饰性幕墙、空调及室外隔板(箱)、飘窗、构件、配件、宽度在 2.10m 及以内的雨篷及与建筑物内不相连通的装饰性阳

台、挑廊。

⑦无永久性屋盖的架空走廊、室外楼梯和用于检修、消防等的室外钢楼梯、爬梯。

⑧自动扶梯、自动人行道。

⑨独立烟囱、烟道、地沟、油(水)罐、气柜、水塔、储油(水)池、储仓、栈桥、地下人防通道、地铁隧道。

5.2.2 土石方工程

1. 定额有关规定及说明

(1)本章包括单独土石方、人工土石方、机械土石方、平整场地、竣工清理及回填土等内容。

(2)单独土石方项目,适用于自然地坪与设计室外地坪之间,且挖方或填方工程量大于5000m³ 的土石方工程。本章中的其他定额项目,适用于设计室外地坪以下的土石方(基础土石方)工程,以及自然地坪与设计室外地坪之间小于5000m³ 的土石方工程。当单独土石方项目不能满足实际需求时,可以借用其他土石方定额项目,但应乘以系数0.9。单独土石方工程应按照挖或填土石方工程量来确定自身的工程类别,执行自身的相应费率并应单独编制预、结算。

(3)本章土壤及岩石是按普通土、坚土、松石、坚石分类,其具体分类见《土壤及岩石(普氏)分类表》(表5-1)。

(4)人工土石方定额是按照干土(天然含水率)编制的。干湿土的划分,以地质勘测资料的地下常水位为界,以上为干土,以下为湿土。采取降水措施后,地下常水位以下的挖土套用挖干土的相应定额,人工乘以系数1.10。

(5)挡土板下挖槽坑土时,相应定额人工乘以系数1.43。

(6)桩间挖土,是指桩顶设计标高以下的挖土及桩顶设计标高以上0.5m范围以内的挖土。挖土不扣除桩体体积,相应定额项目人工、机械乘以系数1.3。

(7)人工修正基底与边坡,是指岩石爆破以后人工对底面和边坡(厚度在0.30m以内)的清检和修整。人工凿石开挖石方,不适用本项目。

(8)机械土方定额项目是按土壤天然含水率编制的。开挖地下常水位以下的土方时,定额人工、机械乘以系数1.15(采取降水措施后的挖土不再乘该系数)。

表5-1 土壤及岩石(普氏)分类表

定额分类	普氏分类	土壤及岩石名称	天然湿度下的平均密度/(kg/m³)	极限压碎强度/kPa	用轻钻孔机钻进1m耗时/min	开挖方法及器具	紧固系数/f
普通土	I	砂 砂壤土 腐殖土 泥炭	1500 1600 1200 600			用坚锹开挖	0.5~0.6

续表

定额分类	普氏分类	土壤及岩石名称	天然湿度下的平均密度/(kg/m³)	极限压碎强度/kPa	用轻钻孔机钻进1m耗时/min	开挖方法及器具	紧固系数/f
普通土	Ⅱ	轻壤土和黄土类土 潮湿而松散的黄土,软的盐渍和碱土 平均15mm以内松软散而面软的砾石 含有草根的密实腐殖土 含有直径在30mm以内根类的泥炭和腐殖土 掺有卵石、碎石和石屑的砂和腐殖土 含有卵石和碎石杂质的交接成块的填土 含有卵石、碎石和建筑料杂质的砂壤土	1600 1600 1700 1400 1100 1650 1750 1900			用锹开挖并少数用镐开挖	0.6~0.8
	Ⅲ	肥黏土其中包括石炭纪、侏罗纪的黏土 重壤土、粗砾石,粒径15~40mm的碎石和卵石 干黄土和掺有碎石或卵石的自然含水量黄土 含有直径大于30mm根类的腐殖土和泥炭 掺有碎石或卵石建筑碎料的土壤	1800 1750 1790 1400 1900			用尖锹并同时用镐开挖	0.81~1.0
	Ⅳ	含有碎石的重黏土,其中包括石炭纪、侏罗纪的硬的黏土 含有碎石、卵石、建筑碎料的重达25kg的顽石(总体积10%以内)等杂质的肥黏土和重黏土 冰渍黏土,含重量在50kg以内 巨砾(总体积10%以内)的泥板岩 不含或含有重达10kg的顽石	1950 1950 2000 2000 1950			用尖锹并同时用镐开挖	1.0~1.5

续表

定额分类	普氏分类	土壤及岩石名称	天然湿度下的平均密度/(kg/m³)	极限压碎强度/kPa	用轻钻孔机钻进1m耗时/min	开挖方法及器具	紧固系数/f
	Ⅴ	含有重量在50kg以内的世砾(占体积的10%以上)的冰渍石 硅藻岩和软白垩岩 胶结力弱的砾岩 各种不坚实的片岩 石膏	2100 1800 1900 2600 2200	<2	<3.5	部分用手凿部分用爆破方法开挖	1.0~1.5
	Ⅵ	凝灰岩和浮石 松软多孔和裂隙严重的石灰岩和介质石灰岩 中等硬变的岩片 中等硬变的泥灰岩	1100 1200 2700 2300	2~4	3.5	用风镐和爆破方法开挖	2~4
	Ⅶ	石灰石胶结的带有卵石和沉积岩的砾石 风化和有大裂缝的黏土质砂岩 坚实的泥板岩 坚实的泥灰岩	2200 2000 2800 2500	4~6	6	用爆破方法开挖	4~6
	Ⅷ	砾质花岗石 泥灰质石灰岩 黏土砂质岩 砂质云片石 硬石膏	2300 2300 2200 2300 2900	6~8	8.5	用爆破方法开挖	6~8
	Ⅸ	严重风化的软弱的花岗石、片麻岩和正长岩 滑石化的石灰岩 致密的石灰岩 含有卵石、沉积岩的碴质胶结的砾岩 砂岩 砂岩 砂质石灰质片岩 菱镁矿	2500 2400 2400 2500 2500 2500 2500 3000	8~10	11.5	用爆破方法开挖	8~10
	Ⅹ	白云石 坚固的石灰岩 大理石 石英胶结的坚固砂岩 坚固砂砾岩片	2700 2700 2700 2600 2600	10~12	15	用爆破方法开挖	10~12

续表

定额分类	普氏分类	土壤及岩石名称	天然湿度下的平均密度/(kg/m³)	极限压碎强度/kPa	用轻钻孔机钻进1m耗时/min	开挖方法及器具	紧固系数/f
	XI	粗花岗岩 非常坚硬的白云岩 蛇纹岩 石灰质胶结的含有火成岩之卵石的砾石 石英胶结的坚固砂岩 粗粒正长岩	2800 2900 2600 2800 2700 2700	12～14	18.5	用爆破方法开挖	12～14
	XII	具有风化痕迹的安山岩和玄武岩 片麻岩 非常坚固的石灰岩 硅质胶结的含有火成岩之卵石的砾石 粗石岩	2700 2600 2900 2900 2600	14～16	22	用爆破方法开挖	14～16
	XIII	中粒花岗石 坚固的片麻岩 辉绿岩 玢岩 坚固的粗面岩 中粒正长岩	3100 2800 2700 2500 2800 2800	16～18	27.5	用爆破方法开挖	16～18
	XIV	非常坚硬的细粒花岗石 花岗岩麻岩 闪长岩 高硬度的石灰岩 坚固的玢岩	3300 2900 2900 3100 2700	18～20	32.5	用爆破方法开挖	18～20
	XV	安山岩、玄武岩、坚固的角页岩 高硬度的绿辉岩和闪长岩 坚固的辉长岩和石英岩	3100 2900 2800	20～25	46	用爆破方法开挖	20～25
	XVI	拉长玄武岩和橄榄玄武岩 特别坚固的辉长辉绿岩、石英岩和玢岩	3300 3300	>25	>60	用爆破方法开挖	>25

(9)机械挖土方,应满足设计砌筑基础的要求,其挖土总量的95%执行机械土方相应定额;其余按人工挖土计算。人工挖土套用相应定额时乘以系数2。

(10)人力车、汽车的重车上坡降效因素,已综合在相应的运输定额中,不另行计算。挖掘机在垫板上作业时,相应定额的人工、机械乘以系数1.25。挖掘机下的垫板、汽车运输道路上需要铺设的材料，发生时，其人工和材料均按实另行计算。

(11)石方爆破定额项目按下列因素考虑，设计或实际施工与定额不同时，可按下列办法调整。

①定额按炮眼法松动爆破(不分明炮、闷炮)编制，并已综合了开挖深度、改炮等因素。如设计要求爆破粒径时，其人工、材料、机械按实另行计算。

②定额按电雷管导电起爆编制。如采用火雷管点火起爆，雷管可以换算，数量不变；换算时扣除定额中的全部胶质导线，增加导火索。导火索的长度按每个雷管2.12m计算。

③定额按炮孔中无地下渗水编制。如炮孔中出现地下渗水，处理渗水的人工、材料、机械按实另行计算。

④定额按无覆盖爆破(控制爆破岩石除外)编制。如爆破时需要覆盖炮被、草袋，以及架设安全屏障等，其人工、材料按实另行计算。

(12)场地平整，系指建筑物所在现场厚度在0.30m以内的就地挖、填及平整。局部挖填厚度超过0.30m，挖填工程量按相应规定计算，该部位仍计算平整场地。

(13)竣工清理，系指建筑物内、外以及施工现场范围内建筑垃圾的清理、场内运输和指定地点的集中堆放。不包括建筑垃圾的装车和场外运输。

(14)槽坑回填灰土执行相应回填土定额，每定额单位增加人工3.12工日，3:7灰土10.1m^3。灰土配合比例不同时可以换算，其他不变。地坪回填灰土时，执行2-1-1垫层子目。

(15)本章未包括地下常水位以下的施工降水、排水和防护，实际发生时，另按相应章节的规定计算。

2. 工程量计算规则

(1)土石方的开挖、运输，均按开挖前的天然密实体积，以立方米计算。土方回填，按回填后的竣工体积，以立方米计算。不同状态的土方体积，按表5-2换算。

表5-2 土方体积换算系数表

虚方	松填	天然密实	夯填
1.00	0.83	0.77	0.67
1.20	1.00	0.92	0.80
1.30	1.08	1.00	0.87
1.50	1.25	1.15	1.00

(2)自然地坪与设计室外地坪之间的土石方，依据设计土方平衡竖向布置图，以立方米计算。

(3)基础土石方、沟槽、地坑的划分如下。

①地坑：面积20m^{2}内，且底长边小于3倍短边，挖土深度大于0.3米。

②沟槽：槽底宽度(设计图示的基础或垫层的宽度)3m以内，且槽长大于3倍槽宽，挖土深度大于0.3米。

③土石方：沟槽底宽大于3m或地坑面积大于20m^{2}或场地平整厚度超过±0.3米的均为土石方。

(4)基础土石方开挖深度自设计室外地坪算至基础底面,有垫层的算至垫层底面(如遇爆破岩石,其深度应包括岩石的允许超挖深度),如图5.18所示。

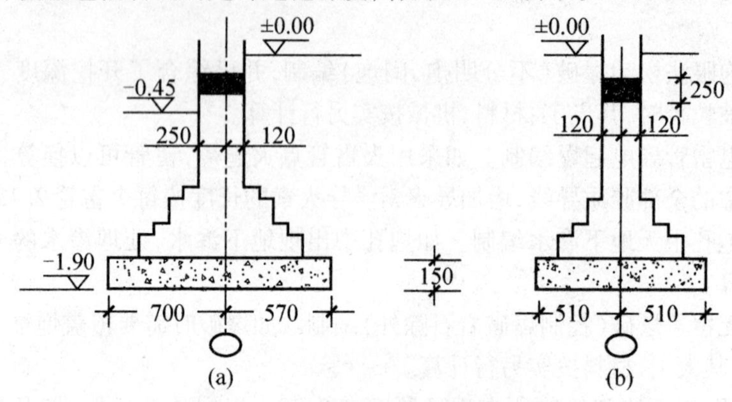

图5.18 基础土石方开挖深度示意图

(5)土方开挖的放坡深度和放坡系数按照设计规定计算。设计无规定时,按表5-3计算。

表5-3 土方放坡系数表

土类	放坡系数		
	人工挖土	机械挖土	
		坑内作业	坑上作业
普通土	1:0.50	1:0.33	1:0.65
坚土	1:0.30	1:0.20	1:0.50

注意:①土类为单一土质时,普通土开挖深度大于1.2m、坚土开挖深度大于1.7m,允许放坡。

②土类为混合土质时,开挖深度大于1.5m,允许放坡。放坡坡度按不同土类厚度加权平均计算综合放坡系数,如图5.19所示。

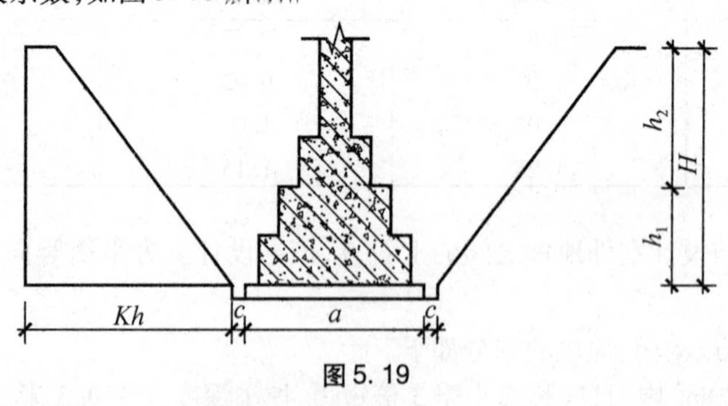

图5.19

综合放坡系数公式为

$$K=(K_1h_1+K_2h_2)/H \quad (5-1)$$

式中:K——综合放坡系数;

K_1,K_2——不同土类放坡系数;

h_1,h_2——不同土类的厚度；

H——放坡总深度。

③计算土方放坡深度时，当垫层厚度小于200mm时，不计算垫层的厚度，即从垫层顶面开始放坡；当垫层厚度大于200mm时，土方放坡深度应计算基础垫层的厚度，即从垫层底面开始放坡。

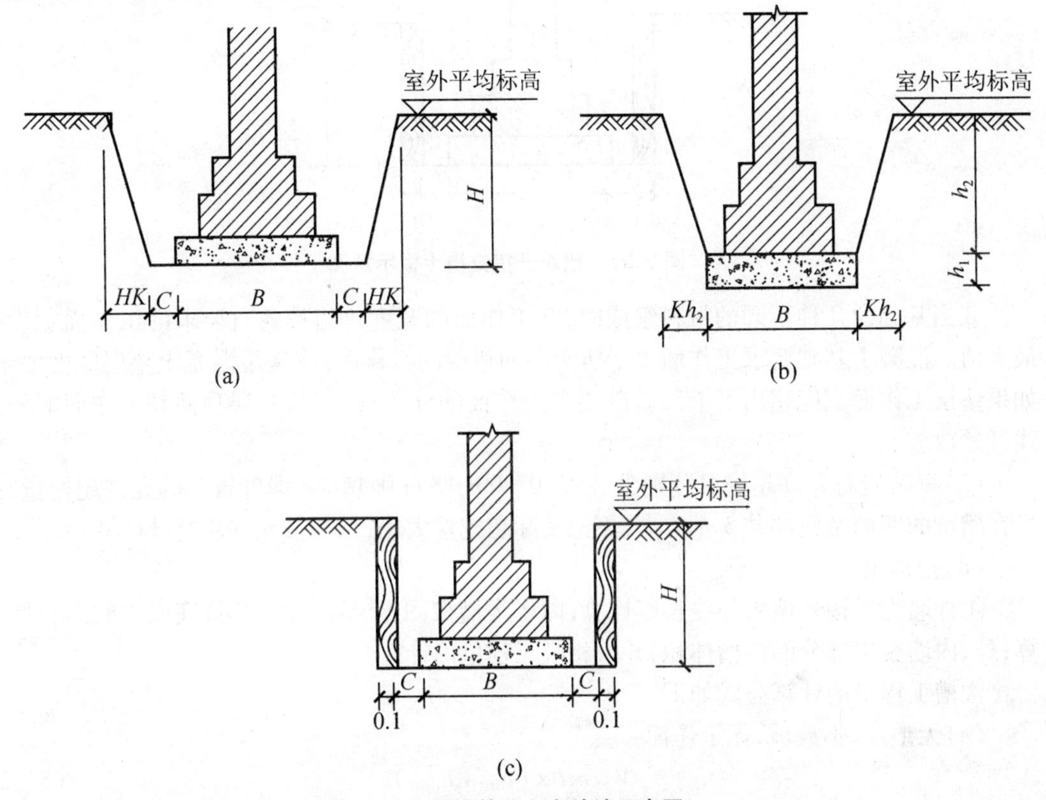

图5.20 开挖基础土方放坡示意图

④计算土方放坡时，放坡交叉处的重复工程量不予扣除。若单位工程中计算的沟槽工程量超出大开挖工程量，应按大开挖工程量，执行地坑开挖的相应子目。

⑤放坡与支挡土板，相互不得重复计算。支挡土板时，不再计算放坡工程量。

(6)工作面。是指基础或垫层施工时的操作面。基础施工所需的工作面，按表5－4计算。

表5－4 基础工作面宽度

基础材料	单边工作面宽度/m	基础材料	单边工作面宽度/m
砖基础	0.20	支挡土板	0.10
毛石基础	0.15	混凝土垫层(厚度小于200mm时)	0.10
混凝土基础	0.30		
基础垂直面防水层	(自防水层面)0.80	混凝土垫层(厚度大于200mm时)	0.30

注意：①基础土方开挖需要放坡时，单边工作面宽度是指该部分基础底坪外边线至放坡后

同标高的土方边坡之间的水平宽度,如图5.20(a)(b)所示。

②槽坑开挖需要支挡土板时,单边的开挖增加宽度,应为按基础材料确定的工作面宽度与支挡土板的工作面宽度之和,如图5.21所示。

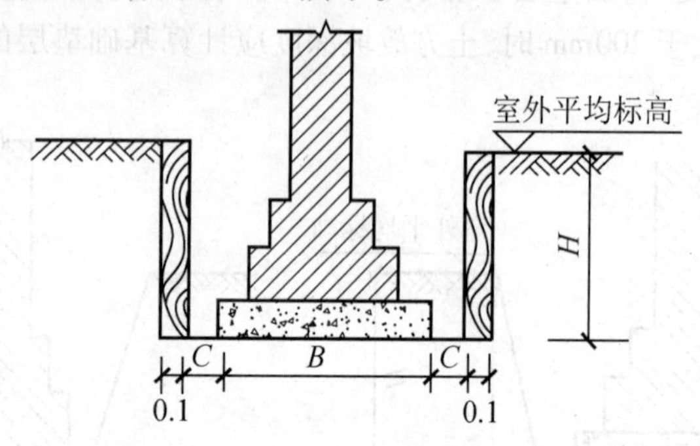

图5.21 槽坑开挖支挡土板示意图

③当基础由几种不同的材料组成时,其工作面的宽度是指按各自要求的工作面宽度的最大值。混凝土基础要求工作面大于防潮层和垫层的工作面,应满足混凝土垫层宽度要求;如果垫层工作面宽度超出了上部基础要求工作面的外边线,则从垫层顶面其工作面的外边线开始放坡。

(7)爆破岩石允许超挖量分别为:松石0.20m,坚石0.15m。爆破岩石的允许超挖量,系指在槽坑的四周及底部共5个方向,不论实际超挖量大小,一律按允许超挖量计算。

(8)挖沟槽工程量计算。

①外墙沟槽按外墙中心线长度计算;内墙沟槽按图示基础(含垫层)底面之间净长度计算;外、内墙突出部分的沟槽体积,并入相应工程量内计算。

沟槽工程量的计算公式如下。

(a)无垫层,不放坡,无工作面

$$V = aH \times (L_{中} + L_{内槽}) \tag{5-2}$$

(b)无垫层,不放坡,有工作面

$$V = (a + 2C) \times H \times (L_{中} + L_{内槽}) \tag{5-3}$$

(c)在垫层下底面开始放坡

$$V = (a + 2C + kH) \times H \times (L_{中} + L_{内槽}) \tag{5-4}$$

(d)在垫层上表面开始放坡

$$V = [a \times h_1 + (a + kh_2) \times h_2] \times (L_{中} + L_{内槽}) \tag{5-5}$$

式中:V——挖土方工程量,m^3;

a——基础宽度,m;

c——基础工作面,m;

K——综合放坡系数;

h_1——垫层高度,m;

h_2——垫层上表面至室外地坪的高度,m;

H——挖土深度,m;

$L_{中}$——外墙为中心线长度,m;

$L_{内槽}$——基础(含垫层)底面之间的净长度,m。

②管道沟槽的长度，按图示的中心线长度（不扣除井池所占长度）计算。管道宽度、深度按设计规定计算；设计无规定时，其宽度按表5－5计算。

表5－5　管道沟槽底宽度表

管道公称直径（mm以内）	钢管、铸铁管、铜管、铝塑管、塑料管（Ⅰ类管道）	混凝土管、水泥管、陶土管（Ⅱ类管道）
100	0.60	0.80
200	0.70	0.90
400	1.00	1.20
600	1.20	1.50
800	1.50	1.80
1000	1.70	2.00
1200	2.00	2.40
1500	2.30	2.70

$$管道沟槽挖土工程量 = bhL \tag{5-6}$$

式中：b——管道沟槽宽，m；

h——管道沟槽深，m；

L——管道沟槽中心线长度，m。

③各种检查井和排水管道接口等处，因加宽而增加的工程量均不计算（底面积大于20m^2 的井类除外），但铸铁给水管道接口处的土方工程量，应按铸铁管道沟槽全部土方工程量增加2.5%计算。

（9）挖地坑的计算。

①矩形地坑：如图5.22所示

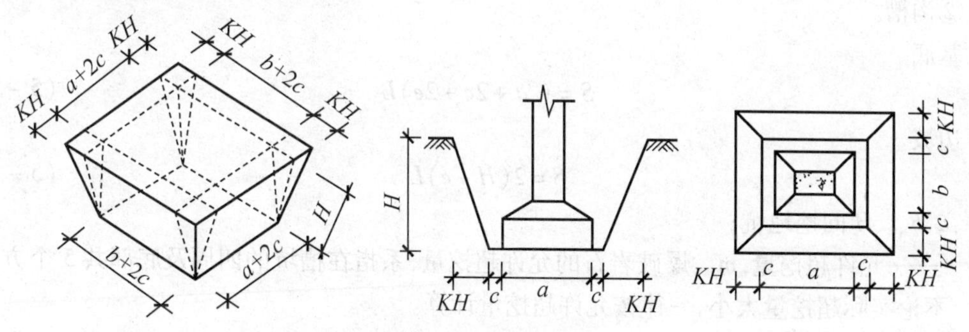

图5.22　矩形地坑示意图

$$V=(a+2c+KH)(b+2c+KH)+\frac{1}{3}K^2H^3 \tag{5-7}$$

式中：V——挖土工程量，m^3；

a——基础长度，m；

b——基础宽度，m；

c——基础工作面，m；

K——综合放坡系数；

H——垫层顶至室外地坪的高度，m。

②圆形地坑：如图 5.23 所示，其计算公式为

$$V=\frac{1}{3}\pi H(R^2+r^2+Rr) \tag{5-8}$$

式中：V——挖土工程量，m^3；

r——地坑底半径，m；

R——地坑顶半径，$R=r+KH$，m。

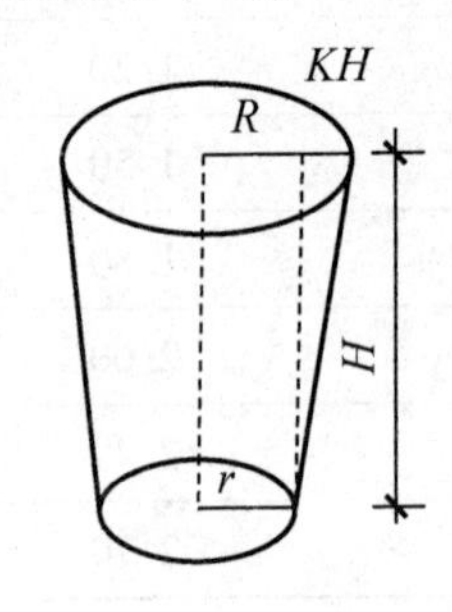

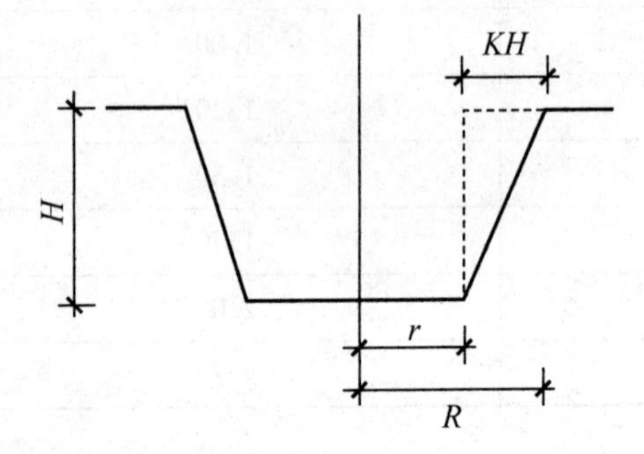

图 5.23 圆形地坑示意图

(10)人工修整基底与边坡，按岩石爆破的有效尺寸(含工作面宽度和允许超挖量)，以平方米计算。

①地坑。

基底

$$S=(a+2c+2e)(b+2c+2e) \tag{5-9}$$

边坡

$$S=2[(a+2c+2e)+(b+2c+2e)]H \tag{5-10}$$

②沟槽。

基底

$$S=(a+2c+2e)L \tag{5-11}$$

边坡

$$S=2(H+e)L \tag{5-12}$$

其中：a、b、c、H 同挖地坑；

e——允许超挖量，m。爆破岩石的允许超挖量，系指在槽坑的四周及底部共 5 个方向，不论实际超挖量大小，一律按允许超挖量计算。

注意：人工凿石开挖石方后，不能再计算修整基底与边坡。

(11)人工挖桩孔，按桩的设计断面面积(不另加工作面)乘以桩孔中心线深度，以立方米计算。

$$V=\pi R^2H \tag{5-13}$$

式中：V——挖土工程量，m^3；

R——设计桩外半径(包括桩壁厚，不包括增加的工作面)，m；

H——桩孔中心线深度，m。

(12)人工开挖冻土、爆破开挖冻土的工程量,按冻结部分的土方工程量以立方米计算。在冬季施工时,只能计算一次挖冻土工程量。

(13)机械土石方的运距,按挖土区重心至填方区(或堆放区)重心间的最短距离计算。推土机、装载机、铲运机重车上坡时,其运距按坡道斜长乘表5-6重车上坡运距系数计算。

表5-6 重车上坡运距系数表

坡度/%	5~10	15以内	20以内	25以内
系数	1.75	2.00	2.25	2.5

(14)机械行驶坡道的土石方工程量,按批准的施工组织设计,并入相应的工程量内计算。

(15)运输钻孔桩泥浆,按桩的设计断面面积乘以桩孔中心线深度,以立方米计算。

(16)场地平整,系指建筑物所在现场厚度300mm以内的就地挖、填及平整。按下列规定以平方米计算。

①建筑物(构筑物)按首层结构外边线,每边各加2m计算。

场地平整工程量=底层建筑面积+外墙外边线长度×2+16

②无柱檐廊、挑阳台、独立柱雨篷等,按其水平投影面积计算。

③封闭或半封闭的曲折型平面,其场地平整的区域,不得重复计算。

④道路、停车场、绿化地、围墙、地下管线等不能形成封闭空间的构筑物,不得计算。

注意:若挖填土方厚度超过300mm,其超过部分挖填土方工程量按挖土方计算,300mm以内部分计算场地平整。

(17)原土夯实与碾压按设计尺寸,以平方米计算。填土碾压按设计尺寸,以立方米计算。

(18)回填如图5.24所示,按下列规定以立方米计算。

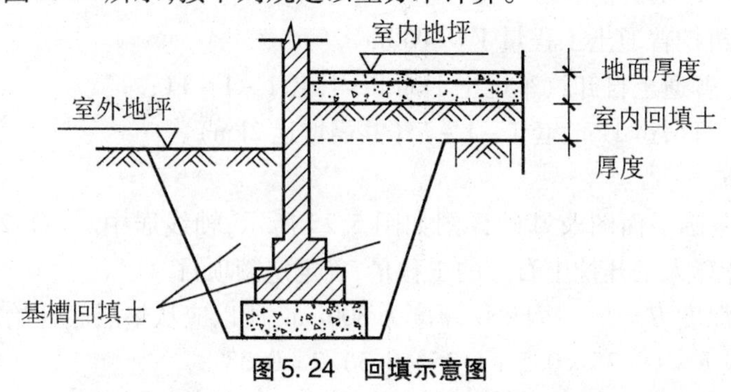

图5.24 回填示意图

①槽坑回填体积,按挖方体积减去设计室外地坪以下的地下建筑物(构筑物)或基础(含垫层)的体积计算。其公式为

$V=V_{挖土}-V_{室外设计地坪以下被埋没的基础和垫层}$

②房心回填体积,以主墙间净面积乘以回填厚度计算。其计算公式为

$V=$室内主墙之间的面积乘以回填土厚度h

$=(S_{底}-L_{中}\times$外墙厚$-L_{内}\times$内墙厚$)\times($室内外高差$-$地面垫层厚$-$地面面层厚$)$ (5-14)

③管道沟槽回填体积,按挖方体积减去表5-7所含管道回填体积计算。

表 5-7 管道折合回填体积表(m^3/m)

管道公称直径/mm	500	600	800	1000	1200	1500
Ⅰ类管道	-	0.22	0.46	0.74	-	-
Ⅱ类管道	-	0.33	0.60	0.92	1.15	1.45

(19)运土按下式,以立方米计算

运土体积=挖土总体积-回填土天然密实总体积

=挖土总体积-回填土(松填)竣工总体积×0.93

=挖土总体积-回填土(夯填)竣工总体积×1.15　　(5-15)

式中的计算结果为正值时,为余土外运;为负值时,为取土内运。

(20)竣工清理包括建筑物及四周2m以内的建筑垃圾清理、场内运输和指定地点的集中堆放,不包括建筑物垃圾的装车和场外运输。

竣工清理按下列规定以立方米计算。

①建筑物勒脚以上外墙外围水平面积乘以檐口高度。有山墙者以山尖1/2高度计算。

②地下室(包括半地下室)的建筑体积,按地下室上口外围水平面积(不包括地下室采光井及敷贴外部防潮层的保护砌体所占面积)乘以地下室地坪至建筑物第一层地坪间的高度。地下室出入口的建筑体积并入地下室建筑体积内计算。

3. 计算实例

1)单独土石方

【例5-1】某工程单独土石方施工。拉铲挖掘机挖普通土$6000m^3$,自卸汽车运土3km。确定定额项目。

解:拉产挖掘机挖普通土工程量$V=6000m^3$。

拉产挖掘机挖普通土自卸汽车运土1km以内,套1-1-11;

自卸汽车运土每增运1km,套1-1-15(共需增运2km)。

2)人工上石方

【例5-2】某工程基础平面图及基础详图如图5.25所示,轴线居中。-1.20m以上为普通土,以下为坚土,计算人工开挖土石方的工程量,确定定额项目。

解:基槽开挖深度$H=2m$。因垫层厚度为300mm,所以应从垫层底开始放坡。

综合放坡系数$K=(0.75\times0.5+1.25\times0.3)/2=0.38$

$J_1:L_{中}=(16.5+9.6)\times2=52.2m$

$J_2:L_{内槽}=(4.8-0.65-0.55)\times4+16.5-1.1=29.8m$

$V_{坚}=(1.3+0.2+1.2\times0.38)\times1.2\times(52.2+29.8)=69.95m^3$

$V_{2普}=(1.3+0.2+1.2\times0.38\times2+0.8\times0.38)\times0.8\times29.8=64.75m^3$

$V_{坚}=V_{1坚}+V_{2坚}=110.00+69.95=179.95m^3$

$V_{普}=V_{1普}+V_{2普}=105.07+64.75=169.82m^3$

人工挖沟槽(2m以内)坚土,套1-2-12;

人工挖沟槽(2m以内)普通土,套1-2-10。

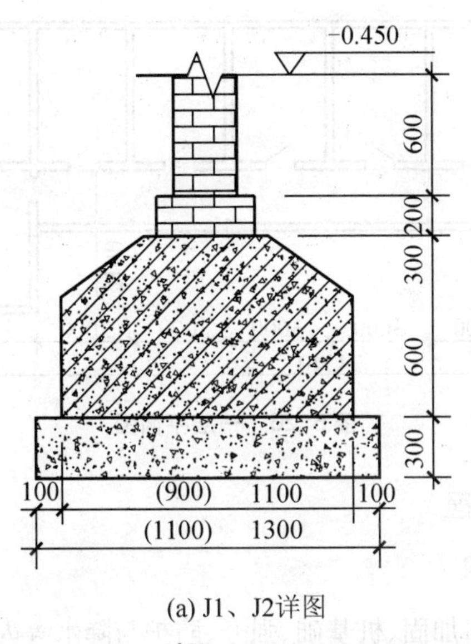

(a) J1、J2详图

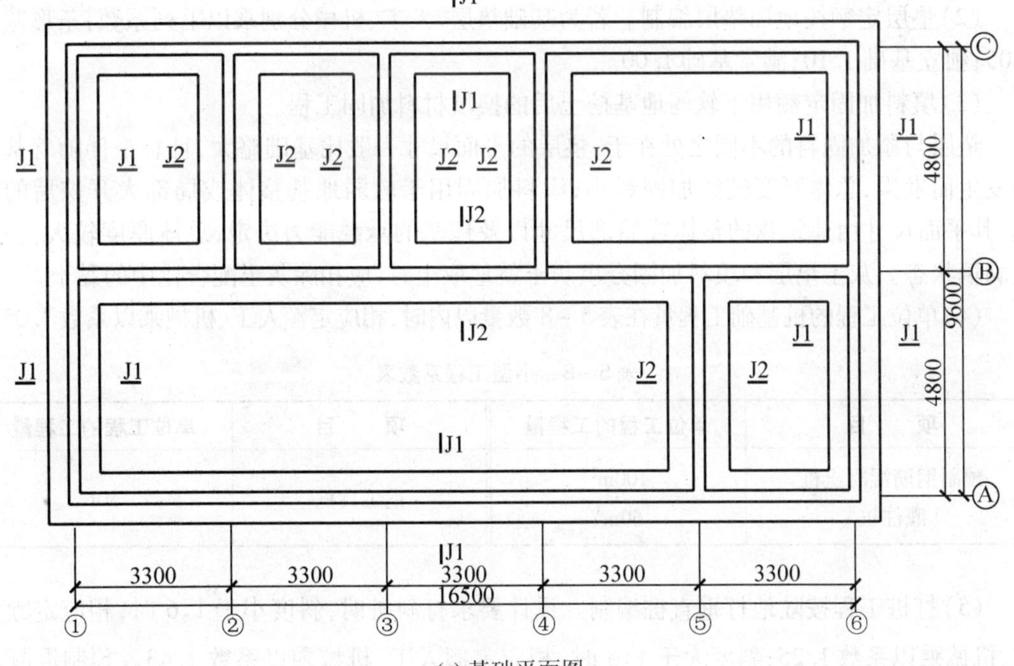

(a) 基础平面图

图 5.25 某工程基础详图与平面图

【例5-3】某建筑一层平面图如图 5.26 所示。计算建筑物人工场地平整的工程量，确定定额项目。

解：工程量 $=(24.24\times11.04-17.26\times3.3)+(24.24+11.04+3.30)\times2\times2+16$
$=379.32\text{m}^2$。

人工场地平整，套 1-4-1。

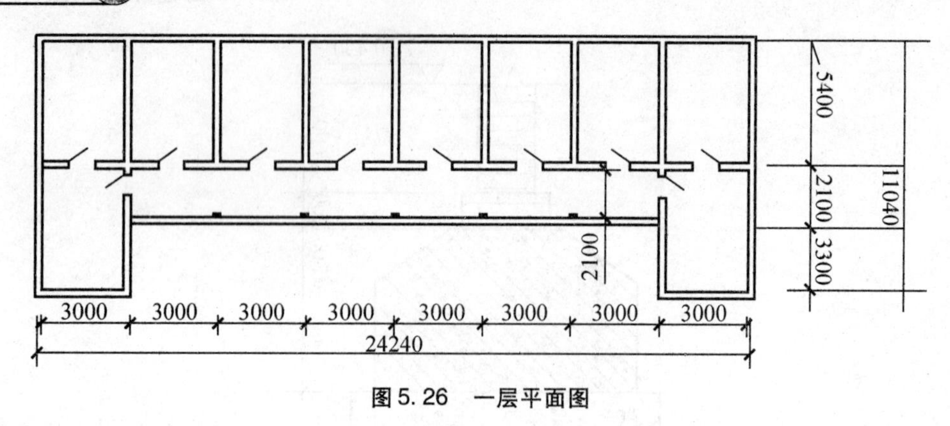

图 5.26 一层平面图

5.2.3 地基处理与防护工程

1. 定额有关规定及说明

(1)本章包括垫层、填料加固、桩基础、强夯、防护与降水等内容。

(2)垫层定额按地面垫层编制。若为基础垫层,人工、机械分别乘以下列系数:条形基础 1.05;独立基础 1.10;满堂基础 1.00。

(3)填料加固定额用于软弱地基挖土后的换填材料加固工程。

垫层与添加固料的不同之处在于:垫层的平面尺寸一般比基础略大,且总是伴随着基础的发生而发生,总体厚度较添加固料小;添料加固用于软弱地基整体或局部大开挖后的换填,其平面尺寸由建筑物的整体或局部尺寸以及地基的承载能力决定,总体厚度较大,一般呈满填状态。灰土垫层和填料加固夯填灰土就地取土时,应扣除灰土配合比中的黏土。

(4)单位工程的桩基础工程量在表 5-8 数量以内时,相应定额人工、机械乘以系数 1.05。

表 5-8 小型工程系数表

项 目	单位工程的工程量	项 目	单位工程的工程量
预制钢筋混凝土桩 灌注桩	$100m^3$ $60m^3$	钢工具桩	50t

(5)打桩工程按陆地打垂直桩编制。设计要求打斜桩时,斜度小于 1:6 时,相应定额人工、机械乘以系数 1.25;斜度大于 1:6 时,相应定额人工、机械乘以系数 1.43。预制混凝土桩在桩位半径 15m 范围内的移动、起吊和就位,已包括在打桩子目内。超过 15m 时的场内运输,按定额构件运输 1km 以内子目的相应规定计算。

(6)桩间补桩或在强夯后的地基上打桩时,相应定额人工、机械乘以系数 1.15。

(7)打试验桩时,相应定额人工、机械乘以系数 2.0。

(8)打送桩时,相应定额人工、机械乘以表 5-9 中相应系数。预制混凝土桩的送桩深度,按设计送桩深度另加 0.50m 计算。

(9)灌注桩定额中已经考虑了桩体充盈系数和损耗率,详见表 5-10,在施工中,按实测定的充盈系数与定额项目中的充盈系数不同时,可以调整定额项目中的消耗量。灌注桩混凝土标号、种类如定额与设计不同时,可以换算。另外灌注桩定额中不包括混凝土的搅拌、钢筋的制作、钻孔桩和挖孔桩的土或回旋钻机泥浆的运输、预制桩尖、凿桩头及钢筋整理等项目。实际发生时按照相应规定另行计算。

表5-9　送桩深度系数表

送桩深度	系　数	送桩深度	系　数
2m以内 4m以内	1.12 1.25	4m以外	1.50

表5-10　充盈系数表

项目名称	充盈系数	损耗率/%
打孔灌注混凝土桩	1.20	1.50
螺旋钻机钻孔灌注桩	1.20	1.50
回旋钻机钻孔灌注桩	1.25	1.50

(10)人工挖孔灌注桩桩壁和桩芯子目,定额未考虑混凝土的充盈因素。人工挖孔的桩孔侧壁需要充盈时,桩壁混凝土的充盈系数按1.25计算。无桩壁、直接用桩芯混凝土填充桩孔时,充盈系数按1.10计算。

(11)强夯定额中每百平方米夯点数,指设计文件规定单位面积内的夯点数量。

(12)桩子目均不包括测桩内容,实际发生时,按合同约定列入。

(13)挡土板定额分为疏板和密板。疏板是指间隔支挡土板,且板间净空小于150cm的情况;密板是指满支挡土板或板间净空小于30cm的情况。

(14)灌注混凝土桩的钢筋笼、防护工程的钢筋锚杆治安,均按相应章节的有关规定执行。

(15)深层搅拌水泥桩定额是按1喷2搅施工编制的,实际施工为2喷4搅时,定额人工、机械乘以系数1.43。2喷2搅、4喷4搅分别按1喷2搅、2喷4搅计算。高压旋喷(摆喷)水泥桩的水泥设计用量,与定额不同时可以调整。

(16)本章混凝土、钢筋混凝土项目,均不含混凝土搅拌、运输以及钢筋的制作。发生时,按相应章节规定计算。

2. 工程量计算规则

1)垫层

(1)地面垫层按室内主墙间净面积乘以设计厚度,以立方米计算。计算时应扣除凸出地面的构筑物、设备基础、室内铁道、地沟以及单个面积在0.3m^2以上的孔洞、独立柱等所占体积;不扣除间壁墙、附墙烟囱、墙垛以及单个面积在0.3m^2以内的孔洞等所占体积,门洞、空圈、暖气壁龛等开口部分也不增加。

(2)基础垫层按下列规定,以立方米计算。

①条形基础垫层,外墙按外墙中心线长度、内墙按其内基槽设计净长度乘以垫层平均断面面积计算。柱间条形基础垫层,按柱基础(含垫层)之间的设计净长度计算。

②独立基础垫层和满堂基础垫层,按设计图示尺寸乘以平均厚度计算。

2)填料加固

填料加固按设计图示尺寸,以立方米计算。

3）桩基础

（1）预制钢筋混凝土桩按设计桩长（包括桩尖、不扣减桩尖虚体积）乘以桩断面面积，以立方米计算，如图5.27所示。

$$预制钢筋混凝土桩工程量 = 设计桩总长度 \times 桩断面面积 \quad (5-16)$$

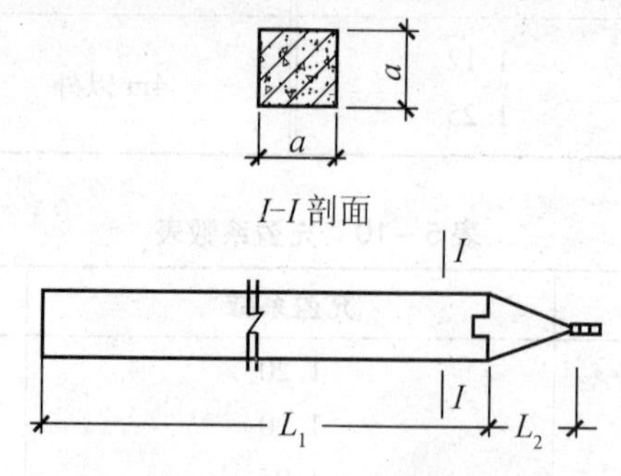

图5.27 预制钢筋混凝土桩

（2）预制钢筋混凝土管桩。按设计桩长（包括桩尖、不扣减桩尖虚体积）乘以桩断面面积，以立方米计算。管桩的空心体积应扣除，如按设计要求加注填充材料时，填充部分另按相应规定计算，如图5.28所示。其公式为

$$V = \frac{3.14}{4}(d_1^2 - d_2^2)L_1 + \frac{3.14}{4}d_1^2 L_2 \quad (5-17)$$

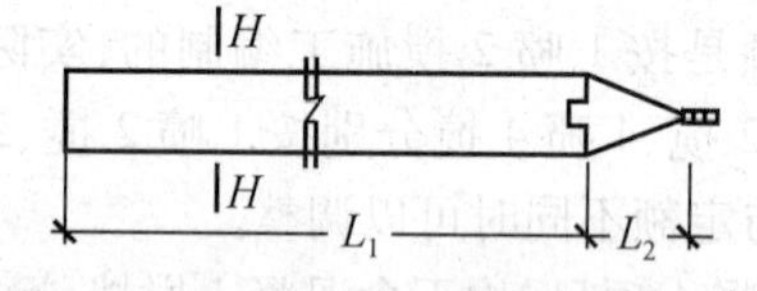

图5.28 预制钢筋混凝土管桩

（3）打孔灌注混凝土桩、钻孔灌注混凝土桩，按设计桩长（包括桩尖，设计要求入岩时，包括入岩深度）另加0.5m，乘以设计桩外径截面积，以立方米计算，设计桩外径，指打孔钢管的钢管箍外径。

$$灌注桩混凝土工程量 = (L + 0.5) \times \pi R^2 \quad (5-18)$$

式中：L——桩长（含桩尖）；

R——桩外半径（钢管箍外半径）。

（4）夯扩成孔灌注混凝土桩，按设计桩长增加0.3m，乘以设计桩外径截面积，另加设计夯扩混凝土体积，以立方米计算。

$$夯扩成孔灌注桩工程量 = (L + 0.3) \times \pi R^2 + 夯扩混凝土体积 \quad (5-19)$$

（5）人工挖孔灌注混凝土桩的桩壁和桩芯，分别按设计尺寸以立方米计算，如图5.29所示。

$$桩壁混凝土工程量 = H_{桩壁} \times \pi D^2 - H_{桩芯} \times \pi d^2 \quad (5-20)$$

$$桩芯混凝土工程量 = H_{桩芯} \times \pi d^2 \quad (5-21)$$

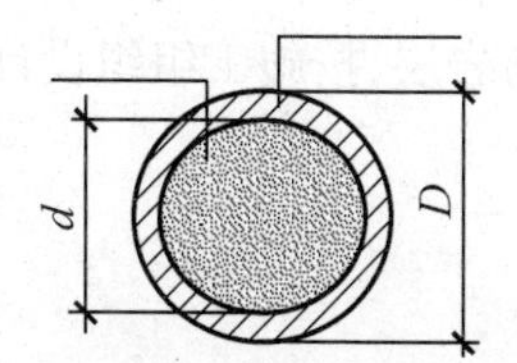

图 5.29 人工挖孔灌注混凝土桩截面图

(6)灰土桩、砂石桩、水泥桩,均按设计桩长(包括桩尖)乘以设计桩外径截面积,以立方米计算。

(7)电焊接桩按设计要求接桩的根数计算。硫黄胶泥接桩按桩断面面积,以平方米计算。预制混凝土桩截桩按设计要求截桩的根数计算,截桩长度小于1m时,不扣减相应桩的打桩工程量;大于1m时,其超过部分按实扣减打桩工程量,但不扣减桩体及运输的工程量。预制混凝土桩凿桩头,按桩体高40d(d为桩体主筋直径,主筋直径不同时取大者)乘以桩体断面面积,以立方米计算。灌注混凝土桩凿桩头,按实际凿桩头体积计算。桩头钢筋整理按所整理的桩的根数计算。预制混凝土桩截桩子目,不包括凿桩头和桩头钢筋整理;凿桩头子目,不包括桩头钢筋整理。

(8)送桩。送桩工程量,按桩截面积乘以送桩长度计算。送桩长度为:自打桩架底面至被送桩顶面的高度,或自被送桩顶面至自然地坪另加50cm,如图5.30所示。该图所示送桩体积,可按下列公式进行计算

$$V=S(H_1+0.5) \tag{5-22}$$

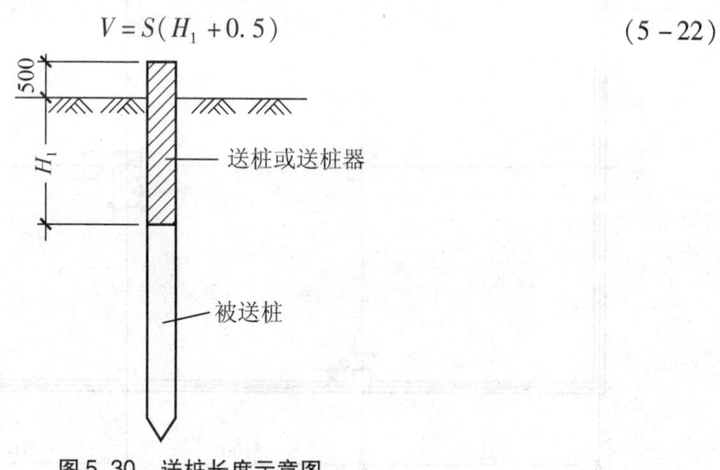

图 5.30 送桩长度示意图

4)地基强夯

区别不同夯击能量和夯点密度,按设计图示夯击范围,以平方米计算。设计无规定时,按建筑物基础外围轴线每边各加4m计算。其公式为

$$地基强夯工程量(m^2)=S_{轴包}+L_{外}\times4+4\times16$$

强夯的夯击击数系指强夯机械就位后,夯锤在同一夯点上下起落的次数。(落锤高度应满足设计夯击能量的要求,否则按低锤满拍计算。)

5)防护

(1)挡土板按施工组织设计规定的支挡范围,以平方米计算。

(2)钢工具桩按桩体重量,以吨计算。安、拆导向夹具,按设计图示长度,以米计算。

(3)砂浆土钉防护、锚杆机钻孔防护,按施工组织设计规定的钻孔入土(岩)深度,以米

计算。喷射混凝土护坡区分土层与岩层,按施工组织设计规定的防护范围,以平方米计算。

3. 计算实例

1)垫层及填料加固

【例5-4】如图5.31所示,计算条形基础垫层工程量,确定定额项目。

解:$J_{1中}=(16.5+9.6)\times2=52.2\text{m}$

$J_{2净}=(4.8-0.65-0.55)\times4+16.5-1.1=29.8\text{m}$

条形基础3:7灰土垫层工程量$=52.2\times1.1\times0.3+29.8\times1.3\times0.3=28.85\text{m}^3$

套2-1-1(换算:人工、机械乘以1.05的系数)。

注意:垫层定额是按照按地面垫层编制。若为基础垫层,人工、机械分别乘以下列系数:条形基础1.05;独立基础1.10;满堂基础1.00。

【例5-5】如图5.31所示,垫层为C15混凝土,150mm厚,室内柱截面尺寸600mm×600mm,室内排水沟宽450mm。计算垫层工程量,确定定额项目。

解:地面垫层工程量$=[(15.3-0.24)\times(9.6-0.24)-0.6\times0.6\times2]\times0.15=21.04\text{m}^3$。

C15混凝土地面垫层,套2-1-13。

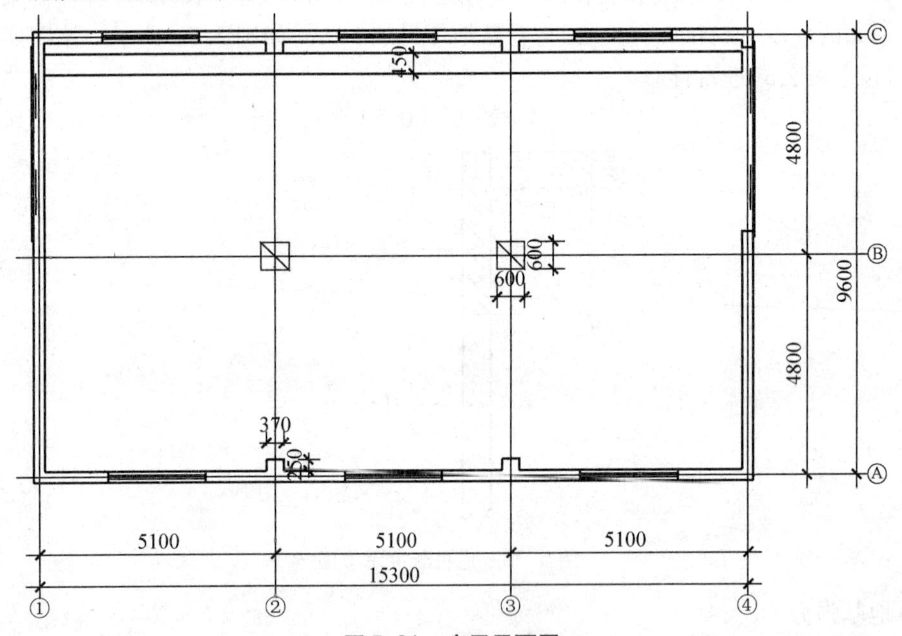

图5.31 底层平面图

2)桩基础

【例5-6】如图5.32所示,打预制钢筋混凝土管桩,共30根。计算预制混凝土管桩工程量,确定定额项目。

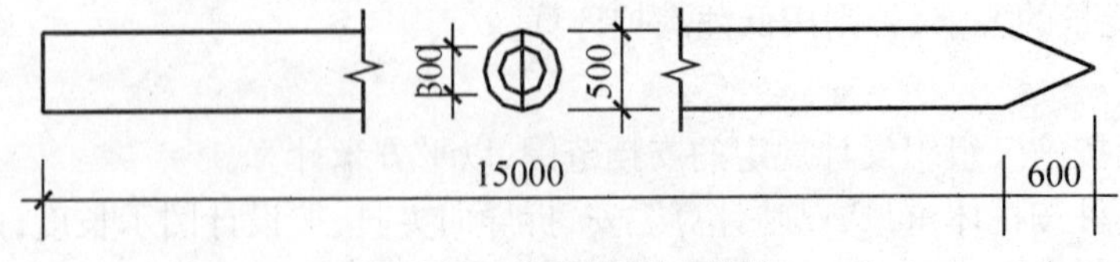

图5.32 预制混凝土管桩

解：钢筋混凝土预制管桩工程量 =（3.14×0.25×0.25×15.6－3.14×0.15×0.15×15）×30 = 60.05m^3

钢筋混凝土预制管桩，套2－3－10（换算：人工、机械乘以1.05的系数）

3）强夯

【例5－7】某设计要求强夯面积为2000 m^2 地基土，要求夯击能量为200t·m，每百平方米夯击点数为25，每点5击，计算强夯工程量，确定定额项目。

解：工程量 = 2000m^2

夯击能量200t·m以内，25点以内，每点4击，套2－4－12。

夯击能量200t·m以内，25点以内，每增减1击，套2－4－13。

5.2.4 砌筑工程

1. 定额有关规定及说明

1）本章包括砌砖、石、砌块及轻质墙板等内容

2）砌砖、砌石、砌块

（1）砌筑砂浆的强度等级、种类，设计与定额不同时可换算，消耗量不变。

（2）定额中砖规格是按240mm×115mm×53mm标准砖编制的，空心砖、多孔砖、砌块规格是按常用规格编制的，轻质墙板是选用常用材质和板型编制的。设计采用非标准砖、非常用规格砌筑材料，与定额不同时可以换算，但每定额单位消耗量不变。轻质墙板的材质、板型设计等，与定额不同时可以换算，但定额消耗量（块料与砂浆总体积）不变。

（3）砌砖的计算。

①砖砌体均包括原浆勾缝用工，加浆勾缝时，按定额装饰工程相应规定计算。

②黏土砖砌体计算厚度，按表5－11计算。

表5－11　黏土砖砌体计算厚度表

砖数（厚度）	1/4	1/2	3/4	1	1.5	2	2.5	3
计算厚度/mm	53	115	180	240	365	490	615	740

③女儿墙按外墙计算，砖垛、附墙烟囱、三皮砖以上的腰线和挑檐等体积，按其外形尺寸并入墙身体积计算。不扣除每个横截面积在0.1m^2以下的孔洞所占体积，但孔洞内的抹灰工程量亦不增加。

④普通黏土砖平（拱）璇或过梁（钢筋除外），与普通黏土砖砌成一体时，其工程量并入相应砖砌体内，不单独计算。

⑤2砖以上砖挡土墙执行砖基础项目，2砖以内执行砖墙相应项目。

⑥设计砖砌体中的拉结钢筋，按相应章节另行计算。

⑦多孔砖包括黏土多孔砖和粉煤灰、煤矸石等轻质多孔砖。定额中列出KP型砖（240mm×115mm×90mm和178mm×115mm×90mm）和模数砖（190mm×90mm×90mm、190mm×140mm×90mm和190mm×190mm×90mm）两种系列规格，并考虑了不够模数部分由其他材料填充。

⑧黏土空心砖按其孔隙率大小分承重型空心砖和非承重型空心砖，规格分别是：240mm

×115mm×115mm、240mm×180mm×115mm 和 115mm×240mm×115mm、240mm×240mm×115mm。

⑨空心砖和空心砌块墙中的混凝土芯柱、混凝土压顶及圈梁等，按相应章节另行计算。多孔砖、空心砖和砌块，砌筑弧形墙时，人工乘以 1.1、材料乘以 1.03 系数。

⑩零星项目系指小便池槽、蹲台、花台、隔热板下砖墩、石墙砖立边和虎头砖等。

(4)砌石的计算。

①定额中石材按其材料加工程度，分为毛石、整毛石和方整石。使用时应根据石料名称、规格分别套用。

②方整石柱、墙中石材按 400mm×220mm×200mm 规格考虑，设计不同时，可以换算。

③方整石平(拱)璇与无背里的方整石砌为一体时，其工程量并入相应的方整石砌体内，不单独计算。

④毛石护坡高度超过 4m 时，定额人工乘以 1.15 的系数。

⑤砌筑弧形基础、墙时，按相应定额项目人工乘以系数 1.1。

⑥整砌毛石墙(有背里的)项目中，毛石整砌厚度为 200；方整石墙(有背里的)项目中，方整石整砌厚度为 220mm，定额均已考虑了拉结石和错缝搭砌。

(5)砌块的计算。

①小型空心砌块墙定额选用 190 系列(砌块宽 $b=190$mm)，若设计选用其他系列时，可以换算。

②砌块墙中用于固定门窗或吊柜、窗帘盒、暖气片等配件所需的灌注混凝土或预埋构件，按相应章节另行计算。

③已掺砌了普通黏土砖或黏土多孔砖的砌轻质砖和砌块子目，掺砌砖的种类和规格，设计与定额不同时，可以换算，掺砌砖的消耗量(块数折合体积)及其他均不变。未掺砌砖的子目，若掺砌了普通黏土砖或黏土多孔砖，按掺砌砖的体积换算，其他不变。掺砌砖执行砖零星砌体子目。

④混凝土烟风道，按设计体积(扣除烟风通道空洞)，以立方米计算。计算墙体工程量时，应按混凝土烟风道工程量，扣除其所占墙体的体积。

⑤变压式排气烟道，自设计室内地坪或安装起点，计算至上一层楼板的上表面；顶端遇坡屋面时，按其高点计算至屋面板上表面。

3)轻质板墙

(1)轻质墙板，适用于框架、框剪结构中的内外墙或隔墙，定额按不同材质和墙体厚度分别列项。

(2)轻质条板墙，不论空心条板或实心条板，均按厂家提供的墙板半成品(包括板内预埋件，配套吊挂件、U 形卡等)，现场安装编制。

(3)轻质条板墙中与门窗连接的钢筋码和钢板(预埋件)，定额已综合考虑，但钢柱门框、铝门框、木门框及其固定件(或连接件)按有关章节相应项目另行计算。

(4)钢丝网架水泥夹芯板厚是指钢丝网架的厚度，不包括抹灰厚度。括号内尺寸为保温芯材厚度。

(5)各种轻质墙板综合内容如下。

①GRC 轻质多孔板适用于圆孔板、方孔板，其材质适用于水泥多孔板、珍珠岩多孔板、陶

粒多孔板等。

②挤压成型混凝土多孔板即AC板，适用于普通混凝土多孔板和粉煤灰混凝土多孔板、陶粒混凝土多孔条板、炉渣与膨胀珍珠岩多孔条板等。

③石膏空心条板适用于石膏珍珠岩条板、石膏硅酸盐空心条板等。

④GRC复合夹芯板适用于水泥珍珠岩夹芯板、岩棉夹芯板等。

2. 工程量计算规则

1)砌筑界线划分

(1)基础与墙(柱)身使用同一种材料时，以设计室内地坪为界，设计室内地坪以下为基础，以上为墙(柱)身。有地下室者，以地下室室内地坪为界，以下为基础，以上为墙身，如图5.33(a)所示。若基础与墙(柱)身使用不同材料，且分界线位于设计室内地坪300mm以内时，按不同材料为分界线，如图5.33(b)所示；若超过300mm时，以设计室内地坪为分界线，如图5.33(c)所示。

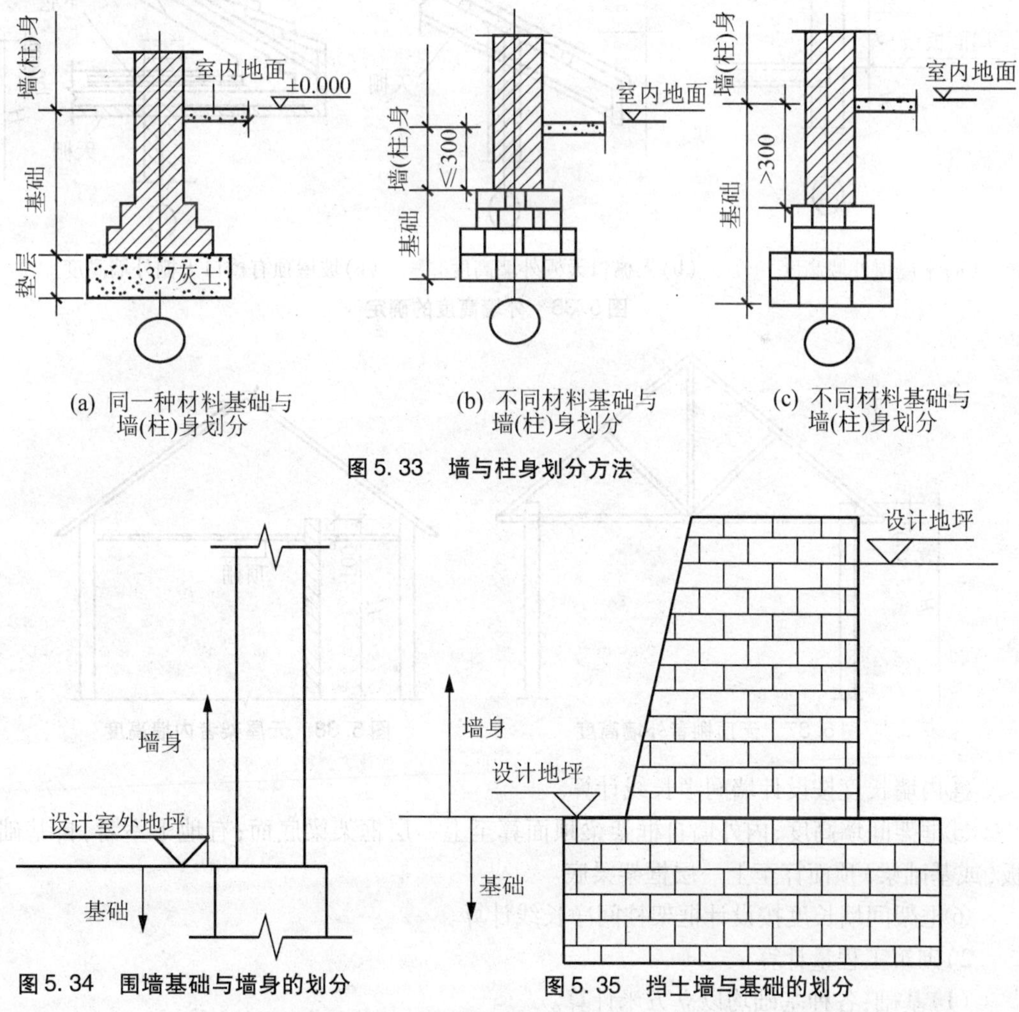

图5.33 墙与柱身划分方法

图5.34 围墙基础与墙身的划分

图5.35 挡土墙与基础的划分

(2)围墙以设计室外地坪为界，室外地坪以下为基础，以上为墙身，如图5.34所示。

(3)挡土墙与基础的划分以挡土墙设计地坪标高低的一侧为界，以下为基础，以上为墙身，如图 5.35 所示。

(4)墙体的高度和长度。

①外墙高度，平屋面算至钢筋混凝土板顶，如图 5.36(a)所示；斜(坡)屋面无檐口顶棚者算至屋面板底，如图 5.36(b)所示；有屋架，且室内外均有顶棚者，其高度算至屋架下弦底另加 200mm，如图 5.36(c)所示；无顶棚者算至屋架下弦底另加 300mm，如图 5.37 所示；出檐宽度超过 600mm 时，按实砌高度计算。山墙高度按其平均高度计算。女儿墙高度自外墙顶面算至混凝土压顶底，如图 5.36(a)所示。

②外墙长度按设计外墙中心线长度计算。

③内墙高度，位于屋架下弦者，其高度算至屋架底；无屋架者算至顶棚底另加 100mm，如图 5.38 所示；有钢筋混凝土楼板隔层者，算至楼板底。

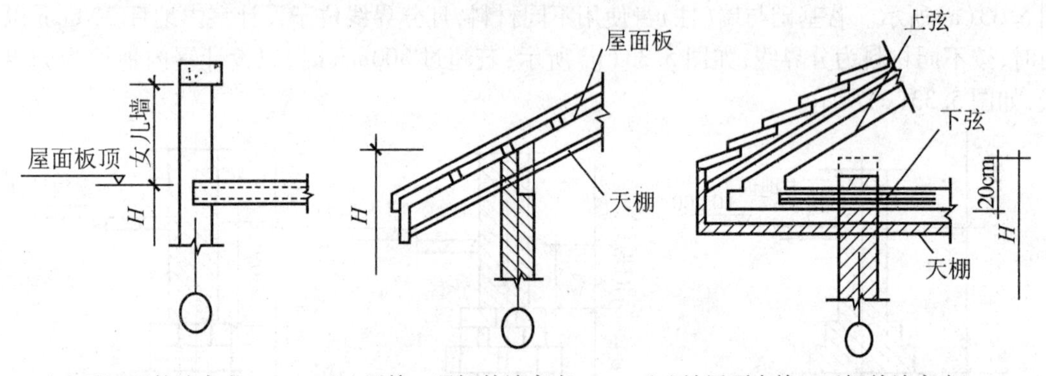

(a)平屋顶外墙高度　　(b)无檐口天棚外墙高度　　(c)坡屋顶有檐口天棚外墙高度

图 5.36　外墙高度的确定

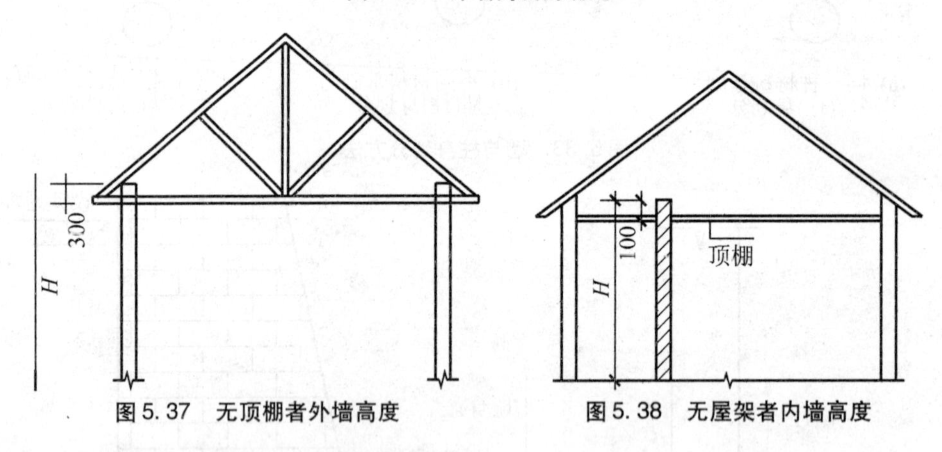

图 5.37　无顶棚者外墙高度　　**图 5.38　无屋架者内墙高度**

④内墙长度按设计墙间净长线计算。

⑤框架间墙高度，内外墙自框架梁顶面算至上一层框架梁底面；有地下室者，自基础底板(或基础梁)顶面算至上一层框架梁底。

⑥框架间墙长度按设计框架柱间净长线计算。

2)砌筑工程量计算

(1)基础：各种基础均以立方米计算。

①条形基础的计算。

外墙按设计外墙中心线长度、内墙按设计内墙净长度乘以设计断面计算。基础大放脚

T形接头处的重叠部分以及嵌入基础的钢筋、铁件、管道、基础防潮层、单个面积在0.3m² 以内的孔洞所占体积不予扣除，但靠墙暖气沟的挑檐亦不增加，附墙垛基础宽出部分体积并入基础工程量内。柱间条形基础，按柱间墙体的设计净长度计算。

根据大放脚的断面形式分为等高式大放脚和间隔式大放脚，如图5.39所示。为了简便大放脚基础工程量的计算可将放脚部分的面积折成相等墙基断面的面积，即墙基厚×折算高。一般情况下，我们可以先算出折算高，再去计算增加断面。每种规格的墙基折算高见表5-12。

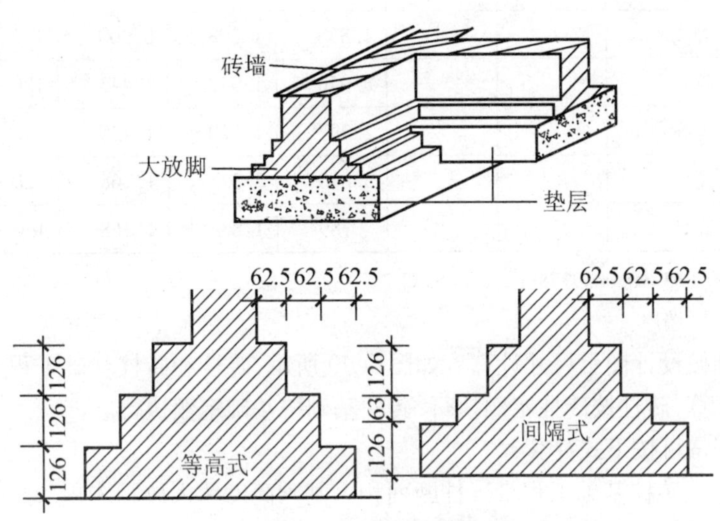

图5.39　大放脚示意图

表5-12　砖基础大放脚折算高度表

大放脚层数	各种墙基厚度的折算高度/m						大放脚面积	
	放脚形式	0.115	0.180	0.240	0.365	0.490	n·a	m²
①	等高	0.173	0.087	0.066	0.043	0.032	4·a	0.01575
	不等高	0.173	0.087	0.066	0.043	0.032	4·a	0.01575
②	等高	0.411	0.262	0.197	0.129	0.096	12·a	0.04725
	不等高	0.342	0.219	0.164	0.108	0.080	10·a	0.03938
③	等高		0.525	0.394	0.259	0.193	24·a	0.09450
	不等高		0.437	0.528	0.216	0.161	20·a	0.07675
④	等高		0.875	0.656	0.432	0.321	40·a	0.15750
	不等高		0.700	0.525	0.345	0.257	32·a	0.12600
⑤	等高			0.984	0.647	0.482	60·a	0.23625
	不等高			0.788	0.518	0.386	48·a	0.18900
⑥	等高			1.378	0.906	0.672	84·a	0.33075
	不等高			1.083	0.712	0.530	66·a	0.25988

续表

大放脚层数	各种墙基厚度的折算高度/m						大放脚面积	
	放脚形式	0.115	0.180	0.240	0.365	0.490	n・a	m^2
⑦	等高			1.838	1.208	0.900	112・a	0.44100
	不等高			1.444	0.949	0.707	88・a	0.34650
⑧	等高			2.363	1.553	1.157	144・a	0.56700
	不等高			1.838	1.208	0.900	112・a	0.44100
⑨	等高			2.950	1.942	1.445	180・a	0.70875
	不等高			2.297	1.510	1.125	140・a	0.55125
⑩	等高			3.610	2.373	1.768	220・a	0.86625
	不等高			2.789	1.834	1.368	170・a	0.66938

注：①$a = 0.0625 \times 0.063 = 0.0039375m^2$。

②折算高 = n・a/墙厚。

②独立基础按设计图示尺寸计算。如图5.40所示，砖柱和砖柱基础工程量以底层室内地坪为界分别计算，砖柱按砖柱定额执行，砖柱基础按基础定额执行。

砖柱基础程量可按下式计算：

砖柱基础工程量 = 柱断面积 × 基础高度 + 大放脚体积

式中基础高度是指由柱基底面至底层室内地坪高度。

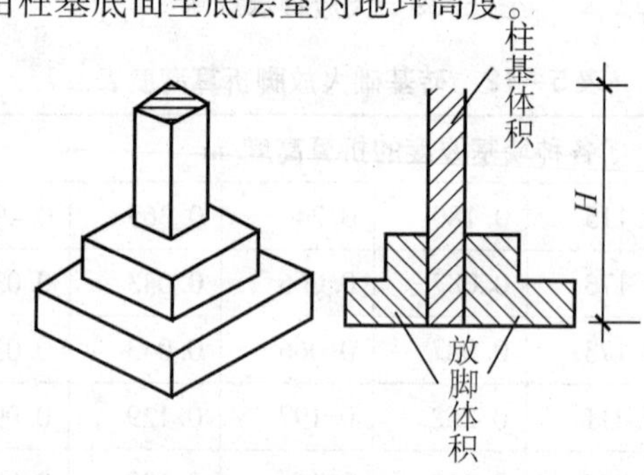

图5.40 独立基础

(2)墙体的计算。

①外墙、内墙、框架间墙(轻质墙板、漏空花格及隔断板除外)按其高度乘以长度乘以设计厚度以立方米计算。框架外表贴砖部分并入框架间砌体工程量内计算。

②轻质墙板按设计图示尺寸以平方米计算。

③计算墙体时，应扣除门窗洞口、过人洞、空圈、嵌入墙身的钢筋混凝土柱、梁(包括过梁、圈梁、挑梁)、砖石璇、砖过梁、暖气包壁龛的体积；不扣除梁头、外墙板头、檩头、垫木、木楞头、沿椽木、木砖、门窗走头、墙内的加固钢筋、木筋、铁件、钢管及每个面积在$0.3m^2$以内的孔洞等所占体积；突出墙面的窗台虎头砖、压顶线、山墙泛水、烟囱根、门窗套及三皮砖以内的腰线和挑檐等体积亦不增加。墙垛、三皮砖以上的腰线和挑檐等体积，并入墙身体积内计算。

④附墙烟囱(包括附墙通风道、垃圾道,混凝土烟风道除外),按其外形体积并入所依附的墙体积内计算。计算时不扣除每一横截面在0.1m^2以内的孔洞所占的体积,但孔洞内抹灰工程量亦不增加。混凝土烟风道按设计混凝土砌块体积,以立方米计算。

(3)砖平璇、平砌砖过梁如图5.41所示,按图示尺寸以立方米计算。如设计无规定时,砖平璇按门窗洞口宽度两端共加100mm乘以高度(洞口宽小于1500mm时,高度取240mm;大于1500mm时,高度取365mm)乘以设计厚度计算。平砌砖过梁按门窗洞口宽度两端共加500mm,高度按440mm计算。

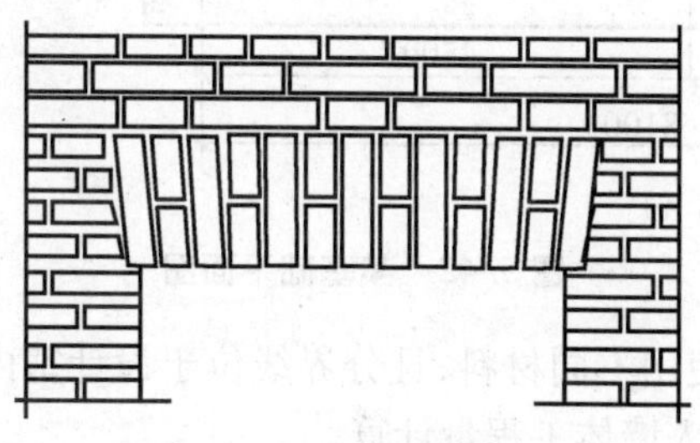

图5.41 砖平璇

(4)漏空花格墙按设计空花部分外形面积(空花部分不予扣除)以平方米计算。混凝土漏空花格按半成品考虑。

(5)围墙的计算。

高度算至压顶上表面(如有混凝土压顶时算至压顶下表面),围墙柱并入围墙体积内。

(6)其他砌筑的计算。

①砖台阶按设计图示尺寸以立方米计算。

②砖砌栏板按设计图示尺寸扣除混凝土压顶、柱所占的面积,以平方米计算。

③预制水磨石隔断板、窗台板,按设计图示尺寸以平方米计算。

④砖砌地沟不分沟底、沟壁按设计图示尺寸以立方米计算。

⑤石砌护坡按设计图示尺寸以立方米计算。

⑥乱毛石表面处理,按所处理的乱石表面积或延长米,以平方米或延长米计算。

⑦变压式排气道按其断面尺寸套用相应项目,以延长米计算工程量(楼层交接处的混凝土垫块及垫块安装灌缝已综合在子目中,不单独计算)。

⑧厕所蹲台、小便池槽、水槽腿、花台、砖墩、毛石墙的门窗砖立边和窗台虎头砖、锅台等定额未列的零星项目,按设计图示尺寸以立方米计算,套用零星砌体项目。方整石零星砌体子目,适用于窗台、门窗洞口立边、压顶、台阶、墙面点缀石等定额未列项目的方整石的砌筑。

3. 计算实例

【例5-8】某基础平面图如图5.42(a)、(b)所示,计算基础的工程量,确定定额项目。

解:$L_{中}=(8.1-0.065\times2+4.5-0.065\times2)\times2=12.34\text{m}$

$L_{内}=4.5-0.25\times2=4.00\text{m}$

毛石条基工程量 $=(1.2\times0.35+0.9\times0.35+0.6\times0.35)\times(12.34+4.00)$

$=15.44\text{m}^3$

毛石条基,套3-2-1。

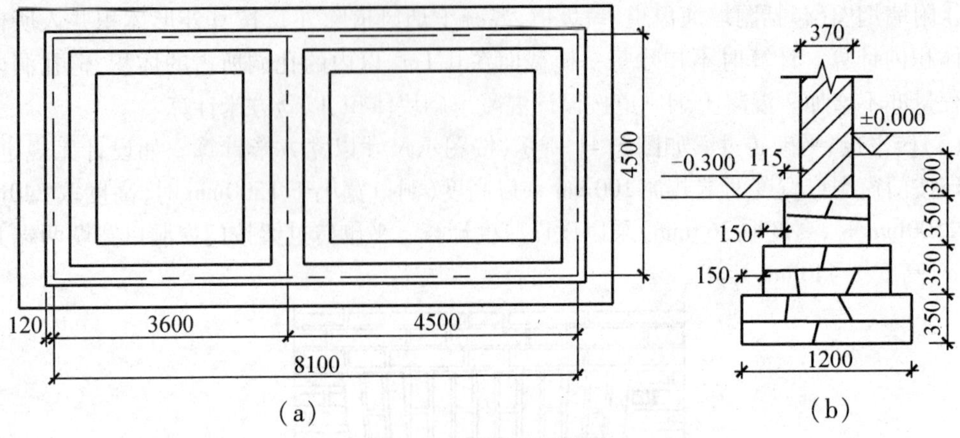

图5.42 某基础平面图

提示:因为基础与墙身使用不同材料,且分界线位于设计室内地坪300mm以内,所以设计室内地坪以下的砖砌体并入墙体工程量计算。

【例5-9】某建筑物如图5.43所示,所有墙体布置圈梁,圈梁宽度同墙厚,高度为180mm,不考虑过梁计算墙砌体工程量,确定定额项目。

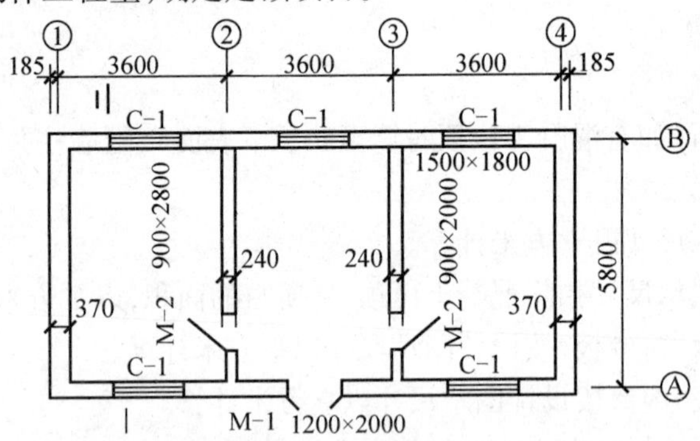

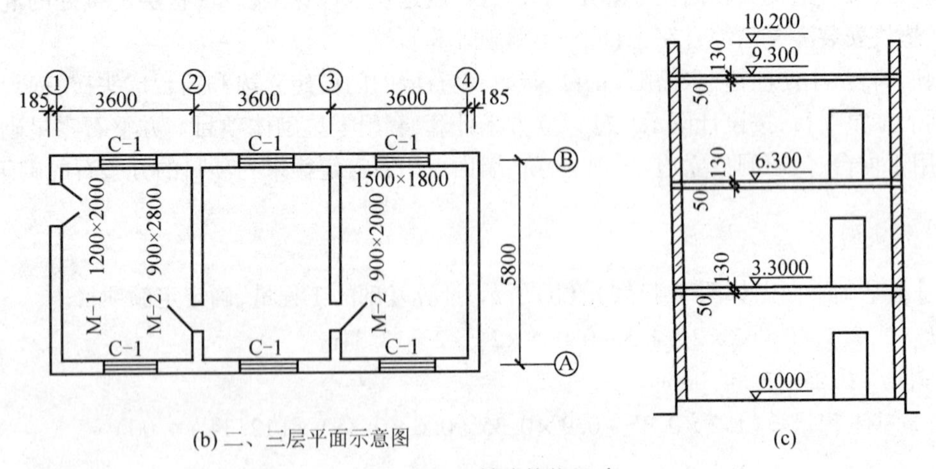

图5.43 某建筑物尺寸

解:(1)外墙中心线长度:$L_中=(3.60\times3+5.80)\times2=33.20\text{m}$

外墙面积:$S_外=33.20\times(3.30+3.00\times2+0.90)-$门窗面积

$=[33.20\times10.2-1.2\times2.0\times3(\text{M1})-1.5\times1.8\times17(\text{C1})]$

$=285.54\text{m}^2$

(注:按规则规定女儿墙并入外墙计算)

墙体体积:370 墙体积 $=285.54\times0.365-$圈梁体积

$=285.54\times0.365-(3.6\times3+5.8)\times2\times0.365\times0.18$

$=102.04\text{m}^3$

370 墙套用 3-1-15 子目。

(2)内墙净长度:$L_内=(5.8-0.365)\times2=10.87\text{m}$

内墙面积:$S_内=10.87\times(9.3-0.13\times3)-0.9\times2.0\times6(\text{M2})=86.05\text{m}^2$

240 墙体积 $=86.05\times0.24-$圈梁体积

$=86.05\times0.24-(5.8-0.365)\times2\times0.24\times0.18=20.182\text{m}^3$

240 内墙套用 3-1-14 子目。

【例 5-10】某方整石墙体尺寸如图 5.44(a)、(b)所示,毛石背里。计算工程量,确定定额项目。

解:方整石墙工程量 $=28\times1.5=42.00\text{m}^2$

套定额 3-2-14。

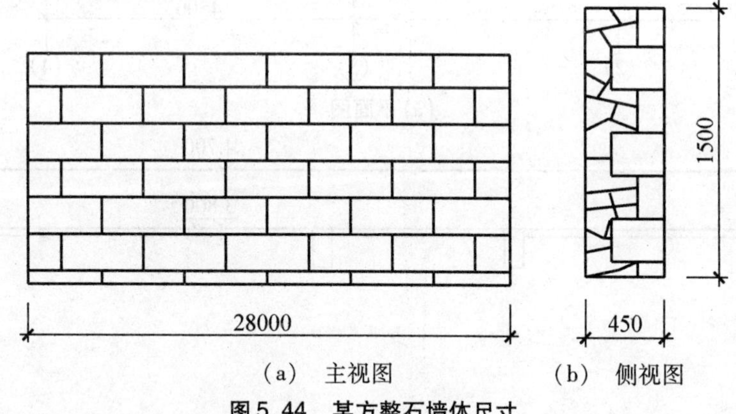

(a) 主视图　　(b) 侧视图

图 5.44 某方整石墙体尺寸

【例 5-11】某单层建筑物,框架结构,如图 5.45 所示。墙身采用 M5.0 混合砂浆砌筑加砌混凝土砌块,女儿墙砌筑黏土多孔砖,女儿墙压顶断面为 240mm×100mm,墙厚均为 240mm,轴线居中。框架柱断面均为 240mm×240mm 到女儿墙顶,框架梁断面 240mm×600mm,门窗洞口均采用现浇钢筋混凝土过梁,断面 240mm×180mm。门窗尺寸如下:M1 1860mm×2700mm;M2 900mm×2700mm,C1 1800mm×2100mm;C2 1860mm×2100mm。M1 上过梁长度 1560mm,M2 上过梁长度 1770mm,过梁截面 240mm×180mm,计算墙体工程量,确定定额项目。

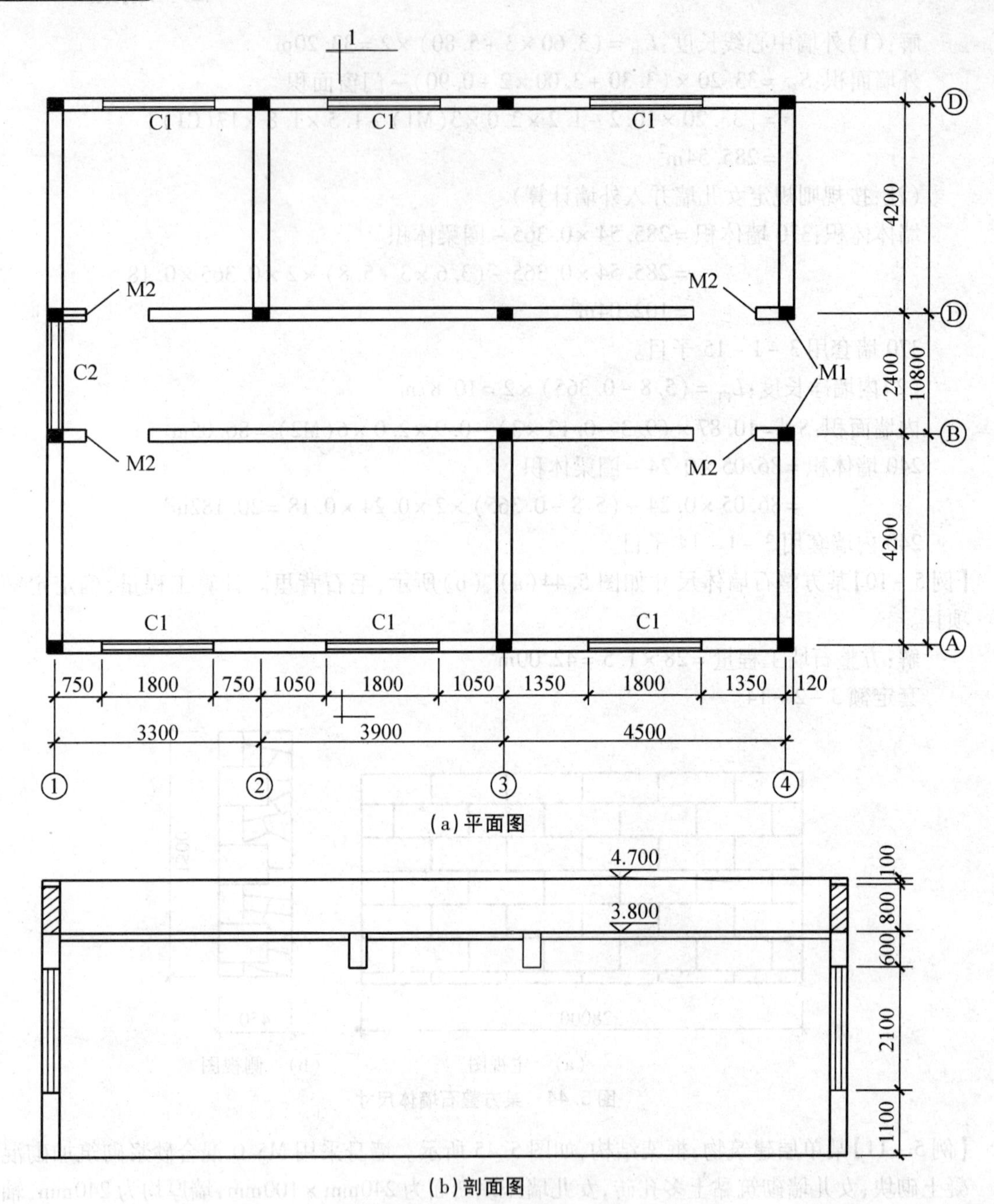

(a)平面图

(b)剖面图

图5.45 某框架结构单层建筑物

解:加砌混凝土砌块墙净长度 = (11.7 − 0.24 × 2) × 4 + (10.8 − 0.24 × 3) + (4.2 − 0.24) × 2 = 72.96m

加砌混凝土砌块墙净高度 = 3.8 − 0.6 = 3.2m

门窗洞口面积 = 1.86 × 2.7 + 0.9 × 2.7 × 4 + 1.8 × 2.1 × 6 + 1.86 × 2.1 = 41.33m²

过梁体积 = 0.24 × 0.18 × (1.56 + 1.77 × 4) = 0.37m³

加砌混凝土砌块墙体积 = (72.96 × 3.2 − 41.33) × 0.24 − 0.37 = 45.74m³

加砌混凝土砌块墙套 3 − 3 − 26。

黏土多孔砖女儿墙中心线长度 = (11.7 + 10.8) × 2 − 0.24 × 11 = 42.36m

黏土多孔砖女儿墙体积 = 42.36 × 0.8 × 0.24 = 8.13m^3，套 3 − 3 − 7。

5.2.5 钢筋及混凝土工程

1. 定额有关规定及说明

1) 混凝土模板

(1) 现浇混凝土模板，定额按不同构件，分别以组合钢模板、钢支撑、木支撑；复合木模板、钢支撑、木支撑；胶合板模板、钢支撑、木支撑；木模板、木支撑编制。使用时，施工企业应根据具体工程的施工组织设计（或模板施工方案）确定的模板种类和支撑方式套用相应定额项目。编制标底时，一般可按组合钢模板、钢支撑套用相应定额项目。模板的实际支模位置如图 5.46 所示。

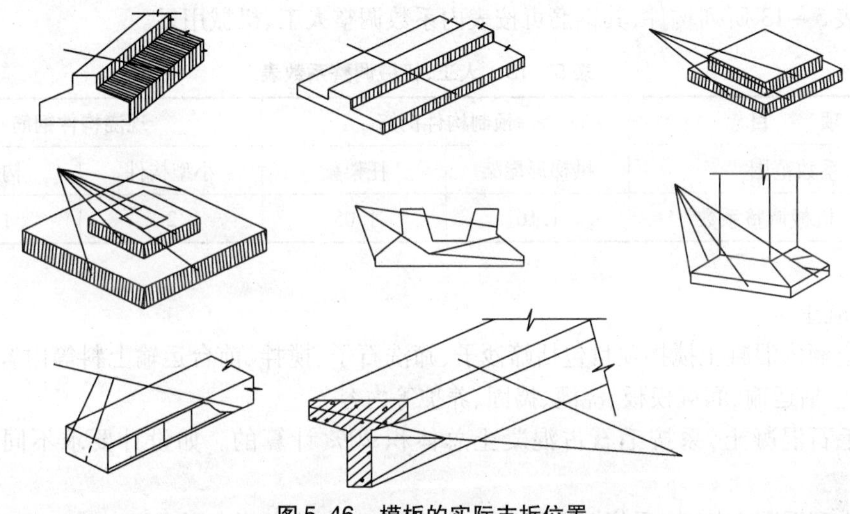

图 5.46 模板的实际支拆位置

(2) 现场预制混凝土模板，定额按不同构件分别以组合钢模板、复合木模板、木模板，并配制相应的混凝土地膜、砖地膜、砖胎膜编制。使用时，施工企业除现场预制混凝土桩、柱按施工组织设计（或模板施工方案）确定的模板种类套用相应定额项目外，其余均按相应构件定额项目执行。编制标底时，桩和柱按组合钢模板，其余套用相应构件定额项目。

(3) 胶合板模板，定额按方木框、18mm 厚防水胶合板板面，不同混凝土构件尺寸完成加工的成品模板编制。施工单位采用复合木模板、胶合板模板等自制成品模板时，其成品价应包括按实际使用尺寸制作的人工、材料、机械，并应考虑实际采用材料的质量和周转次数。

(4) 用钢滑升模板施工的烟囱、水塔，提升模板使用的钢爬杆用量是按一次摊销编制的，储仓是按两次摊销编制的，设计要求不同时，可以换算。

(5) 倒锥壳水塔塔身钢滑升模板项目，也适用于一般水塔塔身滑升模板工程。

(6) 烟囱钢滑升模板项目均已包括烟囱筒身、牛腿、烟道口；水塔钢滑升模板均已包括直筒、门窗洞口等模板用量。

(7) 钢筋混凝土直形墙、电梯井壁等项目，模板及支撑是按普通混凝土考虑的。若设计要求防水、防油、防射线时，按相应子目增加止水螺栓及端头处理内容。

(8) 组合钢模板、复合木模板项目，已包括回库维修费用。回库维修费的内容包括：模板的运输费,维修的人工、材料、机械费用等。

2)钢筋

(1)定额按钢筋的不同品种、规格,并按现浇构件钢筋、预制构件钢筋、预应力钢筋及箍筋分别列项。

(2)预应力构件中非预应力钢筋按预制钢筋相应项目计算。

(3)设计图纸未注明的钢筋搭接及施工损耗,已综合在定额项目内,不单独计算。

(4)绑扎低碳钢丝、成型点焊和接头焊接用的电焊条已综合在定额项目内,不另行计算。

(5)非预应力钢筋不包括冷加工,如设计要求冷加工时,另行计算。

(6)预应力钢筋如设计要求人工时效处理时,另行计算。

(7)后张法钢筋的锚固是按钢筋帮条焊、U 形插垫编制的。如采用其他方法锚固时,可另行计算。

(8)表 5-13 所列构件,其钢筋可按表内系数调整人工、机械用量。

表 5-13 人工、机械调整系数表

项 目	预制构件钢筋		现浇构件钢筋	
系数范围	拱梯形屋架	托架梁	小型构件	构筑物
人工、机械调整系数	1.16	1.05	2	1.25

3)混凝土

(1)定额内混凝土搅拌项目包括筛沙子、筛洗石子、搅拌、前台运输上料等内容;混凝土浇筑项目包括运输、润湿模板、浇灌、捣固、养护等内容。

(2)毛石混凝土,系按毛石占混凝土总体积 20% 计算的。如设计要求不同时,可以换算。

(3)小型混凝土构件,系指单件体积在 $0.05m^3$ 以内的定额未列项目。

(4)预制构件定额内仅考虑现场预制的情况。

(5)现浇钢筋混凝土柱、墙,后浇带定额项目,定额综合了底部灌注 1:2 水泥砂浆用量。

2. 工程量计算规则

1)模板工程量计算规则

(1)现浇混凝土及预制钢筋混凝土模板工程量,除另有规定者外,应区别模板的材质,按混凝土与模板接触面的面积,以平方米计算。

(2)现浇混凝土基础的模板工程量,按以下规定计算。

①现浇混凝土带形基础的模板,按其展开高度乘以基础长度,以平方米计算;基础与基础相交时重叠的模板面积不扣除;直形基础端头的模板也不增加。

② 杯形基础和高杯基础杯口内的模板,并入相应基础模板工程量内。杯形基础杯口高度大于杯口长边长度的,套用高杯基础定额项目。

③现浇混凝土无梁式满堂基础模板子目,定额未考虑下翻梁的模板因素。

【例 5-12】有梁式满堂基础尺寸如图 5.47 所示,组合钢模板,对拉螺栓钢支撑,计算有梁式满堂基础模板工程量,确定定额项目。

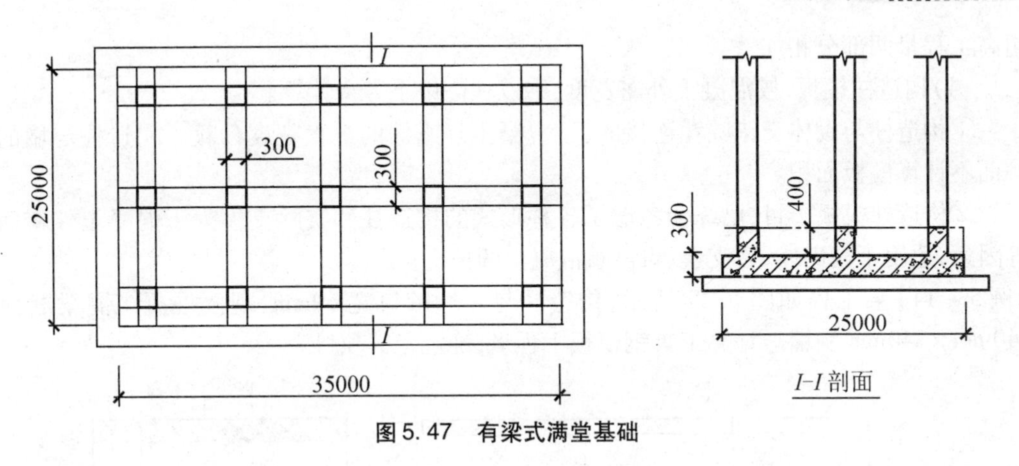

图5.47 有梁式满堂基础

解:满堂基础模板工程量 =(35.00 +25.00)×2 ×0.30 +(35.00 ×6 +25.00 ×10)×0.40 =220.00m²

有梁式满堂基础组合钢模板,对拉螺栓钢支撑,套10 –4 –43。

定额基价 =216.35 元/10m²

(3)现浇混凝土柱模板,按柱四周展开宽度乘以柱高,以平方米计算。

①柱、梁相交时,不扣除梁头所占柱模板面积。

②柱、板相交时,不扣除板厚所占柱模板面积。

【例5 –13】如图5.48 所示,现浇混凝土框架柱20 根,组合钢模板、钢支撑。计算钢模板工程量,确定定额项目。

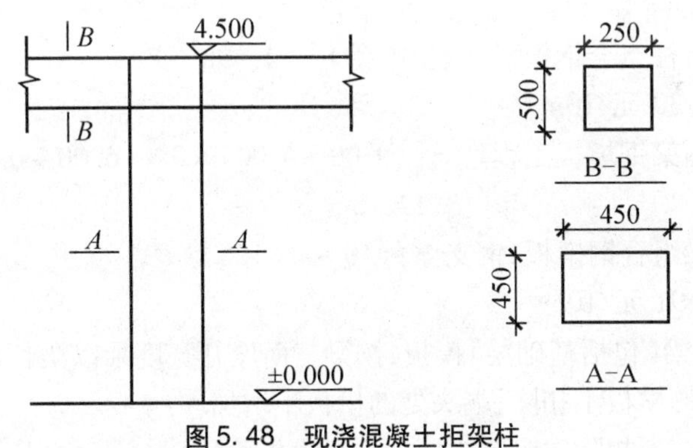

图5.48 现浇混凝土拒架柱

解:① 现浇混凝土框架柱钢模板工程量 =0.45 ×4 ×4.50 ×20 =162.00m²

现浇混凝土框架矩形柱组合钢模板,钢支撑套10 –4 –84

定额基价 =251.33 元/10m²

② 超高次数:4.5 –3.6 =0.90m 计1次

混凝土框架柱钢支撑一次超高工程量 =0.45 ×4 ×(4.50 –3.60)×20 =32.40m²

超高工程量 =32.40 ×1 =32.40m²

柱支撑高度超过3.6m 钢支撑每超高3m 套10 –4 –102

定额基价 =34.90 元/10m²

注意:套定额时,用相应超高部分的工程量乘以相应的超高次数之和作为支撑超高的工程量,如果超高次数为2 次,超高1 次和超高2 次的工程量应分别计算,分别乘以超高次数,超高工程量两部分相加。

(4)构造柱模板,按混凝土外露宽度,乘以柱高以平方米计算。

①构造柱与砌体交错咬茬连接时,按混凝土外露面的最大宽度计算。构造柱与墒的接触面不计算模板面积。

②构造柱模板子目,已综合考虑了各种形式的构造柱和实际支模大于混凝土外露面积等因素,适用于先砌体、后支模、再浇筑混凝土的情况。

【例 5-14】某工程如图 5.49 所示,构造柱与砖墙咬口宽 60mm;现浇混凝土圈梁断面为 240mm×240mm 满铺。计算工具钢模板工程量,确定定额项目。

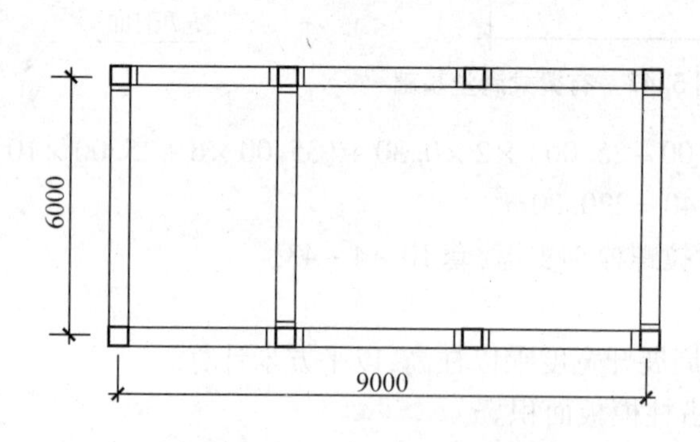

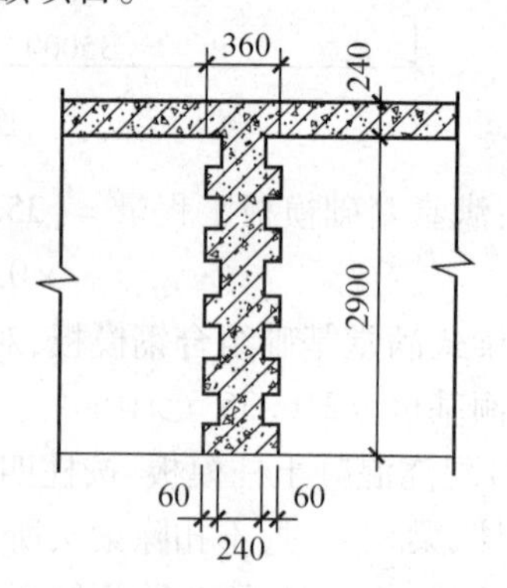

图 5.49 某工程示意图

解:①现浇混凝土构造柱钢模板工程量 $=(0.36\times14+0.06\times2\times4)\times(2.90+0.24)$

$=17.33\text{m}^2$

现浇混凝土构造柱组合钢模板,钢支撑套 10-4-98

定额基价 $=309.30$ 元/10m^2

②现浇混凝土圈梁钢模板工程量 $=[(9.00+6.00)\times2+(6.00-0.24)]\times0.24\times2$

$=17.16\text{m}^2$

现浇混凝土圈梁组合钢模板,钢支撑套 10-4-125

定额基价 $=184.91$ 元/10m^2

(5)现浇混凝土梁(包括基础梁)模板,按梁三面展开宽度乘以梁长计算。

①单梁,支座处的模板不扣除,端头处的模板不增加。

②梁与梁相交时,不扣除次梁梁头所占主梁模板面积。

③梁与板连接时,梁测壁模板算至板下坪。

(6)现浇混凝土墙模板,按混凝土与模板接触面积,以平方米计算。

①墙与柱连接时,柱侧壁按展开宽度,并入墙模板面积内计算。柱与墙等厚部分(柱的墙内部分)的模板面积,应予扣除。

②墙与梁相交时,不扣除梁头所占墙的模板面积。

③现浇混凝土墙模板中的对拉螺栓,定额按周转使用编制,若工程需要,对拉螺栓(或对拉钢片)与混凝土一起整浇时,按定额"附注"执行;对拉螺栓的端头处理,另行单独计算。

(7)现浇混凝土板的模板,按混凝土与模板接触面积,以平方米计算。

①伸入梁、墙内的板头,不计算模板面积。

②周边带翻沿的板(如卫生间混凝土防水带等),底板的板厚部分不计算模板面积。翻

沿两侧的模板，按翻沿净高度，并入板的模板工程量内计算。

③板与柱相交时，不扣除柱所占板的模板面积。

(8)现浇混凝土密肋板模板，按有梁板模板计算；斜板、折板模板，按平板模板计算；各种现浇混凝土板的倾斜度大于15°时，其模板子目的人工乘以系数1.30，其他不变。

(9)现浇钢筋混凝土墙、板上单孔面积在0.3m^2以内的孔洞，不予扣除，洞侧壁模板亦不增加；单孔面积在0.3m^2以上时，应予扣除，洞侧壁模板面积并入墙、板模板工程量内计算。

(10)现浇钢筋混凝土框架及框架剪力墙分别按梁、板、柱、墙有关规定计算；附墙柱并入墙内工程量计算。

(11)轻体框架柱(壁式柱)子目已综合轻体框架中的梁、墙、柱内容，但不包括电梯井壁、单梁、挑梁。轻体框架工程量按框架外露面积以平方米计算。

(12)现浇钢筋混凝土悬挑板(雨篷、阳台)按图示外挑部分尺寸的水平投影面积计算。挑出墙外的牛腿梁及板边模板不另计算。现浇混凝土悬挑板的翻沿，其模板工程量按翻沿净高计算，执行10-4-211子目；若翻沿高度超过300mm时，执行10-4-206子目。

(13)预制板板缝大于40mm时的模板，按平板后浇带模板计算。混凝土后浇带二次支模工程量按混凝土与模板接触面积计算，套用后浇带项目。

(14)现浇钢筋混凝土楼梯，以图示露明面尺寸的水平投影面积计算，不扣除小于500mm楼梯井所占面积。楼梯的踏步、踏步板、平台梁等侧面模板，不另计算。

(15)混凝土台阶(不包括梯带)，按图示台阶尺寸的水平投影面积计算，台阶端头两侧不另计算模板面积。

(16)现浇混凝土小型池槽模板，按构件外形体积计算，不扣除池槽中间的空心部分。

(17)现浇混凝土柱、梁、墙、板的模板支撑超高部分的计算。

①现浇混凝土柱、梁、墙、板的模板支撑，定额按支模高度3.6m编制。支模高度超过3.6m时，执行相应"每增3m"子目(不足3m按3m计算)，计算模板支撑超高。

②构造柱、圈梁、大钢模板墙，不计算模板支撑超高。

③支模高度，柱、墙：地(楼)面支撑点至构件顶坪；梁：地(楼)面支撑点至梁底；板：地(楼)面支撑点至板底坪。

④梁、板(水平构件)模板支撑超高的工程量计算如下式

$$超高次数=(支模高度-3.6)\div 3(遇小数进为1) \quad (5-23)$$

超高工程量(m^2)=超高构件的全部模板面积×超高次数

⑤柱、墙(竖直构件)模板支撑超高的工程量计算如下式

$$超高工程量(m^2)=\sum(相应模板面积\times 超高次数) \quad (5-24)$$

超高次数分段计算；自3.6m以上，第一个3m为超高1次，第二个3m为超高2次，以此类推；不足3m的按3m计算。

【例5-15】某现浇钢筋混凝土有梁板，如图5.50所示，胶合板模板，钢支撑。计算有梁板模板工程量，确定定额项目。

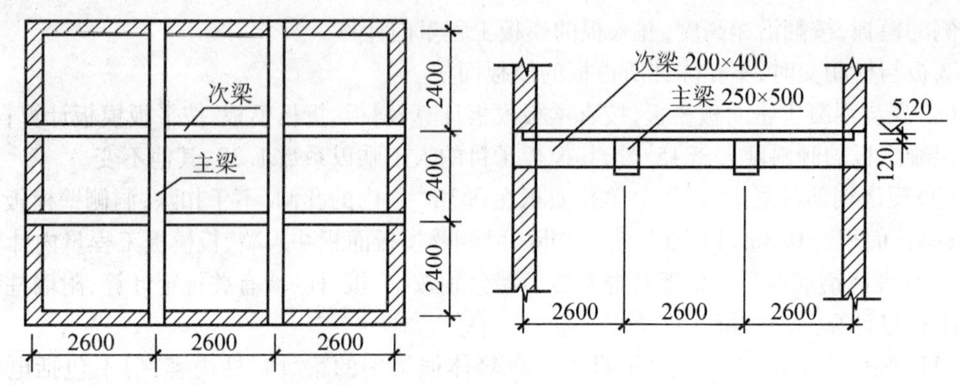

图5.50　某现浇钢筋混凝土有梁板

解:模板工程量 = (2.60×3 − 0.24)×(2.40×3 − 0.24) + (2.4×3 + 0.24)×(0.50 − 0.12)×4 + (2.60×3 + 0.24)×(0.40 − 0.12)×4 = 72.93m²

有梁板胶合板模板,钢支撑 套 10 − 4 − 160

定额基价 = 171.10 元/10m²

超高次数:(5.20 − 0.12 − 3.60)÷3.00 = 1 次

有梁板支撑超高工程量 = 72.93m²

钢支撑每增加 3m 套 10 − 4 − 176

定额基价 = 31.52 元/10m²

⑥墙、板后浇带的模板支撑超高,并入墙、板支撑超高工程量内计算。

⑦ 轻体框架柱(壁式柱)的模板支撑超高,执行墙支撑超高子目。

(18)构筑物混凝土模板工程量,按以下规定计算。

①构筑物的混凝土模板工程量,定额单位为 m³ 的,可直接利用按构筑物相应规则计算出的构件体积。

②构筑物工程的水塔、储水(油)池、储仓的模板工程量按混凝土与模板的接触面积以平方米计算。

③大型池槽等分别按基础、墙、板、梁、柱等有关规定计算并套用相应定额项目。

④液压滑升钢模板施工的烟囱、倒锥壳水塔支筒、水箱、筒仓等均按混凝土体积以立方米计算。

⑤倒锥壳水塔的水箱提升按不同容积以座计算。

⑥定额未列项目,按建筑物相应构件模板子目计算。

2)钢筋工程量计算规则

(1)钢筋工程,应区别现浇、预制构件,不同钢种和规格,计算时分别按设计长度乘单位理论重量,以吨计算。钢筋电渣压力焊接、套筒挤压等接头,按设计规定以个计算,设计无规定时,按施工规范或施工组织设计规定的实际数量计算。

(2)计算钢筋工程量时,设计规定钢筋搭接的,按设计规定计算;设计未规定的钢筋锚固、定尺长度的钢筋连接等结构性搭接,按施工规范规定计算;设计、施工规范均未规定,已包括在钢筋损耗率内的,不另计算。

(3)钢筋的混凝土保护层厚度,按设计规定计算;无规定时,按施工规范规定计算。钢筋的弯钩增加长度和弯起增加长度，按设计规定计算。已执行了本章钢筋接头子目的钢筋连接，其连接长度不另行计算。施工单位为了节约材料所发生的钢筋搭接，其连接长度或钢筋接头不另行计算。现浇构件的钢筋工程量计算公式如下

现浇混凝土构件钢筋图示用量 =（构件长度 − 两端保护层 + 弯钩长度 + 锚固增加长度 + 弯起增加长度 + 钢筋搭接长度）× 钢筋单位理论重量　　(5−25)

①混凝土保护层，一般构件的混凝土保护层厚度见表5−14。

表5−14　受力钢筋保护层厚度

钢筋种类	构件名称		保护层厚度/mm
受力筋	室内正常环境	板、墙、壳	15
		梁、柱	25
	露天或室内高温环境	板、墙、壳	25
		梁、柱	35
	有垫层	基础	40
	无垫层		70
分布筋	板、墙、壳		10
箍筋	梁、柱		15

注：①本表中取值为混凝土等级强度C25或C30时。

②大于C20号的预制构件，保护层厚度可按照本表减少5mm，但墙、板和环形构件，应保持不少于10mm。

③预应力混凝土结构的保护层，应按设计要求。

④在侵蚀性环境中的构件，受力钢筋的保护层应按设计要求采用。

②钢筋弯钩。增加长度如图5.51(a)、(b)、(c)所示。

③弯起钢筋增加长度。弯起角度有30度、45度和60度，其弯起增加长度是指斜长与水平投影长度之间的差值，见表5−15。30度角用于板中，45度角用于梁高小于800mm时，60度角用于梁高大于800mm时。

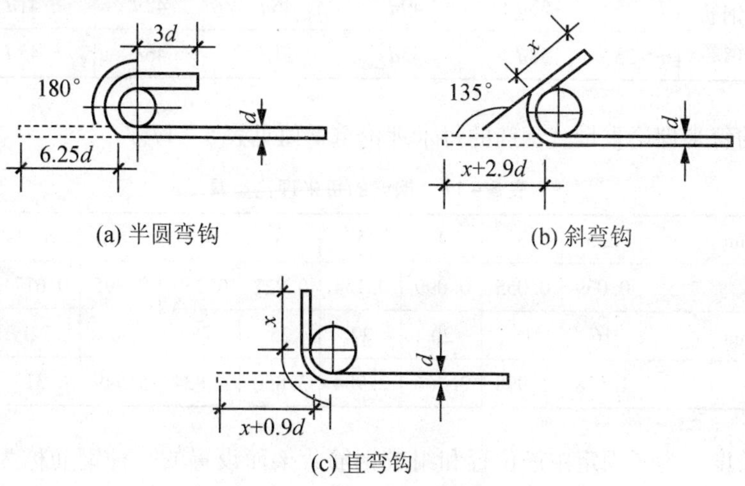

(a) 半圆弯钩　(b) 斜弯钩　(c) 直弯钩

图5.51　钢筋弯钩增加长度

表 5-15　弯起钢筋坡度系数表

弯起钢筋示意图	α	S	L	S-L
	30° 45° 60°	2.0H 1.41H 1.15H	1.73H 1.0H 0.58H	0.27H 0.41H 0.57H

④钢筋锚固及搭接长度。纵向受拉钢筋抗震锚固如图 5.52 所示，其长度按表 5-16 计算。

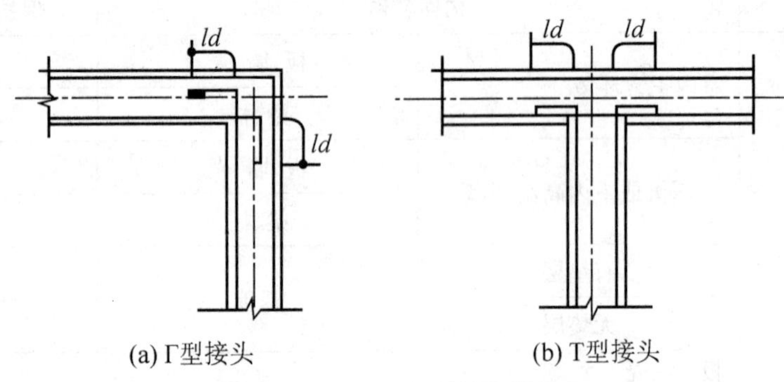

图 5.52　纵向受拉钢筋抗震锚固

表 5-16　纵向受拉钢筋抗震锚固长度

钢筋类型及直径		混凝土强度等级与抗震等级					
		C20		C25		C30	
		一、二	三	一、二	三	一、二	三
HPB235 普通钢筋		36d	33d	31d	28d	27d	25d
HRB335 普通钢筋	d≤25	44d	41d	38d	35d	34d	31d
	d>25	49d	45d	42d	39d	38d	34d
HRB400 普通钢筋 RRB400 普通钢筋	d≤25	53d	49d	46d	42d	41d	37d
	d>25	58d	53d	51d	46d	45d	41d

⑤钢筋的每米理论重量。钢筋的每米理论重量值见表 5-17。

表 5-17　钢筋的每米理论重量

直径/mm	2.5	3	4	5	6	6.5	8	10	12	14
kg/m	0.039	0.055	0.099	0.154	0.222	0.260	0.395	0.617	0.888	1.208
直径/mm	16	18	20	22	25	28	30	32	36	30
kg/m	1.578	1.998	2.466	2.984	3.850	4.834	5.549	6.313	7.990	9.865

⑥箍筋长度。为了固定主筋位置和组成钢筋骨架而设置的一种钢筋称为箍筋，其形式如图 5.53 所示。箍筋长度的计算包括下列两个内容。

(a)箍筋长度。其公式为

箍筋长度 = 构件截面周长 - 8 × 保护层厚 + 4 × 箍筋直径 + 2 × 钩长 (5-26)

如设计中没有规定钩长,梁柱箍筋可按构件截面周长减50mm计算。

(b)箍筋根数。其计算公式为

箍筋根数 = 配置范围 ÷ @ + 1 (5-27)

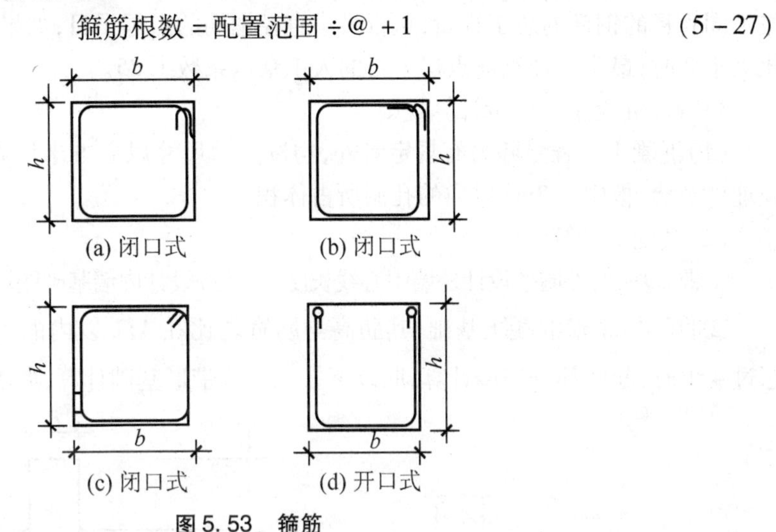

图5.53 箍筋

(4)先张法预应力钢筋按构件外形尺寸计算长度;后张法预应力钢筋按设计规定的预应力钢筋预留孔道长度,并区别不同的锚具类型,分别按下列规定计算。

① 低合金钢筋两端采用螺杆锚具时,预应力钢筋按预留孔道长度减0.35m,螺杆另行计算。

② 低合金钢筋一端采用镦头插片,另一端为螺杆锚具时,预应力钢筋长度按预留孔道长度计算,螺杆另行计算。

③ 低合金钢筋一端采用镦头插片,另一端采用帮条锚具时,预应力钢筋长度增加0.15m;两端均采用帮条锚具时,预应力钢筋长度共增加0.3m。

④ 低合金钢筋采用后张混凝土自锚时,预应力钢筋长度增加0.35m。

⑤ 低合金钢筋或钢绞线采用JM、XM、QM型锚具,孔道长度在20m以内时,预应力钢筋长度增加1m;孔道长在20m以上时,预应力钢筋长度增加1.8m。

⑥ 碳素钢丝采用锥形锚具,孔道长在20m以内时,预应力钢筋长度增加1m;孔道长在20m以上时,预应力钢筋长度增加1.8m。

⑦ 碳素钢丝两端采用镦粗头时,预应力钢丝长度增加0.35m。

(5)其他。

①马凳,设计有规定的按设计规定计算;设计无规定时,马凳的材料应比底板钢筋降低一个规格,若底板钢筋规格不同时,按其中规格大的钢筋降低一个规格计算。长度按底板厚度的2倍加200mm计算,每平方米1个,计入钢筋总量。

②墙体拉结S钩,设计有规定的按设计规定,设计无规定按φ8钢筋,长度按墙厚加150mm计算,每平方米3个,计入钢筋总量。

③砌体加固钢筋按设计用量以吨计算。

④锚喷护壁钢筋、钢筋网按设计用量以吨计算。

⑤混凝土构件预埋铁件工程量，按金属结构制作工程量的规则，以吨计算。

⑥冷轧扭钢筋，执行冷轧带肋钢筋子目。

⑦设计采用Ⅲ级钢时，按Ⅱ级钢子目降低一个规格执行相应定额子目。

⑧预制混凝土构件中，不同直径的钢筋点焊成一体时，按各自的直径计算钢筋工程量，按不同直径的钢筋的总工程量，执行最小直径钢筋的点焊子目；如果最大与最小的钢筋直径比大于2时，最小直径钢筋点焊子目的人工乘以系数1.25。

3）现浇混凝土工程量计算规则

（1）混凝土工程量除另有规定者外，均按图示尺寸以立方米计算。不扣除构件内钢筋、预埋件及墙、板中0.3m^2以内的孔洞所占体积。

（2）基础的计算。

①带形基础，外墙按设计外墙中心线长度、内墙按设计内墙基础图示长度乘设计断面计算。

②肋（梁）带形混凝土基础，其肋高与肋宽之比在4∶1以内的按有梁式带形基础计算。超过4∶1时，起肋部分按墙计算，肋以下按无梁式带形基础计算，如图5.54所示。

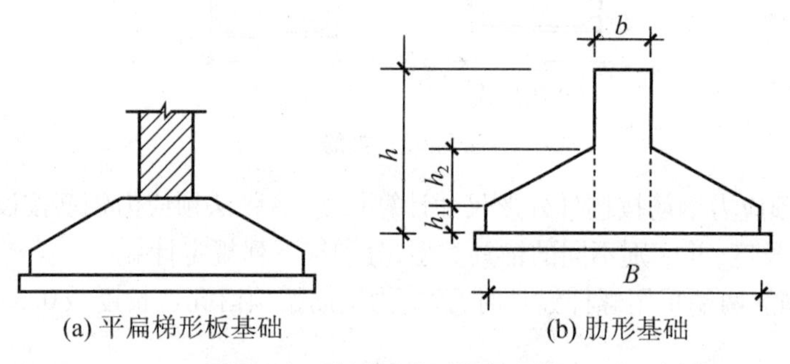

(a) 平扁梯形板基础　　(b) 肋形基础

图5.54　肋（梁）带形混凝土基础

③箱式满堂基础，如图5.55所示分别按无梁式满堂基础、柱、墙、梁、板有关规定计算，套用相应定额子目。

箱形基础体积＝顶板体积＋底板体积＋墙体体积

④有梁式满堂基础，肋高大于0.4m时，套用有梁式满堂基础定额项目；肋高小于0.4m或设有暗梁、下翻梁时，套用无梁式满堂基础项目，如图5.56所示。

$$有梁式满堂基础体积＝（基础板面积×板厚）＋（梁截面面积×梁长）\quad (5-28)$$

$$无梁式满堂基础体积＝底板长×底板宽×板厚\quad (5-29)$$

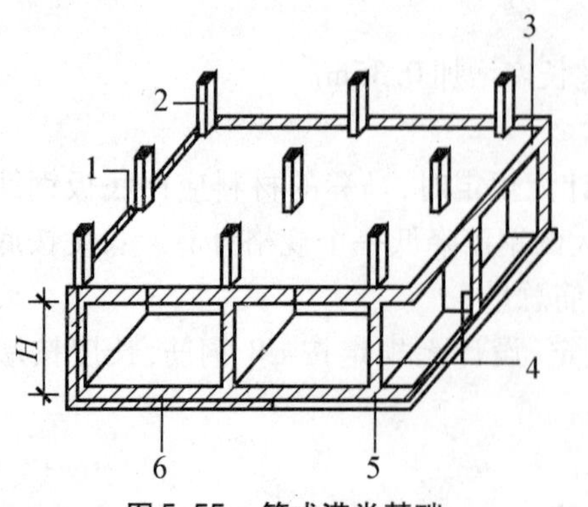

图5.55　箱式满堂基础

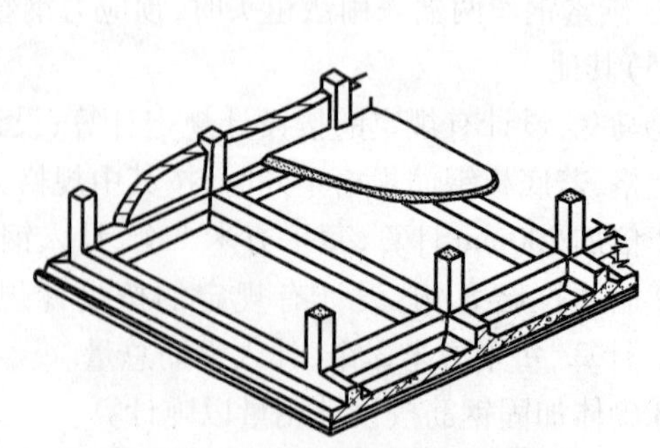

图5.56　有梁式满堂基础示意图

⑤独立基础,包括各种形式的独立基础及柱墩,其工程量按图示尺寸以立方米计算。柱与柱基的划分以柱基的扩大顶面为分界线。

⑥杯形基础杯口高度大于杯口大边长度的,套高杯基础定额项目,如图5.57所示。

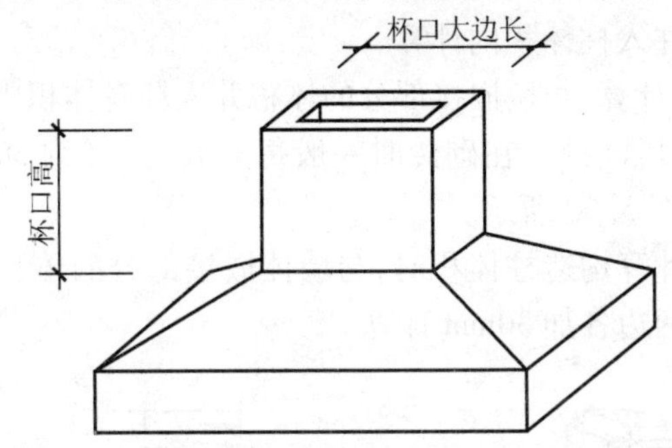

图5.57 高杯基础示意图(杯口高大于杯口大边长时)

⑦带形桩承台按带形基础的计算规则计算,独立桩承台按独立基础的计算规则计算,如图5.58所示。

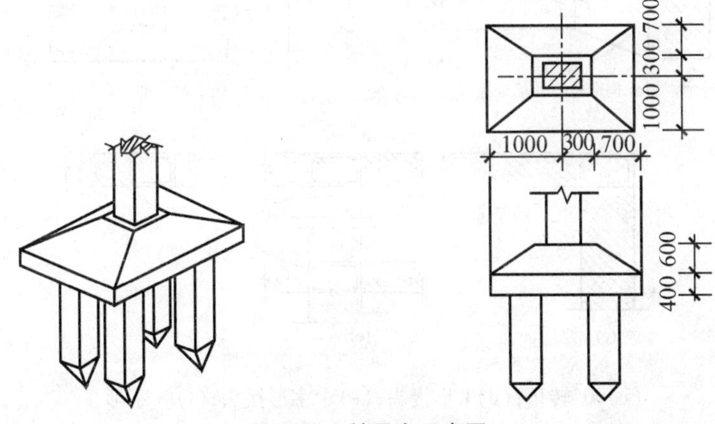

图5.58 桩承台示意图

⑧设备基础,除块体基础外,分别按基础、柱、梁、板、墙等有关规定计算,套用相应定额子目。楼层上的钢筋混凝土设备基础,按有梁板项目计算。

(3)柱:按图示断面尺寸乘以柱高以立方米计算。柱高按下列规定确定,如图5.59(a)、(b)、(c)、(d)所示。

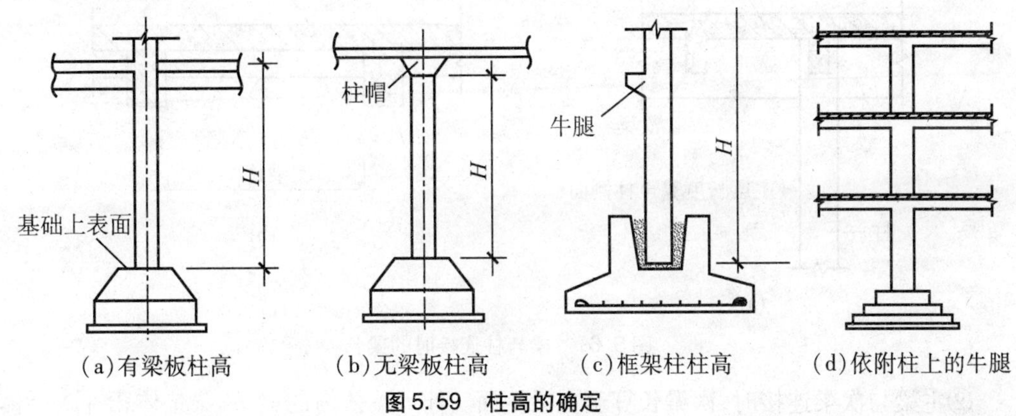

图5.59 柱高的确定

①有梁板的柱高,自柱基上表面(或楼板上表面)至上一层楼板上表面之间的高度。

②无梁板的柱高,自柱基上表面(或楼板上表面)至柱帽下表面之间的高度。

③框架柱的柱高,自柱基上表面至柱顶高度。

④依附柱上的牛腿,并入柱体积内计算。

⑤构造柱按设计高度计算,与墙嵌接部分的体积并入柱身体积内计算。

构造柱一般是先砌砖后浇砼。在砌砖时一般每隔五皮砖(约 300mm)两边各留一马牙槎,槎口宽度为 60mm,如图 5. 60 所示。

构造柱横截面面积:计算构造柱体积时,与墙体嵌接部分的体积应并入到柱身体积内,因此,可按基本截面宽度两边各加 30mm 计算。

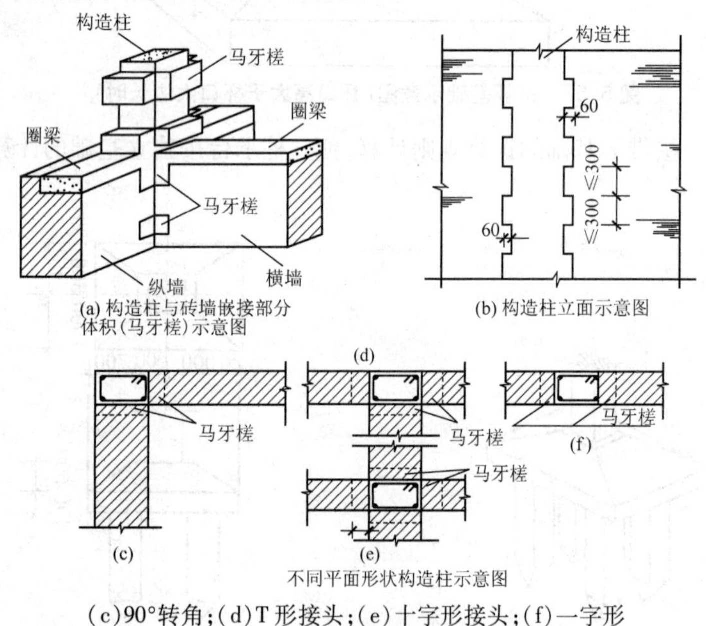

(c)90°转角;(d)T 形接头;(e)十字形接头;(f)一字形

图 5. 60 构造柱

(4)梁:按图示断面尺寸乘以梁长以立方米计算。梁长及梁高按下列规定确定。

①梁与柱连接时,梁长算至柱侧面,如图 5. 61 所示。圈梁与构造柱连接时,圈梁算至构造柱侧面。构造柱有马牙槎时,圈梁长度算至构造柱主断面的侧面。

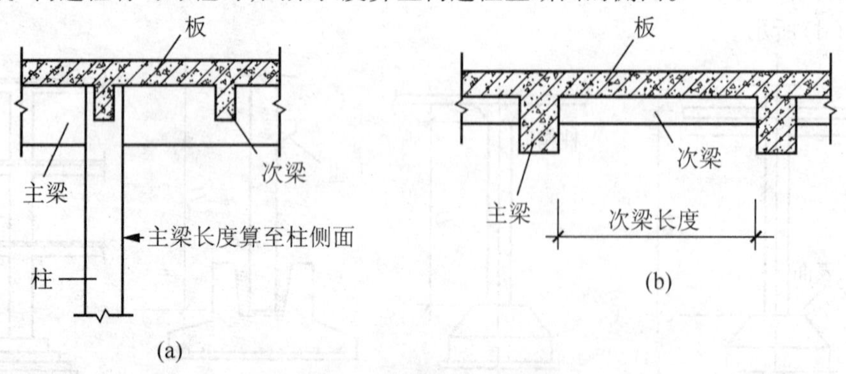

图 5. 61 梁与柱连接时的梁长

②主梁与次梁连接时,次梁长算至主梁侧面。伸入墙体内的梁头、梁垫体积并入梁体积

内计算。

③圈梁与过梁连接时，分别套用圈梁、过梁定额，如图 5.62 所示。过梁长度按设计规定计算，设计无规定时，按门窗洞口宽度，两端各加 250mm 计算。房间与阳台连通，洞口上坪与圈梁连成一体的混凝土梁，按过梁的计算规则计算工程量，执行单梁子目。基础圈梁按圈梁计算。

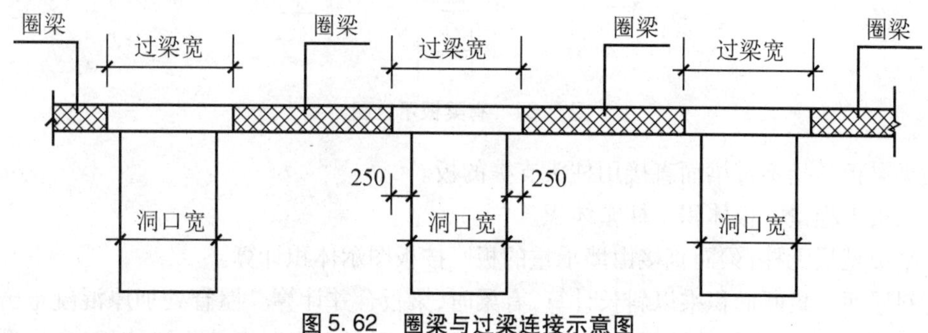

图 5.62　圈梁与过梁连接示意图

④圈梁与梁连接时，圈梁体积应扣除伸入圈梁内的梁体积。

⑤在圈梁部位挑出外墙的混凝土梁，以外墙外边线为界限，挑出部分按图示尺寸以立方米计算，套用单梁、连续梁项目。

⑥梁(单梁、框架梁、圈梁、过梁)与板整体现浇时，梁高计算至板底。

(5)板：按图示面积乘以板厚，以立方米计算。柱与板相交时，板的宽度按外墙净宽度(无外墙时，按板边缘之间的宽度)计算，不扣除柱、垛所占的体积。各种板按照以下规则计算，如图 5.63(a)、(b)、(c)、(d)、(e)所示。

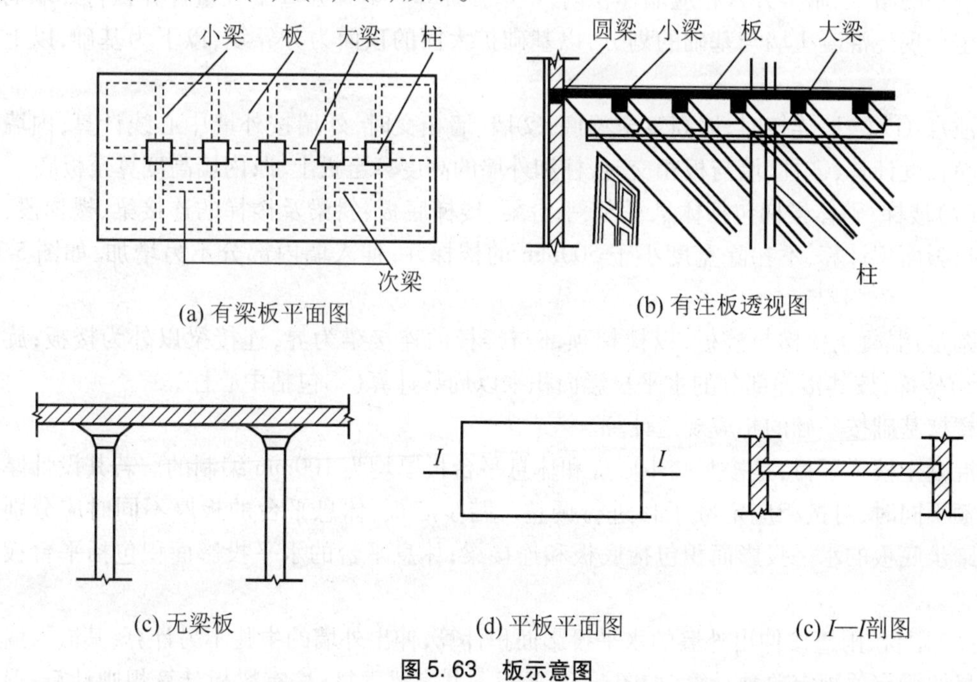

(a) 有梁板平面图　(b) 有注板透视图

(c) 无梁板　(d) 平板平面图　(c) I—I剖图

图 5.63　板示意图

①有梁板是指梁(包括主梁、次梁)与板整浇构成一体，工程量按梁、板体积之和计算，如图 5.64 所示。

有梁板工程量 = 板体积 + 梁体积

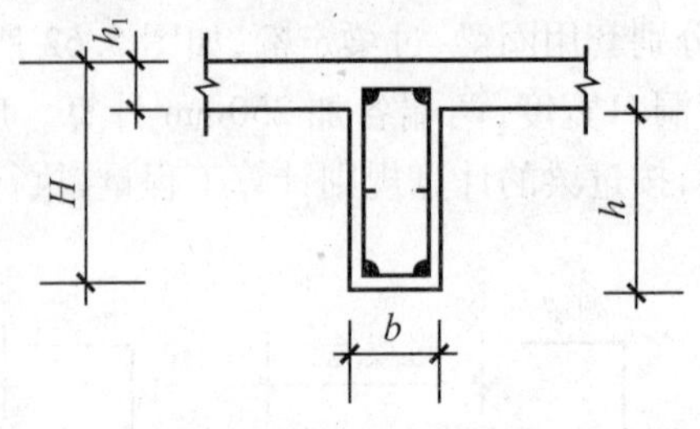

图 5.64　有梁板示意图

②无梁板是指不带梁而直接用柱头支撑的板。

无梁板工程量 = 板体积 + 柱帽体积。

③平板是指无柱、梁而直接由墙承重的板。按板图示体积计算。

④斜屋面按板断面积乘以斜长计算，有梁时，梁板合并计算。屋脊处加厚混凝土已包括在混凝土消耗量内，不单独计算。如果屋脊加厚处的混凝土配置钢筋作梁使用，应按设计尺寸并入斜板工程量内计算。

⑤圆弧形老虎窗顶板套用拱板子目。

⑥现浇挑檐与板(包括屋面板)连接时，以外墙外边线为界限，与圈梁(包括其他梁)连接时，以梁外边线为界限，外边线以外为挑檐。

(6)墙：按图示中心线长度尺寸乘以设计高度及墙体厚度，以立方米计算。扣除门窗洞口及单个面积在 $0.3m^2$ 以上的孔洞的体积，墙垛、附墙柱及突出部分并入墙体积内计算。混凝土墙中的暗柱、暗梁并入相应墙体积内，不单独计算。电梯井壁工程量计算执行外墙的相应规定。现浇混凝土墙与基础的划分，以基础扩大面的顶面为分界线，以下为基础，以上为墙体。

注意：①梁、墙连接时，墙高算至梁底；②墙、墙相交时，外墙按外墙中心线计算，内墙按墙间净长度计算；③柱、墙与板相交时，柱和外墙的高度算至板上坪；内墙高度算至板底。

(7)楼梯：整体楼梯包括休息平台、平台梁、楼梯底板、斜梁及楼梯的连接梁、楼梯段，按水平投影面积计算，不扣除宽度小于 500mm 的楼梯井，伸入墙内部分不另增加，如图 5.65 所示。

踏步：混凝土楼梯与楼板，以楼梯顶部与楼板的连接梁为界，连接梁以外为楼板；旋转(弧形)楼梯，按其楼梯部分的水平投影面积乘以周数计算(不包括中心柱)。

楼梯基础按基础的相应规定计算。

混凝土楼梯子目，是按照踏步底板和休息平台板厚均为 100mm 编制的。若其设计厚度与定额不同时，可按相应定额子目进行调整。踏步底板、休息平台的板厚不同时应分别计算。踏步底板的水平投影面积包括底板和连接梁；休息平台的水平投影面积包括平台板和平台梁。

(8)阳台、雨篷按伸出外墙的水平投影面积计算，伸出外墙的牛腿不另计算，其嵌入墙内的梁另按梁有关规定单独计算，如图 5.66 所示。井字梁雨篷，按有梁板计算规则计算；混凝土挑檐、阳台、雨篷的翻檐，总高度在 300mm 以内时，按展开面积并入相应工程量内，超过 300mm 时，按栏板计算。

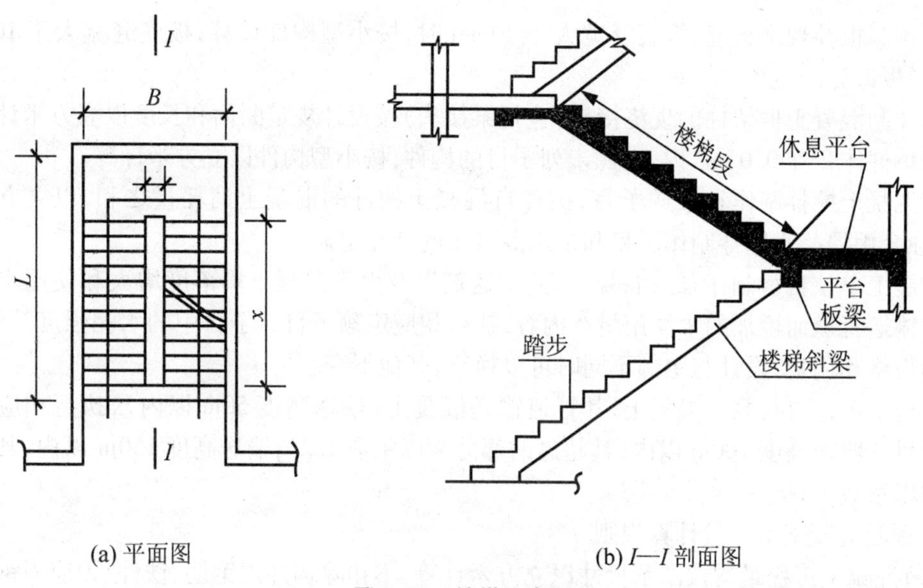

(a) 平面图　　(b) I—I 剖面图

图 5.65　楼梯示意图

混凝土阳台(含板式和挑梁式)子目,按阳台板厚100mm编制。混凝土雨篷子目,按板式雨篷、板厚80mm编制。若阳台、雨篷板厚设计与定额不同时,可按相应定额子目进行调整。

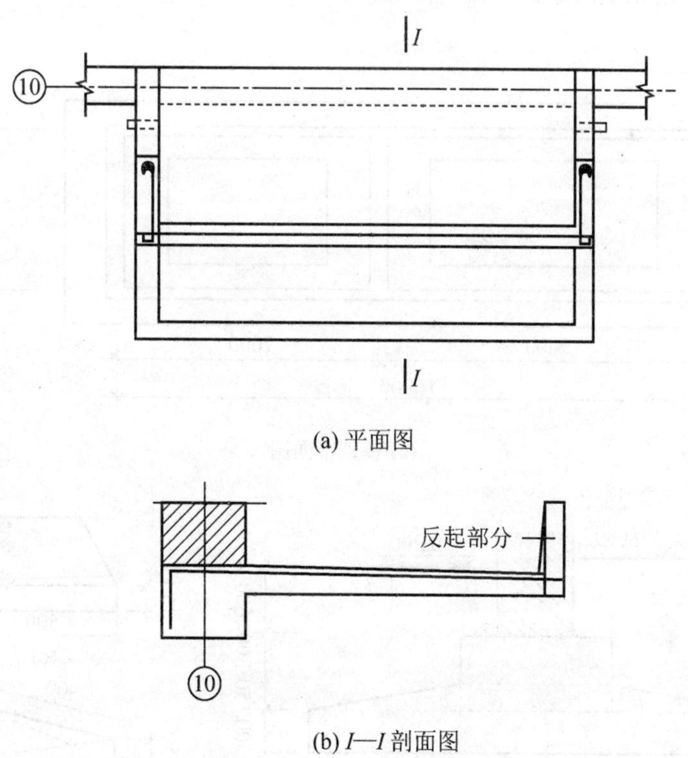

(a) 平面图

(b) I—I 剖面图

图 5.66　阳台、雨篷示意图

(9)其他项目的计算。

①栏板以立方米计算,伸入墙内的栏板,合并计算。

②预制板补现浇板缝，板底缝宽大于40mm时，按小型构件计算；板底缝宽大于100mm时，按平板计算。

③预制混凝土框架柱的现浇接头（包括梁接头）按设计规定断面和长度以立方米计算。

④单件体积在0.05m³内，定额未列子目的构件，按小型构件以立方米计算。

⑤混凝土搅拌制作和泵送子目，按各自混凝土构件的混凝土消耗量之和，以立方米计算，单独套用混凝土搅拌制作子目和泵送混凝土的补充定额。

⑥施工单位自行制作泵送混凝土，其泵送剂以及由于混凝土塌落度增大和使用水泥砂浆润滑输送管道而增加的水泥用量等内容，执行相应定额子目。子目中的水泥强度等级、泵送剂的规格和用量，设计与定额不同时可以换算，其他不变。

⑦施工单位自行泵送混凝土，其管道输送混凝土（输送高度50m以内），执行相应补充定额子目。输送高度100m以内，其超过的部分乘以系数1.25；输送高度150m以内，其超过部分乘以系数1.60。

4）预制混凝土工程量计算规则

（1）混凝土工程量均按图示尺寸以立方米计算，不扣除构件内钢筋、铁件、预应力钢筋预留孔洞及小于300mm×300mm以内孔洞所占的体积。

（2）预制桩按桩全长（包括桩尖）乘以桩断面面积以立方米计算（不扣除桩尖虚体积）。

（3）混凝土与钢杆件组合的构件，混凝土部分按构件实体积以立方米计算，钢构件部分按吨计算，分别套用相应的定额项目。

3. 计算实例

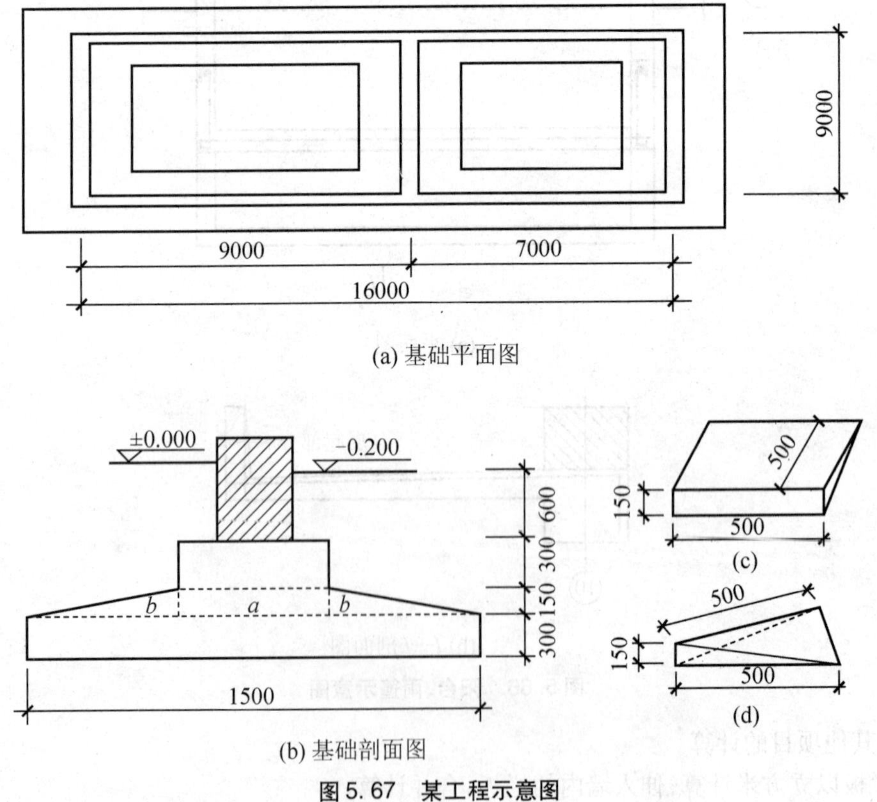

图5.67 某工程示意图

【例5-16】某工程如图5.67所示，混凝土强度等级为C20，场外集中搅拌量为25 m^3/h，运距为5km，管道泵送混凝土15 m^3/h，计算现浇钢筋砼条型基础工程量并确定定额项目。

解：(1) $V_{条}=[(16.00+9.00)\times2+(9.00-1.50)]\times[1.50\times0.30+(1.50+0.50)\times0.15\div2+0.50\times0.30]=57.50\times0.75=43.125\ m^3$

丁字角体积 a：$(0.50\times0.50\times0.15\div2)\times2=0.038\ m^3$

b：$(0.15\times0.50\div2\times0.50\div3)\times2\times2=0.0252\ m^3$

$V_{总}=(43.125+0.038+0.0252)=43.19\ m^3$

现浇C20砼有梁式条型基础套用定额套4-2-5。

(2)搅拌、运输、管道泵送混凝土工程量 $=43.125\div10\times10.15=43.77\ m^3$

场外集中搅拌量(25 m^3/h)套4-4-2；

混凝土运输车运输混凝土(运距为5km内)，套定额4-4-3；

泵送混凝土15 m^3/h，套4-4-9；

泵送混凝土增加材料费套4-4-18；

管道输送基础混凝土，套4-4-19。

【例5-17】某现浇花篮梁如图5.68所示，混凝土C25，计算该花篮梁钢筋和混凝土工程量，确定定额项目。

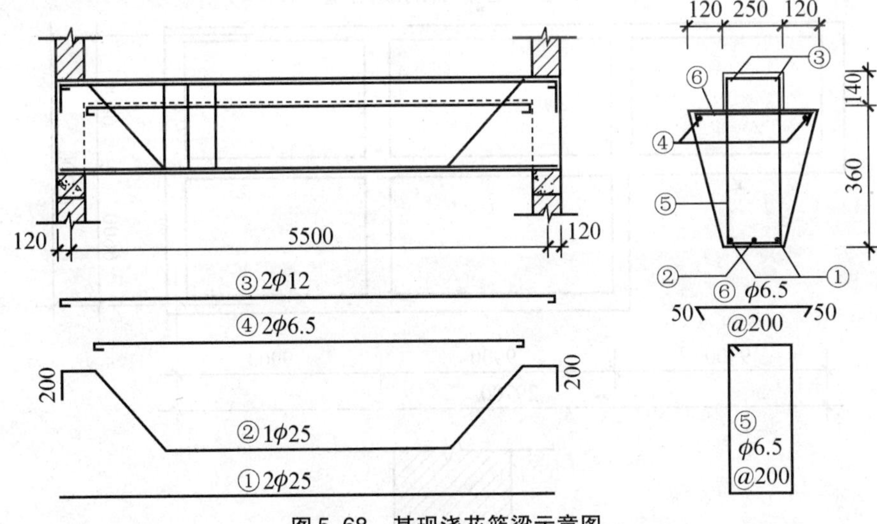

图5.68 某现浇花篮梁示意图

解：(1)钢筋计算如下。

①号钢筋：2ϕ25 单根长度 $=5.74-0.025\times2=5.69$m

重量 $=5.69\times2\times3.85=43.81$kg

②号钢筋：1ϕ25 单根长度 $=5.74-0.025\times2+2\times0.414\times(0.5-0.025\times2)+0.2\times2=6.463$m

重量 $=6.463\times3.85=24.88$kg

ϕ25 钢筋重量合计 $=43.81+24.88=68.69$kg

现浇构件螺纹钢筋(ϕ25)套4-1-19。

③号钢筋：2ϕ12 单根长度 $=5.74-0.025\times2+6.25\times0.012\times2=5.84$m

ϕ12 钢筋重量 $=5.84\times2\times0.888=10.37$kg

现浇构件圆钢筋(ϕ12)套4－1－5。

④号钢筋:2ϕ6.5 单根长度＝(5.50－0.24－0.025×2＋6.25×0.0065×2)m＝5.291m

重量＝5.291×2×0.260kg＝2.75kg

现浇构件圆钢筋(ϕ6.5)套4－1－2。

⑤号钢筋:ϕ6.5 根数＝(5.74－0.05)÷0.2根＋1根＝30根

单根长度＝2×(0.25＋0.5)m－0.05m＝1.45m

重量＝1.45×30×0.260kg＝11.31kg

现浇构件箍筋(ϕ6.5)套4－1－52。

⑥号钢筋:ϕ6.5 根数＝(5.5－0.24－0.05)÷0.2根＋1根＝27根

单根长度＝(0.49－0.05＋0.05×2)m＝0.54m

重量＝0.54×27×0.260kg＝3.79kg

现浇构件圆钢筋(ϕ6.5)套4－1－2。

(2)梁现浇混凝土工程量＝(0.25×0.5×5.74＋0.12×0.36×5.26)m^3＝0.94m^3

异形梁现浇混凝土套4－2－25。

(3)梁混凝土现场搅拌工程量＝0.94m^3

梁混凝土搅拌机现场搅拌套4－4－16。

【例5－18】如图5.69所示,求带形混凝土基础钢筋用量。

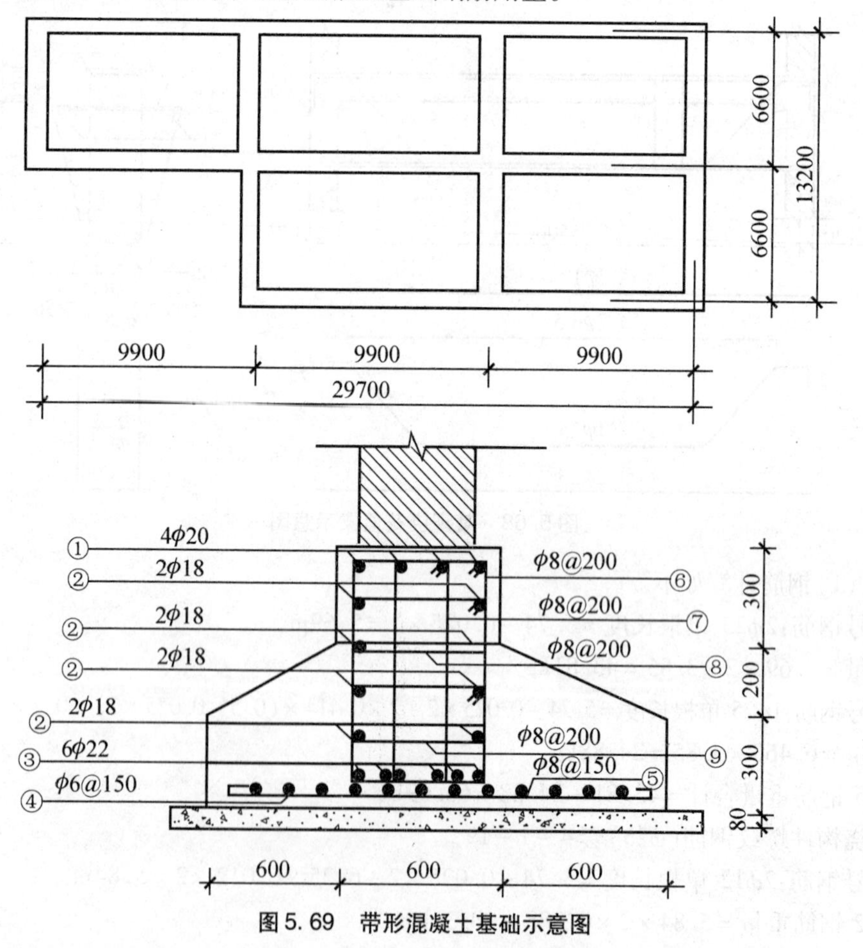

图5.69 带形混凝土基础示意图

解:(1)ϕ20　[(29.7 + 0.6 − 0.035 × 2 + 0.2) × 2kg + (13.2 + 0.6 − 0.035 × 2 + 0.2) × 3kg + (9.9 × 2 + 0.6 − 0.035 × 2 + 0.2)kg + (6.6 + 0.6 − 0.035 × 2 + 0.2)] × 4 × 2.47kg = 130.51 × 4 × 2.47kg = 1289.44kg

(2)ϕ18　130.51 × 8 × 2.0kg = 2088.16kg

(3)ϕ22　[(29.7 + 0.6 − 0.035 × 2 + 0.2) × 2kg + (13.2 + 0.6 − 0.035 × 2 + 0.2) × 3kg + (9.9 × 2 + 0.6 − 0.035 × 2 + 0.2)kg + (6.6 + 0.6 − 0.035 × 2 + 0.2)] × 6 × 2.98kg = 130.51 × 6 × 2.98kg = 2333.52kg

(4)ϕ6　130.51 × [(1.8 − 0.035 × 2)/0.15 + 1] × 0.222kg = 376.65kg

(5)ϕ8　(1.8 − 0.035 × 2 + 6.25 × 0.008 × 2) × (130.51/0.15 + 1) × 0.395kg = 629.60kg

【例5-19】某4层住宅楼梯平面如图5.70所示,计算整体楼梯工程量。

解:整体楼梯水平投影面积 = (3.60 − 0.24) × (1.22 − 0.12 + 0.20 + 2.40 + 0.20) × 3m^2 = 39.31m^2

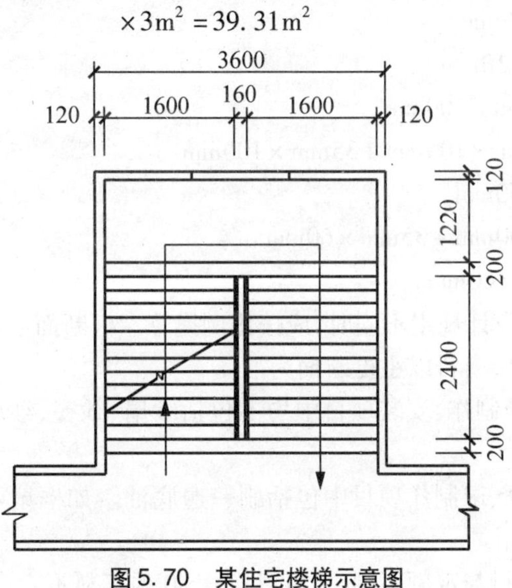

图5.70　某住宅楼梯示意图

5.2.6　门窗及木结构工程

1. 定额有关规定及说明

(1)本定额是按机械和手工操作综合编制的。不论实际采取何种操作方法,均按定额执行。

(2)本定额木材木种分类如下。

一类:红松、水桐木、樟子松。

二类:白松、杉木(方杉、冷杉)、杨木、柳木、椴木。

三类:青松、黄花松、秋子木、马尾松、东北榆木、柏木、苦楝木、梓木、黄菠萝、椿木、楠木、柚木、樟木。

四类;栎木(柞木)、檀木、色木、槐木、荔木、麻栗木(麻栎、青刚)、桦木、荷木、水曲柳、华北榆木。

(3)本章木材木种均以一、二类木种为准,如采用三、四类木种时,分别乘以下列系数:木门窗制作,按相应项目人工和机械乘以系数1.3;木门窗安装,按相应项目的人工和机械乘以系数1.16 ;其他项目按相应项目人工和机械乘以系数1.35。

(4)定额中木材是以自然干燥条件下含水率为准编制的,需人工干燥时,其费用可列入木材价格内由各地区另行确定。干燥费用包括干燥时发生的人工费、燃料费、设备费及干燥损耗。

(5)定额中木结构中的木材消耗量均包括后备长度及刨光损耗,使用时不得调整。

(6)定额中所注明的木材断面或厚度均以毛料为准,如设计图纸注明的断面或厚度为净料,应增加刨光损耗。板、方材一面刨光增加3mm,两面刨光增加5mm ;圆木每立方米体积增加0.05m^3。

(7)定额中木门窗框、扇断面取定如下。

无纱镶板门框:60mm×100mm。

有纱镶板门框:60mm×120mm。

无纱窗框:60mm×90mm。

有纱窗框:60mm×110mm。

无纱镶板门扇:45mm×100mm。

有纱镶板门扇:45mm×100mm+35mm×100mm。

无纱窗扇:45mm×60mm。

有纱窗扇:45mm×60mm+35mm×60mm。

胶合板门扇:38mm×60mm。

定额取定的断面与设计规定不同时,应按比例换算。框断面以边框断面为准(框裁口如为钉条者加贴条的断面),扇料以主梃断面为准。

(8)定额中木门窗扇制作、安装项目中均不包括纱扇、纱亮,纱扇、纱亮按相应定额项目另行计算。

(9)定额要求门窗框、扇制作项目中包括刷一遍底油。如框扇不刷底油者,扣除相应项目内清油和油漆溶剂油用量。

(10)保温门的填充料与定额不同时,可以换算,其他工料不变。

(11)厂库房大门及特种门的钢骨架制作,以钢材质量表示,已包括在定额项目中,不再另列项目计算。

(12)本定额普通木门窗、天窗,按框制作、框安装、扇制作、扇安装分列项目;厂库房大门、钢木大门及其他特种门,按扇制作、扇安装分列项目。各种门的分类如图5.71。

(13)定额中的普通木窗、钢窗、铝合金窗、塑料窗、彩板组角钢窗等,适用于平开式,推拉式,中转式,上、中、下悬式。

(14)玻璃厚度、颜色、密封油膏、软填料,如设计与定额不同时可以调整。

(15)铝合金地弹门制作(框料)型材是按101.6mm×44.5mm、厚1.5mm 方管编制的;单扇平开门、双扇平开窗是按38 系列编制的;推拉窗是按90 系列编制的。如型材断面尺寸及厚度与定额规定不同时,可调整铝合金型材用量。

(16)铝合金卷闸门(包括卷筒、导轨)、彩板组角钢门窗、塑料门窗、钢门窗安装,以成品安装编制的,由供应地至现场的运杂费,应计入预算价格中。

(17)铝合金门窗、彩板组角钢门窗、塑料门窗和钢门窗成品安装,如每100m^2 门窗实际用量超过定额含量 1% 以上时,可以换算,但人工、机械用量不变。门窗成品包括五金配件在内。

(18)钢门的钢材含量与定额不同时,钢材用量可以换算。其他不变。

(19)木屋面板的厚度,设计与定额不同时,木板材用量可以调整,其他不变。(木板材的损耗平口为 4.4%,错口为 13%。)

(20)封檐板、博风板,定额按板厚 25mm 编制,设计与定额不同时,木板材用量可以调整,其他不变(木板材的损耗率为 23%)。

2. 工程量计算规则

1)各类门窗制作、安装工程量

(1)各类门窗制作、安装工程量除注明者外,均按图示门窗洞口面积计算。

木门计算时需要注意:如图 5.71 所示,由于框的项目设置与扇的项目设置不完全一致,比如自由门门框按单扇带亮、双扇带亮、四扇带亮等列项,而自由门扇按半玻带亮、半玻无亮、全玻带亮、全玻无亮列项;门连窗框带纱、无纱门连窗框列项,门连窗扇按单扇窗、双扇窗等列项。因此,框、扇项目工程量不是一一对应关系,工程量应分别计算。

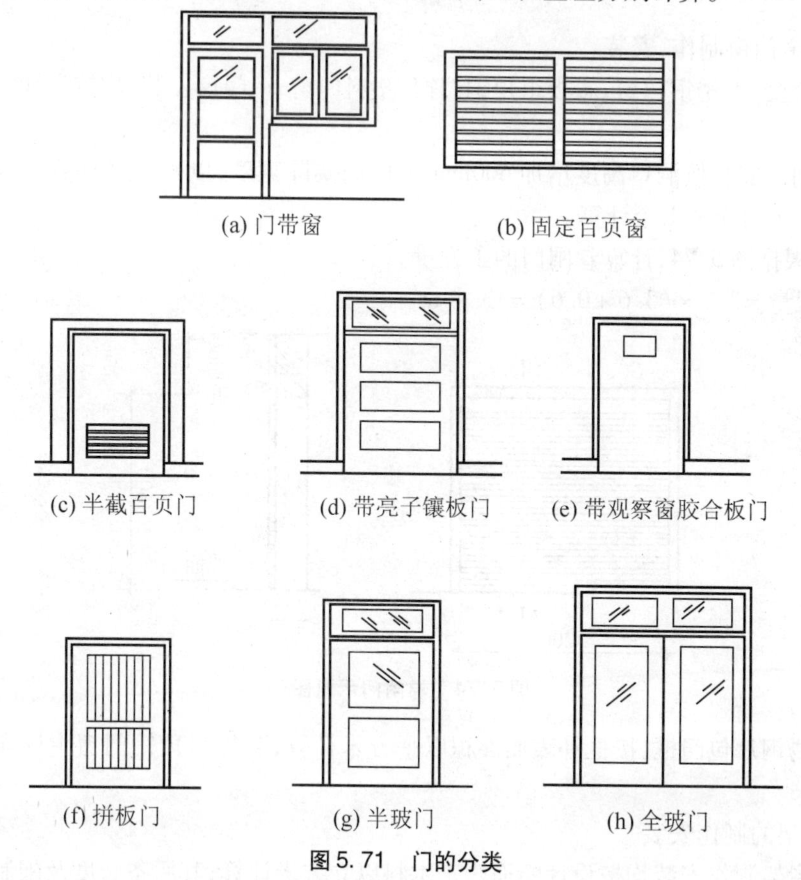

图 5.71 门的分类

(2)厂库房大门、特种门、钢门制作安装项目均按门洞口面积计算。

(3)普通窗上部带有半圆窗的如图 5.72 所示,工程量应分别按半圆窗和普通窗计算,以普通窗和半圆窗之间的横框上裁口线为分界线。

(4)门连墙,按门窗洞口面积之和计算,其中间共用的框料计入门框,如图5.73所示。

$$门窗制安工程量 = 门洞宽 \times 门洞高 + 窗洞高 \times 窗洞宽 \quad (5-30)$$

(5)门窗盖口条、贴脸、披水条,按图示尺寸以延长米计算,执行木装修项目。

(6)门窗扇包镀锌铁皮,按门窗洞口面积以平方米计算;门窗框包镀锌铁皮、钉橡皮条、钉毛毡,按图示门窗洞口尺寸,以延长米计算。

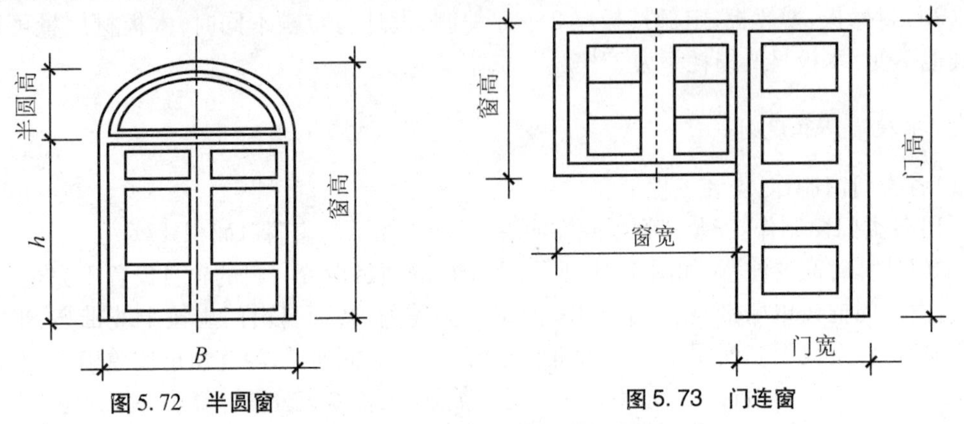

图5.72 半圆窗　　图5.73 门连窗

2)铝合金门窗制作、安装

(1)铝合金、不锈钢门窗,彩板组角钢门窗、塑料门窗、钢门窗安装,均按设计门窗洞口面积计算。

(2)卷闸门安装按洞口高度增加600mm乘以门实际宽度,以平方米计算。电动装置安装以套计算,小门安装以个计算。

【例5-20】根据图5.74,计算卷闸门的工程量。

解:工程量 $=3.2\times(3.6+0.6)=13.44\text{m}^2$

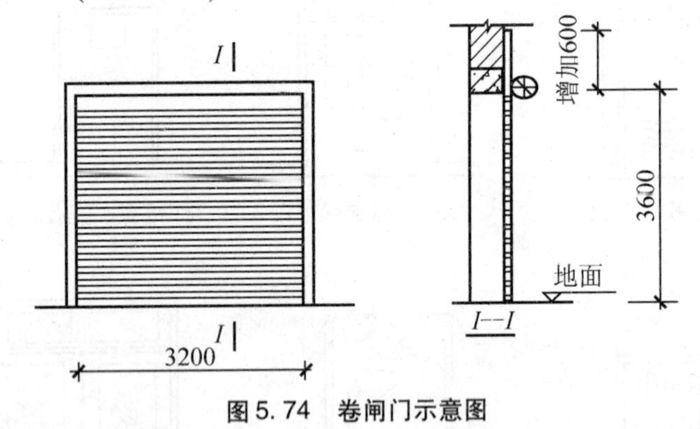

图5.74 卷闸门示意图

(3)不锈钢片包门框,按框外表面面积以平方米计算;彩板组角钢门窗附框安装按延长米计算。

3)木屋架的制作安装

(1)木屋架制作安装均按设计断面竣工木料以立方米计算,其后备长度及配制损耗均不另外计算。

(2)方木屋架一面刨光时增加3mm,两面刨光时增加5mm;圆木屋架按屋架刨光时木材体积每立方米增加 0.05m^3 计算。附属于屋架的夹板、垫木等已并入相应的屋架制作项目中，不另计算；与屋架连接的挑檐木、支撑等，其工程量并入屋架竣工木料体积内计算。图5.75为坡屋面示意图。

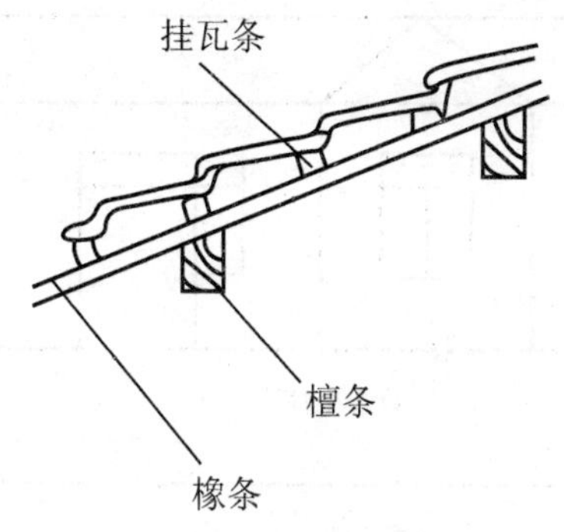

图5.75　坡屋面示意图

(3)屋架的制作安装应区别不同跨度，其跨度以屋架上下弦杆的中心线交点之间的长度为准，如图5.76所示。

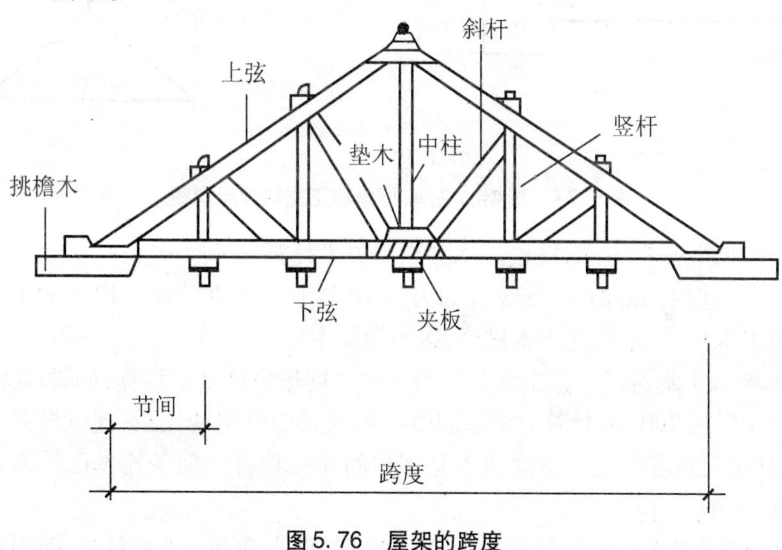

图5.76　屋架的跨度

(4)带气楼的屋架并入所依附屋架的体积内计算。

(5)屋架的马尾、折角和正交部分半屋架，如图5.77所示，应并入相连接屋架的体积内计算。

(6)屋架杆件长度系数表。木屋架各杆件长度可用屋架跨度乘以杆件长度系数计算。杆件长度系数见表5－18。

(7)原木材积。圆木材积是根据尾径计算的，国家标准“GB 4814—14”规定了原木材积的计算方法和计算公式。在实际工作中，一般都采取查表的方式来确定圆木屋架的材积。

标准规定，检尺径自4～12cm的小径原木材积由公式(如下)确定

$$V=0.7854(D+0.45L+0.2)^2 \tag{5-31}$$

检尺径自14cm的小径以上原木材积计算公式

$$V=0.7854L[D+0.5L+0.005L^2+0.000125L(14-L)^2(D-10)^2]\div10000 \tag{5-32}$$

式中：V—材积，m^3；

L—检尺长,m;

D—检尺径,cm。

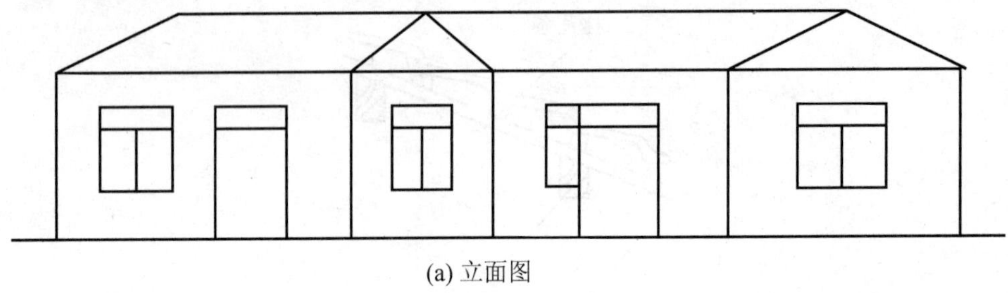

(a) 立面图

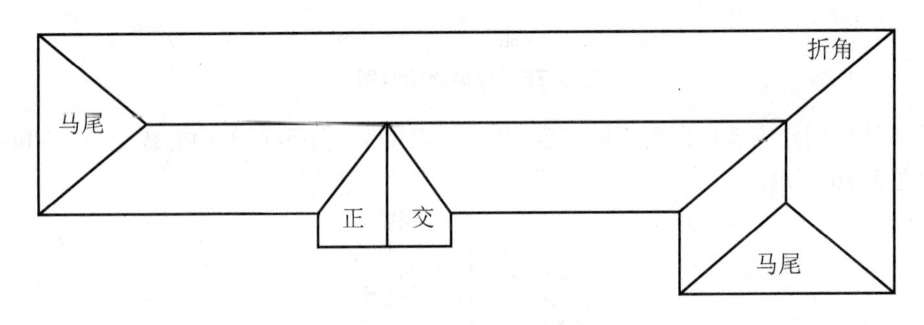

(b) 平面图

图 5.77 屋架的马尾、折角和正交部分示意图

(8) 钢木屋架区分圆、方木,按竣工木料以立方米计算。

(9) 圆木屋架连接的挑檐木、支撑等如为方木时,其方木部分应乘以系数 1.7 折合成圆木并入屋架竣工木料内;单独的方木挑檐,按矩形檩木计算。

(10) 檩木按竣工木料以立方米计算。简支檩长度按设计规定计算;如设计无规定者,按屋架或山墙中距增加 200mm 计算;如两端出山,檩条长度算至博风板;连续檩条的长度按设计长度计算,其接头长度按全部连续檩木总体积的 5% 计算。檩条托木已计入相应的檩木制作安装项目中,不另计算。

(11) 屋面木基层,按屋面的斜面积计算。天窗挑檐重叠部分按设计规定计算,屋面烟囱及斜沟部分所占面积不扣除。

(12) 封檐板按图示檐口外围长度计算,博风板按斜长度计算,每个大刀头增加长度 500mm。

(13) 木楼梯按水平投影面积计算,不扣除宽度小于 300mm 的楼梯井,其踢脚板、平台和伸入墙内部分,不另计算。

表 5-18 屋架杆件长度系数表

屋架形式	角度	材料编号										
		1	2	3	4	5	6	7	8	9	10	11
(图示:杆件 2、3、4、5,$L=1$)	26°34′	1	0.559	0.250	0.280	0.125						
	30°	1	0.577	0.289	0.289	0.144						

续表

屋架形式	角度	材料编号										
		1	2	3	4	5	6	7	8	9	10	11
	26°34′	1	0.559	0.250	0.236	0.167	0.186	0.083				
	30°	1	0.577	0.289	0.254	0.192	0.192	0.096				
	26°34′	1	0.559	0.250	0.225	0.188	0.177	0.125	0.140	0.063		
	30°	1	0.577	0.289	0.250	0.217	0.191	0.144	0.144	0.072		
	26°34′	1	0.559	0.250	0.224	0.200	0.180	0.150	0.141	0.100	0.112	0.050
	30°	1	0.577	0.289	0.252	0.231	0.200	0.173	0.153	0.116	0.115	0.057

【例 5-21】根据图 5.78 中的尺寸计算跨度 $L=12\mathrm{m}$ 的圆木屋架工程量。

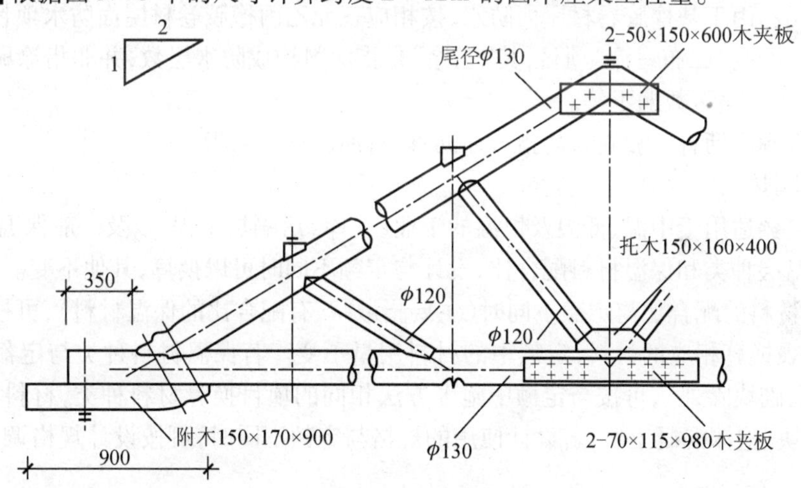

图 5.78 圆木屋架

解:屋架圆木材积计算见表 5-19 屋架圆木材积计算表。

表 5-19 屋架圆木材积计算表

名称	尾径/cm	数量/根	长度/m	单根材积/m³	合计/m³
上弦	$\phi13$	2	$12\times0.559^2=6.708$	0.169	0.338
下弦	$\phi13$	2	$6+0.35=6.35$	0.156	0.312
斜柱 1	$\phi12$	2	$12\times0.236^2=2.832$	0.040	0.080
斜柱 2	$\phi12$	2	$12\times0.186^2=2.232$	0.030	0.060
托木		1	$0.15\times0.16\times0.40\times1.70^2$		0.016
挑檐木		2	$0.15\times0.17\times0.90\times2\times1.70^2$		0.078
小计					0.884

5.2.7 屋面、防水、保温及防腐工程

1. 定额有关规定及说明

包括屋面、防水、屋面保温和屋面排水、变形缝与止水带、耐酸防腐等内容。

1)屋面

(1)设计屋面材料规格与定额规格不同时,可以换算,其他不变。屋面中的瓦材的规格已列入相应的定额项目中,如果设计使用的规格与定额不同时,可按下列方法调整

调整用量=[设计实铺面积/(单页有效瓦长×单页有效瓦宽)]×(1+损耗率)(5-33)

单页有效瓦长、单页有效瓦宽=瓦的规格-规范规定的搭接尺寸 (5-34)

(2)彩钢压型板屋面檩条,定额按间距-1.2m编制,设计与定额不同时,檩条数量可以换算,其他不变。

(3)高分子卷材厚度:再生橡胶卷材按1.5mm取定,其他均按1.2mm取定。

2)防水工程

(1)适用于楼地面、墙基、墙身、构筑物、水池、水塔及室内厕所、浴室等防水。建筑物±0.00以下的防水、防潮工程,按防水工程相应项目计算。

(2)三元乙丙丁基橡胶卷材屋面防水,按相应三元乙丙橡胶卷材屋面防水项目计算。

(3)氯丁冷胶"二布三涂"项目,其"三涂"是指涂料构成防水层数,并非指涂刷遍数。每一层"涂层"刷二遍至数遍不等。

(4)本定额中沥青、玛蹄脂,均指石油沥青、石油沥青玛蹄脂。

3)保温隔热

(1)本定额适用于中温、低温及恒温的工业厂(库)房隔热工程,以及一般保温工程。

(2)保温层种类和保温材料配合比,设计与定额不同时可以换算,其他不变。

若保温材料的配合比与定额不同时(主要指散状、有配合比的保温材料),可按定额附录中的配合比表换算相应的材料,定额中的材料用量不变。若保温材料种类与定额取定不同时(成品保温砌块除外),可按与定额中施工方法相同的项目换算材料种类,材料用量不变。加气混凝土块、泡沫混凝土块,若设计使用的规格与定额不同时,可按设计规格调整用量,损耗率按7%计算。

(3)混凝土板上保温和架空隔热,适用于楼板、屋面板、地面的保温和架空隔热。

(4)立面保温适用于墙面和柱面的保温。

(5)隔热层铺贴,除松散稻壳、玻璃棉、矿渣棉为散装外,其他保温材料均以石油沥青作胶结材料。

(6)玻璃棉、矿渣棉包装材料和人工均已包括在定额内。

(7)墙体铺贴块体材料,包括基层涂沥青一遍。

4)变形缝

变形缝包括建筑物的伸缩缝、沉降缝及抗震缝,适用于屋面、墙面、地基等部位。缝口断面尺寸已列入定额中,若设计断面尺寸与定额取定不同时,主材用量可以调整,人工及辅材不变,变形缝断面定额取定如下:建筑油膏聚氯乙烯胶泥断面取定为3cm×2cm;油浸木丝板取定为2.5cm×15cm;紫铜板止水带系2mm厚,展开宽45cm;氯丁橡胶宽30cm,涂刷式氯丁胶贴玻璃止水片宽35cm;其余均为15cm×3cm。如设计断面不同时,用料可以换算,

人工不变。盖缝:木板盖缝断面为20cm×2.5cm,如设计断面不同时,用料可以换算,人工不变。

5)耐酸防腐

(1)整体面层、隔离层适用于平面、立面的防腐耐酸工程,包括沟、坑、槽。

(2)块料面层以平面砌为准。砌立面者按平面砌相应项目,人工乘以系数1.30,块料乘以系数1.02,其他不变。

(3)各种砂浆、胶泥、混凝土材料的种类、配合比及各种整体面层的厚度,如设计与定额不同,可以换算,但各种块料面层的结合层砂浆或胶泥厚度不变。

(4)本章的各种面层,除软聚氯乙烯塑料地面外,均不包括踢脚板。

(5)花岗岩板以六面剁斧的板材为准。如底面为毛面者,每$10m^3$定额单位耐酸沥青砂浆增加$0.04m^3$。

2. 工程量计算规则

1)屋面

(1)瓦屋面、铁皮屋面。

瓦屋面、铁皮屋面(包括挑檐部分)均按图5.79所示尺寸的水平投影面积乘以坡屋面延尺系数,以m^2计算。但不扣除房上烟囱、风帽底座、风道、屋面小气窗和斜沟等所占面积,而屋面小气窗出檐与屋面重叠部分的面积亦不增加。但天窗出檐部分重叠的面积应并入相应屋面工程量内计算。屋面的坡度系数见表5-20。

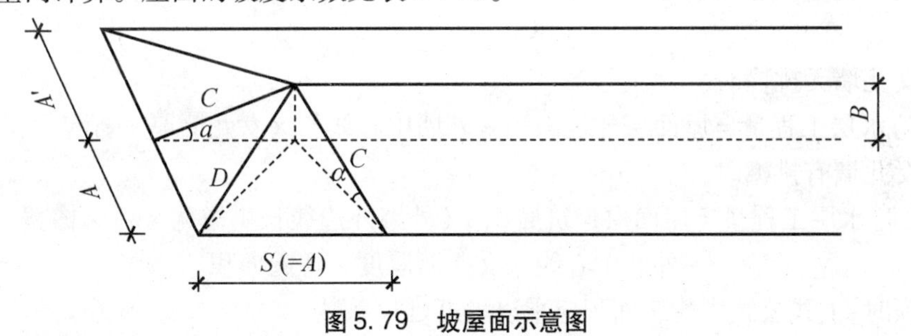

图5.79 坡屋面示意图

注:①$A=A'$,$S=0$,等两坡屋面;$A=A'=S$时,等四坡屋面。

②屋面斜铺面积=屋面水平投影面积×C。

③等两坡屋面山墙泛水斜长$A\times C$。

④等四坡屋面斜脊长度AD。

表5-20 屋面坡度系数表

坡度			延尺系数C ($A=1$)	隅延尺系数D ($A=1$)
以高度B表示(当$A=1$时)	以高跨比表示(当$B/2A=1$时)	以角度表示(α)		
1	1/2	45°	1.4142	1.7321
0.75		36°52′	1.2500	1.6008
0.666	1/3	33°40′	1.2015	1.5620

续表

坡度			延尺系数 C ($A=1$)	隅延尺系数 D ($A=1$)
以高度 B 表示（当 $A=1$ 时）	以高跨比表示（当 $B/2A=1$ 时）	以角度表示(α)		
0.5	1/4	26°34′	1.1180	1.5000
0.4	1/5	21°48′	1.0770	1.4697
0.2	1/10	11°19′	1.0198	1.4283
0.1	1/20	5°42′	1.0050	1.4177

(2)琉璃瓦屋面的琉璃瓦脊、檐口线，按设计图示尺寸，以米计算。设计要求安装勾头(卷尾)或博古(宝顶)等，另按个计算。

2)屋面防水

(1)屋面防水，按设计图示尺寸的水平投影面积乘以坡度系数，以平方米计算，不扣除房上烟囱、风帽底座、风道和屋面小气窗等所占面积，屋面的女儿墙、伸缩缝和天窗等处的弯起部分，按设计图示尺寸并入屋面工程量内计算；设计无规定时，伸缩缝、女儿墙的弯起部分按250mm 计算，天窗弯起部分按500mm 计算。其具体计算公式如下

①有挑檐无女儿墙时

防水层工程量 = 屋面层建筑面积 +（外墙外边线长 + 檐宽 ×4）× 檐宽 + 弯起面积　(5-35)

②有女儿墙无挑檐时

防水层工程量 = 屋面层建筑面积 - 外墙中心线长 × 女儿墙厚 + 弯起面积　(5-36)

③有女儿墙有挑檐时

防水层工程量 = 屋面层建筑面积 +（外墙外边线长 + 檐宽 ×4）× 檐宽 - 外墙中心线 × 女儿墙厚度 + 弯起面积　(5-37)

坡屋顶时，上式公式中建筑面积应乘以坡度延尺系数。

注意：坡度小于1/30 时的屋面，按平屋面计算，卷材铺设时的搭接、防水薄弱处的附加层，均包括在定额内，其工程量不单独计算。

(2)建筑物地面防水、防潮层，按主墙间净空面积计算，扣除凸出地面的构筑物、设备基础等所占的面积，不扣除柱、垛、间壁墙、烟囱及0.3m² 以内孔洞所占面积。与墙面连接处高度在500mm 以内者按展开面积计算，并入平面工程量内；超过500mm 时，按立面防水层计算。

(3)建筑物墙基防水、防潮层、外墙长度按中心线，内墙按净长乘以宽度，以平方米计算。墙基侧面及墙立面防水、防潮层，不论内墙、外墙，均按设计面积以平方米计算。

(4)防水卷材的附加层、接缝、收头、冷底子油等人工材料均已计入定额内，不另计算。

(5)涂膜防水的油膏嵌缝、屋面分格缝，按设计图示尺寸以米计算。

3)屋面保温

保温层按设计图示尺寸以立方米计算，另有规定的除外。

聚氨酯发泡保温，区分不同的发泡厚度，按设计图示尺寸，以平方米计算。混凝土板上架空隔热，不论架空高度如何，均按设计图示尺寸，以平方米计算。其他保温，均按设计图示

保温面积乘以保温材料的净厚度(不含胶结材料),以立方米计算。

(1)屋面保温。工程量计算,按5.80图示尺寸面积乘以平均厚度以平方米计算,不扣除房上烟囱、风帽底座、风道等所占体积。

$$保温层的工程量 = 保温层实铺面积 \times 平均厚度 \tag{5-38}$$

$$双坡屋面平均厚度\ \overline{\delta} = 最薄处厚度\ \delta + L \div 2 \times 坡度 \div 2 \tag{5-39}$$

$$单坡屋面平均厚度\ \overline{\delta} = 最薄处厚度\ \delta + L \times 坡度 \div 2 \tag{5-40}$$

(2)地面保温层。按主墙间净面积乘以设计厚度,以立方米计算,扣除凸出地面的构筑物、设备基础等所占体积,不扣除柱、垛、间壁墙、烟囱等所占的体积。

(3)墙体保温层,外墙按保温层中心线,内墙按保温层净长乘以图示尺寸的高度及厚度,以立方米计算,应扣除冷藏门洞口和管道穿墙洞口所占的体积,门洞口侧壁周围的保温,按设计图示尺寸并入相应墙面保温工程量内。

$$\begin{aligned}墙体保温层工程量 = &(外墙保温层中心线长度 \times 设计高度 - 洞口面积) \times 厚度\\ &+(内墙保温层净长度 \times 设计高度 - 洞口面积) \times 厚度\\ &+ 洞口侧壁体积\end{aligned} \tag{5-41}$$

(4)顶棚保温。按主墙间净面积乘以设计厚度,以立方米计算,不扣除保温层内各种龙骨等所占体积,柱帽保温隔热层按图示保温隔热层体积并入天棚保温隔热层工程量内。

(5)柱面保温层,按图示柱的保温层中心线的展开长度乘以图示尺寸高度及厚度,以立方米计算。

(6)池槽保温层按图示池槽的长、宽及其厚度,以立方米计算,其中池壁按墙面计算,池底按地面计算。

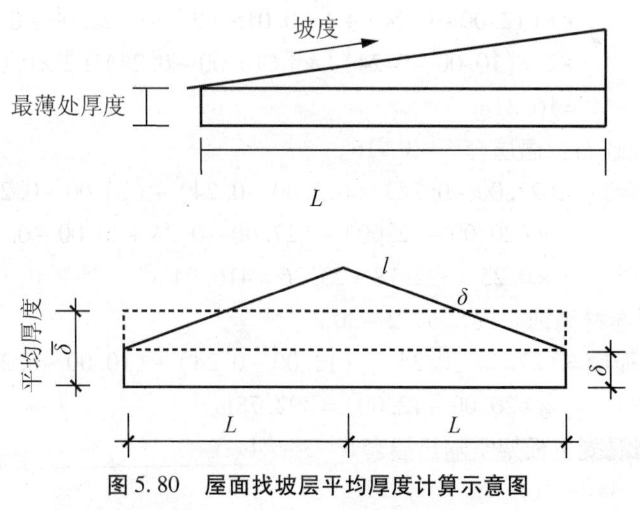

图5.80 屋面找坡层平均厚度计算示意图

【例5-22】保温平屋面,尺寸如图5.81所示,作法如下:空心板上1∶3水泥砂浆找平20厚,刷冷底子油二遍,沥青隔气层一遍,8厚水泥蛭石块保温层,1∶10现浇水泥蛭石找坡,1∶3水泥砂浆找平20厚,SBS改性沥青卷材满铺一层,点式支撑预制混凝土板架空隔热层。计算工程量,确定定额项目。

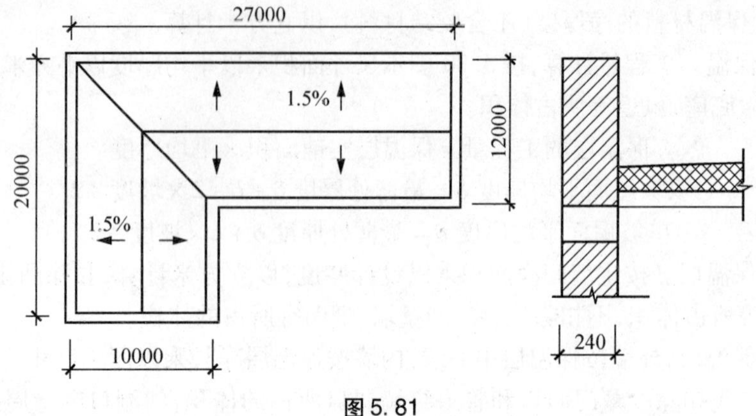

图 5.81

解：(1)隔气层工程量 = (27.00 − 0.24) × (12.00 − 0.24) + (10.00 − 0.24) × (20.00 − 12.00) = 392.78m^2

石油沥青一遍(含第一遍冷底子油)平面 套 6 − 2 − 72

(2)结合层工程量 = (27.00 − 0.24) × (12.00 − 0.24) + (10.00 − 0.24) × (20.00 − 12.00) = 392.78m^2

第二遍冷底子油套 6 − 2 − 63。

(3)保温层工程量 = 392.78 × 0.08 = 31.42m^3

水泥蛭石块套 6 − 3 − 6。

(4)找坡工程量 = [(27.00 − 0.24 + 17.00) ÷ 2 × (12.00 − 0.24)] × [(12.00 − 0.24) ÷ 2 × 0.015 ÷ 2] + [(20.00 − 0.24 + 6.00) ÷ 2 × (10.00 − 0.24)] × [(10.00 − 0.24) ÷ 2 × 0.015 ÷ 2] = 16.31m^3

1:10 现浇水泥蛭石保温层套 6 − 3 − 16。

(5)防水层工程量 = (27.00 − 0.24) × (12.00 − 0.24) + (10.00 − 0.24) × (20.00 − 12.00) + (27.00 − 0.24 + 20.00 − 0.24) × 2 × 0.25 = 392.78 + 23.26 = 416.04m^2

SBS 改性沥青卷材满铺一层套 6 − 2 − 30。

(6)隔热层工程量 = (27.00 − 0.24) × (12.00 − 0.24) + (10.00 − 0.24) × (20.00 − 12.00) = 392.78m^2

点式支撑预制混凝土板架空隔热层套 6 − 3 − 24。

4)屋面排水

(1)铁皮排水按设计图示尺寸以展开面积计算，如图纸没有注明尺寸，按铁皮排水单体零件折算表计算。咬口和搭接等不另计算。

(2)铸铁、PVC 落水管区别不同直径按设计图示尺寸以长度计算，如设计未标注尺寸，以檐口至设计室外散水上表面垂直距离计算。雨水口、水斗、弯头等管件所占长度不扣除，管件按个计算。

5)耐酸防腐

(1)耐酸防腐工程区分不同材料及厚度按设计实铺面积以平方米计算。扣除凸出地面的构筑物、设备基础、门窗洞口等所占体积,墙垛等突出墙面部分按展开面积并入墙面防腐工程量内。

(2)平面铺砌双层防腐块料时按单层工程量乘以系数2计算。

(3)踢脚板按实铺长度乘以高度以平方米计算,应扣除门洞所占面积并相应增加侧壁展开面积。

(4)防腐卷材接缝、附加层、收头等人工材料,已计入在定额中,不再另行计算。

6)变形缝

变形缝与止水带按设计图示尺寸,以米计算,如图5.82所示。

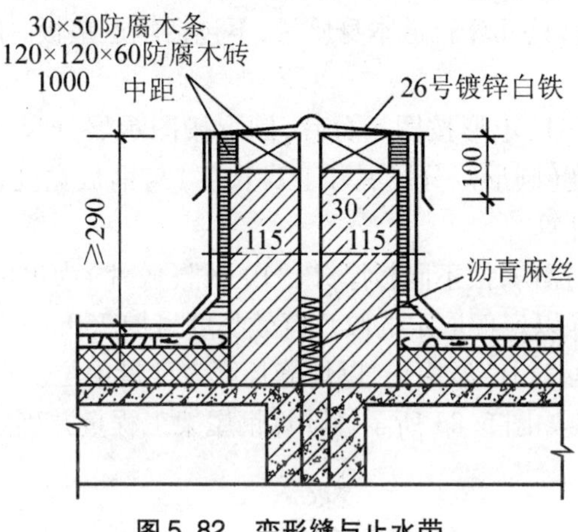

图5.82 变形缝与止水带

5.2.8 金属结构制作工程

1. 定额有关规定及说明

(1)本章包括金属构件的制作、探伤、除锈等内容,金属构件的安装按第10章有关项目执行。本定额适用于现场加工制作,亦适用于企业附属加工厂制作的构件。

(2)本定额内构件制作,包括分段制作和整体预装配的人工材料及机械台班用量。整体预装配用的螺栓及锚固杆件用的螺栓,已包括在定额内。

(3)本定额除注明者外,均包括现场内(工厂内)的材料运输、号料、加工、组装及成品堆放、装车出厂等全部工序。

(4)各种杆件的连接以焊接为主。焊接前连接两组相邻构件使其固定或构件运输时为避免出现误差而使用的螺栓,已包括在制作子目中,不另计算。

(5)本定额未包括加工点至安装点的构件运输,应另按构件运输定额相应项目计算。

(6)本定额构件制作项目中,均已包括除锈、刷一遍防锈漆工料。

(7)钢筋混凝土组合屋架钢拉杆,按屋架钢支撑计算。

(8)钢屋架、钢托架制作平台摊销子目中的单位t是指钢屋架、钢托架的重量。

(9)铁栏杆制作,仅适用于工业厂房中平台、操作台的钢栏杆,民用建筑中铁栏杆等按本定额其他章节有关项目计算。

(10)轻钢屋架的规格:钢屋架每榀小于1t,按轻钢屋架定额计算。

2. 工程量计算规则

(1)金属结构制作按图示钢材尺寸以吨计算,不扣除孔眼、切边的质量,焊条、铆钉、螺栓等质量已包括在定额内,不另计算。在计算不规则或多边形钢板质量时,均以其最大对角线乘最大宽度的短形面积计算。

(2)实腹柱、吊车架、H 型钢按图示尺寸计算,其中腹板及翼板宽度按每边增加 25mm 计算。

(3)制动梁的制作工程量包括制动梁、制动桁架、制动板质量。墙架的制作工程量包括墙架柱、墙架梁及连接柱杆质量。钢柱制作工程量包括依附于柱上的牛腿及悬臂梁质量。

(4)轨道制作工程量,只计算轨道本身质量,不包括轨道垫板、压板、斜垫、夹板及连接角钢等质量。

(5)钢漏斗制作工程量,矩形按图示分片,圆形按图示展开尺寸,并依钢板宽度分段计算。每段均以其上口长度(圆形以分段展开上口长度)与钢板宽度,按矩形计算。依附漏斗的型钢并入漏斗质量内计算。

(6)X 射线焊缝无损探伤,按不同板厚,以“10 张”(胶片)为单位。拍片张数按设计规定计算的探伤焊缝总长度除以定额取定的胶片有效长度另加 250mm 计算。

(7)金属板材对接焊缝超声波探伤,以焊缝长度为计量单位。

【例 5-23】某工程钢屋架如图 5.83 所示。计算钢屋架工程量并确定直接工程费。

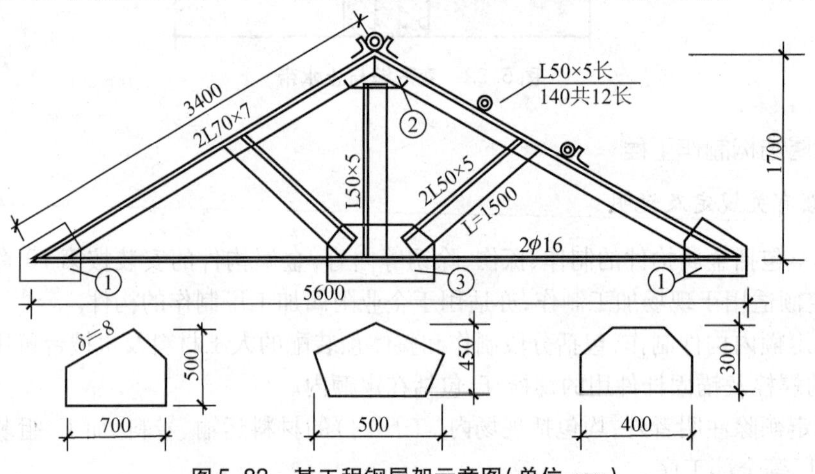

图 5.83 某工程钢屋架示意图(单位:mm)

解:上弦质量 = 3.40 × 2 × 2 × 7.398 = 100.61kg

下弦质量 = 5.60 × 2 × 1.58 = 17.70kg

立杆质量 = 1.70 × 3.77 = 6.41kg

斜撑质量 = 1.50 × 2 × 2 × 3.77 = 22.62kg

①号连接板质量 = 0.7 × 0.5 × 2 × 62.80 = 43.96kg

②号连接板质量 = 0.5 × 0.45 × 62.80 = 14.13kg

③号连接板质量 = 0.4 × 0.3 × 62.80 = 7.54kg

檩托质量 = 0.14 × 12 × 3.77 = 6.33kg

屋架工程量 = 100.61 + 17.70 + 6.41 + 22.62 + 43.96 + 14.13 + 7.54 + 6.33

= 219.30kg

轻钢屋架制作(包括刷防锈该)套 7－2－1

定额基价＝4819.67 元/t

直接工程费＝(219.30/1000)×4819.67＝1056.95 元

钢屋架制作平台摊销套 7－9－1

定额基价＝191.02 元/t

直接工程费＝(219.30/1000)×191.02 元＝41.89 元

【例 5－24】某钢直梯如图 5.84 所示，ϕ28 光面钢筋线密度为 4.834kg/m，计算钢直梯工程量，确定定额项目。

解：钢直梯工程量＝[(1.50＋0.12×2＋0.45×π÷2)×2＋(0.50－0.028)×5
＋(0.15－0.014)×4]×4.834＝37.69kg

钢直梯制作(包括刷防锈漆)套 7－5－5

定额基价＝4860.14 元/t

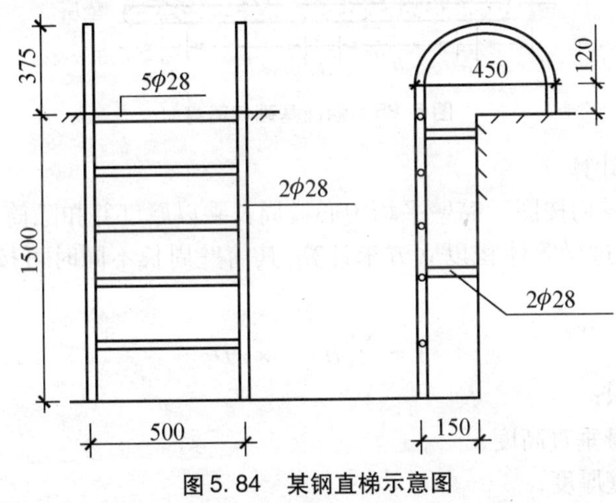

图 5.84　某钢直梯示意图

5.2.9　构筑物及其他工程

1. 定额有关规定及说明

(1)本章包括单项及综合项目定额。综合项目是按国标、省标的标准做法编制的，使用时对应标准图号直接套用，不再调整。设计文件与标准图作法不同时，套用单项定额。

(2)本章定额不包括土方内容，发生时按第 1 章相应定额执行。

(3)室外排水管道的试水所需工料，已包括在定额内，不得另行计算。

(4)室外排水管道定额，沟深是按 2m 以内(平均自然地坪至垫层上表面)考虑的，当沟深在 2～3m 时，综合工日乘以系数 1.11；3m 以上者，综合工日乘以 1.18。

(5)毛石混凝土，系指毛石占混凝土体积 20% 计算的。如设计要求不同时，可以换算。

(6)排水管道砂石基础中的砂石比例按 1:2 考虑。如设计要求不同时可以换算材料单价。定额消耗量不变。

2. 工程量计算规则

1)烟囱

(1)烟囱基础的计算。

基础与筒身的划分以基础大放脚为分界,如图5.85大放脚以下为基础,以上为墙身;钢筋混凝土基础包括基础底板及筒座。工程量按设计图纸尺寸以立方米计算。

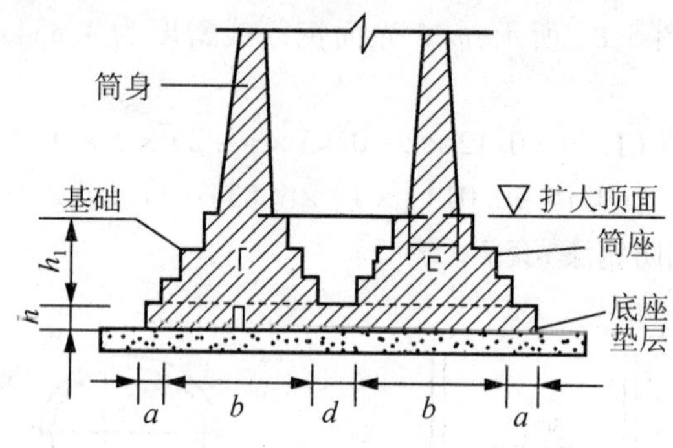

图5.85 烟囱基础与筒身

(2)烟囱筒身的计算。

①圆形、方形筒身均按图示筒壁平均中心线周长乘以厚度并扣除筒身0.3m^{2}以上的孔洞、钢筋混凝土圈梁、过梁等体积以立方米计算,其筒壁周长不同时可按下式分段计算,如图5.86所示。

$$V = \sum H \times C \times \pi D \tag{5-42}$$

式中:V——筒身体积;

H——每段筒身垂直高度;

C——每段筒壁厚度;

D——每段筒壁中心线的平均直径。

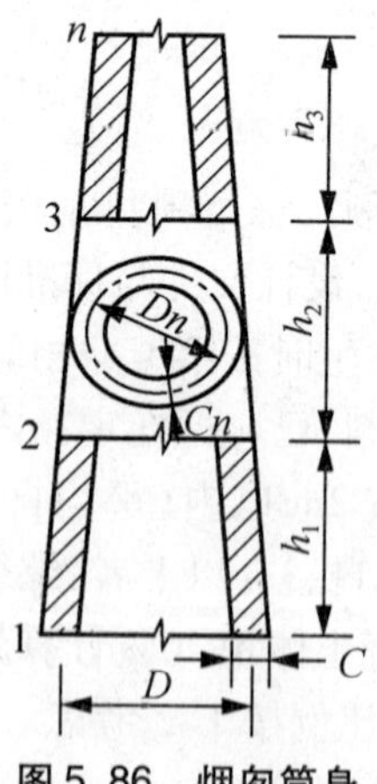

图5.86 烟囱筒身

②砖烟囱筒身原浆勾缝和烟囱帽抹灰已包括在定额内,不另行计算。如设计要求加浆勾缝时,套用勾缝定额,原浆勾缝所含工料不予扣除。

$$勾缝面积 = 0.5 \times \pi \times 烟囱高 \times (上口直径 + 下口直径) \tag{5-43}$$

③砖烟囱、烟道及砖内衬，如设计要求采用楔形砖时，其数量按设计规定计算，套用相应定额项目。加工标准半砖和楔形半砖时，按楔形整砖定额的$\frac{1}{2}$计算。

④砖烟囱砌体内采用钢筋加固时，其钢筋用量按设计规定计算，套用相应定额。

④烟囱的混凝土集灰斗（包括分隔墙、水平隔墙、梁、柱）、轻质混凝土填充砌块及混凝土地面，按有关章节规定计算，套用相应定额。

(3)烟囱内衬及内表面涂刷隔绝层的计算。

①烟道、烟囱内衬按不同内衬材料并扣除孔洞后，以图示实体积计算。

②烟囱内壁表面隔热层，按筒身内壁并扣除各种孔洞后的面积以平方米计算。

③填料按烟囱内衬与筒身之间的中心线平均周长乘以图示宽度和筒高，并扣除各种孔洞所占体积（但不扣除连接横砖及防沉带的体积）后，以立方米计算。

(4)烟道砌砖的计算。

①烟道与炉体的划分以第一道闸门为界，炉体内的烟道部分列入炉体工程量计算。

②烟道中的混凝土构件，按相应定额项目计算。

③混凝土烟道以立方米计算（扣除各种孔洞所占体积），套用地沟定额（架空烟道除外）。

2)水塔

(1)砖水塔的计算。

①水塔基础与塔身划分：如图5.87所示，以砖砌体的扩大部分顶面为界，以上为塔身，以下为基础，分别套相应烟囱基础定额。

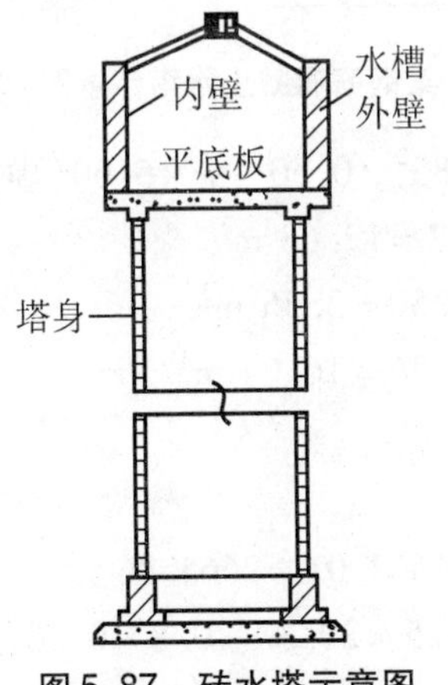

图5.87　砖水塔示意图

②塔身以图示实砌体积计算，并扣除门窗洞口和混凝土构件所占的体积。砖平拱碹及砖出檐等并入塔身体积内计算。

③砖水箱内外壁，不分劈厚，均以图示实砌体积计算，套相应的内外砖墙定额。

④砖烟囱筒身原浆勾缝和烟囱帽抹灰已包括在定额内，不另行计算。如设计要求加浆勾缝时，套用勾缝定额，原浆勾缝所含工料不予扣除。

⑤砌体内的钢筋加固应根据设计规定，以吨计算，套钢筋混凝土章节相应项目。

(2)混凝土水塔的计算。

①筒身与槽底以槽底连接的圈梁底为界，以上为槽底，以下为筒身。

②筒式塔身及依附于筒身的过梁、雨篷挑檐等并入筒身体积内计算，柱式塔身、柱、梁合并计算。

③塔顶及槽底合并计算，塔顶包括顶板和圈梁，槽底包括底板挑出的斜壁板和圈梁等。

④混凝土水塔按设计图示尺寸以立方米计算，分别套用相应定额项目。

⑤倒锥壳水塔中的水箱，定额按地面上浇筑编制。水箱的提升，另按相应定额规定计算。

【例5-25】某钢筋混凝土水塔如图5.88所示，钢筋混凝土基础采用C20混凝土，筒身高20.3米，混凝土为C25，筒身上下有2个门洞，体积共0.8m^3；2个窗洞体积共0.36m^3；雨篷及平台体积共0.096 m^3；水箱混凝土为C25。计算分部工程量，确定工程直接费。

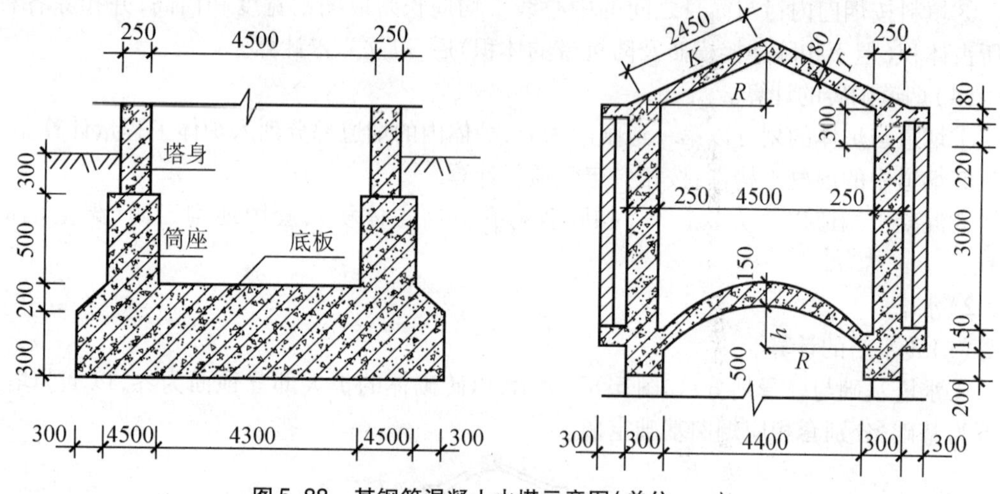

图5.88 某钢筋混凝土水塔示意图(单位:mm)

解：(1)底板体积 $=\pi\div4\times5.80^2\times0.50-\pi\times5.60$(虚三角重心周长)$\times0.30\times0.20\div2=12.68\ m^3$

筒座体积 $=4.75\pi\times0.45\times0.50=3.36\ m^3$

水塔基础工程量 $=12.68+13.36=16.04\ m^3$

水塔混凝土基础套8-1-4

定额基价 $=1662.01$ 元/10m^3

直接工程费 $=(16.04/10)\times1662.01=2665.86$ 元

(2)筒身工程量 $=4.75\pi\times0.25\times20.30-0.8-0.36+0.096=74.67\ m^3$

筒式塔身套8-2-3

定额基价 $=2166.10$ 元/10m^3

直接工程费 $=(74.76/10)\times2166.10=16174.27$ 元

(3)圆锥顶盖体积 $=\pi RAT=\pi\times2.375\times2.45\times0.08=1.46\ m^3$

箱顶挑檐体积 $=\pi\times5.3\times0.30\times0.08=0.40\ m^3$

箱顶圈梁体积 $=\pi\times4.75\times0.25\times0.30=1.12\ m^3$

拱形槽底体积 $=\pi(R^2+h^2)\times0.15=\pi\times(2.2^2+0.50^2)\times0.15=2.40\ m^3$

箱底挑檐体积 $=\pi\times5.3\times0.30\times0.15=0.75\ m^3$

箱底圈梁体积 $=\pi\times4.70\times0.30\times0.35=1.55\ m^3$

塔顶及槽底工程量 $=1.46+0.40+1.12+2.40+0.75+1.55=7.68\ m^3$

塔顶及槽底套 8－2－2

定额基价 $=2248.92$ 元/$10m^3$

直接工程费 $=(7.68/10)\times2248.92=1727.17$ 元

3）储水（油）池

（1）储水（油）池以立方米计算。

（2）储水（油）池，不分平底、锥底、坡底，均按池底计算；壁基梁、池壁不分圆形壁和矩形壁，均按池壁计算；其他项目均按现浇混凝土部分相应项目计算。

（3）沉淀池水槽，系指池壁上的环形溢水槽，纵横 U 形水槽，但不包括与水槽相连接的矩形梁。矩形梁按相应定额子目计算。

（4）储水（油）池，储仓、筒仓的基础，支撑柱及柱之间的连系梁，根据构成材料的不同，分别按定额相应规定计算。

4）检查井、化粪池及其他

（1）砖砌井（池）壁不分厚度均以立方米计算，洞口上的砖平拱碹等并入砌体体积内计算。与井壁相连接的管道及内径在 20cm 以内的孔洞所占体积不予扣除。

（2）渗井系指上部浆砌、下部干砌的渗水井。干砌部分不分方形、圆形，均以立方米计算。计算时不扣除渗水孔所占体积。浆砌部分套用砖砌井（池）壁定额。

（3）混凝土井（池）按实体积以立方米计算，与井壁相连接的管道及内径在 20cm 以内的孔洞所占体积不予扣除。

5）室外排水管道

（1）室外排水管道与室内排水管道的分界，以室内至室外第一个排水检查井为界，检查井至室内一侧为室内排水管道，另一侧为室外排水（厂区、小区内）管道。

（2）排水管道铺设以延长米计算，扣除其检查井所占的长度。

（3）排水管道基础按不同管径及基础材料分别以延长米计算。

6）场区道路

（1）道路垫层按设计图示尺寸以立方米计算。

（2）路面工程量按设计图示尺寸以平方米计算。

【例 5－26】某宿舍楼前铺设混凝土路面，路宽 4m，长 30m，路基地瓜石垫层厚 200mm，M2.5 混合砂浆灌缝，路面为 C25 混凝土整体路面，200mm 厚，砌筑预制混凝土路沿 70m，散水长度为 90m，宽 0.80m，地瓜石垫层上浇筑 C15 混凝土，1:2.5 水泥砂浆抹面。计算场区道路及散水工程量、确定直接工程费。

解：（1）地瓜石垫层工程量 $=30.00\times4.00\times0.20=24.00m^3$

地瓜石垫层，M2.5 混合砂浆灌缝套 8－6－2

定额基价 $=1065.00$ 元/$10m^3$

直接工程费 $=(24.00/10)\times1065.00=2556.00$ 元

（2）混凝土整体路面工程量 $=30.00\times4.00=120.00m^3$

C25 混凝土整体路面，200mm 厚套 8－6－7，8－6－8

定额基价 $=(327.82+17.96\times2)/10m^2=363.74$ 元/$10m^2$

直接工程费 $=(120.00/10)\times363.74=4364.88$ 元

(3)预制混凝土路沿工程量 = 70.00m

砌筑预制混凝土路沿套 8 - 7 - 62

定额基价 = 375.37 元/10m

直接工程费 = (70.00/10) × 375.37 = 2627.59 元

(4)散水工程量 = 90.00 × 0.80 = 72.00m^2

地瓜石垫层上浇筑 C15 混凝土散水,1:2.5 水泥砂浆抹面,套 8 - 7 - 50

定额基价 = 310.11 元/10m^2

直接工程费 = (72.00/10) × 310.11 = 2232.79 元

5.2.10 装饰工程

1. 楼地面工程

1)定额有关规定及说明

(1)楼地面工程的定额内容。

内容分包括垫层、防潮层、伸缩缝、找平层、整体面层、块料面层、地毯、木地板等。

(2)本章所述水泥砂浆、水泥石子浆、混凝土等的配合比,如设计规定与定额不同时可以换算。

(3)整体面层、块料面层中的楼地面项目,均不包括踢脚板工料;楼梯不包括踢脚板、侧面及板底抹灰,另按相应定额项目计算。

(4)踢脚板高度是按 150mm 编制的,超过时,材料用量可以调整,人工、机械用量不变。预制水磨石踢脚板,设计为异形时,执行大理石异形踢脚板子目。

(5)菱苦土地面、现浇水磨石定额项目已包括酸洗打蜡工料,其余项目均不包括酸洗打蜡。

(6)台阶不包括牵边、侧面装饰。

(7)定额中的"零星装饰"项目,适用于小便池、蹲位、池槽等。本定额未列的项目,可按墙、柱面中相应项目计算。

(8)木地板中的硬、杉、松木板是按毛料厚度 25mm 编制的;设计厚度与定额厚度不同时,可以换算。

(9)大理石、花岗岩楼地面面层点缀子目,其点缀块料按规格编制。被点缀的主体块料按现场加工编制。点缀块料面层的工程量,按设计图示尺寸,单独计算,不扣除被点缀的主体块料面层的工程量,其现场加工人工、机械也不增加。

2)工程量计算规则

(1)整体面层、找平层均按主墙间净空面积以平方米计算。应扣除凸出地面的构筑物、设备基础、室内管道、地沟等所占面积,不扣除柱、垛、间壁墙、附墙烟囱及面积在 0.3m^2 内的孔洞所占面积,但门洞、空圈、暖气包槽、壁龛的开口部分亦不增加。

【例 5 - 27】如图 5.89 所示,嵌铜条的彩色镜面现浇水磨石地面,地面做法为:C20 细石混凝土找平层 60 厚;素水泥浆结合层一道;20 厚 1:2.5 白水泥彩色石子浆磨光,距墙柱边 300mm 范围内按纵横 1m 宽分格嵌 15 × 2 铜条;面层酸洗打蜡。计算该水磨石地面的工程量、直接工程费。

解:①找平层工程量 = (12 - 0.24) × (8 - 0.24) = 91.26 m^2

C20 细石混凝土找平层 60 厚,套用定额 9-1-4、9-1-5

定额基价 =(97.14+11.96×4)元/10m^2 =144.98 元/10m^2

直接工程费 =(91.26/10)×144.98 =1323.09 元

②彩色镜面水磨石地面工程量 =(12-0.24)×(8-0.24)=91.26 m^2

20 厚 1:2.5 彩色水磨石地面,套 9-1-16、9-1-22

定额基价 =(325.19+36.35)元/10m^2 =361.54 元/10m^2

直接工程费 =(91.26/10)×361.54 =3299.41 元

③15×2 铜条工程量 =(8-0.24-0.3×2)×[(12-0.24-0.3×2)÷1+1]
+(12-0.24-0.3×2)×[(8-0.24-0.3×2)÷1+1]
=175.2m

套用定额 9-1-28,定额基价 =97.65 元/10m

直接工程费 =175.2/10×97.65 =1710.83 元

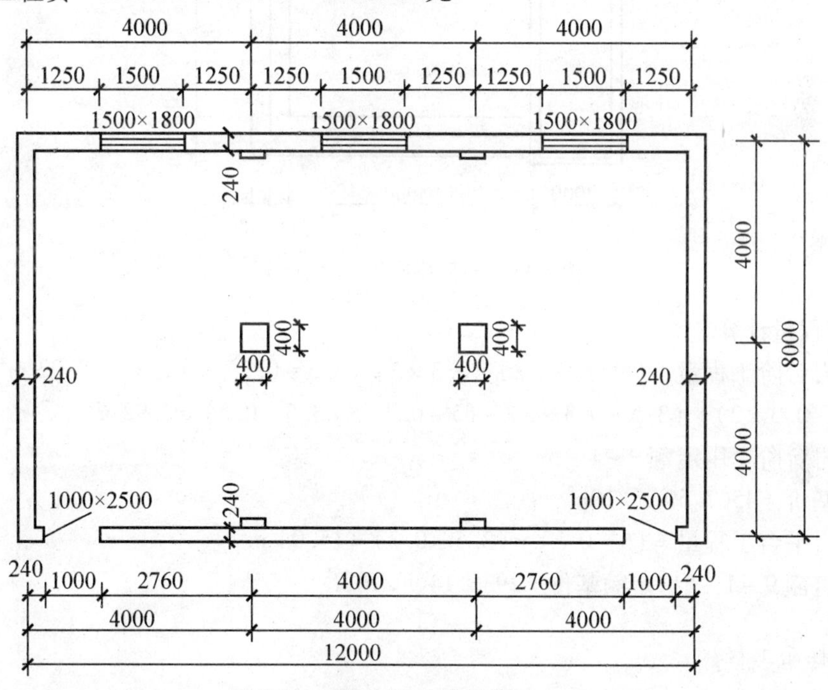

图 5.89　某房间平面图(单位:mm)

(2)踢脚板按延长米计算,洞口、空圈长度不予扣除,洞口、空圈、垛、附墙烟囱等侧壁长度亦不增加。

注意:踢脚板未注明高度的是按 150mm 编制的,高度不同时,按比例调整基价。

(3)块料面层,按图示尺寸实铺面积以平方米计算。门洞、空圈、暖气包槽和壁龛的开口部分的工程量并入相应的面层内计算。

(4)块料面层拼图案项目,其图案材料定额按成品考虑。图案按最大几何尺寸算至图案外边线。图案外边线以内周边异形块料的铺贴,套用相应的块料面层铺贴项目及图案周边异形块料的铺贴另加工项目。周边异形块料的铺贴材料损耗率,应根据现场实际情况,并入相应块料面层铺贴项目内。

(5)楼梯面层(包括踏步、平台以及小于 500mm 宽的楼梯井)按水平投影面积计算。整体面层楼梯子目已包括踢脚线、侧面及板底抹灰,但板底抹灰面刷白可另列项目计算。块料面层楼梯子目均不包括踢脚线,块料踢脚线可另列项目计算。

(6)螺旋形楼梯,无论使用何种材料,均按相应的定额项目计算,人工、机械乘以系数1.20,块料用量乘以系数1.10,整体面层的材料用量乘以系数1.05。

(7)防滑条、地面分格嵌条按设计尺寸以延长米计算。水磨石楼梯面层已综合考虑了防滑条的工料,其他楼梯、台阶均不包括防滑条工料,设计规定需要时,执行相应定额项目。

(8)台阶面层(包括踏步及最上一层踏步外沿加300mm)按水平投影面积计算。台阶不包括踢脚板、牵边、侧面装饰,发生时套用零星项目块料面层。

【例5-28】如图5.90所示,某建筑物门前平台及台阶,采用水泥砂浆粘贴300mm×300mm五莲花火烧板花岗岩,分别计算平台及台阶的工程量并确定定额项目。

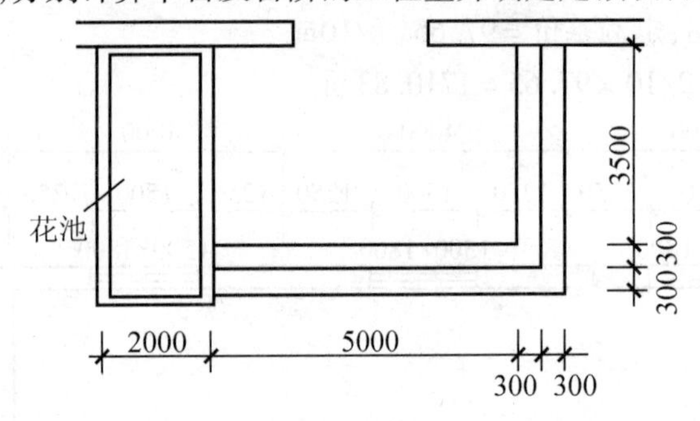

图5.90 台阶平面图(单位:mm)

解:工程量计算

花岗岩台阶工程量 $=(5+0.3\times2)\times0.3\times3+(3.5-0.3)\times0.3\times3=7.92\ m^2$

或 $(5+0.3\times2)\times(3.5+0.3\times2)-(5-0.3)\times(3.5-0.3)=7.92\ m^2$

花岗岩台阶套用定额9-1-59

定额基价 $=4567.59$ 元/$10m^2$

花岗岩平台工程量 $=(5-0.3)\times(3.5-0.3)=15.04\ m^2$

套用定额9-1-51,定额基价 $=2936.14$ 元/$10m^2$

2. 墙柱面工程

1)定额有关规定及说明

该定额包括墙、柱面工程。

(1)抹灰砂浆厚度,如设计与定额取定不同时,除定额有注明厚度的项目可以换算外,其他一律不做调整。如设计规定的砂浆种类、配合比、饰面材料及型材的型号规格与定额不符时,可以换算,但人工、机械不变。

(2)墙面抹石灰砂浆分二遍、三遍、四遍,其标准如下。

二遍:一遍底层,一遍面层。

三遍:一遍底层,一遍中层,一遍面层。

四遍:一遍底层,一遍中层,二遍面层。

(3)定额一般抹灰项目中,各种砂浆抹灰按抹灰厚度、墙质、部位分别设置项目。

①定额中厚度为××毫米者,抹灰种类为一种一层。

②厚度为××毫米+××毫米者,抹灰种类为两种两层,前者数据为打底抹灰厚度,后者数据为罩面抹灰厚度。

③厚度为××毫米+××毫米+××毫米者,抹灰种类为三种三层,前者数据为打底抹灰厚度,中者数据为中层抹灰厚度,后者数据为罩面抹灰厚度。套用定额时,应根据施工设计抹灰种类、厚度执行相应定额项目,若设计抹灰厚度与定额不同时,应根据抹灰的种类、层次,分别执行相应抹灰厚度调整项目。

(4)面层、隔墙(间壁)、隔断(护壁)定额内,除注明者外均未包括压条、收边、装饰线(板),如要求时,应按本章相应定额执行。隔墙(间壁)、隔断(护壁)、幕墙等所用的轻钢、铝合金龙骨,如设计要求与定额规定不同时允许按设计调整,但人工不变。

(5)其他抹灰的计算。

①抹灰装饰线条按材料的种类分别设置定额项目。套用定额时,展开宽度小于300mm的窗台线、门窗套、挑檐、腰线、压顶、遮阳板、楼梯边梁、宣传栏边框等的竖、横线条抹灰执行装饰线条子目,按延长米计算;展开宽度大于300mm时执行零星项目子目,按展开面积计算。

②"零星项目"抹灰按设计图示尺寸展开面积以平方米计算。装饰抹灰的"零星项目"适用于挑檐、天沟、腰线、窗台线、门窗套、压顶、扶手、遮阳板、雨篷周边等。一般抹灰的"零星项目"适用于各种壁柜、碗柜、过人洞、暖气壁龛、池槽、花台以及1平方米以内的抹灰。

③单独的外窗台抹灰长度,若设计图样无规定时,可按窗外围宽度两边共加200mm计算,窗台展开宽度按360mm计算。

④阳台底面抹灰按水平投影面积以平方米计算,并入相应天棚抹灰面积内。阳台如带悬臂梁者,其工程量乘系数1.3。

⑤雨篷底面或顶面抹灰分别按水平投影面积以平方米计算,并入相应天棚抹灰面积内。雨篷顶面带反沿或反梁者,其工程量乘系数1.20,底面带悬臂梁者,其工程量乘以系数1.20。

(6)镶贴块料面层的计算。

①镶贴面层的瓷砖、面砖定额是按各种规格综合考虑的,面砖用量不得因所使用面砖规格的不同而随意调整。

②墙裙以高度在1500mm以内为准,超过1500mm时按墙面积计算。高度低于300mm者按踢脚板计算。

③外墙贴块料釉面砖、劈离砖和金属面砖项目灰缝宽分密缝、10mm以内和20mm以内列项,其人工、材料已综合考虑,如灰缝宽度超过20mm以上者,其块料及灰缝材料用量允许调整,其他不变。

④圆弧形、锯齿形不规则墙面抹灰、镶贴块料、饰面,按相应定额项目人工乘以系数1.15,材料乘以系数1.05。

⑤玻璃隔墙按上横档顶面至下横档底面之间高度乘以宽度(两边立挺外边线之间)以平方米计算;浴厕木隔断按下横档底面至上横档顶面高度乘以图示长度以平方米计算,门扇面积并入隔断面积内计算。

⑥挑檐、栏板、门窗套、窗台线、压顶等块料面层,执行相应的零星项目子目。

(7)压条、装饰条以成品安装为准。若在现场制作木压条者,每米人工增加0.25工日。

木材按净断面加刨光损失计算。如在木基层顶棚面上钉压条、装饰条者，其人工乘以系数1.34；在轻钢龙骨顶棚面钉压条、装饰条者，其人工乘以系数1.68；木装饰条做图案者，人工乘以系数1.8。

(8)木龙骨基层是按双向计算的，如设计为单向时，材料、人工用量乘以系数0.55，龙骨基层用于隔断、隔墙时每100m^2 木砖改按木材0.07m^3 计算。

(9)定额木材种类除注明者外，均以一、二类木种为准，如采用三、四类木种时，人工及机械乘以系数1.3。

(10)玻璃幕墙中的玻璃按成品玻璃考虑，幕墙中的避雷装置、防火隔离层定额已综合，但幕墙的封边、封顶的费用另行计算。玻璃幕墙、隔断如设计有平开、推拉窗者，扣除平开、推拉窗面积另按门窗工程相应定额执行。

(11)面层、木基层均未包括刷防火涂料，如设计要求时，应按本章油漆、涂料及裱糊工程相应子目执行。

(12)墙、柱抹灰、装饰项目均包括3.6m以下简易脚手架的搭设与拆除。

2)工程量计算规则

(1)内墙抹灰工程量的计算。

①内墙抹灰以平方米计算，应扣除门窗洞口和空圈所占的面积，不扣除踢脚板、挂镜线、0.3m^2 内的孔洞和墙与构件交接处的面积，洞口侧壁和顶面亦不增加。墙垛和附墙烟囱侧壁面积与内墙抹灰工程量合并计算。护角线已包括在抹灰定额中，不另计算。

②内墙面抹灰的长度，以主墙间的图示净长尺寸计算。其高度确定如下。

(a)无墙裙的，其高度按室内地面或楼面至天棚底面之间距离计算。

(b)有墙裙的，其高度按墙裙顶至天棚底面之间距离计算。

(c)钉板条天棚的内墙面抹灰，其高度按室内地面或楼面至天棚底面另加100mm计算。

③内墙裙抹灰面积按内墙净长乘以高度计算。应扣除门窗洞口和空圈所占的面积，门窗洞口和空圈的侧壁面积不另增加，墙垛、附墙烟囱侧壁面积并入墙裙抹灰面积内计算。

(2)外墙抹灰工程量按以下规定计算。

①外墙抹灰面积，按外墙面的垂直投影面积以平方米计算。应扣除门窗洞口、外墙裙和大于0.3m^2 孔洞所占面积，洞口侧壁面积不另增加。附墙垛、梁、柱侧面抹灰面积并入外墙抹灰工程量内计算。栏板、栏杆、窗台线、门窗套、扶手、压顶、挑檐、遮阳板、突出墙外的腰线等，另按相应规定计算。

②外墙裙抹灰面积按其长度乘高度计算，扣除门窗洞口和大于0.3m^2 洞所占的面积，门窗洞口及孔洞的侧壁不增加。

③窗台线、门窗套、挑檐、腰线、遮阳板等展开宽度在300mm以内者，按装饰线以延长米计算。如展开宽度在300mm以上时，按图示尺寸以展开面积计算，套零星抹灰定额项目。窗台线与腰线相连时，并入腰线内计算。

④栏板、栏杆(包括立柱、扶手或压顶等)抹灰，按立面垂直投影面积以平方米计算。

(3)阳台底面抹灰按水平投影面积以平方米计算，并入相应天棚抹灰面积内。阳台如带悬臂梁，其工程量乘系数1.30。

(4)雨篷底面或顶面抹灰分别按水平投影面积以平方米计算，并入相应天棚抹灰面积。雨篷顶面带反沿或反梁者，其工程量乘系数1.20；底面带悬臂梁者，其工程量乘以系数1.20。

雨篷外边线按相应装饰线条或零星项目执行。块料镶帖雨篷、阳台工程应分别计算顶面、底面、侧面工程量，执行相应子目。

(5)墙面勾缝按垂直投影面积计算，应扣除墙裙和墙面抹灰的面积，不扣除门窗洞口、门窗套、腰线等零星抹灰所占的面积，附墙柱和门窗洞口侧面的勾缝面积亦不增加。独立柱、房上烟囱勾缝，按图示尺寸以平方米计算。

(6)水泥粉黑板按框的外围面积计算，执行墙面相应项目；突出墙面或灰面的边框及粉笔槽抹灰，执行装饰线条项目。

(7)外墙装饰抹灰工程量按以下规定计算。

①外墙各种装饰抹灰均按图示尺寸以实抹面积计算。应扣除门窗洞口空圈的面积，其侧壁面积不另增加。

②挑檐、天沟、腰线、栏杆、栏板、门窗套、窗台线、压顶等均按图示尺寸展开面积以平方米计算，套装饰线条或零星项目定额。

【例5－29】某砖混结构工程如图5.91所示，内墙面抹1∶2水泥砂浆底，1∶3石灰砂浆找平层，麻刀石灰浆面层，共20mm厚。内墙裙采用1∶3水泥砂浆打底(19mm厚)，1∶2.5水泥砂浆面层(6mm厚)。计算内墙面抹灰工程量，确定定额项目。

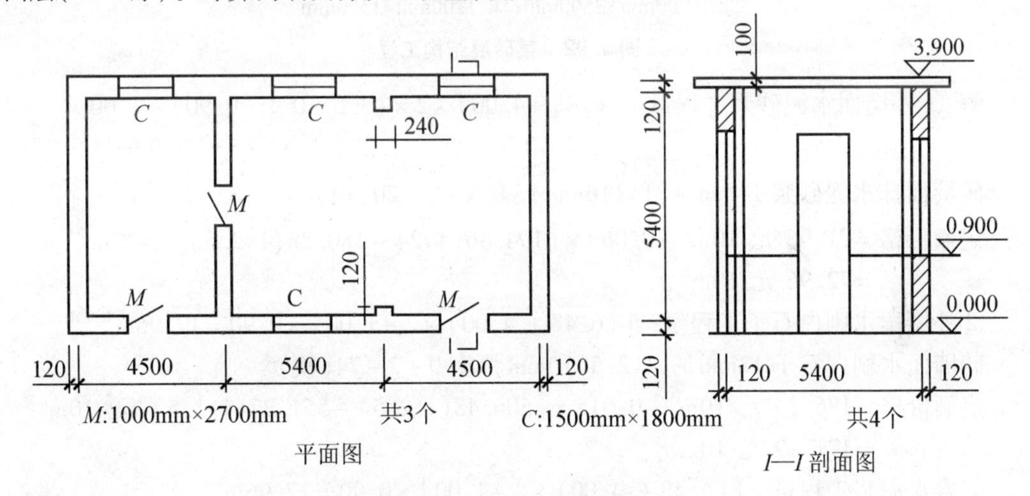

图5.91 某砖混结构工程

解：①内墙面抹灰工程量 $=[(4.50\times3-0.24\times2+0.12\times2)\times2+(5.40-0.24)\times4]\times(3.90-0.10-0.90)-1.00\times(2.70-0.90)\times4-1.50\times1.80\times4=118.76\text{m}^2$

石灰砂浆砖墙面抹灰3遍(18mm厚)套9－2－5

定额基价 $=52.28$ 元/10m^2

抹灰层1∶3石灰砂浆每增1mm厚套9－2－52

定额基价 $=1.67\times2$ 元/10m^2 $=3.34$ 元/10m^2

② 内墙裙工程量 $=[(4.50\times3-0.24\times2+0.12\times2)\times+(5.40-0.24)\times4-1.00\times4]\times0.90=38.84\text{m}^2$

砖墙裙抹14mm＋6mm厚水泥砂浆套9－2－20

定额基价 $=71.98$ 元/10m^2

抹灰层 1:3 水泥砂浆每增 1mm 厚 套 9-2-54

定额基价 $=2.88\times5$ 元/10m² $=14.40$ 元/10m²

【例 5-30】某砖混结构工程如图 5.92 所示。外墙面抹水泥砂浆，底层为 1:3 水泥砂浆打底 14mm 厚，面层为 1:2 水泥砂浆抹面 6mm 厚；外墙裙水刷石，1:3 水泥砂浆打底 12mm 厚，素水泥浆二遍，1:2.5 水泥白石子 10mm 厚（界格），挑檐水刷白石子。厚度与配合比均与定额相同。计算外墙面抹灰和外墙裙及挑檐装饰抹灰工程量，确定定额项目。

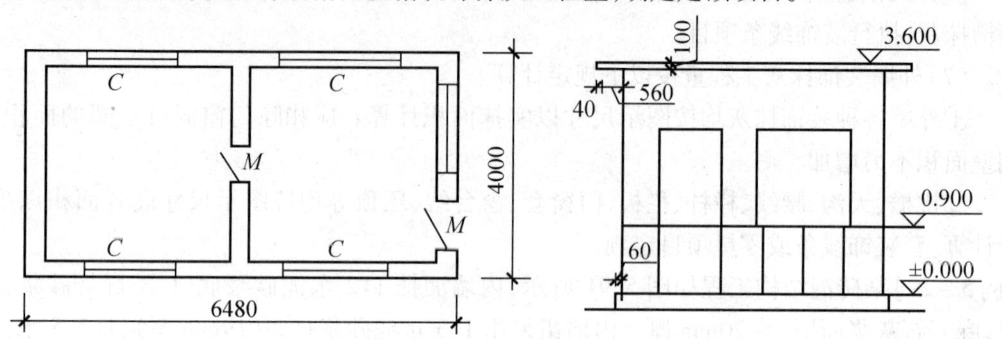

图 5.92 某砖混结构工程

解：①外墙面水泥砂浆工程量 $=(6.48+4.00)\times2\times(3.6-0.1-0.90)-1.00\times(2.50-0.90)-1.20\times1.50\times5=43.90\text{m}^2$

砖墙面抹水泥砂浆 14mm+(1:2)6mm 厚套 9-2-20（换）

定额价格 $=71.98$ 元/10m² $+0.069\times[194.46(1:2)-180.28(1:2.5)]$元/10m² $=72.96$ 元/10m²

②外墙裙水刷白石子工程量 $=[(6.48+4.00)\times2-1.00]\times0.90=17.96\text{m}^2$

砖墙面水刷白石子 12mm+(1:2.5)10mm 厚套 9-2-74（换）

定额价格 $=176.34$ 元/10m² $+0.015\times[506.48(1:2.5)-551.27(1:1.5)]$元/10m² $=171.19$ 元/10m²

③素水泥浆工程量 $=[(6.48+4.00)\times2-1.00]\times0.90=17.96\text{m}^2$

每增一遍素水泥浆（无 108 胶）套 9-2-112

定额基价 $=7.22$ 元/10m²

④分格嵌缝工程量 $=[(6.48+4.00)\times2-1.00]\times0.90=17.96\text{m}^2$

分格嵌缝套 9-2-110

定额基价 $=12.76$ 元/10m²

⑤挑檐水刷石工程量 $=[(6.48+4.00)\times2+0.60\times8]\times(0.10+0.04)=3.61\text{m}^2$

桃檐水刷白石子 12mm+10mm 厚套 9-2-77

定额基价 $=292.85$ 元/10m²

(8) 柱面抹灰的计算。

独立柱一般抹灰、装饰抹灰、按柱子结构断面周长乘以柱的高度以平方米计算。柱帽、柱脚抹线脚者，套装饰线或零星抹灰定额。

(9) 块料镶贴面层工程量的计算。

①墙面贴块料面层均按图示尺寸以实贴面积计算。

②柱子镶贴块料按柱子块料外围周长乘以装饰高度以平方米计算。

(10)墙、柱饰面、隔断、幕墙工程量计算。

①木隔墙、墙裙、柱、护壁板,均按设计图示尺寸长度乘以高度按实铺面积以平方米计算。面层按展开面积,以平方米计算。

②墙、柱饰面龙骨按图示尺寸长度乘以高度,以平方米计算。定额龙骨按附墙、附柱考虑,若遇其他情况,按下列规定乘以系数处理。

(a)设计龙骨外挑时,其相应定额项目乘系数 1.15。

(b)设计龙骨包圆柱,其相应定额项目乘系数 1.18。

(c)设计金属龙骨包圆柱,其相应定额项目乘系数 1.20。

③玻璃隔墙按上横档顶面至下横档底面之间高度乘以宽度(两边立挺外边线之间)以平方米计算。如设计有平开、推拉窗者,扣除门窗面积,门窗按相应定额执行。

④铝合金、轻钢隔墙、幕墙,按四周框外围面积计算。如设计有平开、推拉窗者,扣除门窗面积,门窗按相应定额执行。

⑤各类幕墙的周边封口,若采用相同材料,按其展开面积,并入相应幕墙的工程量内计算,若采用不同材料,其工程量应单独计算。

⑥隔墙龙骨基层中所需的垫木、木砖及预留门窗洞口加筋均包括在定额内,不得另计。

⑦半玻璃隔断系指上部为玻璃隔断,下部为砖墙或其他隔墙,应分别按不同材料计算工程量,套用相应子目。玻璃隔断,按上横档顶面至下横档底面之间高度乘以宽度(两边立挺外边线之间)以平方米计算。

⑧镜面玻璃格式隔断均以框外围面积计算。

⑨花式隔断、网眼木格隔断(木葡萄架)均以框外围面积计算。

⑩墙面保温项目,按设计图示尺寸以平方米计算。

3. 天棚装饰工程

1)定额有关规定及说明

(1)本节中凡注明砂浆种类、配合比、饰面材料型号规格的,设计规定与定额不同时,可按设计规定换算,其他不变。混凝土面顶棚抹灰分现浇和预制混凝土面上抹灰,9-3-5 子目用于混凝土面顶棚混合砂浆找平。

(2)楼梯底面(包括侧面及连接梁、平台梁、斜梁的侧面)抹灰,按楼梯水平投影面积乘以系数 1.31,并入相应顶棚抹灰工程量内计算。

(3)本节中龙骨是按常用材料及规格编制的,设计规定与定额不同时,可以换算,其他不变;材料的损耗率分别为:木龙骨 6%,轻钢龙骨 6%,铝合金龙骨 7%。

(4)顶棚木龙骨吊杆的规格与用量,设计与定额不同时,可以调整,其他不变。(角钢的损耗率均为 6%。)

(5)定额中顶棚龙骨等级划分如下。

①顶棚面层在同一标高者为“一级”顶棚龙骨。

②顶棚面层不在同一标高,且龙骨有跌级高差者为“二级~三级”顶棚龙骨。

(6)轻钢龙骨、铝合金龙骨定额按双层结构编制(即中、小龙骨紧贴大龙骨底面吊挂),

如采用单层结构时(大、中龙骨底面在同一水平面上),扣除定额内小龙骨及相应配件数量,人工乘以系数0.85。

(7)顶棚木龙骨子目区分单层结构与双层结构。单层结构是指双向木龙骨形成的龙骨网片,直接由吊杆引上、与吊点固定的情况;双层结构是指双向木龙骨形成的龙骨网片首先固定在单向设置的主木龙骨上,再由主木龙骨与吊杆连接、引上、与吊点固定的情况。

(8)定额中顶棚龙骨、顶棚面层分别列项,使用时分别套用相应定额。对于二级及二级以上顶棚的面层,人工乘以系数1.1。9-3-94子目中"小面积"指面积在0.03m^2以内。

(9)顶棚装饰面开挖灯孔,按每开10个灯孔用工1.0工日计算。

2)天棚装饰工程量计算规则

(1)天棚抹灰工程量按以下规定计算。

①天棚抹灰面积,按主墙间的净面积计算,不扣除间壁墙、垛、柱、附墙烟囱、检查口和管道所占的面积。带梁天棚,梁两侧抹灰面积并入天棚抹灰工程量内计算。

②密肋梁和井字梁天棚抹灰面积,按展开面积计算。

③天棚抹灰如带有装饰线时,区别按三道线以内或五道线以内按延长米计算,线角的道数以一个突出的棱角为一道线,如图5.93所示。

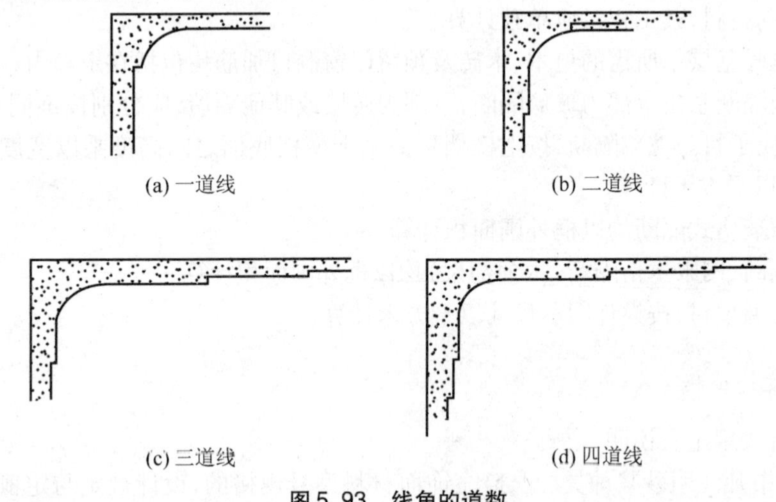

图5.93 线角的道数

④檐口天棚及阳台、雨篷底的抹灰面积,并入相应的天棚抹灰工程量内计算。

⑤天棚中的折线、灯槽线、圆弧形线、拱形线等艺术形式的抹灰,按展开面积计算。

(2)天棚面装饰工程量按以下规定计算。

①各种吊顶天棚龙骨按主墙间净空面积计算。不扣除间壁墙、检查口、附墙烟囱、柱、垛和管道所占面积。但天棚中的折线、迭落等圆弧形,高低吊灯槽等面积也不展开计算。

②天棚装饰面积,按主墙间实铺面积以平方米计算,不扣除间壁墙、检查口、附墙烟囱、附墙垛和管道所占面积,应扣除独立柱、灯带、与天棚相连的窗帘盒所占的面积及0.3m^2上的灯孔面积。

③天棚中的折线、迭落等圆弧形、拱形、高低灯槽及其他艺术形式天棚面层均按展开面积计算。天棚面层中的假梁按展开面积计算,合并在天棚饰面中计算。

【例5-31】麻刀石灰浆面层井字梁顶棚如图5.94所示。计算工程量,确定定额项目。

解：顶棚抹灰工程量 $=(6.60-0.24)\times(4.40-0.24)+(0.40-0.12)\times6.36\times2+(0.25-0.12)\times3.86\times2\times2-(0.25-0.12)\times0.15\times4=31.95\text{m}^2$

现浇混凝土面顶棚麻刀石灰浆面层套 9－3－1

定额基价 =63.82 元/10m^2

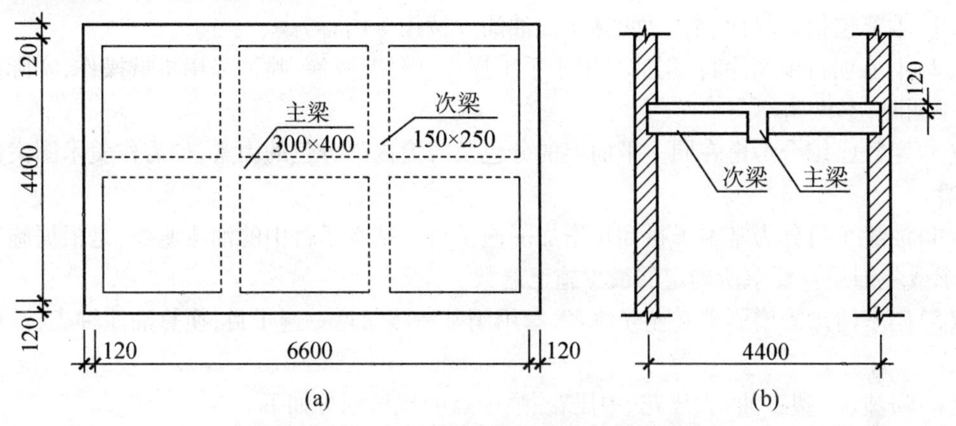

图 5.94 麻刀石灰浆面层井字梁顶棚示意图

【例 5－32】某三级天棚尺寸如图 5.95 所示，钢筋混凝土板下吊双层楞木，面层为塑料板。计算顶棚工程量，确定定额项目。

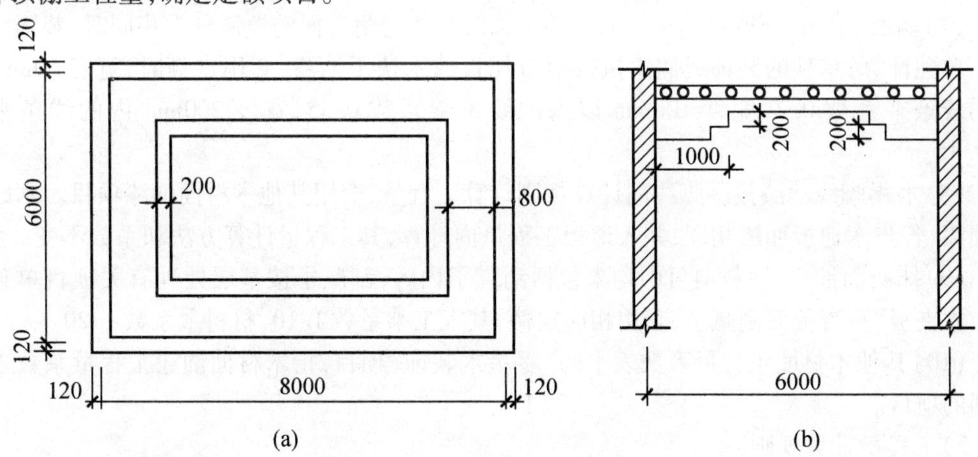

图 5.95 某三级天棚示意图

解：(1) 双层楞木（三级）工程量 $=(8.0-0.24-0.8\times2)\times(6.00-0.24-0.8\times2)=25.63\text{m}^2$

双层楞木（三级）龙骨顶棚套 9－3－24

定额基价 =243.89 元/10m^2

(2) 双层楞木（一级）工程量 $=(8.00-0.24)\times(6.00-0.24)-25.63=19.07\text{m}^2$

双层楞木（一级）龙骨顶棚套 9－3－22

定额基价 =203.54 元/10m^2

(3) 塑料板顶棚工程量 $=(8.00-0.24)\times(6.00-0.24)+(8.00-0.24-0.9\times2+6.00-0.24-0.9\times2)\times2\times0.20\times2=52.63\text{m}^2$

塑料板顶棚套 9 - 3 - 118(换)

定额价格 = (316.13 + 27.50 × 0.1)元/$10m^2$ = 318.88 元/$10m^2$

4. 油漆、涂料、裱糊工程

1)定额有关规定及说明

(1)本节包括木材面、金属面、抹灰面油漆及棱糊等内容。

(2)本节项目中刷涂料、刷油采用于手工操作,喷塑、喷涂、喷油采用机械操作,实际操作方法不同时,不做调整。

(3)定额已综合考虑在同一平面上的分色及门窗内外分色的因素,如需作美术图案的另行计算。

(4)油漆子目分为基本子目和每增加一遍子目。基本子目中的油漆遍数,是根据施工规范要求或装饰质量要求所确定的最少施工遍数。

(5)硝基清漆需增刷硝基亚光漆者,套用硝基清漆每增一遍子目,换算油漆种类,油漆用量不变。

(6)喷塑(一塑三油)大压花、中压花、喷中点的规格划分如下。

(a)大压花:喷点压平、点面积在 1.2cm^2 以上。

(b)中压花:喷点压平、点面积在 1 ~ 1.2cm^2 以内。

(c)喷中点、幼点:喷点面积在 1cm^2 以内。

(7)墙面、墙裙、顶棚及其他饰面上的装饰线油漆与附着面的池漆种类相同时,装饰线油漆不单独计算;单独的装饰线油漆执行不带托板的木扶手油漆,套用定额时,宽度 50mm 以内的线条乘系数 0.2,宽度 100mm 以内的线条乘系数 0.35,宽度 200mm 内的线条乘系数 0.45。

(8)木踢脚线油漆按踢脚线的计算规则计算工程量,套用其他木材面油漆项目。木踢脚板油漆,若与木地板油漆相同,并入地板工程量内计算,其工程量计算方法和系数不变。

(9)抹灰面油漆、涂料项目中均未包括刮腻子内容,刮腻子按基层处理有关项目单独计算。木夹板、石膏板面刮腻子,套用相应定额,其人工乘系数 1.10,材料乘系数 1.20。

(10)其他木材面工程量系数表中的"零星木装饰"项目,指木材面油漆工程量系数表中未列的项目。

2)工程量计算规则

(1)楼地面、天棚面、墙、柱、梁面的喷(刷)涂料、抹灰面油漆及裱糊工程,均按楼地面、天棚面、墙、柱、梁面装饰工程相应的工程量计算规则计算。

(2)木材面、金属面油漆的工程量分别按表 5 - 21 ~ 表 5 - 28,并乘以表内系数以平方米计算。

(3)明式窗帘盒按延长米计算工程量,套用木扶手(不带托板)项目,暗式窗帘盒按展开面积计算工程量,套用其他木材面油漆项目。

(4)木材面刷防火涂料,按所刷木材面的面积计算工程量,木方面刷防火涂料,按木方所附墙、板面的投影面积计算工程量。

①木材面油漆

表5－21　单层木门工程量系数表

定额项目	项目名称	系数	工程量计算方法
单层木门	单层木门	1.00	按单面洞口面积
	双层(一玻一纱)木门	1.36	
	双层(单裁口)木门	2.00	
	单层全玻门	0.83	
	木百页门	1.25	
	厂库大门	1.10	

表5－22　单层木窗工程量系数表

定额项目	项目名称	系数	工程量计算方法
单层木窗	单层玻璃窗	1.00	按单面洞口面积
	双层(一玻一纱)窗	1.36	
	双层(单裁口)窗	2.00	
	单层组合窗	2.60	
	双层组合窗	0.83	
	木百页窗	1.13	
		1.50	

表5－23　木扶手(不带托板)工程量系数表

定额项目	项目名称	系数	工程量计算方法
木扶手(不带托板)	木扶手(不带托板)	1.00	按延长米
	木扶手(带托板)	2.60	
	窗帘盒	2.04	
	封檐板、顺水板	1.74	
	挂衣板、黑板框	0.52	
	挂镜线、窗帘棍	0.35	

表5－24　墙面墙裙工程量系数表

定额项目	项目名称	系数	工程量计算方法
墙面墙裙	无造型墙面墙裙	1.00	长×宽
	有造型墙面墙裙	1.25	投影面积

表5－25　木地板工程量系数表

定额项目	项目名称	系数	工程量计算方法
木地板	木地板、木踢脚线	1.00	长×宽
	木楼梯(不包括底面)	2.30	水平投影面积

表5-26 其他木材面工程量系数表

定额项目	项目名称	系数	工程量计算方法
其他木材面	木板、纤维板、胶合板顶棚、檐口（其他木材面） 清水板条顶棚、檐口 木方格吊顶顶棚 吸音板墙面、顶棚面 窗台板、筒子板、盖板 门窗套、踢脚线 暖气罩	1.00 1.07 1.20 0.87 1.00 1.00 1.28	长×宽
	屋面板	1.11	斜长×宽
	木间壁墙、木隔断 玻璃间壁露明墙筋 木栅栏、木栏杆带扶手	1.90 1.65 1.82	单面外围面积
	木屋架	1.79	跨度（长）×中高÷2
	衣柜、壁柜	1.00	展开面积
	零星木装修	1.10	展开面积

②金属面油漆

表5-27 单层钢门窗工程量系数表

定额项目	项目名称	系数	工程量计算方法
单层钢门窗	单层钢门窗 双层（一玻一纱）钢门窗 钢百页钢门 半截百页钢门 满钢门或包铁皮门 钢折叠门	1.00 1.48 2.74 2.22 1.63 2.30	洞口面积
	射线防护门 厂库房平开推拉门 钢丝网门	2.96 1.70 0.81	框（扇）外围面积
	间壁	1.85	长×宽
	平板屋面 垄板屋面	0.74 0.89	斜（长）×宽
	排水伸缩缝盖板	0.78	展开面积
	吸气罩	1.63	水平投影面积

表5－28　其他金属面工程量系数表

定额项目	项目名称	系数	工程量计算方法
其他木材面	钢屋架、天窗架、挡风架、屋架梁、支撑、檩条	1.00	质量/t
	墙架（空腹式）	0.50	
	墙架（格板式）	0.82	
	钢柱、吊车梁、花式梁、柱、空花构件	0.63	
	操作台、走台、钢动梁、钢梁、车挡	0.71	
	钢栅栏门栏杆窗栅	1.71	
	钢爬梯	1.18	
	轻型屋架	1.42	
	踏步式钢扶梯	1.05	
	零星铁件	1.32	

【例5－33】某工程尺寸如图5.96所示，地面刷过氯乙烯涂料，三合板木墙裙上润油粉，刷硝基清漆6遍，堵面、顶棚刷乳胶漆3遍（光面）。计算工程量，确定定额项目。

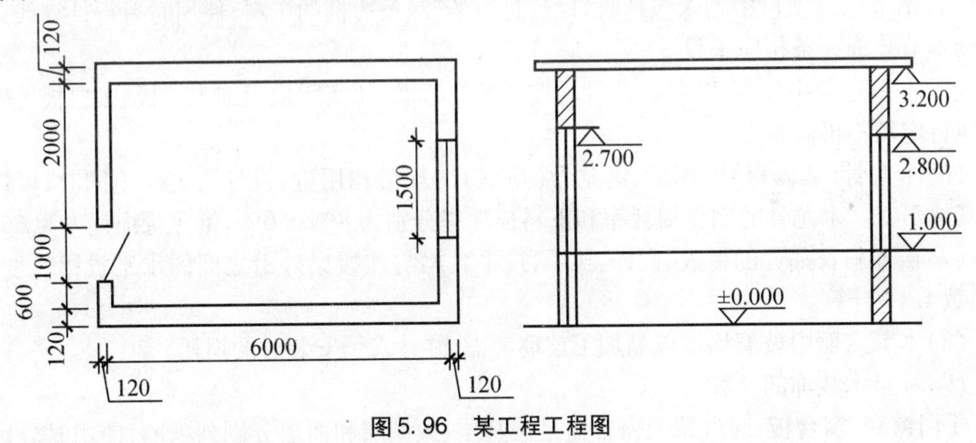

图5.96　某工程工程图

解：（1）地面刷涂料工程量 $=(6.00-0.24)\times(3.60-0.24)=19.35\text{m}^2$

地面刷过氯乙烯涂料套9－4－186

定额基价 $=136.53$ 元/10m^2

（2）墙裙刷硝基清漆工程量 $=(6.00-0.24+3.60-0.24)\times2-1.00+0.12\times2)$

$\times1.00\times1.00$（系数）$=17.48\text{m}^2$

堵裙刷硝基清漆5遍套9－4－93

定额基价 $=241.35$ 元/10m^2

墙裙刷硝基清漆每增一遍

定额基价 $=21.98$ 元/10m^2

（3）顶棚刷乳胶漆工程量 $=5.76\times3.36=19.35\text{m}^2$

顶棚刷乳胶漆二遍套9－4－151

定额基价 $=60.24$ 元/10m^2

顶棚刷乳胶漆每增一遍 套 9－4－157

定额基价＝23.59 元/$10m^2$

(4)墙面刷乳胶漆工程量＝(5.76＋3.36)×2×2.20－1.00×(2.70－1.00)

－1.50×1.80＝35.73m^2

墙面刷乳胶漆二遍(光面)套 9－4－152

定额基价＝56.39 元/$10m^2$

墙面刷乳胶漆每增一遍套 9－4－158

定额基价＝28.72 元/$10m^2$

5. 其他装饰工程

1)定额有关规定及说明

(1)本节包括零星木装饰、装饰线条、卫生间零星装饰、工艺门扇、橱柜、木楼梯及栏杆扶手和其他项目等。

(2)本节定额中的成品安装项目,实际使用的材料品种、规格与定额取定不同时,可以换算,但人工、机械的消耗量不变。

(3)本节定额中均不包括油漆和防火涂料,实际发生时按定额第 4 节相应规定计算。

(4)本节定额项目中均未包括收口线、封边条、线条边框的工料,使用时另行计算线条用量,套本节装饰线条相应子目。

(5)本节定额中除有注明外,龙骨均按木龙骨考虑,如实际采用细木工板、多层板等做龙骨,执行定额不再调整。

(6)木龙骨(装修材)的用量、钢龙骨(角钢)的规格和用量,设计与定额不同时,可以调整,其他不变。木龙骨的制作损耗率和下料损耗率分别为 8% 和 6%,钢龙骨损耗率为 6%。

(7)楼梯斜长部分的栏板、栏杆、扶手,按平台梁与连接梁外沿之间的水平投影长度,乘以系数 1.15 计算。

(8)本节定额中玻璃均按成品加工玻璃考虑,并计入了安装时的损耗。

(9)零星木装饰的计算。

①门窗套、窗台板、暖气罩及窗帘盒是按基层、造型层和面层分别列项的,使用时分别套相应定额。门窗套不做木龙骨时,每 $10m^2$ 扣除 1.3 工日,扣除装修材 $0.1m^3$。门窗台板不做木龙骨时,每 $10m^2$ 扣除 1.1 工日,扣除装修材 $0.06m^3$。窗帘盒设计用量与定额不同时可以换算。

②门窗贴脸按成品线条编制,使用时套用本节装饰线条相应子目。

(10)装饰线条的计算。

①装饰线条均按成品安装编制。

②装饰线条按直线安装编制,如安装圆弧形或其他图案者,按以下规定计算。

(a)顶棚面安装圆弧装饰线条,人工乘以 1.4 系数。

(b)墙面安装圆弧装饰线条,人工乘以 1.2 系数。

(c)装饰线条做艺术图案,人工乘以 1.6 系数。

(11)卫生间零星装饰的计算。

①大理石洗漱台的台面及裙边与挡水板分别列项,台面及裙边子目中综合取定了钢支

架的消耗量。洗漱台面按成品考虑,如需现场开孔,执行相应台面加工子目。

②卫生间配件按成品安装编制。

(12)工艺门扇的计算。

定额木门扇安装子目中每扇按3个合页编制,如与实际不同时,合页用量可以调整,每增减10个合页,增减0.25工日。

(13)橱柜的计算。

①橱柜定额按骨架制安、骨架围板、隔板制安、橱柜贴面层、抽屉、门扇龙骨及门扇安装、玻璃柜及五金件安装分别列项,使用时分别套用相应定额。

②橱柜骨架中的木龙骨用量,设计与定额不同时可以换算,但人工、机械消耗量不变。

(14)美术字安装的计算。

①美术字定额按成品字安装固定编制,美术字不分字体。

②外文或拼音字,以小文意译的单字计算。

③材质适用范围:泡沫塑料有机玻璃字,适用于泡沫塑料、硬塑料、有机玻璃、镜面玻璃等材料制作的字;木质字适用于软、硬质木,合成材等材料制作的字;金属字适用于铝铜材、不锈钢、金、银等材料制作的字。

(15)招牌、灯箱的计算。

①招牌、灯箱分一般及复杂形式。一般形式是指矩形,表面平整无凹凸造型;复杂形式是指异形或表面有凹凸造型。

②招牌内的灯饰不包括在定额内。

2)工程量计算规则

(1)招牌、美术字的计算。

①平面招牌基层,按正立面投影面积计算,不考虑板面的凹凸造型因素。

②生根于雨篷、檐口或阳台的立式招牌基层,拐弯复杂形按展开面积计算。

③箱体招牌和竖式标箱基层,按外围体积计算。突出箱外的灯饰、店徽及其他艺术装璜等另行计算。

④招牌的面层按展开面积计算。

⑤美术字安装按字的最大外围面积计算。

(2)石材装饰条按延长米计算。

(3)货架、高货柜、收银台按正面面积计算,包括脚的高度在内的其他柜类项目均按米计算。

(4)装饰条、角线、金属压条均按延长米计算。

(5)镜面玻璃带框与不带框均按正立面的高乘宽计算。

(6)大理石洗漱台按台面及裙边的展开面积计算,不扣除开孔的面积;挡水板按设计面积计算。台面如需现场开孔,磨孔边,按个计算。

(7)暖气罩各层按设计面积计算。

(8)百页窗帘、网扣窗帘按设计尺寸面积计算,设计未注明尺寸时,按洞口面积计算;窗帘、遮光帘均按帘轨的长度以米计算。

(9)明式窗帘盒按设计长度以延长米计算;与天棚相连的暗式窗帘盒,基层板(龙骨)、面层板按展开面积以平方米计算。

(10)不锈钢、铝塑板包门框按框饰面面积以平方米计算。

(11)夹板门门扇木龙骨不分扇的形式,按扇面积计算;基层、造型层及面层按设计面积计算。扇安装按扇个数计算。门扇上镶嵌按镶嵌的外围面积计算。

(12)木楼梯按水平投影面积计算,不扣除宽度小于300mm的楼梯井面积,踢脚板、平台和伸入墙内部分不另计算;栏杆、扶手按延长米计算;木柱、木梁按竣工体积以立方米计算。

5.2.11 脚手架工程

1. 定额有关规定及说明

(1)本节包括外脚手架、里脚手架、满堂脚手架、悬空及挑脚手架、安全网等内容,共4个子目。

(2)脚手架按搭设材料分为木制、钢管式脚手架;按搭设形式及作用分为型钢平台挑钢管式脚手架、烟囱脚手架和电梯井脚手架等。为了适应建设单位单独发包的情况,单列了主体工程外脚手架和外装饰工程脚手架。外脚手架可分为单排外脚手架和双排外脚手架,如图5.97所示。

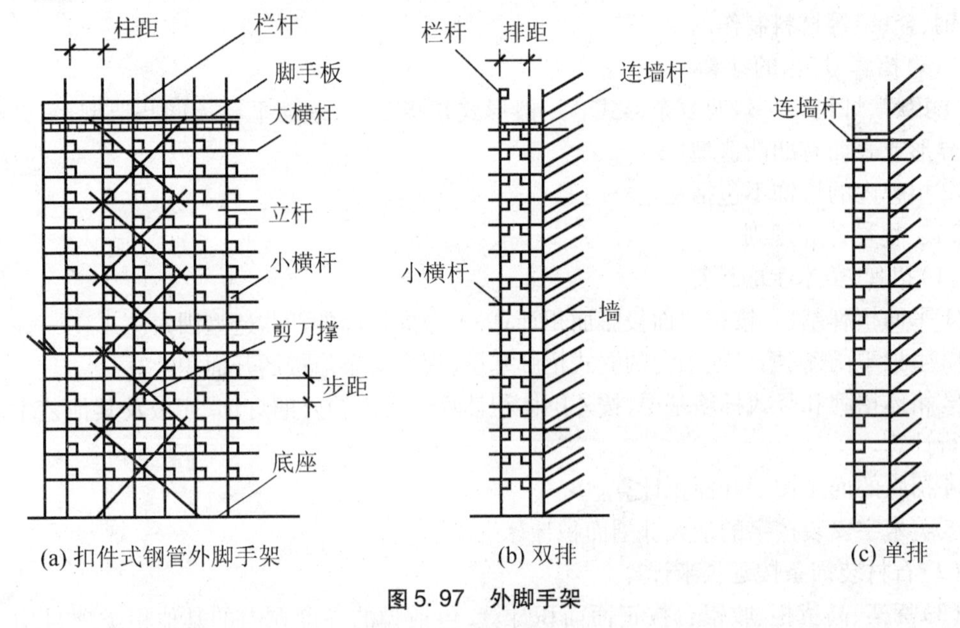

图5.97 外脚手架

(3)各种现浇混凝土独立柱、框架柱、砖柱、石柱等,均需单独计算脚手架;混凝土构造柱不单独计算。

(4)现浇混凝土圈梁、过梁、楼梯、雨篷、阳台、挑檐中的梁和挑梁,均不单独计算脚手架。

(5)各种现浇混凝土板、现浇混凝土楼梯,不单独计算脚手架。

(6)外挑阳台的外脚手架,按其外挑宽度,并入外墙外边线长度内计算。

(7)混凝土独立基础高度超过1m,按柱脚手架规则计算工程量(外围周长按最大底面周长计算),执行单排外脚手架子目。

(8)石砌基础高度超过1m,执行双排里脚手架子目;超过3m,执行双排外脚手架子目。边砌边回填时,不得计算脚手架。

(9)石砌围墙或厚2砖以上的砖围墙,增加一面双排里脚手架。

(10)各种石砌挡土墙的砌筑脚手架,按石砌基础的规定执行。

(11)型钢平台外挑双排钢管架子目,一般适用于自然地坪或高层建筑的低层屋面不能承受外脚手架荷载,不能搭设落地脚手架等情况。其工程量计算执行外脚手架的相应规定。

(12)编制标底时,外脚手架高度在110m以内,按相应落地钢管架子目执行;高度超过110m时,按型钢平台外挑双排钢管架子目执行。

(13)满堂脚手架按室内净面积计算,不扣除柱、垛所占面积。

(14)内装饰脚手架,内墙高度在3.6m以内时按相应脚手架子目的30%计取。但计取满堂脚手架后,不再计取内装饰脚手架。

(15)外脚手架子目综合了上料平台和护卫栏杆,依附斜道、安全网和建筑物的垂直封闭等,应依据相应规定另行计算。

(16)斜道是按依附斜道编制的,独立斜道按依附斜道子目人工、材料、机械乘以系数1.80。

(17)高出屋面的水箱间、电梯间,不计算垂直封闭。

(18)水平防护架和垂直防护架指脚手架以外单独搭设的,用于车辆通行、人行通道、临街防护和施工与其他物体隔离等的防护。是否搭设和搭设的部位、面积,均应根据工程实际情况,技施工组织没计确定的方案计算。

(19)烟囱脚手架综合了垂直运输架、斜道、缆风绳、地锚等内容。

(20)水塔脚手架按相应的烟囱脚手架人工乘以系数1.11,其他不变。倒锥壳水塔脚手架,按烟囱脚手架相应子目乘以系数1.3。本节仅编制了烟囱脚手架项目,水塔脚手架套烟囱脚手架乘系数。

(21)滑升钢模浇筑的钢筋混凝土烟囱、倒锥壳水塔支筒及筒仓,定额按无井架施工编制,不另计脚手架费用。

(22)大型现浇混凝土储水(油)池、框架式设备基础的混凝土壁、柱、顶板梁等混凝土浇筑脚手架,按现浇混凝土墙、柱、梁的相应规定计算。

2. 工程量计算规则

1)统一规则

(1)计算内、外墙脚手架时,均不扣除门窗洞口、空圈洞口等所占的面积。

(2)同一建筑物高度不同时,应按不同高度分别计算。

(3)总包施工单位承包工程范围不包括外墙装饰工程或外墙装饰不能利用主体施工脚手架进行施工的工程,可分别套用主体外脚手架或装饰外脚手架项目。

2)外脚手架

(1)外脚手架工程量按外墙外边线长度乘以外脚手架高度以平方米计算。

外墙脚手架工程量 = (外墙外边线长度 + 墙垛侧面宽度 $\times 2 \times n$) $\times$ 外脚手架高度 (5-44)

(2)脚手架长度按外墙外边线长度计算,凸出墙面宽度大于240mm的墙垛等,按图示尺寸展开计算,并入外墙长度内。

(3)外脚手架的高度,在工程量计算及执行定额时,均自设计室外地坪算至檐口顶。

①先主体、后回填,自然地坪低于设计室外地坪时,外脚手架的高度自自然地坪算起。

②设计室外地坪标高不同时，有错坪的，按不同标高分别计算；有坡度的，按平均标高计算。

③外墙有女儿墙的，算至女儿墙压顶上坪；无女儿墙的，算至檐板上坪或檐沟翻沿的上坪。

④坡层面的山尖部分，其工程量按山尖部分的平均高度计算，但应按山尖顶坪执行定额。

⑤高出屋面的电梯间、水箱间，其脚手架按自身高度计算。

⑥高低层交界处的高层外脚手架，按低层屋面结构上坪至檐口（或女儿墙顶）的高度计算工程量，按设计室外地坪至檐口（或女儿墙顶）的高度执行定额。

（4）外脚手架按计算的外墙脚手架高度，套用相应高度（××m以内）的定额项目。

（5）若建筑物有挑出的外墙，挑出宽度大于1.5m时，外脚手架工程量按上部挑出外墙宽度乘以设计室外地坪至檐口或女儿墙表面高度计算，套用相应高度的外脚手架；下层缩入部分的外脚手架，工程量按缩入外墙长度乘以设计室外地坪至挑出部分的板底高度计算，不论实际需搭设单、双排脚手架，均按单排外脚手架定额项目执行。

【例5-34】某工程如图5.98所示，有挑出的外墙。试计算外脚手架工程量，确定定额项目。

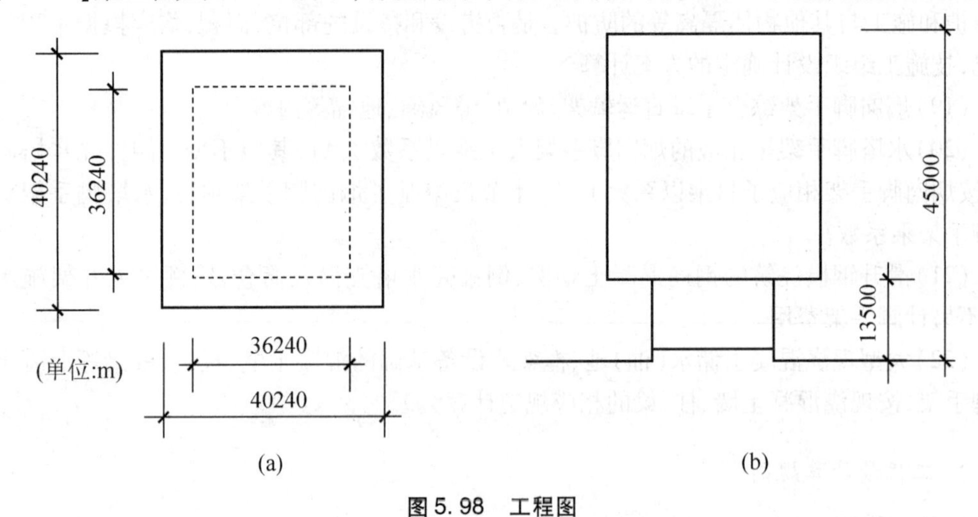

图5.98 工程图

解：① 挑出外墙脚手架工程量 $=40.24\times4\times45.00=7243.20\text{m}^2$

50m以内钢管双排外脚手架套10-1-8

② 缩入外墙脚手架工程量 $=36.24\times4\times13.50=1956.96\text{m}^2$

15m以内钢管单排外脚手架套10-1-4

注意：若建筑物仅上部几层挑出或挑出宽度小于1.5m时，应按施工组织设计确定的搭设方法，另行补充。

（6）砌筑高度在15m以下的按单排脚手架计算；高度在15m以上或高度虽小于15m但外墙门窗及装饰面积超过外墙表面积60%以上（或外墙为现浇混凝土墙、轻质砌块墙）时，按双排脚手架计算；建筑物高度超过30m时，可根据工程情况按型钢挑平台双排脚手架计算。施工单位投标报价时，根据施工组织设计规定确定是否使用。编制标底时，外脚手架高度在110m以内按钢管架定额项目编制，高度110m以上的按型钢平台外挑双排钢管架定额项目编制。工程量计算及高度不同计算等规定同外脚手架规定。平台外挑宽度定额已综合取定,使用时按定额项目设置高度分别套用。

【例5-35】某工程如图5.99所示,女儿墙高2m,计算外脚手架工程量并确定定额项目。

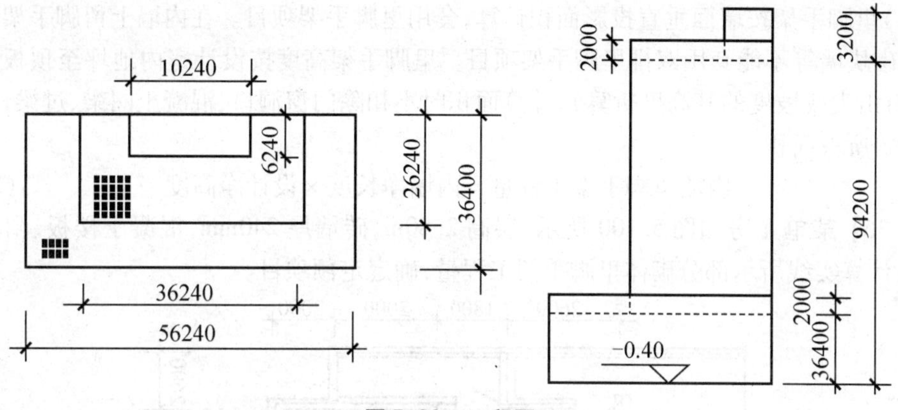

图5.99 工程图

解:① 高层(25层)部分外脚手架工程量

$36.24\times(94.20+2.00)=3493.54m^2$

$(36.24+26.24\times2)\times(94.20-36.40+2.00)=5305.43m^2$

$10.24\times(3.20-2.00)=12.29m^2$

合计:$8811.29m^2$

高度:$94.20+2.00=96.20m$

110m以内钢管双排外脚手架套10-1-11

② 低层(8层)部分脚手架工程量 $=[(36.24+56.24)\times2-36.24]\times(36.40+2.00)$

$=5710.85m^2$

高度 $=36.40+2.00=38.40m$

50m以内钢管双排外脚手架套10-1-8

③ 电梯间、水箱间部分(假定为砖砌外墙)脚手架

工程量 $=(10.24+6.24\times2)\times3.20=72.70m^2$

6m以内钢管单排外脚手架套10-1-102

(7)独立柱(现浇混凝土框架柱)按柱图示结构外围周长另加3.6m乘以设计标高以平方米计算,套用单排外脚手架项目。独立柱包括现浇混凝土独立柱、砖砌独立柱、石砌独立柱。混凝土构造柱不计算柱脚手架。设计柱高为基础上表面或楼板上表面至上层楼板上表面或屋面板上表面的高度。

(8)现浇混凝土梁、墙,按设计室外地坪或楼板上表面至楼板底之间的高度,乘以梁、墙净长以平方米计算,套用双排外脚手架项目。

梁墙脚手架工程量=梁墙净长度×设计室外地坪(或板顶)至板底高度

(9)型钢平台外挑钢管架,按外墙外边线长度乘设计高度以平方米计算。平台外挑宽度定额已综合取定,使用时按定额项目的设置高度分别套用。

3)里脚手架

(1)建筑物内墙脚手架,凡设计室内地坪至顶板下表面(或山墙高度1/2处)的高度在3.6m以下(非轻质砌块墙)时,按单排里脚手架计算;高度超过3.6m小于6m时,按双排里脚手架计算；高度超过 6m 时，内墙（非轻质砌块墙）砌筑脚手架，执行单排外脚手架子目。轻质砌块墙砌筑脚手架，高度超过 6m 时，执行双排外脚手架子目。

(2)里脚手架按墙面垂直投影面积计算，套用里脚手架项目。在内墙上留脚手架洞的各种轻质砌块墙等不能套用双排里脚手架项目。里脚手架高度按设计室内地坪至顶板下表面计算（有山尖或坡度的其高度折算），计算面积时不扣除门窗洞口、混凝土圈梁、过梁、构造柱及梁头等所占面积。

$$内墙里脚手架工程量 = 内墙净长度 \times 设计净高度 \tag{5-45}$$

【例 5－36】某单元房如图 5.100 所示，层高 2.80m，砖墙厚 240mm，混凝土楼板、阳台板厚 12cm。计算实线所示部分砌体里脚手架工程量，确定定额项目。

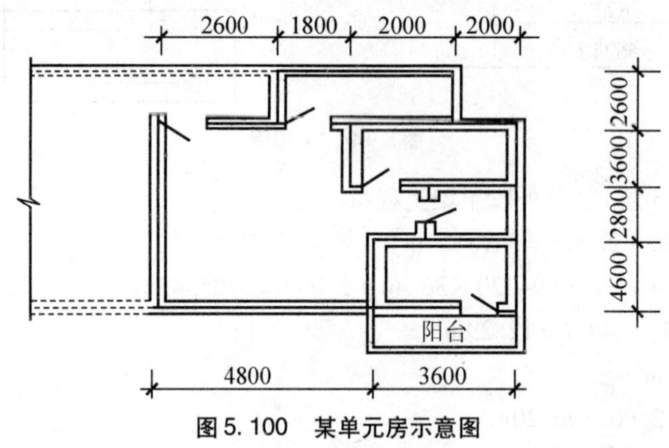

图 5.100　某单元房示意图

解：里脚手架工程量 $= (11.00 - 0.24 + 13.60 - 0.24 \times 2 + 6.40 - 0.24 + 4.00 - 0.24 + 3.60 - 0.24 + 3.60 - 0.24) \times (2.80 - 0.12) = 108.60\text{m}^2$

3.6m 以内钢管单排里脚手架套 10－1－21

注意：阳台外墙应按里脚手架计入。

4）装饰脚手架

(1)高度超过 3.6m 的内墙面装饰不能利用原砌筑脚手架时，可按里脚手架计算规则计算装饰脚手架。装饰脚手架按双排里脚手架乘以 0.3 系数计算。内墙装饰脚手架按装饰的结构面垂直投影面积（不扣除门窗洞口面积）计算。

(2)室内天棚装饰面距设计室内地坪在 3.6m 以上时，可计算满堂脚手架。满堂脚手架按室内净面积计算，不扣除柱、垛所占面积。其高度在 3.61～5.2m 之间时，计算基本层，超过 5.2m 时，每增加 1.2m 按增加一层计算，不足 0.6m 的不计，如图 5.101 所示。

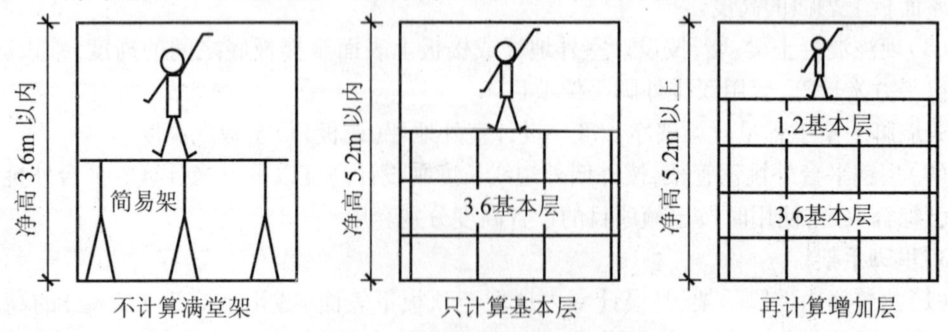

图 5.101　天棚装饰面脚手架的计算

室内净高超过3.6m时,方可计算满堂脚手架。室内净高超过5.2m时,方可计算增加层。增加层计算公式为

满堂脚手架增加层 = (室内净高度 - 5.2m) ÷ 1.2m[计算结果0.5以内舍去]　(5-46)

【例5-37】某顶棚抹灰,尺寸如图5.102所示,搭设钢管满堂脚手架。计算满堂脚手架工程量,确定定额项目。

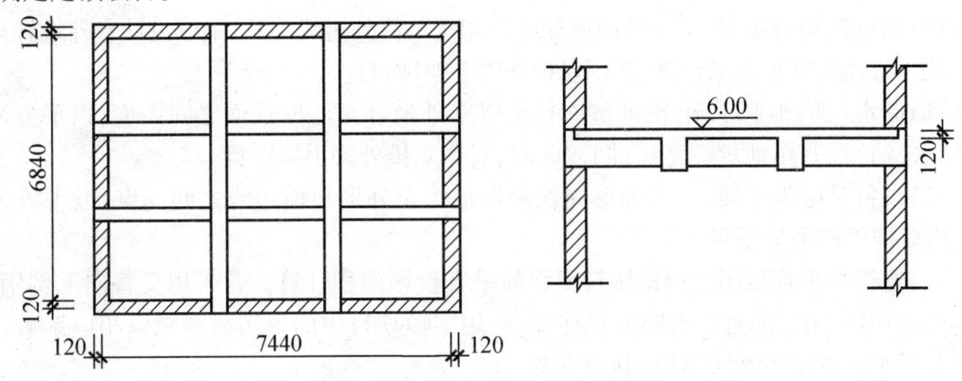

图5.102　某顶棚抹灰项目示意图

解:满堂脚手架工程量 = (7.44 - 0.24) × (6.84 - 0.24) = 47.52m^2

增加层 = (6.00 - 0.12 - 5.2) ÷ 1.2层 = 0.57层≈1层

钢管满堂脚手架(净高5.88m)套10-1-27、10-1-28

定额基价 = (63.85 + 10.37)元/10m^2 = 74.22元/10m^2

(3)外墙装饰不能利用主体脚手架施工时,可计算外墙装饰脚手架。外墙装饰脚手架按设计外墙装饰面积计算,套用相应定额项目。外墙油漆、涂刷者不计算外墙装饰脚手架。

(4)按规定计算满堂脚手架后,室内墙壁面装饰不再计算墙面装饰脚手架。

(5)外墙面局部玻璃幕墙的外装饰工程脚手架,按幕墙宽度两侧各加1m,乘以幕墙高度,以平方米计算工程量;按设计室外地坪至幕墙上边缘高度执行定额。

5)其他脚手架

(1)围墙脚手架,按室外自然地坪至围墙顶面的砌筑高度乘长度以平方米计算。围墙脚手架套用单排里脚手架相应项目。

围墙脚手架工程量 = 围墙长度 × 室外自然地坪至围墙顶面高度　(5-47)

(2)石砌墙体,凡砌筑高度在1.0m以上时,按设计砌筑高度乘长度以平方米计算,套用双排里脚手架项目。

(3)水平防护架,按实际铺板的水平投影面积,以平方米计算。

水平防护架工程量 = 水平投影长度 × 水平投影宽度　(5-48)

(4)垂直防护架,按自然地坪至最上一层横杆之间的搭设高度,乘以实际搭设长度以平方米计算。

(5)挑脚手架,按搭设长度和层数,以延长米计算。

(6)悬空脚手架,按搭设水平投影面积以平方米计算。

(7)烟囱脚手架,区别不同搭设高度以座计算。滑升模板施工的混凝土烟囱、筒仓不另计算脚手架。

(8)电梯井脚手架,按单孔以座计算。设备管道井不得套用。电梯井脚手架的搭设高

度，系指电梯井底板上坪至顶板下坪（不包括建筑物顶层电梯机房）之间的高度。

(9)斜道区别不同高度以座计算。依附斜道的高度，系指斜道所爬升的垂直高度，从下至上连成一个整体为1座。

注意：投标报价时，施工单位应按照施工组织设计要求确定数量。编制标底时，建筑物底面积小于1200m^2的按1座计算，超过1200m^2按每增加500m^2以内增加1座。

(10)砌筑储仓脚手架，不分单筒或储仓组均按单筒外边线周长，乘以设计室外地坪至储仓上口之间高度，以平方米计算，套用双排外脚手架项目。

(11)储水（油）池脚手架，按外壁周长乘以室外地坪至池壁顶面之间高度，以平方米计算。储水（油）池凡距地坪高度超过1.2m时，套用双排外脚手架项目。

(12)设备基础脚手架，按其外形周长乘以地坪至外形顶面边线之间高度，以平方米计算，套用双排里脚手架项目。

(13)建筑物垂直封闭工程量按封闭面的垂直投影面积计算。若采用交替向上倒用时，工程量按倒用封闭过的垂直投影面积计算，套用定额项目中的封闭材料乘以相应系数计算（竹席0.5、竹笆和密目网0.33），其他不变。

注意：报价由施工单位根据施工组织设计要求确定。编制标底时，建筑物16层（檐高50m）以内的工程按固定封闭计算；建筑物层数在16层（檐高50m）以上的工程按交替封闭计算，封闭材料采用密目网。

建筑物垂直封闭工程量＝（外围周长＋1.50×8）×（建筑物脚手架高度＋1.5护栏高）　(5－49)

(14)立挂式安全网按架网部分的实际长度乘以实际高度以平方米计算。

(15)挑出式安全网按挑出的水平投影面积计算。

挑出式安全网工程量＝挑出总长度×挑出的水平投影宽度

(16)平挂式安全网（脚手架与建筑物外墙之间的安全网）按水平挂设的投影面积计算，套用立挂式安全网定额子目。

注意：投标报价由，施工单位根据施工组织设计要求确定。编制标底时，按平挂式安全网计算，根据“扣件式钢管脚手架应用及安全技术规程”要求，随层安全网搭设数量按每层一道。平挂式安全网宽度取1.5m，工程量按下式计算

平挂式安全网工程量＝（外围周长×1.50＋1.50×4）×（建筑物层数－1）　(5－50)

5.2.12　垂直运输机械及超高增加

1. 定额有关规定及说明

1)建筑物垂直运输机械

本节包括建筑物垂直运输机械、建筑物超高人工机械增加内容。本节所指檐口高度是指设计室外地坪至屋面板板底（坡屋面算至外墙与屋面板板底）的高度；凸出建筑物屋顶的电梯间、水箱间等不计入檐口高度之内。

(1)檐口高度在3.6m以内的建筑物不计算垂直运输机械。

(2)同一建筑物檐口高度不同时应分别计算。

(3)±0.00以下垂直运输机械的计算如下。

①满堂基础混凝土垫层、软弱地基换填毛石混凝土，深度大于3m时，执行满堂基础垂直

运输机械子目。

②条形基础、独立基础,深度大于 3m 时,按满堂基础垂直运输机械子目的 50% 计算。

③定额地下室钢筋混凝土子目,混凝土地下室的层数指地下室的总层数。地下室层数不同时,应分别计算工程量,以层数多的地下室的外墙外垂直面为其分界。

④构筑物现浇混凝土基础,深度大于 3m 时,执行建筑物基础相关规定。

(4)20m 以下垂直运输机械的计算如下。

①定额 10－2－5～8 子目,适用于檐高大于 3.6m 小于 20m 的建筑物。

②定额 10－2－5、6 子目,系指其预制混凝土(钢)构件,采用塔式起重机安装时的垂直运输机械情况;若采用轮胎式起重机安装,子目中的塔式起重机乘以系数 0.85。

③定额 10－2－7、8 子目,定额仅列有卷扬机台班,系指预制混凝土(钢)构件安装(采用轮胎式起重机)完成后,维护结构砌筑、抹灰等所用的垂直运输机械。

(5)20m 以上垂直运输机械除混合结构及影剧院、体育馆外其余均以现浇框架外砌围护结构编制。若建筑物结构不同时按表 5－29 乘以相应系数计算。

表 5－29　垂直运输机械系数表

结构类型	建筑物檐高/m(以内)		
	20～40	50～70	80～150
全现浇	0.92	0.84	0.76
滑模	0.82	0.77	0.72
预制框(排)架	0.96	0.96	0.96
内浇外挂	0.71	0.71	0.71

①其他混合结构,适用于除影剧院混合结构以外的所有混合结构。

②其他框架结构,适用于除影剧院框架结构、体育馆以外的所有框架结构。

③预制框(排)架结构中的预制混凝土(钢)构件,采用塔式起重机安装时,其垂直运输机械执行定额系数表中的系数 0.96;采用轮胎式起重机安装时,执行 10－2－7、8 子目,并乘以系数 1.05。

(6)同一建筑物,应区别不同檐高及结构形式,分别计算垂直运输机械工程量,以高层外墙外垂直面为其分界。

(7)预制钢筋混凝土柱、钢屋架的厂房按预制排架类型计算。

(8)轻钢结构中有高度大于 3.6m 的砌体、钢筋混凝土、抹灰及门窗安装等内容时,其垂直运输机械按各自工程量,分别套用本节中轻钢结构建筑物垂直运输机械的相应项目。

(9)构筑物垂直运输机械子目中,烟囱、水塔、筒仓的高度,系指设计室外地坪至其结构顶面的高度。

(10)对于先主体、后回填,或因地基原因,垂直运输机械必须坐落于设计室外地坪以下的情况,执行定额时,其高度自垂直运输机械的基础上坪算起。

(11)现浇混凝土储水池的储水量,系指设计储水量。设计储水量大于 5000t 的按 10－2－49 子目计算,增加塔式起重机的台班数量:10000t 以内增加 35 台班;15000t 以内增加 75 台班;15000t 以上增加 120 台班。

2)建筑物超高人工、机械增加

(1)建筑物设计室外地坪至檐口高度超过20m时，即为“超高工程”。本节定额项目适用于建筑物檐口高度20m以上的工程。

(2)本节各项降效系数包括完成建筑物20m以上(除垂直运输、脚手架外)全部工程内容的降效。

(3)本节其他机械降效系数是指除垂直运输机械及其所含机械以外的，其他施工机械的降效。

(4)建筑物内装修工程超高人工增加，是指无垂直运输机械，无施工电梯上下的情况。

(5)檐高超过20m的建筑物，其超高人工、机械增加的计算基数为除下列工程内容之外的全部工程内容。

①室内地坪(±0.00)以下的地面垫层、基础、地下室等全部工程内容。

②±0.00以上的构件制作(预制混凝土构件含钢筋、混凝土搅拌和模板)及工程内容。

③垂直运输机械、脚手架、构件运输工程内容。

(6)同一建筑物，檐口高度不同时，其超高人工、机械增加工程量，应分别计算。

(7)单独施工的主体结构工程和外墙装饰工程，也应计算超高人工、机械增加，其计算方法和相应规定，同整体建筑物超高人工、机械增加。单独内装饰工程不适用上述规定。

(8)建筑物内装饰超高人工增加，适用于建设单位单独发包内装饰工程的情况。

①6层以下的单独内装饰工程，不计算超高人工增加。

②定额中“×层—×层之间”，指单独内装饰施工所在的层数，而不是建筑物总层数。

3)其他

(1)建筑物主要构件柱、梁、墙(包括电梯井壁)、板施工时均采用泵送混凝土，其垂直运输机械子目中的塔式起重机乘以系数0.8。若主要结构构件不全部采用泵送混凝土时，不乘此系数。

(2)垂直运输机械定额项目中的其他机械包括排污设施及清理、临时避雷设施、夜间高空安全信号等内容。

2. 工程量计算规则

1)建筑物垂直运输机械

(1)凡定额计量单位为平方米的，均按“建筑面积计算规则”规定计算。

(2)±0.00以上的工程垂直运输机械，按“建筑面积计算规则”计算出建筑面积后，根据工程结构形式，分别套用相应定额。

(3)±0.00以下的工程垂直运输机械按下列规则计算。

①钢筋混凝土地下建筑，按其上口外墙(不包括采光井、防潮层及保护墙)外围水平面积以平方米计算。

②钢筋混凝土满堂基础，按其工程量计算规则计算出的立方米体积计算。

(4)构筑物垂直运输机械工程量以座为单位计算。构筑物高度超过定额设置高度时，按每增高1m项目计算。高度不足1m时，亦按1m计算。

2)建筑物超高人工、机械增加

(1)人工、机械降效按±0.00以上的全部人工、机械(除脚手架、垂直运输机械外)数量乘以相应子目中的降效系数计算。

(2)建筑物内装修工程的人工降效,按施工层数的全部人工数量乘定额内分层降效系数计算。

3)建筑物分部工程垂直运输机械

(1)建筑物主体结构工程垂直运输机械,按"建筑面积计算规则"计算出面积后,套用相应定额项目。

(2)建筑物外装修工程垂直运输机械,按建筑物外墙装饰的垂直投影面积(不扣除门窗洞口,凸出外墙部分及侧壁也不增加)以平方米计算。

(3)建筑物内装修工程垂直运输机械按"建筑面积计算规则"装修建筑物的层数套用相应定额项目。

【例5-38】某商业住宅楼,一层为钢筋混凝土地下室,层高为4.5m,建筑面积228m^2,地下室为钢筋混凝土满堂基础,混凝土体积为85m^3。计算±0.00以下垂直运输机械工程量,确定定额项目。

解:(1)钢筋混凝土满堂基础垂直运输机械工程量=85.00m^3

钢筋混凝土满堂基础垂直运输机械套10-2-1

定额基价=155.28元/10m^3

(2)一层钢筋混凝土地下室垂直运输机械工程量=228.00m^2

一层钢筋混凝土地下室垂直运输机械套10-2-2

定额基价=279.48元/10m^2

5.2.13 构件运输及安装工程

1. 定额有关规定及说明

(1)本节包括混凝土构件运输,金属构件运输,木门窗、铝合金门窗、塑钢门窗运输,成型钢筋场外运输;预制混凝土构件安装、金属结构构件安装等内容。

(2)构件运输的计算。

①构件运输,包括场内运输和场外运输,即构件堆放场地至施工现场吊装点或构件加工厂至施工现场堆放点的运输。预制混凝土构件在吊装机械起吊点半径15m范围内的地面移动和就位已包括在安装子目内;超过15m时的地面移动,按构件运输1km以内子目计算场内运输。起吊完成后,地面上各种构件的水平移动,无论距离远近,均不另行计算。

②门窗运输的工程量,以门窗洞口面积为基数,分别乘以下列系数:木门—0.975;木窗—0.9715;铝合金门—0.9668。

③本节按构件的类型和外形尺寸划分类别。构件类型及分类见表5-30、表5-31。

表5-30 预制混凝土构件分类表

类别	项目
Ⅰ	4m以内空心板、实心板
Ⅱ	6m内的桩、屋面板、工业楼板、基础梁、吊车梁、楼梯休息平台、楼梯段、阳台板
Ⅲ	6~14m的梁、板、柱、桩,各类屋架、桁架、托架(14m以上另行处理)

续表

类别	项目
Ⅳ	天窗架、挡风架、侧板、端壁板、天窗上下档、门框及单件体积在 0.1m³ 以内的小型构件
Ⅴ	装配式内、外墙板，大楼板，厕所板
Ⅵ	隔墙板（高层用）

表 5－31　预制混凝土构件分类表

类别	项目
Ⅰ	钢柱、屋架、托架梁、防风桁架
Ⅱ	吊车梁、制动梁、型钢檩条、钢支撑、上下档、钢拉杆栏杆、盖板、垃圾出灰门、倒灰门、爬梯、零星构件、平台、操作台、走道休息台、扶梯、钢吊车梯台、烟囱紧固箍
Ⅲ	墙架、挡风架、天窗架、组合檩条、轻钢屋架、滚动支架、悬挂支架、管边支架

④本节定额综合考虑了城镇及现场运输道路等级、重车上下坡等各种因素。

⑤构件运输过程中，如遇路桥限载（限高）而发生的加固、拓宽等费用，另行处理。

（3）构件安装的计算。

① 混凝土构件安装项目中，凡注明现场预制的构件，其构件按第 4 章有关规定计算；凡注明成品的构件，按其商品价格计入安装项目内；天窗架、天窗端壁、上下档、支撑、侧板及檩条的灌缝套用天窗架、天窗端壁的灌缝子目。

②金属构件安装项目中，未包括金属构件的消耗量。

③本节定额的安装高度为 20m 以内。预制混凝土构件安装子目中的安装高度指建筑物的总高度。

④本节定额中机械吊装是按单机作业编制的。

⑤本节定额是按机械起吊中心回转半径 15m 以内的距离编制的。

⑥定额中包括每一项工作循环中机械必要的位移。

⑦本节定额安装项目是以轮胎式起重机、塔式起重机（塔式起重机台班消耗量包括在垂直运输机械项目内）分别列项编制的。预制混凝土构件安装子目中，机械栏列出轮胎式起重机台班消耗量的，为轮胎式起重机安装；其余，除定额注明者外，为塔式起重机安装。如使用汽车式起重机时，按轮胎式起重机相应定额项目乘以系数 1.05。

⑧预制混凝土构件的轮胎式起重机安装子目，定额按单机作业编制。双机作业时，轮胎式起重机台班数量乘以系数 2；三机作业时，乘以系数 3。

⑨本节定额中不包括起重机械、运输机械行驶道路的修整、垫铺工作所消耗的人工、材料和机械。

⑩其他混凝土构件安装及灌缝子目，适用于单体体积在 0.1m³（人力安装）或 0.5m³（5t 汽车吊安装）以内定额未单独列项的小型构件。

⑪预制混凝土构件安装子目中，未计入构件的操作损耗。施工单位报价时，根据构件、现场等具体情况，自行确定构件损耗率。编制标底时、预制混凝土构件按相应规则计算的工程量，乘以表 5－13 规定的工程量系数。

⑫升板预制柱加固是指柱安装后至楼板提升完成前的预制混凝土柱的搭设加固。

⑬钢屋架安装单榀重量在1t以下者,按轻钢屋架子目计算。

⑭本节定额中的金属构件拼装和安装是按焊接编制的。

⑮钢柱、钢屋架、天窗架安装子目中,不包括拼装工序,如需拼装时按拼装子目计算。

⑯预制混凝土构件和金属构件安装子目均不包括为安装工程所搭设的临时性脚手架及临时平台,发生时按有关规定另行计算。

⑰钢柱安装在混凝土柱上时,其人工、机械乘以系数1.43。

⑱预制混凝土构件、钢构件必须在跨外安装就位时,按相应构件安装子目中的人工、机械台班乘系数1.18,使用塔式起重机安装时,不再乘以系数。

⑲预制混凝土(钢)构件安装机械的采用,编制标底时,按下列规定执行。

(a)檐高20m以下的建筑物,除预制排架单层厂房、预制框架多层厂房执行轮胎式起重机安装子目外,其他结构执行塔式起重机安装子目。

(b)檐高20m以上的建筑物,预制框(排)架结构可执行轮胎式起重机安装子目,其他结构执行塔式起重机安装子目。

2. 工程量计算规则

(1)预制混凝土构件运输及安装均按图示尺寸,以实体积计算;钢构件按构件设计图示尺寸以吨计算,所需螺栓、电焊条等重量不另计算。木门窗、铝合金门窗、塑钢门窗按框外围面积计算。成型钢筋按吨计算。

(2)构件运输的计算。

①构件运输项目的定额运距为10km以内,超出时按每增加1km子目累加计算。

②加气混凝土板(块)、硅酸盐块运输每立方米折合混凝土构件体积0.4m^3,按Ⅰ类构件运输计算。

(3)预制混凝土构件安装的计算。

①焊接成型的预制混凝土框架结构,其柱安装按框架柱计算;梁安装按框架梁计算。

②预制钢筋混凝土工字形柱、矩形柱、空腹柱、双肢柱、空心柱、管道支架等的安装均按柱安装计算。

③组合屋架安装,以混凝土部分的实体积计算,钢杆件部分不另计算。

④预制钢筋混凝土多层柱安装,首层柱按柱安装计算,二层及二层以上按柱接柱计算。

⑤升板预制柱加固子目工程量,按提升混凝土板的体积,以立方米计算。

(4)钢构件安装的计算。

①钢构件安装按图示构件钢材重量以吨计算。

②依附于钢柱上的牛腿及悬臂梁等,并入柱身主材重量内计算。

③金属构件中所用钢板设计为多边形者,按矩形计算,矩形的边长以设计构件尺寸的最大矩形面积计算,如图5.103所示,最大矩形面积=A×B。

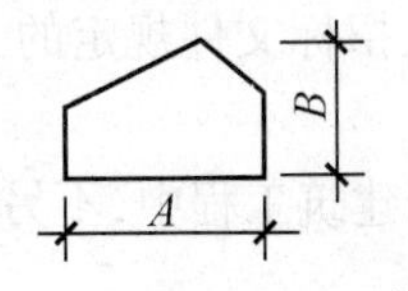

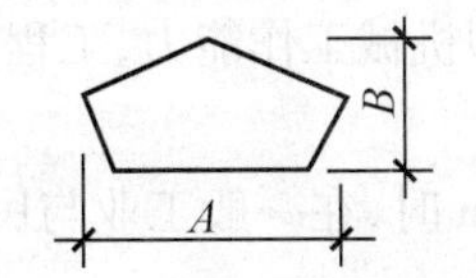

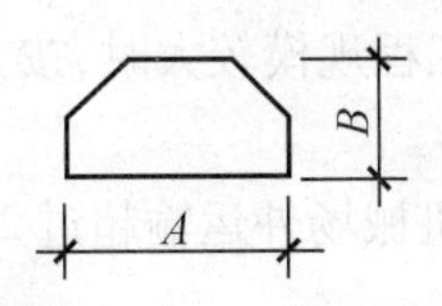

图5.103 多边形金属构件的计算

【例5－39】某工业厂房预制6m长槽形板，单块构件体积0.6m³，共50块，构件场外运输12km，轮胎式起重机跨内安装。计算钢筋混凝土预制6m长槽形板运输、安装和灌缝工程量，确定定额项目。

解：(1)预制槽形板运输工程量 $=0.6\times50=30\ m^3$

运输预制6m长槽形板(Ⅱ类)12km套10－3－7、10－3－8

定额基价 $=(909.83+36.70\times2)$ 元/10m³ $=983.23$ 元/10 m³

(2)预制槽形板安装工程量 $=0.60\times50=30m^3$

轮胎式起重机安装(0.6 m³)预制槽形板套10－3－159

定额基价 $=7325.33$ 元/10m³

(3)预制槽形板灌缝工程量 $=0.60\times50=30m^3$

预制槽形板(0.6m³)灌缝套10－3－161

定额基价 $=765.49$ 元/10m³

5.3 措施项目

5.3.1 大型机械安装、拆卸及场外运输

定额有关规定及说明如下。

(1)本书定额，依据《山东省建设工程施工机械台班单价表》编制。编制时，对机械种类不同，但其人工、材料、机械消耗量完全相同的子目进行了合并。

(2)塔式起重机基础及拆除，指塔式起重机混凝土基础的搅拌、浇筑、养护及拆除，以及塔式起重机轨道式基础的铺设。

(3)大型机械安装、拆卸，指大型施工机械在施工现场进行安装、拆卸所需的人工、材料、机械、试运转以及安装所需的辅助设施的折旧、搭设及拆除。

(4)大型机械场外运输，指大型施工机械整体或分体，自停放地运至施工现场，或由一施工现场运至另一施工现场25km以内的装卸、运输(包括回程)、辅助材料以及架线等工作内容。

(5)本节定额的项目名称，未注明大型机械规格、能力等特点的，均涵盖各种规格、能力、构造和工作方式的同种机械。例如5t、10t、15t、20t这4种不同能力的履带式起重机，其场外运输均执行履带式起重机子目。

(6)定额未列子目的大型机械，不计算安装、拆卸及场外运输。

(7)大型机械安装、拆卸及场外运输，编制标底时，按下列规定执行。

①塔式起重机混凝土基础，建筑物首层(不含地下室)建筑面积600m²以内，计1座；超过600m²，每增加400m²以内，增加1座。每座基础按10m³混凝土计算。

②大型机械安装、拆卸及场外运输，按标底机械汇总表中的大型机械，每个单位工程至少计1台次；工程规模较大时，按大型机械工作能力、工程量、招标文件规定的工期等具体因素确定。

(8)大型机械场外运输超过25km时，在一般工业与民用建筑工程中，不另计取。

5.3.2 施工排水、降水

1. 定额有关规定及说明

(1)人工井点降水有轻型井点、喷射井点、电渗井点、大口径井点、水平井点、射流泵井点降水等方式。

(2)井点间距应根据地质条件和施工降水的要求,按施工组织设计确定排水、降水方法。如施工组织设计无规定时,可按轻型井点管距0.8~1.6m、喷射井点管距2~3m确定。

(3)井点套组成:轻型井点50根为一套;喷射井点30根为一套;大口径井点45根为一套;电渗井点阳极10根为一套。

(4)抽水机集水井排水定额,以每台抽水机工作24小时为一台日,使用天数应按施工组织设计规定的使用天数计算。

2. 工程量计算规则

(1)抽水机基底排水分不同排水深度,按设计基底面积,以平方米计算。

(2)集水井按不同成井方式,分别以施工组织设计规定的数量,以座或米计算。抽水机集水井排水按施工组织设计规定的抽水机台数和工作天数,以台日计算。

(3)井点降水区分不同的井管深度,其井管安拆,按施工组织设计规定的井管数量,以根计算;设备使用按施工组织设计规定的使用时间,以每套使用的天数计算。

【例5-40】某工程采用轻型井点降水,井点管共计170根,降水40天,计算工程量,确定定额项目。

解:(1)安装、拆除工程量=170根套2-6-12。

(2)轻型井点管50根为一套,每一天为一台日。

设备使用套数=170/50≈4套

设备使用工程量=4×40套·天=160套·天

设备使用套2-6-13

本章小结

为了规范我国的工程造价制度,形成统一开放的国内建筑市场,对工程量计算规则和定额项目划分,各地都在逐步按照建设部颁布的统一标准进行计价。本章内容主要依据山东省建设厅颁布的《建筑工程消耗量定额》及2005年《山东省建筑工程价目表》,按照山东省工程量计算规则的要求,论述了以定额计价模式的定额有关规定及说明和每个分部工程的工程量计算规则,旨在让学生能够正确理解并运用工程量计算规则进行施工图预算和投标报价。

思考与习题

一、简答题

1. 如何进行单层、多层建筑物建筑面积,有柱的雨篷、车棚、货棚、站台的面积,建筑物外有柱和顶盖走廊、檐廊的面积,建筑物内变形缝、沉降缝的面积计算?

2. 如何确定挖土的起点标高?

3. 挖土方、挖地坑、挖地槽有什么区别?

4. 如何确定土方开挖的放坡系数?

5. 如何确定人工挖土的工作面?

6. 什么是平整场地? 如何计算工程量?

7. 如何计算回填土和土方运输的工程量?

8. 如何划分砌筑基础与墙身的分界线?

9. 砖石基础和墙体的工程量如何计算? 怎样确定内外墙基础的长度和墙身的长度、高度? 应扣除和不应扣除哪些体积? 突出墙面的体积哪些应增加?

10. 砖过梁有几种类型? 如何计算工程量?

11. 零星砌体包括哪些内容?

12. 外墙砌筑脚手架的高度如何确定? 工程量如何计算?

13. 满堂脚手架的计算条件是什么? 天棚高度超过5.2m时,定额如何套用?

14. 混凝土及钢筋混凝土基础在定额中分为几种类型? 基础高度如何确定?

15. 钢筋混凝土构造柱的工程量如何计算?

16. 有梁板、无梁板和平板有何区别? 多种板连接时的界限如何划分?

17. 过梁与圈梁整浇在一起时,过梁工程量如何计算?

18. 现浇整体楼梯包括几部分? 与楼板的界限如何划分? 工程量怎么计算?

19. 雨篷、阳台、挑檐的工程量如何计算? 四周弯起多少按栏板计算?

20. 预制钢筋混凝土构件的损耗有何规定? 试述钢筋、铁件实际用量与净用量的关系。钢筋搭接有何规定?

21. 楼地面中的整体面层与块料面层的工程量如何计算?

22. 台阶、散水工程量如何计算?

23. 屋面保温层、卷材屋面的工程量如何计算? 对于女儿墙、天窗等出屋面构件的卷材高度有何规定?

24. 内外墙抹灰、天棚抹灰的工程量如何计算? 天棚抹灰包括几部分?

25. 计算建筑物超高费的条件是什么? 超高费包括哪些内容? 建筑物的超高费如何计算?

26. 施工图预算定额计价的编制方法?

二、计算题

1. 高低连跨的单层建筑物如图5.104所示,求:①当高跨为中跨时该建筑物高跨、低跨各自的建筑面积;②平整场地工程量;③室外散水宽度为800mm,计算散水工程量。

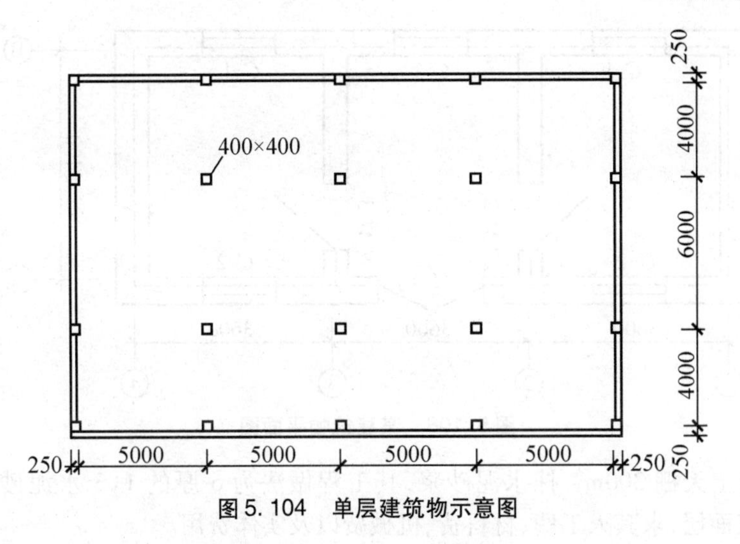

图 5.104　单层建筑物示意图

2. 计算如图 5.105 所示的建筑物的建筑面积（墙厚均为 240 mm）。平面图中尺寸为轴线尺寸，轴线与中心线重合。

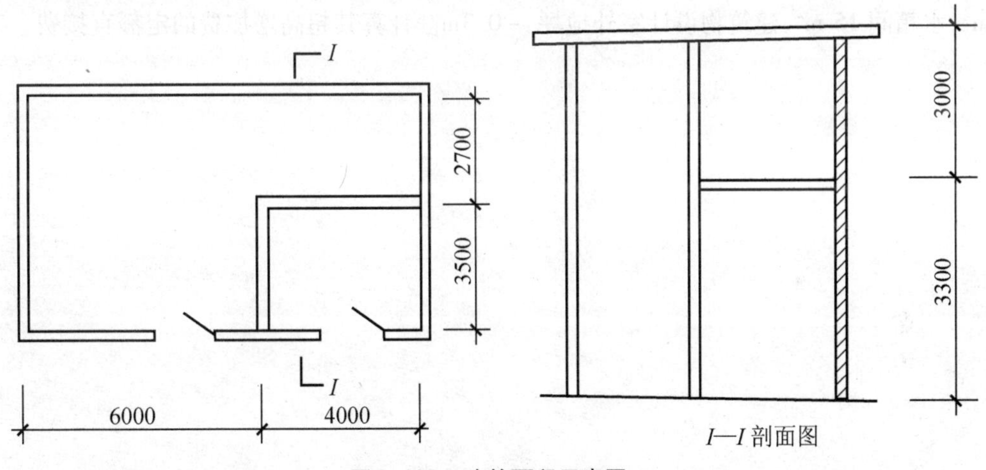

图 5.105　建筑面积示意图

3. 某单层建筑物层高 3.0m，平面图如图 5.106 所示，墙身为 M7.5 混合砂浆，外墙为 370mm，内墙为 240mm。M－1 为 1500mm×2400mm，M－2 为 900mm×2000mm，C－1 为 1800mm×1800mm，C－2 为 1500mm×1800mm，窗台高 1m。需单加过梁处，做预制钢筋混凝土过梁，过梁宽同墙宽，高均为 120mm，长度为洞口宽加 500mm。圈梁沿墙满布，高度 200mm。根据施工图计算圈梁、过梁、砖墙工程量。

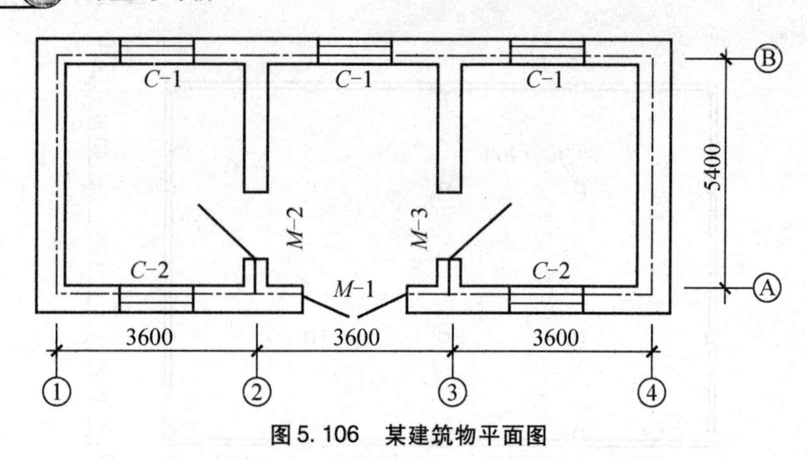

图 5.106　某建筑物平面图

4. 某混凝土天棚 $300m^2$，抹水泥砂浆，其工程做法为 6 厚的 1∶3 水泥砂浆底层，7 厚 1∶2.5水泥砂浆面层，求其人工费、材料费、机械费以及实体费用。

5. 某现浇框架办公楼为 30 层，底层层高 6m，10 层层高 4.2m，30 层层高 4.5m，25 层为设备层，层高 2.1m，其他层层高 3m，每层建筑面积 840 m^2，屋顶楼梯间 25 m^2，电梯机房 23 m^2，水箱间 15 m^2，建筑物设计室外地坪 -0.3m。计算其超高增加费的定额直接费。

第6章 工程量清单计价

教学目标

1. 掌握工程量清单的概念。
2. 熟悉工程量清单的内容及编制。
3. 了解工程量清单计价的特点与作用及基本方法与程序。
4. 熟悉工程量清单计价。
5. 掌握建筑工程工程量清单项目及计算规则。

导入案例

工程量清单计价方法是一种与现行的定额计价模式共存于招标投标计价活动中的另一种计价方式,是一种主要由市场定价的计价模式,是由建设产品的买方和卖方在建设市场上根据供求状况、信息状况进行自由竞价,从而最终能够签订工程合同价格的方法。2003 年 7 月 1 日,我国正式出台并开始执行了《建设工程工程量清单计价规范》(GB 50500—2003),其中包括建筑工程、装饰装修工程、安装工程、市政工程和园林绿化工程。同时规定:凡是建设工程招标投标实行工程量清单计价,不论招标主体是政府机构、国有企事业单位、集体企业、私人企业和外商投资企业,还是资金来源是国有资金、外国政府贷款及援助资金、私人资金等,都必须遵守《建设工程工程量清单计价规范》。因此,可以说工程量清单的计价方法是在建设市场建立、发展和完善过程中的必然产物。执行清单计价规范,解决清单计价规范与现行定额体系和招投标管理办法、施工合同接轨的新问题,推进中国的计价方法和计价模式与国际接轨,以及提高造价工程师与专业人员素质和水平,是我国目前市场所急需的。在工程量清单的计价过程中,工程量清单向建设市场的交易双方提供了一个平等的平台,是投标人在投标活动中进行公正、公平、公开竞争的重要基础。

6.1 工程量清单的概念和内容

6.1.1 工程量清单的概念

工程量清单是表现拟建工程的分部分项工程项目、措施项目、其他项目名称和相应数量的明细清单,是招标人或由其委托的代理机构按照招标要求和施工设计图纸要求规定将拟建招标工程的全部项目和内容,依据《建设工程工程量清单计价规范》中统一项目编码、项目名称、计量单位和工程量计算规则而编制的工程数量,是招标文件的重要组成部分,是承包商进行投标报价的主要参考依据之一。

6.1.2 工程量清单的编制

工程量清单由具有编制能力的招标人或受其委托、具有相应资质的工程造价咨询人编制。招标人是进行工程建设的主要责任主体,其责任包括负责编制工程量清单。若招标人不具备编制工程量清单的能力,可委托工程造价咨询人编制。根据《工程造价咨询企业管理办法》(建设部 149 号令),受委托编制工程量清单的工程造价咨询人应依法取得工程造价咨询资质,并在其资质许可的范围内从事工程造价咨询活动。

采用工程量清单方式招标,工程量清单必须作为招标文件的组成部分。招标人将工程量清单连同招标文件的其他内容一并发(或发售)给投标人。投标人依据工程量清单进行投标报价。编制工程量清单是一项专业性、综合性很强的工作,完整、准确的工程量清单是保证招标质量的重要条件。

1. 工程量清单的编制依据

编制工程量清单应依据下列资料。

(1)《建设工程工程量清单计价规范》(GB 50500—2008)(以下简称"清单计价规范")。
(2)国家或省级行业建设主管部门颁发的计价依据和办法。
(3)建设工程设计文件。
(4)与建设工程项目有关的标准、规范、技术资料。
(5)招标文件及其补充通知、答疑纪要。
(6)施工现场情况、工程特点及常规施工方案。
(7)其他相关资料。

2. 工程量清单的组成内容

工程量清单由分部分项工程量清单、措施项目清单、其他项目清单组成。工程量清单在工程量清单计价中起到基础性作用,是整个工程量清单计价活动的重要依据之一,贯穿于整个施工过程中。

1)分部分项工程量清单

分部分项工程量清单包括项目编码、项目名称、计量单位和工程量及项目特征。这是构成一个分部分项工程量清单的5个要件,这5个要件在分部分项工程量清单的组成中缺一不可。分部分项工程量清单根据清单计价规范附录规定的项目编码、项目名称、项目特征、计量单位和工程量计算规则进行编制。

(1)项目编码。项目编码是分部分项工程量清单项目名称的数字标识。项目编码以五级编码设置,采用十二位阿拉伯数字表示。一、二、三、四级编码全国统一,第五级根据拟建工程的工程量清单项目名称设置,同一招标工程的项目编码不得有重码。各级编码代表的含义如下。

① 第一级表示工程分类顺序码(左起一、二位):建筑工程为01、装饰装修工程为02、安装工程为03、市政工程为04、园林绿化工程为05。
② 第二级表示专业工程顺序码(三、四位)。
③ 第三级表示分部工程顺序码(五、六位)。
④ 第四级表示分项工程项目顺序码(七~九位)。
⑤ 第五级表示工程量清单项目顺序码(十~十二位)。

项目编码结构如图6.1所示(以建筑工程为例)。

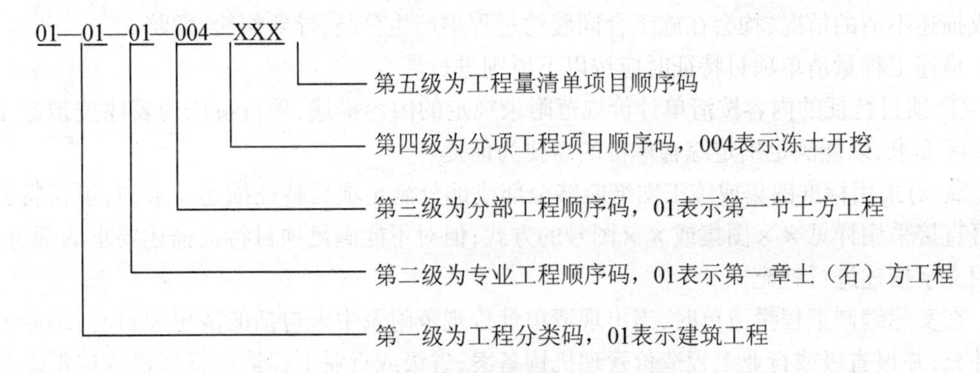

图6.1 工程量清单项目编码结构

(2)项目名称。清单计价规范附录表中的项目名称为分项工程项目名称,是形成分部分项工程量清单项目名称的基础，分部分项工程量清单项目名称按分项工程项目名称结合拟建工程的项目特征实际确定。分项工程项目名称一般以工程实体命名，按不同的工程部位、施工工艺或材料品种、规格等分别列项。项目名称应表达详细、明确。计算规则中项目名称如有缺陷，招标人可作补充，并报当地工程造价管理机构备案。

(3)计量单位。分部分项工程量清单的计量单位应采用基本单位，除各专业另有特殊规定外，均按以下单位计量。

① 以重量计算的项目——吨或千克(t 或 kg)。

② 以体积计算的项目——立方米(m^3)。

③ 以面积计算的项目——平方米(m^2)。

④ 以长度计算的项目——米(m)。

⑤ 以自然计量单位计算的项目——个、套、块、樘、组、台……

⑥ 没有具体数量的项目——宗、项……

各专业有特殊计量单位的，再另外加以说明。

(4)工程数量。工程量的计算，应以“计价规范”规定的统一工程量计算规则进行计量。各分部分项工程量计算规则见本章第3节。工程量的有效位数应遵守下列规定。

① 以“吨”为计量单位的应保留小数点后3位，第4位小数四舍五入。

② 以“立方米”、“平方米”、“米”、“千克”为计量单位的应保留小数点后二位，第3位小数四舍五入。

③ 以“项”、“个”等为计量单位的应取整数。

(5)项目特征。项目特征是构成分部分项工程量清单项目、措施项目自身价值的本质特征。是相对于工程量清单计价而言，对构成工程实体的分部分项工程量清单项目和非实体的措施清单项目，反映其自身价值的特征进行的描述。

分部分项工程量清单的项目特征是确定一个清单项目综合单价的重要依据，在编制的工程量清单中必须对其项目特征进行准确和全面的描述。分部分项工程量清单的项目特征，应按清单计价规范附录中规定的项目特征结合拟建工程项目的实际予以描述。

由此可见，清单项目特征的描述，应根据清单计价规范附录中有关项目特征的要求，结合技术规范、标准图集、施工图纸，按照工程结构、使用材质及规格或安装位置等，予以详细而准确的表述和说明。招标人应高度重视分部分项工程量清单项目特征的描述，任何不描述或描述不清的情况，均会在施工合同履约过程中产生分歧，导致纠纷、索赔。

描述工程量清单项目特征时应按以下原则进行。

① 项目特征的内容按清单计价规范附录规定的内容描述，项目特征的表述按拟建工程的实际要求，以能满足确定综合单价的需要为前提。

② 对采用标准图集或施工图纸能够全部或部分满足项目特征描述要求的，项目特征描述可直接采用详见××图集或××图号的方式；但对不能满足项目特征描述要求的部分，仍应用文字描述进行补充。

在实际编制工程量清单时，当出现清单计价规范附录中未包括的清单项目时，编制人应作补充，并报省级或行业工程造价管理机构备案，省级或行业工程造价管理机构应汇总报住房和城乡建设部标准定额研究所。补充项目的编码由附录的顺序码(A、B、C、D、E、F)与B和3位阿拉伯数字组成，并应从×B001起顺序编制，同一招标工程的项目不得重码。工程量清单中需附有补充项目的名称、项目特征、计量单位、工程量计算规则、工程内容。

编制人在编制补充项目时应注意以下 3 个方面。表 6－1 为补充项目举例。

表 6－1　工程量清单补充项目

项目编码	项目名称	项目特征	计量单位	工程量计算规则	工程内容
AB001	钢管桩	1. 地层描述 2. 送桩长度/单桩长度 3. 钢管材质、管径、壁厚 4. 管桩填充材料种类 5. 桩倾斜度 6. 防护材料种类	m/根	按设计图示尺寸以桩长(包括桩尖)或根数计算	1. 桩制作、运输 2. 打桩、试验桩、斜桩 3. 送桩 4. 管桩填充材料、刷防护材料

注:A 表示建筑工程

【例 6－1】某 C25 现浇混凝土带形基础(表 6－2),其工程量为 4.2m^3,确定其工程量清单。

表 6－2　带形基础项目

序号	编码	项目名称	计量单位	工程数量
1	010401001001	带形基础 1. 基础形式、材料种类:C15 混凝土基础垫层 100 厚、C25 钢筋混凝土条形基础 2. 混凝土强度等级:C25	m^3	4.2

2)措施项目清单

措施项目是为完成工程项目施工,发生于该工程施工准备和施工过程中的技术、生活、安全、环境保护等方面的非工程实体项目,是相对于工程实体的分部分项工程项目而言,在实际施工中为完成实体工程项目所必须发生的施工准备和施工过程中技术、生活、安全、环境保护等方面的非工程实体项目的总称。

措施项目清单应根据拟建工程的实际情况列项。通用措施项目可按表 6－3 选择列项,专业工程的措施项目可按清单计价规范附录中规定的项目选择列项。若出现未列的项目,可根据工程实际情况补充。"通用措施项目"是指各专业工程"措施项目清单"中均可列的措施项目。

表 6－3　通用措施项目一览表

序号	项目名称
1	安全文明施工(含环境保护、文明施工、安全施工、临时设施)
2	夜间施工
3	二次搬运
4	冬雨季施工
5	大型机械设备进出场及安拆
6	施工排水

续表

序号	项目名称
7	施工降水
8	地上、地下设施，建筑物的临时保护设施
9	已完工程及设备保护

措施项目中可以计算工程量的项目清单宜采用分部分项工程量清单的方式编制，列出项目编码、项目名称、项目特征、计量单位和工程量计算规则；不能计算工程量的项目清单，以“项”为计量单位。

所谓非实体性项目，一般来说，其费用的发生和金额的大小与使用时间、施工方法或者两个以上工序相关，与实际完成的实体工程量的多少关系不大，典型的是大中型施工机械进、出场及安、拆费，文明施工和安全防护、临时设施等。但有的非实体性项目，典型的是混凝土浇筑的模板工程，与完成的工程实体具有直接关系，并且是可以精确计量的项目，用分部分项工程量清单的方式，采用综合单价更有利于合同管理。

3）其他项目清单

其他项目清单宜按照下列内容列项：①暂列金额；②暂估价，包括材料暂估单价、专业工程暂估价；③计日工；④总承包服务费。

（1）暂列金额。暂列金额是招标人在工程量清单中暂定并包括在合同价款中的一笔款项，用于施工合同签订时尚未确定或者不可预见的所需材料、设备、服务的采购，施工中可能发生的工程变更、合同约定调整因素出现时的工程价款调整以及发生的索赔、现场签证确认等的费用。

（2）暂估价。暂估价是指招标人在工程量清单中提供的用于支付必然发生但暂时不能确定价格的材料的单价以及专业工程的金额。

一般而言，为方便合同管理和计价，需要纳入分部分项工程量清单项目综合单价中的暂估价是材料费。以“项”为计量单位给出的专业工程暂估价一般应是综合暂估价，应当包括除规费、税金以外的管理费、利润等。

（3）计日工。计日工是指在施工过程中，完成发包人提出的施工图纸以外的零星项目或工作，按合同中约定的综合单价计价。计日工是对零星项目或工作采取的一种计价方式，包括以下含义。

① 完成该项作业的人工、材料、施工机械台班等，计日工的单价由投标人通过投标报价确定。

② 计日工的数量按完成发包人发出的计日工指令的数量确定。

计日工是为了解决现场发生的零星工作的计价而设立的。国际上常见的标准合同条款中，大多数都设立了计日工（Daywork）计价机制。计日工以完成零星工作所消耗的人工工时、材料数量、机械台班进行计量，并按照计日工表中填报的适用项目的单价进行计价支付。计日工适用的所谓零星工作一般是指合同约定之外的或者因变更而产生的、工程量清单中没有相应项目的额外工作，尤其是那些时间不允许事先商定价格的额外工作。计日工为额外工作和变更的计价提供了一个方便快捷的途径。但是，在以往的实践中，计日工经常被忽略。其中一个主要原因是计日工项目的单价水平一般要高于工程量清单项目单价的水平。

理论上讲,合理的计日工单价水平一定是高于工程量清单的价格水平的,其原因在于计日工往往是用于一些突发性的额外工作,缺少计划性,承包人在调动施工生产资源方面难免不影响已经计划好的工作,生产资源的使用效率也有一定的降低,客观上造成超出常规的额外投入。另一方面,计日工清单往往忽略给出一个暂定的工程量,无法纳入有效的竞争,也是造成计日工单价水平偏高的原因之一。因此,为了获得合理的计日工单价,计日工表中一定要给出暂定数量,并且需要根据经验,尽可能估算一个比较贴近实际的数量。当然,尽可能把项目列全,防患于未然,也是值得充分重视的工作。

(4)总承包服务费。总承包服务费是指总承包人对为配合协调发包人进行的工程分包自行采购的设备、材料等进行管理、服务以及施工现场管理、竣工资料汇总整理等服务所需的费用。

总承包服务费是为了解决招标人在法律、法规允许的条件下进行专业工程发包以及自行采购供应材料、设备时,要求总承包人对发包的专业工程提供协调和配合服务(如分包人使用总包人的脚手架、水电等);对供应的材料、设备提供收、发和保管服务以及对施工现场进行统一管理;对竣工资料进行统一汇总整理等并向总承包人支付的费用。招标人应当预计该项费用并按投标人的投标报价向投标人支付该项费用。

工程建设标准的高低、工程的复杂程度、工程的工期长短、工程的组成内容、发包人对工程管理要求等都直接影响其他项目清单的具体内容,在此仅提供4项内容作为列项参考。出现未列的项目,可根据工程实际情况补充。如在竣工结算中,就可以将索赔、现场签证列入其他项目中。

3. 规费项目清单

规费是指根据省级政府或省级有关权力部门规定必须缴纳的,应计入建筑安装工程造价的费用。规费项目清单应按照下列内容列项:①工程排污费;②工程定额测定费;③社会保障费:包括养老保险费、失业保险费、医疗保险费;④住房公积金;⑤危险作业意外伤害保险。

出现未列的项目,应根据省级政府或省级有关权力部门的规定列项。

根据建设部、财政部"关于印发《建筑安装工程费用项目组成》的通知"(建标[2003]206号)的规定,规费是工程造价的组成部分。规费由施工企业根据省级政府或省级有关权力部门的规定进行缴纳,但在工程建设项目施工中的计取标准和办法由国家及省级建设行政主管部门依据省级政府或省级有关权力部门的相关规定制定。规费作为政府和有关权力部门规定必须缴纳的费用,政府和有关权力部门可根据形势发展的需要,对规费项目进行调整。因此,对《建筑安装工程费用项目组成》未包括的规费项目,在计算规费时应根据省级政府和省级有关权力部门的规定进行补充。

4. 税金项目清单

税金是指国家税法规定的应计入建筑安装工程造价内的营业税、城市维护建设税及教育费附加等。税金项目清单应包括下列内容:①营业税;②城市维护建设税;③教育费附加。

6.2 工程量清单计价的方法

6.2.1 工程量清单计价的含义

1. 工程量清单计价的概念

是指投标人根据招标人在招标文件中提供的工程量清单,依据企业定额或建设行政主管部门发布的消耗量定额,结合施工现场的实际情况,拟定的施工方案或施工组织设计,参照建设行政主管部门发布的人工工日单价、机械台班单价、材料和设备价格信息及同期市场价格,计算出综合单价,然后计算出分部分项工程费,再参照有关规定计算措施项目费、其他项目费和规费、税金,汇总后确定建安工程造价的一种计价方法。

综合单价是指完成规定计量单位项目所需的人工费、材料费、机械使用费、管理费、利润,并考虑风险因素。但不包括招标人自行采购材料的价款。

2. 工程量清单计价方法与定额计价方法的区别

与定额计价方法相比,工程量清单计价方法有一些重大区别,这些区别也体现出了工程量清单计价方法的特点。

(1)两种模式的最大差别在于体现了我国建设市场发展过程中的不同定价阶段。

① 定额计价模式更多地反映了国家定价或国家指导价阶段。在这一模式下,工程价格或直接由国家决定,或是由国家给出一定的指导性标准,承包商可以在该标准的允许幅度内实现有限竞争。例如在我国的招投标制度中,一度严格限定投标人的报价必须在限定标底的一定范围内波动,超出此范围即为废标,这一阶段的工程招标投标价格即属于国家指导性价格,体现出在国家宏观计划控制下的市场有限竞争。

② 清单计价模式则反映了市场定价阶段。在该阶段中,工程价格是在国家有关部门间接调控和监督下,由工程承发包双方根据工程市场中建筑产品供求关系变化自主确定工程价格。其价格的形成可以不受国家工程造价管理部门的直接干预,此时的工程造价是根据市场的具体情况,有竞争形成、自发波动和自发调节的特点。

(2)两种模式的主要计价依据及其性质不同。

① 定额计价模式的主要计价依据为国家、省、有关专业部门制定的各种定额,其性质为指导性,定额的项目划分一般按施工工序分项,每个分项工程项目所含的工程内容一般是单一的。

② 清单计价模式的主要计价依据为"清单计价规范",其性质是含有强制性条文的国家标准,清单的项目划分一般是按"综合实体"进行分项的,每个分项工程一般包含多项工程内容。

(3)编制工程量的主体不同。在定额计价方法中,建设工程的工程量由招标人或投标人分别按图计算。而在清单计价方法中,工程量由招标人或受其委托的有工程造价咨询资质的工程造价咨询人统一计算,工程量清单是招标文件的重要组成部分,各投标人根据招标人提供的工程量清单,以及自身的技术装备、施工经验、企业成本、企业定额、管理水平自主填写综合单价与合价。

(4)单价与报价组成不同。定额计价法的单价包括人工费、材料费、机械台班费;而清单计价方法采用综合单价形成,综合单价包括人工费、材料费、机械使用费、管理费和利润,以及一定范围内的风险费用。工程量清单计价法的报价除定额计价法的报价外,还包括暂列金额、暂估价、计日工和总承包服务费等。

6.2.2 工程量清单计价的基本方法与程序

工程量清单计价的基本过程可以描述为:在统一的工程量清单项目设置的基础上,制定工程量清单计量规则,根据具体工程的施工图纸计算出各个清单项目的工程量,再根据各种渠道所获得的工程造价信息和经验数据计算得到工程造价。这一基本的计算过程如图6.2所示。

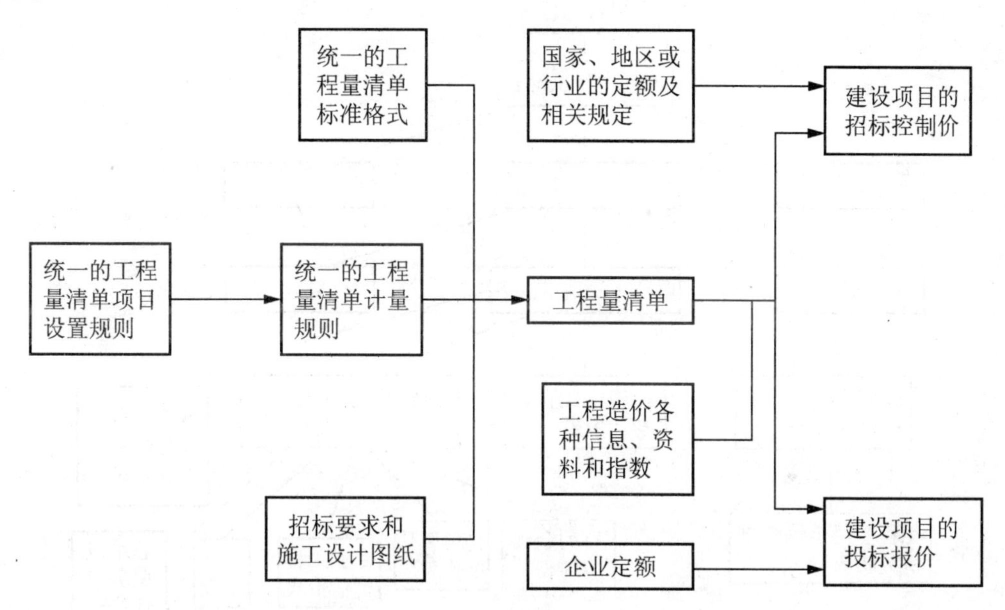

图6.2 工程造价工程量计价过程示意图

从工程量清单计价的过程示意图中可以看出,其编制过程可以分为两个阶段:工程量清单的编制和利用工程量清单来编制投标报价(或招标控制价)。投标报价是在业主提供的工程量计算结果的基础上,根据企业自身所掌握的各种信息、资料,结合企业定额编制得出的。

(1)分部分项工程费 = $\sum$分部分项工程量 × 分部分项工程综合单价 (6-1)

其中分部分项工程综合单价由人工费、材料费、施工机械使用费、企业管理费、利润等组成,以及一定范围内的风险费用。

(2)措施项目费 = $\sum$措施项目工程量 × 措施项目综合单价 (6-2)

其中措施项目包括通用措施项目、建筑工程措施项目、装饰装修工程措施项目、安装工程措施项目、市政工程措施项目和矿山工程措施项目等,措施项目综合单价的构成与分部分项工程综合单价构成类似。

(3)单位工程报价 = 分部分项工程费 + 措施项目费 + 其他项目费 + 规费 + 税金 (6-3)

(4)单项工程报价 = $\sum$单位工程报价 (6-4)

(5)建设项目总报价 = $\sum$单项工程报价 (6-5)

6.2.3 工程量清单计价概述

工程量清单计价是《建设工程工程量清单计价规范》(GB 50500—2008)的主要内容。规定了工程量清单计价从招标控制价的编制、投标报价、合同价款约定、工程计量与价款支付、索赔与现场签证、工程价款调整到工程竣工结算办理及工程造价计价争议处理等的全部内容。

1. 工程量清单计价方式下价格的形成过程

按工程量清单计价模式确定的工程造价的价格形成过程如图6.3所示。

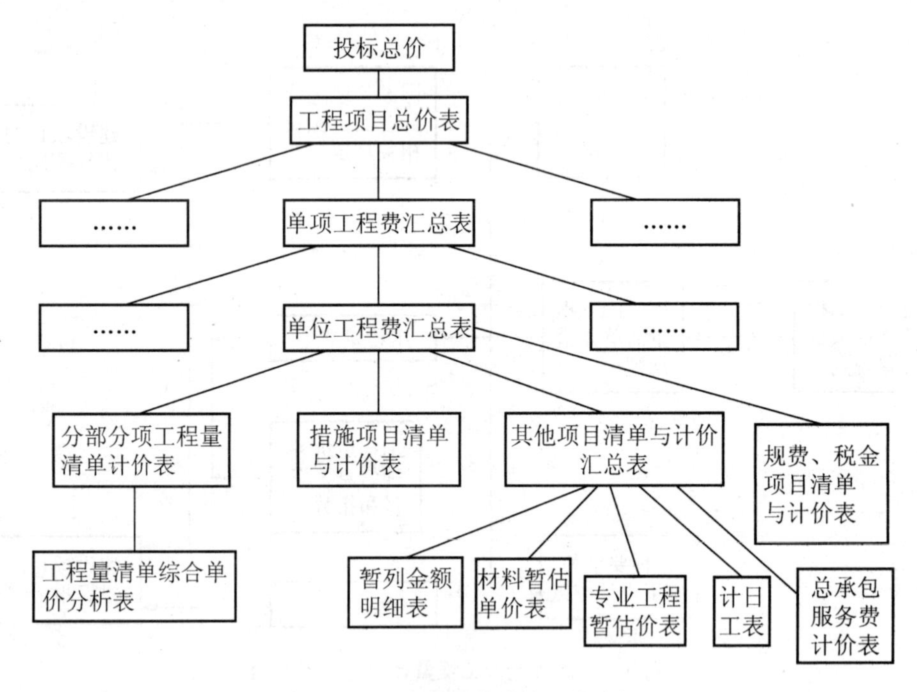

图6.3 工程量清单价格形成过程

2. 工程量清单计价工程造价的组成内容

工程量清单计价由分部分项工程费、措施项目费、其他项目费、规费和税金组成，如图6.4所示。

(1)招标文件中的工程量清单标明的工程量是投标人投标报价的基础，竣工结算的工程量按发、承包双方在合同中约定应予计量且实际完成的工程量确定。

(2)措施项目清单计价应根据拟建工程的施工组织设计完成，可以计算工程量的措施项目，应按分部分项工程量清单的方式采用综合单价计价；其余的措施项目可以“项”为单位的方式计价的，应包括除规费、税金外的全部费用。

(3)其他项目清单应根据工程特点和清单计价规范的规定计价。在编制招标控制价、投标报价、竣工结算时，计算其他项目费的要求是不一样的。

(4)招标人在工程量清单中提供了暂估价的材料和专业工程属于依法必须招标的，由承包人和招标人共同通过招标确定材料单价与专业工程分包价。若材料不属于依法必须招标的，经发、承包双方协商确认单价后计价。若专业工程不属于依法必须招标的，由发包人、总承包人与分包人按有关计价依据进行计价。

(5)规费和税金应按国家或省级、行业建设主管部门的规定计算，不得作为竞争性费用。

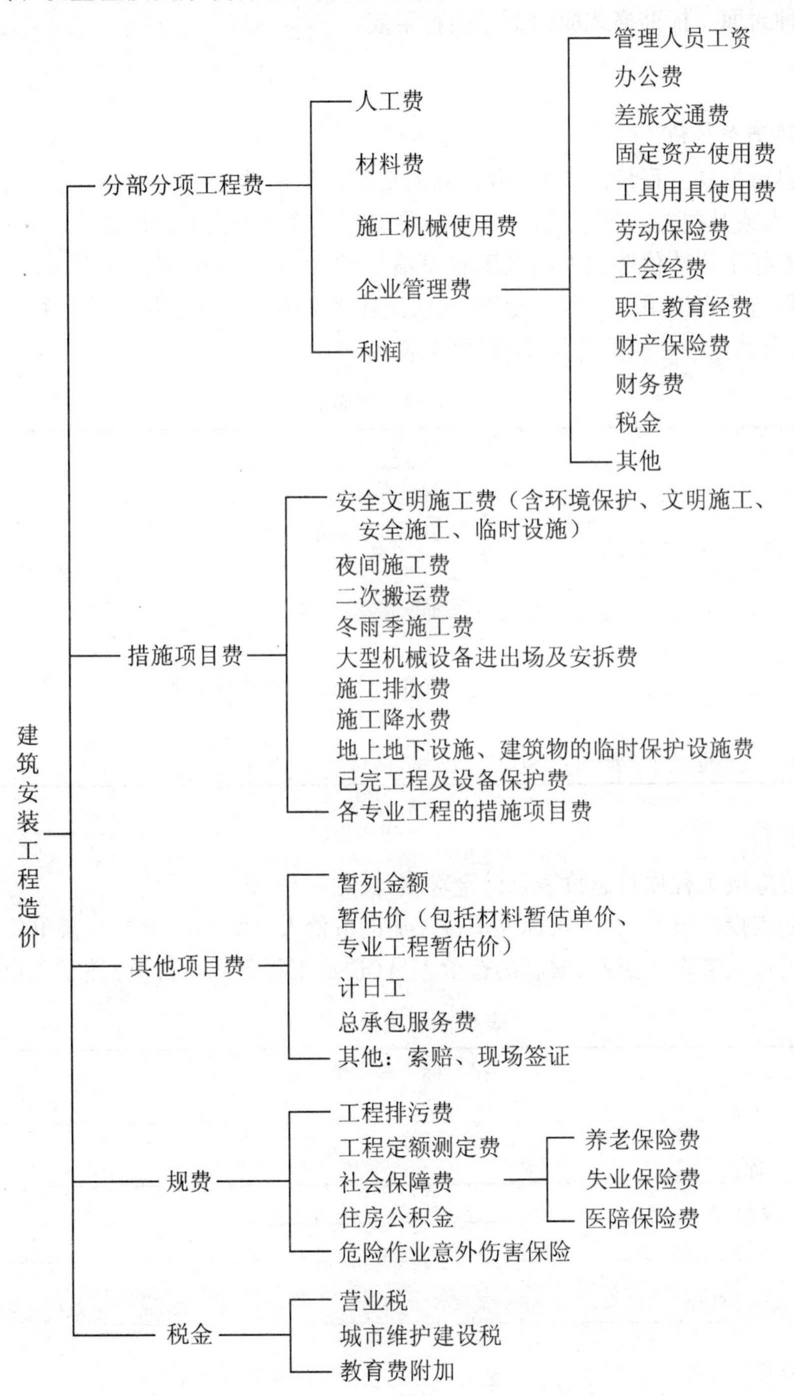

图6.4 工程量清单计价的建筑安装工程造价组成

6.2.4 工程量清单计价表格

工程量清单计价表格包括工程量清单、招标控制价、投标报价、竣工结算等各个阶段计价使用的4种封面。标准格式应由下列内容组成。

1. 封面

1)工程量清单计价

招标人自行编制工程量清单时,由招标人单位注册的造价人员编制。招标人盖单位公章,法定代表人或其授权人签字或盖章;由造价工程师签字盖执业专用章。

招标人委托工程造价咨询人编制工程量清单时,由工程造价咨询人单位注册的造价人员编制。工程造价咨询单位盖资质专用章,法定代表人或其授权人签字或盖章;编制人是造价工程师的,由其签字盖执业专用章,封面见表6-4。

表6-4 封面

____________________工程

工程量清单报价

投　标　人:____________________(单位签字盖章)

法定代表人
或其授权人:____________________(签字或盖章)

编　制　人:____________________(造价人员签字盖执业专用章)

编制时间:　　年　　月　　日

2)投标总价。

投标总价应按工程项目总价表合计金额填写,见表6-5。

投标人编制投标报价时,由投标人单位注册的造价人员编制。投标人盖单位公章,法定代表人或其授权人签字或盖章;编制的造价人员(造价工程师或造价员)签字盖执业专用章。

表6-5 投标总价

投　标　总　价

招　标　人:______________________________

工 程 名 称:______________________________

投标总价(小写):______________________________

(大写):______________________________

投　标　人:_________________________(单位盖章)

法定代表人或其授权人:____________________(签字或盖章)

编　制　人:_________________________(造价人员签字盖专用章)

编 制 时 间:　　年　　月　　日

2. 总说明

在工程计价的不同阶段，说明的内容是有差别的，要求是不同的。具体如下。

(1)工程量清单，总说明的内容应包括以下几点。

① 工程概况：如建设地址、建设规模、工程特征、交通状况、环保要求等。

② 工程发包、分包范围。

③ 工程量清单编制依据：如采用的标准、施工图纸、标准图集等。

④ 使用材料设备、施工的特殊要求等。

⑤ 其他需要说明的问题。

(2)招标控制价，总说明的内容应包括：计价依据、施工组织设计、材料价格来源、综合单价中风险因素、风险范围(幅度)、其他等。

(3)投标报价，总说明的内容应包括：计价依据、施工组织设计、综合单价中包含的风险因素、风险范围(幅度)、措施项目的依据；其他有关内容的说明等。

(4)竣工结算，总说明的内容应包括：工程概况、编制依据、工程变更、工程价款调整、索赔、其他等。

3. 汇总表

(1)工程项目招标控制价/投标报价汇总表见表6-6。

工程项目招标控制价/投标报价汇总表应按各单项工程招标控制价/投标报价汇总表的合计金额填写。适用于工程项目招标控制价或投标报价的汇总。

表6-6 工程项目招标控制价/投标报价汇总表

工程名称： 第 页 共 页

序号	单项工程名称	金额/元	其中		
			暂估价/元	安全文明施工费/元	规费/元
合计					

(2)单项工程招标控制价/投标报价汇总表见表6-7。

单项工程招标控制价/投标报价汇总表应按单位工程招标控制价/投标报价汇总表的合计金额填写。适用于单项工程招标控制价或投标报价单汇总。暂估价包括分部分项工程中的暂估价和专业工程暂估价。

表6－7　单项工程招标控制价/投标报价汇总表

工程名称：　　　　　　　　　　　　　　　　　　　　　　　　　　　　　第　　页共　　页

序号	单位工程名称	金额/元	其中		
			暂估价/元	安全文明施工费/元	规费/元
合　　计					

(3)单位工程招标控制价/投标报价汇总表见表6－8。

单位工程招标控制价/投标报价汇总表，根据分部分项工程量清单与计价表、措施项目清单与计价表、其他项目清单与计价表以及规费、税金项目清单与计价表的合计金额填写。适用于单位工程招标控制价或投标报价的汇总，如无单位工程划分，单项工程也使用本表汇总。

表6－8　单位工程招标控制价/投标报价汇总表

工程名称：　　　　　　　　　　　　标段：　　　　　　　　　　　　第　　页共　　页

序号	汇总内容	金额/元	其中：暂估价/元
1	分部分项工程		
2	措施项目		
2.1	安全文明施工费		
3	其他项目		
3.1	暂列金额		
3.2	专业工程暂估价		
3.3	计日工		
3.4	总承包服务费		
4	规费		
5	税金		
招标控制价合计＝1＋2＋3＋4＋5			

4. 分部分项工程量清单计价表

(1)分部分项工程量清单与计价表见表6－9。

表6－9 分部分项工程量清单与计价表

工程名称：　　　　　　　　标段：　　　　　　　　第　页 共　页

序号	项目编码	项目名称	项目特征描述	计量单位	工程量	金额/元		
						综合单价	合价	其中：暂估价
本页小计								
合　计								

编制工程量清单时，使用本表在“工程名称”栏应填写详细具体的工程名称，对于房屋建筑而言，习惯上并无标段划分，可不填写“标段”栏，但管道敷设、道路施工则往往以标段划分，此时，应填写“标段”栏，其他各表涉及此类设置的，道理相同。

“项目编码”栏应按附录规定另加3位顺序码填写。

“项目名称”栏应按附录规定根据拟建工程实际确定填写。

“项目特征”栏应按附录规定根据拟建工程实际予以描述。

在进行项目特征描述时，可掌握以下要点。

① 涉及正确计量的内容：如门窗洞口尺寸或框外围尺寸。

② 涉及结构要求的内容：如混凝土构件的混凝土的强度等级。

③ 涉及材质要求的内容：如油漆的品种、管材的材质、管材的规格、型号等。

④ 涉及安装方式的内容：如管道工程中的钢管的连接方式是螺纹连接还是焊接，塑料管是粘接连接还是热熔连接等就必须描述。

(2)工程量清单综合单价分析表见表6－10。

工程量清单单价分析表是评标委员会评审和判别综合单价组成和价格完整性、合理性的主要基础，对因工程变更调整综合单价也是必不可少的基础价格数据来源。该分析表集中反映了构成每一个清单项目综合单价的各个价格要素的价格及主要的“工、料、机”消耗量。

表6－10 工程量清单综合单价分析表

工程名称：　　　　　　　　标段：　　　　　　　　第　页 共　页

项目编码		项目名称		计量单位							
清单综合单价组成明细											
定额编号	定额名称	定额单位	数量	单价/元				合价/元			
				人工费	材料费	机械费	管理费和利润	人工费	材料费	机械费	管理费和利润

标段：　　　　　　　　　　　　　　　　　　　　　　　　　　　　续表

<table>
<tr><td>项目编码</td><td colspan="3"></td><td colspan="4">项目名称</td><td colspan="2"></td><td>计量单位</td><td></td></tr>
<tr><td colspan="12">清单综合单价组成明细</td></tr>
<tr><td rowspan="2">定额编号</td><td rowspan="2">定额名称</td><td rowspan="2">定额单位</td><td rowspan="2">数量</td><td colspan="4">单价/元</td><td colspan="4">合价/元</td></tr>
<tr><td>人工费</td><td>材料费</td><td>机械费</td><td>管理费和利润</td><td>人工费</td><td>材料费</td><td>机械费</td><td>管理费和利润</td></tr>
<tr><td></td><td></td><td></td><td></td><td></td><td></td><td></td><td></td><td></td><td></td><td></td><td></td></tr>
<tr><td></td><td></td><td></td><td></td><td></td><td></td><td></td><td></td><td></td><td></td><td></td><td></td></tr>
<tr><td colspan="2">人工单价</td><td colspan="6">小　计</td><td></td><td></td><td></td><td></td></tr>
<tr><td colspan="2">元/工日</td><td colspan="6">未计价材料费</td><td colspan="4"></td></tr>
<tr><td colspan="8">清单项目综合单价</td><td colspan="4"></td></tr>
<tr><td rowspan="7">材料费明细</td><td colspan="5">主要材料名称、规格、型号</td><td>单位</td><td>数量</td><td>单价/元</td><td>合价/元</td><td>暂估单价/元</td><td>暂估合价/元</td></tr>
<tr><td colspan="5"></td><td></td><td></td><td></td><td></td><td></td><td></td></tr>
<tr><td colspan="5"></td><td></td><td></td><td></td><td></td><td></td><td></td></tr>
<tr><td colspan="5"></td><td></td><td></td><td></td><td></td><td></td><td></td></tr>
<tr><td colspan="5"></td><td></td><td></td><td></td><td></td><td></td><td></td></tr>
<tr><td colspan="7">其他材料费</td><td>—</td><td></td><td>—</td><td></td></tr>
<tr><td colspan="7">材料费小计</td><td>—</td><td></td><td>—</td><td></td></tr>
</table>

5. 措施项目清单表

(1)措施项目清单与计价表(一)见表6－11。

措施项目清单与计价表(一)适用于以“项”计价的措施项目。

① 编制工程量清单时,表中的项目可根据工程实际情况进行增减。

② 编制招标控制价时,计算基础、费率应按省级或行业建设主管部门的规定计取。根据建设部、财政部发布的《建筑安装工程费用组成》(建标[2003]206号)的规定,“计算基础”可为“直接费”、“人工费”或“人工费＋机械费”。

③ 编制投标报价时,除“安全文明施工费”必须按清单计价规范的强制性规定,按省级、行业建设主管部门的规定计取外,其他措施项目均可根据投标施工组织设计自主报价。

表6－11　措施项目清单与计价表(一)

工程名称:　　　　　　　　　　标段:　　　　　　　　　　　第　　页共　　页

序号	项目名称	计算基础	费率/%	金额/元
1	安全文明施工费			
2	夜间施工费			
3	二次搬运费			

续表

序号	项目名称	计算基础	费率/%	金额/元
4	冬雨季施工费			
5	大型机械设备进出场及安拆费			
6	施工排水费			
7	施工降水费			
8	地上、地下设施、建筑物的临时保护设施费			
9	已完工程及设备保护费			
10	各专业工程的措施项目费			
合　　计				

(2)措施项目清单与计价表(二)见表6－12。

措施项目清单与计价表(二)适用于以分部分项工程量清单项目综合单价方式计价的措施项目。

表6－12　措施项目清单与计价表(二)

工程名称：　　　　标段：　　　　第　　页共　　页

序号	项目编码	项目名称	项目特征描述	计量单位	工程量	金额/元	
						综合单价	合价
本页小计							
合　计							

6. 其他项目清单表

(1)其他项目清单与计价汇总表见表6－13。

使用本表时，由于计价阶段的差异，应注意以下几点。

① 编制工程量清单，应汇总“暂列金额”，以提供给投标人报价。

② 编制招标控制价，应按有关计价规定估算“计日工”和“总承包服务费”。如工程量清单中未列“暂列金额”，应按有关规定编列。

③ 编制投标报价，应按招标文件工程量清单提供的“暂列金额”填写金额，不得变动。“计日工”、“总承包服务费”自主确定报价。

④ 编制或核对竣工结算，“专业工程暂估价”按实际分包结算价填写，“计日工”、“总承包服务费”按双方认可的费用填写，如发生“索赔”或“现场签证”费用，按双方认可的金额计入该表。

⑤ 材料暂估单价进入清单项目综合单价，此处不汇总。

表6-13 其他项目清单与计价汇总表

工程名称：　　　　　　　　　　　　　标段：　　　　　　　　　　　　第　页共　页

序号	项目名称	计量单位	金额/元	备注
1	暂列金额			
2	暂估价			
2.1	材料暂估价		—	
2.2	专业工程暂估价			
3	计日工			
4	总承包服务费			
合　计				—

(2)暂列金额明细表见表6-14。

表6-14 暂列金额明细表

工程名称：　　　　　　　　　　　　　标段：　　　　　　　　　　　　第　页共　页

序号	项目名称	计量单位	暂定金额/元	备注
1				
2				
3				
合　计				

“暂列金额”在实际履约过程中可能发生，也可能不发生。本表要求招标人能将暂列金额与拟用项目列出明细，但如确实不能详列也可只列暂定金额总额，投标人应将上述暂列金额计入投标总价中。

(3)材料暂估单价表见表6-15。

表6-15 材料暂估单价表

工程名称：　　　　　　　　　　　　　标段：　　　　　　　　　　　　第　页共　页

序号	材料名称、规格、型号	计量单位	单价/元	备注

暂估价是在招标阶段预见肯定要发生，只是因为标准不明确或者需要由专业承包人完成，暂时无法确定的具体价格。本表由招标人填写，并在备注栏说明暂估价的材料拟用在哪些清单项目上，投标人应将上述材料暂估单价计入工程量清单综合单价报价中。

(4)计日工表见表6-16。

① 编制工程量清单时，“项目名称”、“计量单位”、“暂估数量”由招标人填写。

② 编制投标报价时，人工、材料、机械台班单价由投标人自主确定，按已给暂估数量计算合价计入投标总价中。

表6-16 计日工表

工程名称： 标段： 第 页共 页

编号	项目名称	单位	暂定数量	综合单价	合价
一	人 工				
1					
2					
人 工 小 计					
二	材 料				
1					
2					
材 料 小 计					
三	施 工 机 械				
1					
2					
施 工 机 械 小 计					
总 计					

(5)总承包服务费计价表见表6-17。

①编制工程量清单时，招标人应将拟定进行专业分包的专业工程、自行采购的材料设备等决定清楚，填写项目名称、服务内容，以便投标人决定报价。

②编制招标控制价时，招标人按有关计价规定计价。

③编制投标报价时，由投标人根据工程量清单中的总承包服务内容，自主决定报价。

表6-17 总承包服务费计价表

工程名称： 标段： 第 页共 页

序号	项目名称	项目价值/元	服务内容	费率/%	金额/元
1	发包人发包专业工程				
2	发包人供应材料				
合 计					

(6)索赔与现场签证计价汇总表见表6-18。

索赔与现场签证计价汇总表是对发、承包双方签证认可的“费用索赔申请(核准)表”和“现场签证表”的汇总。

表 6-18 索赔与现场签证计价汇总表

工程名称: 标段: 第 页 共 页

序号	签证及索赔项目名称	计量单位	数量	单价/元	合价/元	索赔及签证依据
本页小计						—
合 计						—

7. 规费、税金项目清单与计价表

规费、税金项目清单与计价表见表 6-19,它按建设部、财政部印发的《建筑安装工程费用项目组成》(建标[2003]206 号)列举的规费项目列项。

表 6-19 规费、税金项目清单与计价表

工程名称: 标段: 第 页 共 页

序号	项目名称	计算基础	费率/%	金额/元
1	规费			
1.1	工程排污费			
1.2	社会保障费			
1.2.1	养老保险费			
1.2.2	失业保险费			
1.2.3	医疗保险费			
1.3	住房公积金			
1.4	危险作业意外伤害保险			
1.5	工程定额测定费			
2	税金	分部分项工程费 + 措施项目费 + 其他项目费 + 规费		
合 计				

6.3 工程量清单项目及计算规则

《建设工程工程量清单计价规范》(GB 50500—2008)将工程量清单项目划分为建筑工程、装饰装修工程、安装工程、市政工程、园林绿化工程、矿石工程 6 个专业部分,每部分均包含实体项目和措施项目。

(1)建筑工程工程量清单项目及计算规则,包括土石方工程、地基与桩基础工程、砌筑工程、混凝土及钢筋混凝土工程、厂库房大门、特种门、木结构工程、金属结构工程、屋面及防水工程、防腐隔热保温工程,共 8 章 45 节 178 个项目。适用于工业与民用建筑物和构筑物

工程。

(2)装饰装修工程工程量清单项目及计算规则,包括楼地面工程、墙柱面工程、天棚工程、门窗工程、油漆涂料裱糊工程、其他工程,共6章47节214个项目。适用于工业与民用建筑物和构筑物的装饰装修工程。

(3)安装工程工程量清单项目及计算规则,共1140个项目。适用于工业与民用安装工程。

(4)市政工程工程量清单项目及计算规则,按不同的专业和不同的工程对象共划分为8章38节432个项目。适用于城市市政建设工程。

(5)园林绿化工程工程量清单项目及计算规则,包括绿化工程,园路、园桥、假山工程,园林景观工程,共3章12节87个项目。适用于园林绿化工程。

(6)矿山工程工程量清单项目及计算规则,包括露天工程、井巷工程,共2章19节124个项目。适用于矿山工程。

6.3.1 建筑工程工程量清单项目及计算规则

1. 实体项目

1)土(石)方工程

(1)土方工程。工程量清单项目设置及工程量计算规则如下。

010101001 平整场地:按设计图示尺寸以建筑物首层面积计算。其工程内容包括土方挖填、场地找平、运输。

010101002 挖土方:按设计图示尺寸以体积计算。其工程内容包括排地表水、土方开挖、挡土板支拆、截桩头、基底钎探、运输。

010101003 挖基础土方:按设计图示尺寸以基础垫层底面积乘以挖土深度计算。其工程内容包括排地表水、土方开挖、挡土板支拆、截桩头、基底钎探、运输。

010101004 冻土开挖:按设计图示尺寸开挖面积乘以厚度以体积计算。其工程内容包括打眼、装药、爆破、开挖、清理、运输。

010101005 挖淤泥、流沙:按设计图示位置、界限以体积计算。

010101006 管沟土方:按设计图示以管道中心线长度计算。其工程内容包括排地表水、土方开挖、挡土板支拆、运输、回填。

(2)石方工程。工程量清单项目设置及工程量计算规则如下。

010102001 预裂爆破:按设计图示以钻孔总长度计算。其工程内容包括打眼、装药、放炮、处理渗水、积水、安全防护、警卫。

010102002 石方开挖:按设计图示尺寸以体积计算。其工程内容包括打眼、装药、放炮、处理渗水、积水、解小、岩石开凿、摊座、清理、运输、安全防护、警卫。

010102003 管沟石方:按设计图示以管道中心线长度计算。其工程内容包括石方开凿、爆破、处理渗水、积水、解小、摊座、清理、运输、回填、安全防护、警卫。

(3)土石方运输与回填。工程量清单项目设置及工程量计算规则如下。

010103001 土(石)方回填:按设计图示尺寸以体积计算。

注:① 场地回填:回填面积乘以平均回填厚度。

② 室内回填:主墙间净面积乘以回填厚度。

③ 基础回填:挖方体积减去设计室外地坪以下埋没的基础体积(包括基础垫层及其他构筑物)。其工程内容包括挖土(石)方、装卸、运输、回填、分层碾压、、夯实。

2)桩与地基基础工程

(1)混凝土桩。工程量清单项目设置及工程量计算规则如下。

010201001 预制钢筋混凝土桩:按设计图示尺寸以桩长(包括桩尖)或根数计算。其工程内容包括:桩制作、运输、打桩、试验桩、斜桩、送桩、管桩填充材料、刷防护材料、清理、运输。

010201002 接桩:按设计图示规定以接头数量(板桩按接头长度)计算。其工程内容包括:桩制作、运输;接桩、材料运输。

010201003 混凝土灌注桩:按设计图示尺寸以桩长(包括桩尖)或根数计算。其工程内容包括:成孔、固壁;混凝土制作、运输、灌注、振捣、养护;泥浆池及沟槽砌筑、拆除;泥浆制作、运输;清理、运输。

(2)其他桩。

010203001 砂石灌注桩:按设计图示尺寸以桩长(包括桩尖)计算。其工程内容包括:.成孔、砂石运输、填充、振实。

010202002 灰土挤密桩:按设计图示尺寸以桩长(包括桩尖)计算。其工程内容包括:成孔、灰土拌和、运输、填充、夯实。

010202003 旋喷桩:按设计图示尺寸以桩长(包括桩尖)计算。其工程内容包括:成孔、水泥浆制作、运输、水泥浆旋喷。

010202004 喷粉桩:按设计图示尺寸以桩长(包括桩尖)计算。其工程内容包括:成孔、粉体运输、喷粉固。

(3)地基与边坡处理。

010203001 地下连续墙:按设计图示墙中心线长乘以厚度乘以槽深以体积计算。其工程内容包括:挖土成槽、余土运输;导墙制作、安装;锁口管吊拔;浇筑混凝土连续墙;材料运输。

010203002 振冲灌注碎石:按设计图示孔深乘以孔截面积以体积计算。其工程内容包括:成孔、碎石运输、灌注、振实。

010203003 地基强夯:按设计图示尺寸以面积计算。其工程内容包括:铺夯填材料、强夯、夯填材料运输。

010203004 锚杆支护:按设计图示尺寸以支护面积计算。其工程内容包括:钻孔;浆液制作、运输、压浆;张拉锚固;混凝土制作、运输、喷射、养护;砂浆制作、运输、喷射、养护。

010203005 土钉支护:按设计图示尺寸以支护面积计算。其工程内容包括:钉土钉;挂网;混凝土制作、运输、喷射、养护;砂浆制作、运输、喷射、养护。

注意:混凝土灌注桩的钢筋笼、地下连续墙的钢筋网制作、安装,应按 A.4 中相关项目编码列项。

3)砌筑工程

(1)砖基础。

010301001 砖基础:按设计图示尺寸以体积计算。包括附墙垛基础宽出部分体积,扣除地梁(圈梁)、构造柱所占体积,不扣除基础大放脚 T 形接头处的重叠部分及嵌入基础内的钢筋、铁件、管道、基础砂浆防潮层和单个面积 0.3m^2 以内的孔洞所占体积,靠墙暖气沟的挑檐不增加。基础长度:外墙按中心线,内墙按净长线计算。其工程内容包括:砂浆制作、运输;砌砖;防潮层铺设;材料运输。

(2)砖砌体。

010302001 实心砖墙:按设计图示尺寸以体积计算。扣除门窗洞口、过人洞、空圈、嵌入墙内的钢筋混凝土柱、梁、圈梁、挑梁、过梁及凹进墙内的壁龛、管槽、暖气槽、消火栓箱所占体积。不扣除梁头、板头、檩头、垫木、木楞头、沿缘木、木砖、门窗走头、砖墙内加固钢筋、木筋、铁件、钢管及单个面积 0.3m^2 以内的孔洞所占体积。凸出墙面的腰线、挑檐、压顶、窗台线、虎头砖、门窗套的体积亦不增加。凸出墙面的砖垛并入墙体体积内计算。

① 墙长度:外墙按中心线,内墙按净长计算。

② 墙高度按以下规则确定。

(a)外墙:斜(坡)屋面无檐口天棚者算至屋面板底;有屋架且室内外均有天棚者算至屋架下弦底另加 200mm;无天棚者算至屋架下弦底另加 300mm,出檐宽度超过 600mm 时按实砌高度计算;平屋面算至钢筋混凝土板底。

(b)内墙:位于屋架下弦者,算至屋架下弦底;无屋架者算至天棚底另加 100mm;有钢筋混凝土楼板隔层者算至楼板顶;有框架梁时算至梁底。

(c)女儿墙:从屋面板上表面算至女儿墙顶面(如有混凝土压顶时算至压顶下表面)。

(d)内、外山墙:按其平均高度计算。

③ 围墙:高度算至压顶上表面(如有混凝土压顶时算至压顶下表面),围墙柱并入围墙体积内。

其工程内容包括:砂浆制作、运输;砌砖;勾缝;砖压顶砌筑;材料运输。

010302002 空斗墙:按设计图示尺寸以空斗墙外形体积计算,墙角、内外墙交接处、门窗洞口立边、窗台砖、屋檐处的实砌部分体积并入空斗墙体积内。其工程内容包括:砂浆制作、运输;砌砖;装填充料;勾缝;材料运输。

010302003 空花墙:按设计图示尺寸以空花部分外形体积计算,不扣除空洞部分体积。其工程内容包括:砂浆制作、运输;砌砖;装填充料;勾缝;材料运输。

010302004 填充墙:按设计图示尺寸以填充墙外形体积计算。其工程内容包括:砂浆制作、运输;砌砖;装填充料;勾缝;材料运输。

010302005 实心砖柱:按设计图示尺寸以体积计算。扣除混凝土及钢筋混凝土梁垫、梁头、板头所占体积。其工程内容包括:砂浆制作、运输;砌砖;勾缝;材料运输。

010302006 零星砌砖:按设计图示尺寸计算。

(3)砖构筑物。

010303001 砖烟囱、水塔:按设计图示筒壁平均中心线周长乘以厚度乘以高度以体积计算。扣除各种孔洞、钢筋混凝土圈梁、过梁等的体积。其工程内容包括:砂浆制作、运输;砌砖;涂隔热层;装填充料;砌内衬;勾缝;材料运输。

010303002 砖烟道:按图示尺寸以体积计算。其工程内容包括:砂浆制作、运输;砌砖;涂隔热层;装填充料;砌内衬;勾缝;材料运输。

010303003 砖窨井、检查井:按设计图示数量计算。其工程内容包括:土方挖运;砂浆制作、运输;铺设垫层;底板混凝土制作、运输、浇筑、振捣、养护;砌砖;勾缝;井池底、壁抹灰;抹防潮层;回填;材料运输。

010303004 砖水池、化粪池：按设计图示数量计算。其工程内容包括：土方挖运；砂浆制作、运输；铺设垫层；底板混凝土制作、运输、浇筑、振捣、养护；砌砖；勾缝；井池底、壁抹灰；抹防潮层；回填；材料运输。

（4）砌块砌体。

010304001 空心砖墙、砌块墙：计算规则同实心砖墙。其工程内容包括：砂浆制作、运输；砌砖、砌块；勾缝；材料运输。

010304002 空心砖柱、砌块柱：按设计图示尺寸以体积计算。扣除混凝土及钢筋混凝土梁垫、梁头、板头所占体积。其工程内容包括：砂浆制作、运输；砌砖、砌块；勾缝；材料运输。

（5）石砌体。

010305001 石基础：按设计图示尺寸以体积计算。包括附墙垛基础宽出部分体积，不扣除基础砂浆防潮层及单个面积0.3m^2以内的孔洞所占体积，靠墙暖气沟的挑檐不增加体积。基础长度：外墙按中心线，内墙按净长计算。其工程内容包括：砂浆制作、运输；砌石；防潮层铺设；材料运输。

010305002 石勒脚：按设计图示尺寸以体积计算。扣除单个0.3m^2以外的孔洞所占的体积。其工程内容包括：砂浆制作、运输；砌石；石表面加工；勾缝；材料运输。

010305003 石墙：计算规则同实心砖墙。其工程内容包括：砂浆制作、运输；砌石；石表面加工；勾缝；材料运输。

010305004 石挡土墙：按设计图示尺寸以体积计算。其工程内容包括：砂浆制作、运输；砌石；压顶抹灰；勾缝；材料运输。

010305005 石柱：按设计图示尺寸以体积计算。其工程内容包括：砂浆制作、运输；砌石；石表面加工；勾缝；材料运输。

010305006 石栏杆：按设计图示以长度计算。其工程内容包括：砂浆制作、运输；砌石；石表面加工；勾缝；材料运输。

010305007 石护坡：按设计图示尺寸以体积计算。其工程内容包括：砂浆制作、运输；砌石；石表面加工；勾缝；材料运输。

010305008 石台阶：按设计图示尺寸以体积计算。其工程内容包括：铺设垫层；石料加工；砂浆制作、运输；砌石；石表面加工。

010305009 石坡道：按设计图示尺寸以水平投影面积计算。其工程内容包括：铺设垫层；石料加工；砂浆制作、运输；砌石；石表面加工。

010305010 石地沟、石明沟：按设计图示以中心线长度计算。其工程内容包括：土石挖运；砂浆制作、运输；铺设垫层；砌石；石表面加工；勾缝；回填；材料运输。

（6）砖散水、地坪、地沟。

010306001 砖散水、地坪：按设计图示尺寸以面积计算。其工程内容包括：地基找平、夯实；铺设垫层；砌砖散水、地坪；抹砂浆面层。

010306002 砖地沟、明沟：按设计图示以中心线长度计算。其工程内容包括：挖运土石；铺设垫层；底板混凝土制作、运输、浇筑、振捣、养护；砌砖；勾缝、抹灰；材料运输。

（7）其他相关问题应按下列规定处理。

① 基础垫层包括在基础项目内。

② 框架外表面的镶贴砖部分，应单独按（2）砖砌体中相关零星项目编码列项。

③ 附墙烟囱、通风道、垃圾道,应按设计图示尺寸以体积(扣除孔洞所占体积)计算,并入所依附的墙体体积内。当设计规定孔洞内需抹灰时,应按附录 B2)中相关项目编码列项。

④ 空斗墙的窗间墙、窗台下、楼板下等的实砌部分,应按(2)砖砌体中零星砌砖项目编码列项。

⑤ 台阶、台阶挡墙、梯带、锅台、炉灶、蹲台、池槽、池槽腿、花台、花池、楼梯栏板、阳台栏板、地垄墙、屋面隔热板下的砖墩、0.3m^2以内孔洞填塞等,应按零星砌砖项目编码列项。砖砌锅台与炉灶可按外形尺寸以个计算,砖砌台阶可按水平投影面积以平方米计算,小便槽、地垄墙可按长度计算,其他工程量按立方米计算。

⑥ 砖烟囱应以设计室外地坪为界,以下为基础,以上为筒身。

⑦ 砖烟道与炉体的划分应以第一道闸门为界。

⑧ 水塔基础与塔身划分应以砖砌体的扩大部分顶面为界,以上为塔身,以下为基础。

⑨ 石基础、石勒脚、石墙身的划分:基础与勒脚应以设计室外地坪为界,勒脚与墙身应以设计室内地坪为界;石围墙内外地坪标高不同时,应以较低地坪标高为界,以下为基础;内外标高之差为挡土墙时,挡土墙以上为墙身。

⑩ 石梯带工程量应计算在石台阶工程量内。

⑪ 石梯膀应按(5)石砌体石挡土墙项目编码列项。

⑫ 砌体内加筋的制作、安装,应按 4)相关项目编码列项。

4)混凝土及钢筋混凝土工程

(1)现浇混凝土基础。

010401001 ~ 010401006 带形基础、独立基础、满堂基础、设备基础、桩承台基础、基础垫层:按设计图示尺寸以体积计算。不扣除构件内钢筋、预埋铁件和伸入承台基础的桩头所占体积。其工程内容包括:铺设垫层;混凝土制作、运输、浇筑、振捣、养护;地脚螺栓二次灌浆。

(2)现浇混凝土柱。

010402001 ~ 010402002 矩形柱、异形柱:按设计图示尺寸以体积计算。不扣除构件内钢筋、预埋铁件所占体积。

柱高应按以下规则确定。

① 有梁板的柱高,应自柱基上表面(或楼板上表面)至上一层楼板上表面之间的高度计算。

② 无梁板的柱高,应自柱基上表面(或楼板上表面)至柱帽下表面之间的高度计算。

③ 框架柱的柱高,应自柱基上表面至柱顶高度计算。

④ 构造柱按全高计算,嵌接墙体部分并入柱身体积。

⑤ 依附柱上的牛腿和升板的柱帽,并入柱身体积计算。

其工程内容包括:混凝土制作、运输、浇筑、振捣、养护。

(3)现浇混凝土梁。

010403001 ~ 010403006 基础梁、矩形梁、异形梁、圈梁、过梁、弧形(拱形)梁:按设计图示尺寸以体积计算。不扣除构件内钢筋、预埋铁件所占体积,伸入墙内的梁头、梁垫并入梁体积内。

梁长应按以下规则确定。

① 梁与柱连接时,梁长算至柱侧面。

② 主梁与次梁连接时,次梁长算至主梁侧面。

其工程内容包括:混凝土制作、运输、浇筑、振捣、养护。

(4)现浇混凝土墙。

010404001~010404002 直形墙、弧形墙:按设计图示尺寸以体积计算。不扣除构件内钢筋、预埋铁件所占体积,扣除门窗洞口及单个面积 $0.3m^2$ 以外的孔洞所占体积,墙垛及突出墙面部分并入墙体体积内计算。其工程内容包括:混凝土制作、运输、浇筑、振捣、养护。

(5)现浇混凝土板。

010405001~010405006 有梁板、无梁板、平板、拱板、薄壳板、栏板:按设计图示尺寸以体积计算。不扣除构件内钢筋、预埋铁件及单个面积 $0.3m^2$ 以内的孔洞所占体积。有梁板(包括主、次梁与板)按梁、板体积之和计算,无梁板按板和柱帽体积之和计算,各类板伸入墙内的板头并入板体积内计算,薄壳板的肋、基梁并入薄壳体积内计算。其工程内容包括:混凝土制作、运输、浇筑、振捣、养护。

010405007 天沟、挑檐板:按设计图示尺寸以体积计算。其工程内容包括:混凝土制作、运输、浇筑、振捣、养护。

010405008 雨篷、阳台板:按设计图示尺寸以墙外部分体积计算。包括伸出墙外的牛腿和雨篷反挑檐的体积。其工程内容包括:混凝土制作、运输、浇筑、振捣、养护。

010405009 其他板:按设计图示尺寸以体积计算。其工程内容包括:混凝土制作、运输、浇筑、振捣、养护。

(6)现浇混凝土楼梯。

010406001~010406002 直形楼梯、弧形楼梯:按设计图示尺寸以水平投影面积计算。不扣除宽度小于500mm 的楼梯井,伸入墙内部分不计算。其工程内容包括:混凝土制作、运输、浇筑、振捣、养护。

(7)现浇混凝土其他构件。

010407001 其他构件:按设计图示尺寸以体积计算。不扣除构件内钢筋、预埋铁件所占体积。其工程内容包括:混凝土制作、运输、浇筑、振捣、养护。

010407002 散水、坡道:按设计图示尺寸以面积计算。不扣除单个 $0.3m^2$ 以内的孔洞所占面积。其工程内容包括:地基夯实;铺设垫层;混凝土制作、运输、浇筑、振捣、养护;变形缝填塞。

010407003 电缆沟、地沟:按设计图示以中心线长度计算。其工程内容包括:挖运土石;铺设垫层;混凝土制作、运输、浇筑、振捣、养护;刷防护材料。

(8)后浇带。

010408001 后浇带:按设计图示尺寸以体积计算。其工程内容包括:混凝土制作、运输、浇筑、振捣、养护。

(9)预制混凝土柱。

010409001~010409002 矩形柱、异形柱:按设计图示尺寸以体积计算。不扣除构件内钢筋、预埋铁件所占体积;或按设计图示尺寸以“数量”计算。其工程内容包括:混凝土制作、运输、浇筑、振捣、养护;构件制作、运输;构件安装;砂浆制作、运输;接头灌缝、养护。

(10)预制混凝土梁。

010410001~010410006 矩形梁、异形梁、过梁、拱形梁、鱼腹式吊车梁、风道梁:按设计图示尺寸以体积计算。不扣除构件内钢筋、预埋铁件所占体积。其工程内容包括:混凝土制作、运输、浇筑、振捣、养护;构件制作、运输;构件安装;砂浆制作、运输;接头灌缝、养护。

(11)预制混凝土屋架。

010411001～010411005 折线型屋架、组合屋架、薄腹屋架、门式刚架屋架、天窗架:按设计图示尺寸以体积计算。不扣除构件内钢筋、预埋铁件所占体积。其工程内容包括:混凝土制作、运输、浇筑、振捣、养护;构件制作、运输;构件安装;砂浆制作、运输;接头灌缝、养护。

(12)预制混凝土板。

010412001～010412007 平板、空心板、槽形板、网架板、折线板、带肋板、大型板:按设计图示尺寸以体积计算。不扣除构件内钢筋、预埋铁件及单个尺寸300mm×300mm以内的孔洞所占体积,扣除空心板空洞体积。其工程内容包括:混凝土制作、运输、浇筑、振捣、养护;构件制作、运输;构件安装;升板提升;砂浆制作、运输;接头灌缝、养护。

010412008 沟盖板、井盖板、井圈:按设计图示尺寸以体积计算。不扣除构件内钢筋、预埋铁件所占体积。其工程内容包括:混凝土制作、运输、浇筑、振捣、养护;构件制作、运输;构件安装;升板提升;砂浆制作、运输;接头灌缝、养护。

(13)预制混凝土楼梯。

010413001 楼梯:按设计图示尺寸以体积计算。不扣除构件内钢筋、预埋铁件所占体积,扣除空心踏步板空洞体积。其工程内容包括:混凝土制作、运输、浇筑、振捣、养护;构件制作、运输;构件安装;砂浆制作、运输;接头灌缝、养护。

(14)其他预制构件。

010414001～010414003 烟道(垃圾道、通风道)、其他构件、水磨石构件:按设计图示尺寸以体积计算。不扣除构件内钢筋、预埋铁件及单个尺寸300mm×300mm以内的孔洞所占体积,扣除烟道、垃圾道、通风道的孔洞所占体积。其工程内容包括:混凝土制作、运输、浇筑、振捣、养护;(水磨石)构件制作、运输;构件安装;砂浆制作、运输;接头灌缝、养护;酸洗、打蜡。

(15)混凝土构筑物。

010415001、010415002 储水(油)池、储仓:按设计图示尺寸以体积计算。不扣除构件内钢筋、预埋铁件及单个面积0.3m^2以内的孔洞所占体积。其工程内容包括:混凝土制作、运输、浇筑、振捣、养护。

010415003 水塔:按设计图示尺寸以体积计算。不扣除构件内钢筋、预埋铁件及单个面积0.3m^2以内的孔洞所占体积。其工程内容包括:混凝土制作、运输、浇筑、振捣、养护;预制倒圆锥形罐壳、组装、提升、就位;砂浆制作、运输;接头灌缝、养护。

010415004 烟囱:按设计图示尺寸以体积计算。不扣除构件内钢筋、预埋铁件及单个面积0.3m^2以内的孔洞所占体积。其工程内容包括:混凝土制作、运输、浇筑、振捣、养护。

(16)钢筋工程。

010416001～010416004 现浇构件钢筋、预制构件钢筋、钢筋网片、钢筋笼:按设计图示钢筋(网)长度(面积)乘以单位理论质量计算。其工程内容包括:钢筋(网、笼)制作、运输;钢筋(网、笼)安装。

010416005 先张法预应力钢筋:按设计图示钢筋长度乘以单位理论质量计算。其工程内容包括:钢筋制作、运输;钢筋张拉。

010416006 ~ 010416008 后张法预应力钢筋、预应力钢丝、预应力钢绞线：按设计图示钢筋（丝束、绞线）长度乘以单位理论质量计算。

① 低合金钢筋两端均采用螺杆锚具时，钢筋长度按孔道长度减 0.35m 计算，螺杆另行计算。

② 低合金钢筋一端采用镦头插片、另一端采用螺杆锚具时，钢筋长度按孔道长度计算，螺杆另行计算。

③ 低合金钢筋一端采用镦头插片、另一端采用帮条锚具时，钢筋增加 0.15m 计算；两端均采用帮条锚具时，钢筋长度按孔道长度增加 0.3m 计算。

④ 低合金钢筋采用后张混凝土自锚时，钢筋长度按孔道长度增加 0.35m 计算。

⑤ 低合金钢筋（钢绞线）采用 JM、XM、QM 型锚具，孔道长度在 20m 以内时，钢筋长度增加 1m 计算；孔道长度 20m 以外时，钢筋（钢绞线）长度按孔道长度增加 1.8m 计算。

其工程内容包括：钢筋、钢丝束、钢绞线制作、运输；钢筋、钢丝束、钢绞线安装；预埋管孔道铺设；锚具安装；砂浆制作、运输；孔道压浆、养护。

（17）螺栓、铁件。

010417001 ~ 010417002 螺栓、预埋铁件：按设计图示尺寸以质量计算。其工程内容包括：螺栓（铁件）制作、运输；螺栓（铁件）安装。

（18）其他相关问题应按下列规定处理。

① 混凝土垫层包括在基础项目内。

② 有肋带形基础、无肋带形基础应分别编码（第五级编码）列项，并注明肋高。

③ 箱式满堂基础，可按（1）、（2）、（3）、（4）、（5）中满堂基础、柱、梁、墙、板分别编码列项；也可利用（1）的第五级编码分别列项。

④ 框架式设备基础，可按（1）、（2）、（3）、（4）、（5）中设备基础、柱、梁、墙、板分别编码列项；也可利用（1）的第五级编码分别列项。

⑤ 构造柱应按（2）中矩形柱项目编码列项。

⑥ 现浇挑檐、天沟板、雨篷、阳台与板（包括屋面板、楼板）连接时，以外墙外边线为分界线；与圈梁（包括其他梁）连接时，以梁外边线为分界线。外边线以外为挑檐、天沟、雨篷或阳台。

⑦ 整体楼梯（包括直形楼梯、弧形楼梯）水平投影面积包括休息平台、平台梁、斜梁和楼梯的连接梁。当整体楼梯与现浇楼板无梯梁连接时，以楼梯的最后一个踏步边缘加 300mm 为界。

⑧ 现浇混凝土小型池槽、压顶、扶手、垫块、台阶、门框等，应按（7）中其他构件项目编码列项。其中扶手、压顶（包括伸入墙内的长度）应按延长米计算，台阶应按水平投影面积计算。

⑨ 三角形屋架应按（11）中折线型屋架项目编码列项。

⑩ 不带肋的预制遮阳板、雨篷板、挑檐板、栏板等，应按（12）中平板项目编码列项。

⑪ 预制 F 形板、双 T 形板、单肋板和带反挑檐的雨篷板、挑檐板、遮阳板等，应按（12）中带肋板项目编码列项。

⑫ 预制大型墙板、大型楼板、大型屋面板等，应按（12）中大型板项目编码列项。

⑬ 预制钢筋混凝土楼梯，可按斜梁、踏步分别编码（第五级编码）列项。

⑭ 预制钢筋混凝土小型池槽、压顶、扶手、垫块、隔热板、花格等,应按(14)中其他构件项目编码列项。

⑮ 储水(油)池的池底、池壁、池盖可分别编码(第五级编码)列项。有壁基梁的,应以壁基梁底为界,以上为池壁、以下为池底;无壁基梁的,锥形坡底应算至其上口,池壁下部的八字靴脚应并入池底体积内。无梁池盖的柱高应从池底上表面算至池盖下表面,柱帽和柱座应并在柱体积内。肋形池盖应包括主、次梁体积;球形池盖应以池壁顶面为界,边侧梁应并入球形池盖体积内。

⑯ 储仓立壁和储仓漏斗可分别编码(第五级编码)列项,应以相互交点水平线为界,壁上圈梁应并入漏斗体积内。

⑰ 滑模筒仓按(15)中储仓项目编码列项。

⑱ 水塔基础、塔身、水箱可分别编码(第五级编码)列项。筒式塔身应以筒座上表面或基础底板上表面为界;柱式(框架式)塔身应以柱脚与基础底板或梁顶为界,与基础板连接的梁应并入基础体积内。塔身与水箱应以箱底相连接的圈梁下表面为界,以上为水箱,以下为塔身。依附于塔身的过梁、雨篷、挑檐等,应并入塔身体积内;柱式塔身应不分柱、梁合并计算。依附于水箱壁的柱、梁,应并入水箱壁体积内。

⑲ 现浇构件中固定位置的支撑钢筋、双层钢筋用的"铁马"、伸出构件的锚固钢筋、预制构件的吊钩等,应并入钢筋工程量内。

5)厂库房大门、特种门、本结构工程

(1)厂库房大门、特种门。

010501001 ~ 010501005 木板大门、钢木大门、全钢板大门、特种门、围墙铁丝门:按设计图示数量或设计图示洞口尺寸以面积计算。其工程内容包括:门(骨架)制作、运输;门、五金配件安装;刷防护材料、油漆。

(2)木屋架。

010502001 ~ 010502002 木屋架、钢木屋架:按设计图示数量计算。其工程内容包括:制作、运输;安装;刷防护材料、油漆。

(3)木构件。

010503001 ~ 010503002 木柱、木梁:按设计图示尺寸以体积计算。其工程内容包括:制作;运输;安装;刷防护材料、油漆。

010503003 木楼梯:按设计图示尺寸以水平投影面积计算。不扣除宽度小于 300mm 的楼梯井,伸入墙内部分不计算。其工程内容包括:制作;运输;安装;刷防护材料、油漆。

010503004 其他木构件:按设计图示尺寸以体积或长度计算。其工程内容包括:制作;运输;安装;刷防护材料、油漆。

(4)其他相关问题应按下列规定处理。

① 冷藏门、冷冻间门、保温门、变电室门、隔音门、防射线门、人防门、金库门等,应按(1)中特种门项目编码列项。

② 屋架的跨度应以上、下弦中心线两交点之间的距离计算。

③ 带气楼的屋架和马尾、折角以及正交部分的半屋架,应按相关屋架项目编码列项。

④ 木楼梯的栏杆(栏板)、扶手,应按附录 B1)中(7)相关项目编码列项。

6)金属结构工程

(1)钢屋架、钢网架。

010601001~010601002 钢屋架、钢网架:按设计图示尺寸以质量计算。不扣除孔眼、切边、切肢的质量,焊条、铆钉、螺栓等不另增加质量,不规则或多边形钢板以其外接矩形面积乘以厚度乘以单位理论质量计算。其工程内容包括:制作、运输、拼装、安装、探伤、刷油漆。

(2)钢托架、钢桁架。

010602001~010602002 钢托架、钢桁架:按设计图示尺寸以质量计算。不扣除孔眼、切边、切肢的质量,焊条、铆钉、螺栓等不另增加质量,不规则或多边形钢板,以其外接矩形面积乘以厚度乘以单位理论质量计算。其工程内容包括:制作、运输、拼装、安装、探伤、刷油漆。

(3)钢柱。

010603001~010603002 实腹柱、空腹柱:按设计图示尺寸以质量计算。不扣除孔眼、切边、切肢的质量,焊条、铆钉、螺栓等不另增加质量,不规则或多边形钢板,以其外接矩形面积乘以厚度乘以单位理论质量计算,依附在钢柱上的牛腿及悬臂梁等并入钢柱工程量内。其工程内容包括:制作、运输、拼装、安装、探伤、刷油漆。

010603003 钢管柱:按设计图示尺寸以质量计算。不扣除孔眼、切边、切肢的质量,焊条、铆钉、螺栓等不另增加质量,不规则或多边形钢板,以其外接矩形面积乘以厚度乘以单位理论质量计算,钢管柱上的节点板、加强环、内衬管、牛腿等并入钢管柱工程量内。其工程内容包括:制作、运输、安装、探伤、刷油漆。

(4)钢梁。

010604001~010604002 钢梁、钢吊车梁:按设计图示尺寸以质量计算。不扣除孔眼、切边、切肢的质量,焊条、铆钉、螺栓等不另增加质量,不规则或多边形钢板,以其外接矩形面积乘以厚度乘以单位理论质量计算,制动梁、制动板、制动桁架、车挡并入钢吊车梁工程量内。其工程内容包括:制作、运输、安装、探伤、刷油漆。

(5)压型钢板楼板、墙板。

010605001 压型钢板楼板:按设计图示尺寸以铺设水平投影面积计算。不扣除柱、垛及单个 $0.3m^2$ 以内的孔洞所占面积。其工程内容包括:制作、运输、安装、刷油漆。

010605002 压型钢板墙板:按设计图示尺寸以铺挂面积计算。不扣除单个 $0.3m^2$ 以内的孔洞所占面积,包角、包边、窗台泛水等不另增加面积。其工程内容包括:制作、运输、安装、刷油漆。

(6)金属网。

010607001 金属网:按设计图示尺寸以面积计算。其工程内容包括:制作、运输、安装、刷油漆。

(7)钢构件。

010606001~010606009 钢支撑、钢檩条、钢天窗架、钢挡风架、钢墙架、钢平台、钢走道、钢梯、钢栏杆:按设计图示尺寸以质量计算。不扣除孔眼、切边、切肢的质量,焊条、铆钉、螺栓等不另增加质量,不规则或多边形钢板以其外接矩形面积乘以厚度乘以单位理论质量计算。其工程内容包括:制作、运输、安装、探伤、刷油漆。

010606010 钢漏斗:按设计图示尺寸以重量计算。不扣除扎眼、切边、切肢的质量,焊条、铆钉、螺栓等不另增加质量,不规则或多边形钢板以其外接矩形面积乘以厚度乘以单位理论质量计算,依附漏斗的型钢并入漏斗工程量内。其工程内容包括:制作、运输、安装、探伤、刷油漆。

010606011～010606012 钢支架、零星钢构件：按设计图示尺寸以质量计算。不扣除孔眼、切边、切肢的质量，焊条、铆钉、螺栓等不另增加质量，不规则或多边形钢板以其外接矩形面积乘以厚度乘以单位理论质量计算。其工程内容包括：制作、运输、安装、探伤、刷油漆。

(8)其他相关问题应按下列规定处理。

① 型钢筋混凝土柱、梁上浇筑混凝土和压型钢板楼板上浇筑钢筋混凝土，混凝土和钢筋应按(4)中相关项目编码列项。

② 钢墙架项目包括墙架柱、墙架梁和连接杆件。

③ 加工铁件等小型构件，应按(7)中零星钢构件项目编码列项。

7)屋面及防水工程

(1)瓦、型材屋面。

010701001 瓦屋面：按设计图示尺寸以斜面积计算。不扣除房上烟囱、风帽底座、风道、小气窗、斜沟等所占面积，小气窗的出檐部分不增加面积。其工程内容包括：檩条、椽子安装；基层铺设；铺防水层；安顺水条和挂瓦条；安瓦；刷防护材料。

010701002 型材屋面：按设计图示尺寸以斜面积计算。不扣除房上烟囱、风帽底座、风道、小气窗、斜沟等所占面积，小气窗的出檐部分不增加面积。其工程内容包括：骨架制作、运输、安装；屋面型材安装；接缝、嵌缝。

010701003 膜结构屋面：按设计图示尺寸以需要覆盖的水平面积计算。其工程内容包括：膜布热压胶；接支柱(网架)制作、安装；膜布安装；穿钢丝绳、锚头锚固；刷油漆。

(2)屋面防水。

010702001 屋面卷材防水：按设计图示尺寸以面积计算。斜屋顶(不包括平屋顶找坡)按斜面积计算，平屋顶按水平投影面积计算；不扣除房上烟囱、风帽底座、风道、屋面小气窗和斜沟所占面积；屋面的女儿墙、伸缩缝和天窗等处的弯起部分，并入屋面工程量内。其工程内容包括：基层处理；抹找平层；刷底油；铺油毡卷材、接缝、嵌缝；铺保护层。

010702002 屋面涂膜防水：按设计图示尺寸以面积计算。斜屋顶(不包括平屋顶找坡)按斜面积计算，平屋顶按水平投影面积计算；不扣除房上烟囱、风帽底座、风道、屋面小气窗和斜沟所占面积；屋面的女儿墙、伸缩缝和天窗等处的弯起部分，并入屋面工程量内。其工程内容包括：基层处理；抹找平层；涂防水膜；铺保护层。

010702003 屋面刚性防水：按设计图示尺寸以面积计算。不扣除房上烟囱、风帽底座、风道等所占面积。其工程内容包括：基层处理；混凝土制作、运输、铺筑、养护。

010702004 屋面排水管：按设计图示尺寸以长度计算。如设计未标注尺寸，以檐口至设计室外散水上表面垂直距离计算。其工程内容包括：排水管及配件安装、固定；雨水斗、雨水箅子安装；接缝、嵌缝。

010702005 屋面天沟沿沟：按设计图示尺寸以面积计算。铁皮和卷材天沟按展开面积计算。其工程内容包括：砂浆制作、运输；砂浆找坡、养护；天沟材料铺设；天沟配件安装；接缝、嵌缝；刷防护材料。

(3)墙、地面防水、防潮。

010703001 卷材防水：按设计图示尺寸以面积计算。

① 地面防水：按主墙间净空面积计算，扣除凸出地面的构筑物、设备基础等所占面积，不扣除间壁墙及单个 0.3m^{2}以内的柱、垛、烟囱和孔洞所占面积。

② 墙基防水:外墙按中心线,内墙按净长乘以宽度计算。

其工程内容包括:基层处理、抹找平层、刷黏结剂、铺防水卷材、铺保护层、接缝、嵌缝。

010703002 涂膜防水:按设计图示尺寸以面积计算。

① 地面防水:按主墙间净空面积计算,扣除凸出地面的构筑物、设备基础等所占面积,不扣除间壁墙及单个0.3m^2以内的柱、垛、烟囱和孔洞所占面积。

② 墙基防水:外墙按中心线,内墙按净长乘以宽度计算。

其工程内容包括:基层处理、抹找平层、刷基层处理剂、铺涂膜防水层、铺保护层。

010703003 砂浆防水(潮):按设计图示尺寸以面积计算。

① 地面防水:按主墙间净空面积计算,扣除凸出地面的构筑物、设备基础等所占面积,不扣除间壁墙及单个0.3m^2以内的柱、垛、烟囱和孔洞所占面积。

② 墙基防水:外墙按中心线,内墙按净长乘以宽度计算。

其工程内容包括:基层处理、挂钢丝网片、设置分格缝、砂浆制作、运输、摊铺、养护。

010703004 变形缝:按设计图示以长度计算。其工程内容包括:清缝、填塞防水材料、止水带安装、盖板制作、刷防护材料。

(4)其他相关问题应按下列规定处理。

① 小青瓦、水泥平瓦、琉璃瓦等,应按(1)中瓦屋面项目编码列项。

② 压型钢板、阳光板、玻璃钢等,应按(1)中型材屋面编码列项。

8)防腐、隔热、保温工程

(1)防腐面层。

010801001 ~010801002 防腐混凝土面层、防腐砂浆面层:按设计图示尺寸以面积计算。

① 平面防腐:扣除凸出地面的构筑物、设备基础等所占面积。

② 立面防腐:砖垛等突出部分按展开面积并入墙面积内。

其工程内容包括:基层清理;基层刷稀胶泥;砂浆制作、运输、摊铺、养护;混凝土制作、运输、摊铺、养护。

010801003 防腐胶泥面层:按设计图示尺寸以面积计算。

① 平面防腐:扣除凸出地面的构筑物、设备基础等所占面积。

② 立面防腐:砖垛等突出部分按展开面积并入墙面积内。其工程内容包括:基层清理、胶泥调制、摊铺。

010801004 玻璃钢防腐面层:按设计图示尺寸以面积计算。

① 平面防腐:扣除凸出地面的构筑物、设备基础等所占面积。

② 立面防腐:砖垛等突出部分按展开面积并入墙面积内。

其工程内容包括:基层清理;刷底漆、刮腻子;胶浆配制、涂刷;粘布、涂刷面层。

010801005 聚氯乙烯板面层:按设计图示尺寸以面积计算。

① 平面防腐:扣除凸出地面的构筑物、设备基础等所占面积。

② 立面防腐:砖垛等突出部分按展开面积并入墙面积内。

③ 踢脚板防腐:扣除门洞所占面积并相应增加门洞侧壁面积。

其工程内容包括:基层清理、配料、涂胶、聚氯乙烯板铺设、铺贴踢脚板。

010801006 料防腐块面层:按设计图示尺寸以面积计算。

① 平面防腐:扣除凸出地面的构筑物、设备基础等所占面积。

② 立面防腐:砖垛等突出部分按展开面积并入墙面积内。

③ 踢脚板防腐:扣除门洞所占面积并相应增加门洞侧壁面积。

其工程内容包括:基层清理、砌块料、胶泥调制、勾缝。

(2)其他防腐。

010802001 隔离层:按设计图示尺寸以面积计算。

① 平面防腐:扣除凸出地面的构筑物、设备基础等所占面积。

② 立面防腐:砖垛等突出部分按展开面积并入墙面积内。

其工程内容包括:基层清理、刷油、煮沥青、胶泥调制、隔离层铺设。

010802002 砌筑沥青浸渍砖:按设计图示尺寸以体积计算。其工程内容包括:基层清理、胶泥调制、浸渍砖铺砌。

010802003 防腐涂料:按设计图示尺寸以面积计算。

① 平面防腐:扣除凸出地面的构筑物、设备基础等所占面积。

② 立面防腐:砖垛等突出部分按展开面积并入墙面积内。

其工程内容包括:基层清理、刷涂料。

(3)隔热、保温。

010803001 ~010803002 保温隔热屋面、保温隔热天棚:按设计图示尺寸以面积计算。不扣除柱、垛所占面积。其工程内容包括:基层清理、铺粘保温层、刷防护材料。

010803003 保温隔热墙:按设计图示尺寸以面积计算。扣除门窗洞口所占面积;门窗洞口侧壁需做保温时,并入保温墙体工程量内。其工程内容包括:基层清理、底层抹灰、粘贴龙骨、填贴保温材料、粘贴面层、嵌缝。

010803004 保温柱:按设计图示以保温层中心线展开长度乘以保温层高度计算。其工程内容包括:基层清理、底层抹灰、粘贴龙骨、填贴保温材料、粘贴面层、嵌缝。

010803005 隔热楼地面:按设计图示尺寸以面积计算。不扣除柱、垛所占面积。其工程内容包括:基层清理、铺设粘贴材料、铺贴保温层、刷防护材料。

(4)其他相关问题应按下列规定处理。

① 保温隔热墙的装饰面层,应按 6. 3. 2 中相关项目编码列项。

② 柱帽保温隔热应并入天棚保温隔热工程量内。

③ 池槽保温隔热,池壁、池底应分别编码列项,池壁应并入墙面保温隔热工程量内,池底应并入地面保温隔热工程量内。

2. 措施项目

措施项目见表 6 - 20,建筑工程计算规则与定额计价的计算规则相同。

表 6 - 20 建筑工程措施项目表

序号	项目名称
1. 1	混凝土、钢筋混凝土模板及支架
1. 2	脚手架
1. 3	垂直运输机械

6.3.2 装饰装修工程量清单计价计算规则

1. 实体项目

1)楼地面工程

(1)整体面层。

020101001 水泥砂浆楼地面:按设计图示尺寸以面积计算。扣除凸出地面构筑物、设备基础、室内铁道、地沟等所占面积,不扣除间壁墙和 0.3m^2 以内的柱、垛、附墙烟囱及孔洞所占面积。门洞、空圈、暖气包槽、壁龛的开口部分不增加面积。其工程内容包括:基层清理、垫层铺设、抹找平层、防水层铺设、抹面层、材料运输。

020101002 现浇水磨石楼地面:计算规则同上。其工程内容包括:基层清理、垫层铺设、抹找平层、防水层铺设、面层铺设、嵌缝条安装、磨光、酸洗、打蜡、材料运输。

020101003 细石混凝土地面:计算规则同上。其工程内容包括:基层清理、垫层铺设、抹找平层、防水层铺设、面层铺设、材料运输。

020101004 菱苦土楼地面:计算规则同上。其工程内容包括:清理基层、垫层铺设、抹找平层、防水层铺设、面层铺设、打蜡。

(2)块料面层。

020102001 ~ 020102002 石材楼地面、块料楼地面:按设计图示尺寸以面积计算。扣除凸出地面构筑物、设备基础、室内铁道、地沟等所占面积,不扣除间壁墙和 0.3m^2 以内的柱、垛、附墙烟囱及孔洞所占面积。门洞、空圈、暖气包槽、壁龛的开口部分不增加面积。其工程内容包括:基层清理、铺设垫层、抹找平层;防水层铺设、填充层;面层铺设;嵌缝;刷防护材料;酸洗、打蜡;材料运输。

(3)橡塑面层。

020103001 ~ 020103004 橡胶板楼地面、橡胶卷材楼地面、塑料板楼地面、塑料卷材楼地面:按设计图示尺寸以面积计算。门洞、空圈、暖气包槽、壁龛的开口部分并入相应的工程量内。其工程内容包括:基层清理、抹找平层;铺设填充层;面层铺贴;压缝条装订;材料运输。

(4)其他材料面层。

020104001 楼地面地毯:按设计图示尺寸以面积计算。门洞、空圈、暖气包槽、壁龛的开口部分并入相应的工程量内。其工程内容包括:基层清理、抹找平层;铺设填充层;铺贴面层;刷防护材料;装订压条;材料运输。

020104002 竹木地板:按设计图示尺寸以面积计算。门洞、空圈、暖气包槽、壁龛的开口部分并入相应的工程量内。其工程内容包括:基层清理、抹找平层;铺设填充层;龙骨铺设;铺设基层;面层铺贴;刷防护材料;材料运输。

020104003 防静电活动地板:按设计图示尺寸以面积计算。门洞、空圈、暖气包槽、壁龛的开口部分并入相应的工程量内。其工程内容包括:基层清理、抹找平层;铺设填充层;固定支架安装;活动面层安装;刷防护材料;材料运输。

020104004 金属复合地板:按设计图示尺寸以面积计算。门洞、空圈、暖气包槽、壁龛的开口部分并入相应的工程量内。其工程内容包括:基层清理、抹找平层;铺设填充层;龙骨铺设;铺设基层;面层铺贴;刷防护材料;材料运输。

(5)踢脚线。

020105001 ~ 020105005 水泥砂浆踢脚线、石材踢脚线、块料踢脚线、现浇水磨石踢脚线、塑料板踢脚线:按设计图示长度乘以高度以面积计算。其工程内容包括:基层清理;底层抹灰;面层铺贴;勾缝;磨光、酸洗、打蜡;刷防护材料;材料运输。

020105006 ~ 020105008 木质踢脚线、金属踢脚线、防静电踢脚线:按设计图示长度乘以高度以面积计算。其工程内容包括:基层清理;底层抹灰;基层铺贴;面层铺贴;刷防护材料;刷油漆;材料运输。

(6)楼梯装饰。

020106001 ~ 020106002 石材楼梯面层、块料楼梯面层:按设计图示尺寸以楼梯(包括踏步、休息平台及500mm以内的楼梯井)水平投影面积计算。楼梯与楼地面相连时,算至梯口梁内侧边沿;无梯口梁者,算至最上一层踏步边沿加300mm。其工程内容包括:基层清理、抹找平层、面层铺贴、贴嵌防滑条、勾缝、刷防护材料、酸洗、打蜡、材料运输。

020106003 水泥砂浆楼梯面:计算规则同上。其工程内容包括:基层清理、抹找平层、抹面层、抹防滑条、材料运输。

020106004 现浇水磨石楼梯面:计算规则同上。其工程内容包括:基层清理、抹找平层、抹面层、贴嵌防滑条、磨光、酸洗、打蜡、材料运输。

020106005 地毯楼梯面:计算规则同上。其工程内容包括:基层清理、抹找平层、铺贴面层、固定配件安装、刷防护材料、材料运输。

020106006 木板楼梯面:计算规则同上。其工程内容包括:基层清理、抹找平层、基层铺贴、面层铺贴、刷防护材料、油漆、材料运输。

(7)扶手、栏杆、栏板装饰。

020107001~020107006 金属扶手带栏杆(栏板)、硬木扶手带栏杆(栏板)、塑料扶手带栏杆(栏板)、金属靠墙扶手、硬木靠墙扶手、塑料靠墙扶手:按设计图纸尺寸以扶手中心线长度(包括弯头长度)计算。其工程内容包括:制作、运输、安装、刷防护材料、刷油漆。

(8)台阶装饰。

020108001 ~ 020108002 石材台阶面、块料台阶面:按设计图示尺寸以台阶(包括最上层踏步边沿加300mm)水平投影面积计算。其工程内容包括:基层清理、铺设垫层、抹找平层、面层铺贴、贴嵌防滑条、勾缝、刷防护材料、材料运输。

020108003 水泥砂浆台阶面:计算规则同上。其工程内容包括:清理基层、铺设垫层、抹找平层、抹面层、抹防滑条、材料运输。

020108004 现浇水磨石台阶面:计算规则同上。其工程内容包括:清理基层、铺设垫层、抹找平层、抹面层、贴嵌防滑条、打磨、酸洗、打蜡、材料运输。

020108005 剁假石台阶面:计算规则同上。其工程内容包括:清理基层、铺设垫层、抹找平层、抹面层、剁假石。

(9)零星装饰项目。

020109001 ~ 020109003 石材零星项目、碎拼石材零星项目、块料零星项目:按设计图示尺寸以面积计算。其工程内容包括:清理基层、抹找平层、面层铺贴、勾缝、刷防护材料、酸洗、打蜡、材料运输。

020109004 水泥砂浆零星项目：按设计图示尺寸以面积计算。其工程内容包括：清理基层、抹找平层、抹面层、材料运输。

(10)其他相关问题应按下列规定处理。

① 楼梯、阳台、走廊、回廊及其他的装饰性扶手、栏杆、栏板，应按(7)项目编码列项。

② 楼梯、台阶侧面装饰，0.5m 以内少量分散的楼地面装修，应按(9)中项目编码列项。

2)墙、柱面工程

(1)墙面抹灰。

020201001～020201002 墙面一般抹灰、墙面装饰抹灰：按设计图示尺寸以面积计算。扣除墙裙、门窗洞口及单个 $0.3m^2$ 以外的孔洞面积，不扣除踢脚线挂镜线和墙与构件交接处的面积，门窗洞口和孔洞的侧壁及顶面不增加面积。附墙柱、梁、垛烟囱侧壁并入相应的墙面面积内。

① 外墙抹灰面积按外墙垂直投影面积计算。

② 外墙裙抹灰面积按其长度乘以高度计算。

③ 内墙抹灰面积按主墙间的净长乘以高度计算。

(a)无墙裙的，高度按室内楼地面至天棚底面计算。

(b)有墙裙的，高度按墙裙顶至天棚底面计算。

④ 内墙裙抹灰面按内墙净长乘以高度计算。

其工程内容包括：基层清理、砂浆制作、运输、底层抹灰、抹面层、抹装饰面、勾分格缝。

020201003 墙面勾缝：计算规则同上。其工程内容包括：基层清理、砂浆制作、运输、勾缝。

(2)柱面抹灰。

020202001～020202002 柱面一般抹灰、柱面装饰抹灰：按设计图示柱断面周长乘以高度以面积计算。其工程内容包括：基层清理、砂浆制作、运输、底层抹灰、抹面层、抹装饰面、勾分格缝。

020202003 柱面勾缝：按设计图示柱断面周长乘以高度以面积计算。其工程内容包括：基层清理、砂浆制作、运输、勾缝。

(3)零星抹灰。

020203001～020203002 零星项目一般抹灰、零星项目装饰抹灰：按设计图示尺寸以面积计算。其工程内容包括：基层清理、砂浆制作、运输、底层抹灰、抹面层、抹装饰面、勾分格缝。

(4)墙面镶贴块料。

020204001～020204003 石材墙面、碎拼石材、块料墙面：按设计图示尺寸以面积计算。其工程内容包括：基层清理；砂浆制作、运输；底层抹灰；结合层铺贴；面层铺贴；面层挂贴；面层干挂；嵌缝；刷防护材料；磨光、酸洗、打蜡。

020204004 干挂石材钢骨架：按设计图示尺寸以质量计算。其工程内容包括：骨架制作、运输、安装、骨架油漆。

(5)柱、梁面镶贴块料。

020205001～020205003 石材柱面、拼碎石材柱面、块料柱面：按设计图示尺寸以镶贴表面积计算。其工程内容包括：基层清理、砂浆制作、运输、底层抹灰、结合层铺贴、面层铺贴、面层挂贴、面层干挂、嵌缝、刷防护材料、磨光、酸洗、打蜡。

020205004 ~020205005 石材梁面、块料梁面:按设计图示尺寸以镶贴表面积计算。其工程内容包括:基层清理、砂浆制作、运输、底层抹灰、结合层铺贴、面层铺贴、面层挂贴、嵌缝、刷防护材料、磨光、酸洗、打蜡。

(6)零星镶贴块料。

020206001 ~020206003 石材零星项目、拼碎石材零星项目、块料零星项目:按设计图示尺寸以面积计算。其工程内容包括:基层清理、砂浆制作、运输、底层抹灰、结合层铺贴、面层铺贴、面层挂贴、面层干挂、嵌缝、刷防护材料、磨光、酸洗、打蜡。

(7)墙饰面。

020207001 装饰板墙面:按设计图示墙净长乘以净高以面积计算。扣除门窗洞口及单个0.3m^2以上的孔洞所占面积。其工程内容包括:基层清理;砂浆制作、运输;底层抹灰;龙骨制作、运输安装;钉隔离层;基层铺钉;面层铺贴;刷防护材料、油漆。

(8)柱(梁)饰面。

020208001 柱(梁)面装饰:按设计图示饰面外围尺寸以面积计算。柱帽、柱墩并入相应柱饰面工程量内。其工程内容包括:基层清理;砂浆制作、运输;底层抹灰;龙骨制作、运输安装;钉隔离层;基层铺钉;面层铺贴;刷防护材料、油漆。

(9)隔断。

020209001 隔断:按设计图示框外围尺寸以面积计算。扣除单个0.3m^2以上的孔洞所占面积;浴厕门的材质与隔断相同时,门的面积并入隔断面积内。其工程内容包括:骨架及边框制作、运输、安装;隔板制作、运输、安装;嵌缝、塞口;装订压条;刷防护材料、油漆。

(10)幕墙。

020210001 带骨架幕墙:按设计图示框外围尺寸以面积计算。与幕墙同种材质的窗所占面积不扣除。其工程内容包括:骨架制作、运输安装、面层安装、嵌缝、塞口、清洗。

020210002 全玻幕墙:按设计图示尺寸以面积计算,带肋全玻幕墙按展开面积计算。其工程内容包括:幕墙安装嵌缝、塞口、清洗。

(11)其他相关问题应按下列规定处理。

① 石灰砂浆、水泥砂浆、水泥混合砂浆、聚合物水泥砂浆、麻刀石灰、纸筋石灰、石膏灰等的抹灰应按(1)中一般抹灰项目编码列项;水刷石、斩假石(剁斧石、剁假石)、干粘石、假面砖等的抹灰应按(1)中装饰抹灰项目编码列项。

② 0.5m^2以内少量分散的抹灰和镶贴块料面层,应按(1)和(6)中相关项目编码列项。

3)天棚工程

(1)天棚抹灰。

020301001 天棚抹灰:按设计图示尺寸以水平投影面积计算。不扣除间壁墙、垛、柱、附墙烟囱、检查口和管道所占的面积,带梁天棚、梁两侧抹灰面积并入天棚面积内,板式楼梯底面抹灰按斜面积计算,锯齿形楼梯底板抹灰按展开面积计算。其工程内容包括:基层清理、底层抹灰、抹面层、抹装饰线条。

(2)天棚吊顶。

020302001 天棚吊顶:按设计图示尺寸以水平投影面积计算。天棚面中的灯槽及跌级、锯齿形、吊挂式、藻井式天棚面积不展开计算。不扣除间壁墙、检查口、附墙烟囱、柱垛和管道所占面积，扣除单个 $0.3m^2$ 以外的孔洞、独立柱及与天棚相连的窗帘盒所占的面积。其工程内容包括：基层清理、龙骨安装、基层板铺贴面层铺贴、嵌缝、刷防护材料、油漆。

020302002 格栅吊顶：按设计图示尺寸以水平投影面积计算。其工程内容包括：基层清理、底层抹灰、安装龙骨、基层板铺贴、面层铺贴、刷防护材料、油漆。

020302003 吊筒吊顶：按设计图示尺寸以水平投影面积计算。其工程内容包括：基层清理、底层抹灰、吊筒安装、刷防护材料、油漆。

020302004 ~ 020302005 藤条造型悬挂吊顶、组物软雕吊顶：按设计图示尺寸以水平投影面积计算。其工程内容包括：基层清理、底层抹灰、龙骨安装、铺贴面层、刷防护材料、油漆。

020302006 网架（装饰）吊顶：按设计图示尺寸以水平投影面积计算。其工程内容包括：基层清理、底面抹灰、面层安装、刷防护材料、油漆。

（3）天棚其他装饰。

020303001 灯带：按设计图示尺寸以框外围面积计算。其工程内容包括：安装、固定。

020303002 送风口、回风口：按设计图示数量计算。其工程内容包括：安装、固定、刷防护材料。

（4）采光天棚和天棚设保温隔热吸音层时，应按附录 A 的 8）中相关编码列项。

4）门窗工程

（1）木门。

020401001 ~ 020401008 镶板木门、企口木板门、实木装饰门、胶合板门、夹板装饰门、木质防火门、木纱门、连窗门：按设计图示数量或设计图示洞口尺寸以面积计算。其工程内容包括：门制作、运输、安装；五金、玻璃安装；刷防护材料、油漆。

（2）金属门。

020402001 ~ 020402007 金属平开门、金属推拉门、金属地弹门、彩板门、塑钢门、防盗门、钢质防火门：按设计图示数量或设计图示洞口尺寸以面积计算。其工程内容包括：门制作、运输、安装；五金、玻璃安装；刷防护材料、油漆。

（3）金属卷帘门。

020403001 ~ 020403003 金属卷闸门、防火卷帘门：按设计图示尺寸以框外围面积计算。其工程内容包括：门制作、运输、安装；启动装置、五金安装；刷防护材料、油漆。

（4）其他门。

020404001 ~ 020404004 电子感应门、转门、电子对讲门、电动伸缩门：按设计图示数量或设计图示洞口尺寸以面积计算。其工程内容包括：门制作、运输、安装；五金、电子配件安装；刷防护材料油漆。

020404005 ~ 020404007 全玻门（带扇框）、全玻自由门（无扇框）、半玻门带扇框：按设计图示数量或设计图示洞口尺寸以面积计算。其工程内容包括：门制作、运输、安装；五金安装；刷防护材料油漆。

020404008 镜面不锈钢饰面门：按设计图示数量或设计图示洞口尺寸以面积计算。其工程内容包括：门扇骨架及基层制作、运输安装；包面层；五金安装；刷防护材料。

(5)木窗。

020405001～020405009 木质平开窗、木质推拉窗、矩形木百叶窗、异形木百叶窗、木组合窗、木天窗、矩形木固定窗、异形木固定窗、装饰空花木窗:按设计图示数量或设计图示洞口尺寸以面积计算。其工程内容包括:窗制作、运输、安装;五金、玻璃安装;刷防护材料、油漆。

(6)金属窗。

020406001～020406009 金属推拉窗、金属平开窗、金属固定窗、金属百叶窗、金属组合窗、彩板窗、塑钢窗、金属防盗窗、金属格栅窗:按设计图示数量或设计图示洞口尺寸以面积计算。其工程内容包括:窗制作、运输、安装;五金、玻璃安装;刷防护材料、油漆。

020406010 特殊五金:按设计图示数量计算。其工程内容包括:五金安装、刷防护材料、油漆。

(7)门窗套。

020407001～020407006 木门窗套、金属门窗套、石材门窗套、门窗木贴脸、硬木筒子板、饰面夹板(筒子板):按设计图示尺寸以展开面积开算。其工程内容包括:清理基层、底层抹灰、立筋制作、安装、基层板安装。

(8)窗帘盒、窗帘轨。

020408001～020408004 木窗帘盒、饰面夹板(塑料窗帘盒)、铝合金属窗帘盒、窗帘轨:按设计图示尺寸以长度计算。其工程内容包括:制作、运输、安装、刷防护材料、油漆。

(9)窗台板。

020409001～020409004 木窗台板、铝塑窗台板、石材窗台板、金属窗台板:按设计图示尺寸以长度计算。其工程内容包括:基层清理、抹找平层、窗台板制作、安装、刷防护材料、油漆。

(10)其他相关问题应按下列规定处理。

① 玻璃、百叶面积占其门扇面积一半以内者应为半玻门或半百叶门,超过一半时应为全玻门或全百叶门。

② 木门五金应包括:折页、插销、风钩、弓背拉手、搭扣、木螺丝、弹簧折页(自动门)、管子拉手(自由门、地弹门)、地弹簧(地弹门)、角铁、门轧头(地弹门、自由门)等。

③ 木窗五金应包括:折页、插销、风钩、木螺丝、滑轮滑轨(推拉窗)等。

④ 铝合金窗五金应包括:卡锁、滑轮、铰拉、执手、拉把、拉手、风撑、角码、牛角等。

⑤ 铝合门五金应包括:地弹簧、门锁、拉手、门插、门铰、螺丝等。

⑥ 其他门五金应包括 L 形执手插锁(双舌)、球形执手锁(单舌)、门轧头、地锁、防盗门扣、门眼(猫眼)、门碰珠、电子销(磁卡销)、闭门器、装饰拉手等。

5)油漆、涂料、裱糊工程

(1)门油漆。

020501001 门油漆:按设计图示数量或设计图示单面洞口面积计算。其工程内容包括:基层清理、刮腻子、刷防护材料、油漆。

(2)窗油漆。

020502001 窗油漆:按设计图示数量或设计图示单面洞口面积计算。其工程内容包括:

基层清理、刮腻子、刷防护材料、油漆。

(3)木扶手及其他板条线条油漆。

020503001 ~020503005 木扶手油漆、窗帘盒油漆、封檐板(顺水板)油漆、挂衣板(黑板框)油漆、挂镜线(窗帘棍、单独木线)油漆:按设计图示尺寸以长度计算。其工程内容包括:基层清理、刮腻子、刷防护材料、油漆。

(4)木材面油漆。

020504001 ~020504007 木板(纤维板)胶合板油漆、木护墙(木墙裙)油漆、窗台板(筒子板盖板、门窗套、踢脚线)油漆、清水板条天棚(檐日)油漆、木方格吊顶天棚油漆、吸音板墙面(天棚面)油漆、暖气罩油漆:按设计图示尺寸以面积计算。其工程内容包括:基层清理、刮腻子、刷防护材料、油漆。

020504008 ~020504010 木间壁(木隔断)油漆、玻璃间壁露明墙筋油漆、木栅栏(木栏杆带扶手)油漆:按设计图示尺寸以单面外围面积计算。其工程内容包括:基层清理、刮腻子、刷防护材料、油漆。

020504011 ~020504013 衣柜(壁柜)油漆、梁柱饰面油漆、零星木装修油漆:按设计图示尺寸以油漆部分展开面积计算。其工程内容包括:基层清理、刮腻子、刷防护材料、油漆。

020504014 木地板油漆:按设计图示尺寸以面积计算。空洞、空圈、暖气包槽、壁龛的开口部分并入相应的工程量内。其工程内容包括:基层清理、刮腻子、刷防护材料、油漆。

020504015 木地板烫硬蜡面:按设计图示尺寸以面积计算。空洞、空圈、暖气包槽、壁龛的开口部分并入相应的工程量内。其工程内容包括:基层清理、烫蜡。

(5)金属面油漆。

020505001 金属面油漆:按设计图示尺寸以质量计算。其工程内容包括:基层清理、刮腻子、刷防护材料、油漆。

(6)抹灰面油漆。

020506001 抹灰面油漆:按设计图示尺寸以面积计算。其工程内容包括:基层清理、刮腻子、刷防护材料、油漆。

020506002 抹灰线条油漆:按设计图示尺寸以长度计算。其工程内容包括:基层清理、刮腻子、刷防护材料、油漆。

(7)喷塑、涂料。

020507001 刷喷涂料:按设计图示尺寸以面积计算。其工程内容包括:基层清理、刮腻子、刷、喷涂料。

(8)花饰、线条刷涂料。

020508001 空花格、栏杆刷涂料:按设计图示尺寸以单面外围面积计算。其工程内容包括:基层清理,刮腻子,刷,喷涂料。

020508002 线条刷涂料:按设计图示尺寸以长度计算。其工程内容包括:基层清理,刮腻子,刷、喷涂料。

(9)裱糊。

020509001 ~020509002 墙纸裱糊、织锦缎裱糊:按设计图示尺寸以面积计算。其工程内容包括:基层清理、刮腻子、面层铺粘、刷防护材料。

(10)其他相关问题应按下列规定处理。

① 门油漆应区分单层木门、双层(一玻一纱)木门、双层(单裁口)木门、全玻自由门、半玻自由门、装饰门及有框门或无框门等,分别编码列项。

② 窗油漆应区分单层玻璃窗、双层(一玻一纱)木窗、双层框扇(单裁口)木窗、双层框三层(二玻一纱)木窗、单层组合窗、双层组合窗、木百叶窗、木推拉窗等分别编码列项。

③ 木扶手应区分带托板与不带托板,分别编码列项。

6)其他工程

(1)柜类、货架。工程量清单项目设置及工程量计算规则,应按表6-21的规定执行。

表6-21 柜类、货架(编码:020601)

项目编码	项目名称	工程量计算规则	工程内容
020601001	柜 台	按设计图示数量计算	1. 台柜制作、运输、安装(安放) 2. 刷防护材料、油漆
020601002	酒 柜		
020601003	衣 柜		
020601004	存包柜		
020601005	鞋 柜		
020601006	书 柜		
020601007	厨房壁柜		
020601008	木壁柜		
020601009	厨房低柜		
020601010	厨房吊柜		
020601011	矮 柜		
020601012	吧台背柜		
020601013	酒吧吊柜		
020601014	酒吧台		
020601015	展 台		
020601016	收银台		
020601017	试衣间		
020601018	货 架		
020601019	书 架		
020601020	服务台		

(2)暖气罩。

020602001~020602003 饰面板暖气罩、塑料板暖气罩、金属暖气罩:按设计图示尺寸以垂直投影面积(不展开)计算。其工程内容包括:暖气罩制作、运输、安装、刷防护材料、油漆。

(3)浴厕配件。

020603001 洗漱台:按设计图示尺寸以台面外接矩形面积计算。不扣除孔洞、挖弯、削角所占面积,挡板、吊沿板面积并入台面面积内。其工程内容包括:台面及支架制作、运输、安装、刷油漆。

020603002 ~ 020603008 晒衣架、帘子杆、浴缸拉手、毛巾杆(架)、毛巾环、卫生纸盒、肥皂盒:按设计图示数量计算。其工程内容包括:杆、环、盒、配件安装。

020603009 镜面玻璃:按设计图示尺寸以边框外围面积计算。其工程内容包括:基层安装、玻璃及框制作、运输、安装、刷防护材料、油漆。

020603010 镜箱:按设计图示数量计算。其工程内容包括:基层安装、箱体制作、运输、安装、玻璃安装、刷防护材料、油漆。

(4)压条、装饰线。

020604001 ~ 020604007 金属、木质、石材、石膏、镜面、铝塑、塑料装饰线:按设计图示尺寸以长度计算。其工程内容包括:线条制作、安装、刷防护材料、油漆。

(5)雨篷、旗杆。

020605001 雨篷吊挂饰面:按设计图示尺寸以水平投影面积计算。其工程内容包括:底层抹灰、龙骨基层安装、面层安装、刷防护材料、油漆。

020605002 金属旗杆:按设计图示数量计算。其工程内容包括:土(石)方挖填,基础混凝土浇筑,旗杆制作、安装,旗杆台座制作、饰面。

(6)招牌、灯箱。

020606001 平面、箱式招牌:按设计图示尺寸以正立面边框外围面积计算。复杂形的凹凸造型部分不增加面积。其工程内容包括:基层安装;箱体及支架制作、运输、安装;面层制作、安装;刷防护材料、油漆。

020606002 ~ 020606003 竖式标箱、灯箱:按设计图示数量计算。其工程内容包括:基层安装;箱体及支架制作、运输、安装;面层制作、安装;刷防护材料、油漆。

(7)美术字。

020607001 ~ 020607004 泡沫塑料字、有机玻璃字、木质字、金属字:按设计图示数量计算。其工程内容包括:字制作、运输、安装、刷油漆。

2. 措施项目

装饰装修工程实体项目措施项目见表 6-22。

表 6-22 装饰装修工程实体项目措施项目表

项目编码	项目名称
2.1	脚手架
2.2	垂直运输机械
2.3	室内空气污染测试

6.3.3 工程量清单招标控制价编制示例

以下为××工程项目编制的工程量清单招标控制价,见表 6-23 ~ 表 6-38。

表6－23　××工程项目招标控制价封面　封1

××中学教师住宅工程
招 标 控 制 价

招标控制价(小写):8413949元

(大写):捌佰肆拾壹万叁仟玖佰肆拾玖元

招 标 人:××中学单位公章(单位盖章)　　工程造价咨询人:(单位资质专用章)

法定代表人或其授权人:××中学法定代表人(签字或盖章)　　法定代表人或其授权人:(签字或盖章)

编 制 人:×××签字(造价人员签字盖专用章)　　复 核 人:×××签字(造价工程师签字盖专用章)

编制时间:××××年×月×日　　复核时间:××××年×月×日

注:此为招标人自行编制招标控制价的封面。

表6－24　××工程项目招标控制价总说明　封2

总 说 明

工程名称:××中学教师住宅工程　　第1页　共1页

1. 工程概况:本工程为砖混结构,采用混凝土灌注桩,建筑层数为6层,建筑面积$10940m^2$,计划工期为300日历天。

2. 招标控制价包括范围:本次招标的住宅工程施工图范围内的建筑工程和安装工程。

3. 招标控制价编制依据:

(1)招标文件提供的工程量清单。

(2)招标文件中有关计价的要求。

(3)住宅楼施工图。

(4)省建设主管部门颁发的计价定额和计价管理办法及有关计价文件。

(5)材料价格采用工程所在地工程造价管理机构××××年×月工程造价信息发布的价格信息,对于工程造价信息没有发布价格信息的材料,其价格参照市场价。

表6－25　××工程项目招标控制价汇总表　表－01

工程名称:××中学教师住宅工程　　第1页 共1页

序号	单项工程名称	金额/元	其中		
			暂估价/元	安全文明施工费/元	规费/元
1	教师住宅楼工程	8413949	1100000	254662	253302

续表

序号	单项工程名称	金额/元	其中		
			暂估价/元	安全文明施工费/元	规费/元
合　计		8413949	1100000	254662	253302

注:本表适用于工程项目招标控制价或投标报价的汇总。

说明:本工程仅为一栋住宅楼,故单项工程即为工程项目。

表6－26　××工程项目单项工程招标控制价汇总表　　表－02

工程名称:××中学教师住宅工程　　第1页　共1页

序号	单项工程名称	金额/元	其中		
			暂估价/元	安全文明施工费/元	规费/元
1	教师住宅楼工程	8413949	1100000	254662	253302
合　计		8413949	1100000	254662	253302

注:本表适用于单项工程招标控制价或投标报价的汇总。暂估价包括分部分项工程中的暂估价和专业工程暂估价。

表6－27　××工程项目单位工程招标控制价汇总表　　表－03

工程名称:××中学教师住宅工程　　第1页　共1页

序号	汇总内容	金额/元	其中:暂估价/元
1	分部分项工程	6618212	1000000
1.1	土(石)方工程	108431	
1.2	桩与地基基础工程	428292	
1.3	砌筑工程	762650	
1.4	混凝土及钢筋混凝土工程	2596270	1000000
1.5	金属结构工程	1845	
1.6	屋面及防水工程	264536	
1.7	防腐、隔热、保温工程	138444	
1.8	楼地面工程	308700	
1.9	墙柱面工程	452155	

续表

序号	汇总内容	金额/元	其中:暂估价/元
1.10	天棚工程	241228	
1.11	门窗工程	411757	
1.12	油漆、涂料、裱糊工程	261942	
1.13	电气设备安装工程	385177	
1.14	给排水安装工程	256785	
2	措施项目	829480	—
2.1	安全文明施工费	254662	—
3	其他项目	435210	—
3.1	暂列金额	300000	—
3.2	专业工程暂估价	100000	—
3.3	计日工	20210	—
3.4	总承包服务费	15000	—
4	规费	253302	—
5	税金	277745	—
招标控制价合计=1+2+3+4+5		8413949	1000000

注:本表适用于单位工程招标控制价或投标报价的汇总,如无单位工程的划分,单项工程汇总也使用本表汇总。

表6-28 ××工程项目分部分项工程量清单与计价表

工程名称:××中学教师住宅工程　　标段:　　表-04

序号	项目编码	项目名称	项目特征描述	计量单位	工程量	金额/元		
						综合单价	合价	其中:暂估价
		土(石)方工程						
1	010101001001	平整场地	Ⅱ、Ⅲ类土综合,土方就地挖填找平	m^2	1792	0.91	1631	
2	010101003001	挖基础土方	Ⅲ类土,条形基础,垫层底宽2m,挖土深度4m以内,弃土运距为10km	m^3	1432	23.91	34239	
		(其他略)						
		分部小计					108431	
		桩与地基基础工程						

续表

序号	项目编码	项目名称	项目特征描述	计量单位	工程量	金额/元		
						综合单价	合价	其中：暂估价
3	010201003001	混凝土灌注桩	人工挖孔，二级土，桩长10m，有护壁段长9m，共42根，桩直径1000mm，扩大头直径1100mm，桩混凝土为C25，护壁混凝土为C20	m	420	336.27	141233	
		（其他略）						
		分部小计					428292	
		合　计					536723	
		砌筑工程						
4	010301001001	砖基础	M10水泥砂浆砌条形基础，深度2.8～4m，MU15页岩砖240mm×115mm×53mm	m^3	239	308.18	73655	
5	010302001001	实心砖墙	M7.5混合砂浆砌实心墙，MU15页岩砖240mm×115mm×53mm，墙体厚度240mm	m^3	2037	323.64	659255	
		（其他略）						
		分部小计					762650	
		混凝土及钢筋混凝土工程						
6	010403001001	基础梁	C30混凝土基础梁，梁底标高-1.55m，梁截面300mm×600mm，250mm×500mm	m^3	208	367.05	76346	
7	010416001001	现浇混凝土钢筋	螺纹钢Q235，Ø14	t	58	5891.35	341699	290000
		（其他略）						
		分部小计					2596270	1000000
		合　计					3895643	1000000
		金属结构工程						
8	010606008001	钢爬梯	U形钢爬梯，型钢品种、规格详××图，油漆为红丹一遍，调和漆二遍	t	0.258	7152.74	1845	

续表

序号	项目编码	项目名称	项目特征描述	计量单位	工程量	金额/元		
						综合单价	合价	其中：暂估价
		分部小计					1845	
		屋面及防水工程						
9	010702003001	屋面刚性防水	C20细石混凝土，厚40mm，建筑油膏嵌缝	m^2	1853	22.41	41526	
		(其他略)						
		分部小计					264536	
		防腐、隔热、保温工程						
10	010803001001	保温隔热屋面	沥青珍珠岩块500mm×500mm×150mm，1∶3水泥砂浆护面，厚25mm	m^2	1853	57.14	105880	
		(其他略)						
		分部小计					138444	
		楼地面工程						
11	020101001001	水泥砂浆楼地面	1∶3水泥砂浆找平层，厚20mm，1∶2水泥砂浆面层，厚25mm	m^2	6500	35.60	231400	
		(其他略)						
		分部小计					308700	
		合　计					4609168	1000000
		墙、柱面工程						
12	020201001001	外墙面抹灰	页岩砖墙面，1∶3水泥砂浆底层，厚15mm，1∶2.5水泥砂浆面层，厚6mm	m^2	4050	18.84	76302	
13	020202001001	柱面抹灰	混凝土柱面，1∶3水泥砂浆底层，厚15mm，1∶2.5水泥砂浆面层，厚6mm	m^2	850	21.71	18454	
		(其他略)						
		分部小计					452155	
		天棚工程						

续表

序号	项目编码	项目名称	项目特征描述	计量单位	工程量	金额/元		
						综合单价	合价	其中：暂估价
13	020301001001	天棚抹灰	混凝土天棚，基层刷水泥浆一道加107胶，1：0.5：2.5水泥石灰砂浆底层，厚12mm，1：0.3：3水泥石灰砂浆面层，厚4mm	m^2	7000	17.51	122570	
		（其他略）						
		分部小计					241228	
合　计							5302551	1000000
		门窗工程						
14	020406007001	塑钢窗	80系列LC0915塑钢平开窗带纱5mm白玻	m^2	900	327.00	294300	
		（其他略）						
		分部小计					411757	
		油漆、涂料、裱糊工程						
15	020506001001	外墙乳胶漆	基层抹灰面满刮成品耐水腻子三遍磨平，乳胶漆一底二面	m^2	4050	49.72	201366	
		（其他略）						
		分部小计					261942	
		电气设备安装工程						
16	030204031001	插座安装	单相三孔插座，250V\10A	个	1224	11.37	13917	
17	030212001001	电气配管	砖墙暗配PC20阻燃PVC管	m	9858	8.97	88426	
		（其他略）						
		分部小计					385177	
合　计							6361427	100000
		给排水安装工程						
18	030801005001	塑料给水管安装	室内DN20\PP－R给水管，热熔连接	m	1569	19.22	30156	
19	030801005001	塑料排水管安装	室内ϕ110UPVC排水管，承插胶粘接	m	849	50.82	43146	

续表

序号	项目编码	项目名称	项目特征描述	计量单位	工程量	金额/元		
						综合单价	合价	其中：暂估价
		（其他略）						
		分部小计					256785	
合　计							6618212	

表 6－29　××工程项目措施项目清单与计价表(一)　　表－05

工程名称：××中学教师住宅工程　　标段：　　第 1 页　共 1 页

序号	项目名称	计算基础	费率/%	金额/元
1	安全文明施工费	人工费	30	254662
2	夜间施工费	人工费	3	25466
3	二次搬运费	人工费	2	16977
4	冬雨季施工	人工费	1	8489
5	大型机械设备进出场及安拆费			15000
6	施工排水			3000
7	施工降水			20000
8	地上、地下设施、建筑物的临时保护设施			3000
9	已完工程及设备保护			8000
10	各专业工程的措施项目			265000
(1)	垂直运输机械			110000
(2)	脚手架			155000
合　计				619594

表 6－30　××工程项目措施项目清单与计价表(二)　　表－06

工程名称：××中学教师住宅工程　　标段：　　第 1 页　共 1 页

序号	项目编码	项目名称	项目特征描述	计量单位	工程量	金额/元	
						综合单价	合价
1	AB001	现浇钢筋混凝土平板模板及支架	矩形板，支模高度 3m	m^2	1200	20.07	24084
2	ab002	现浇钢筋混凝土有梁板模板及支架	矩形梁，断面 200mm × 400mm，梁底支模高度 2.6m，板底支模高度 3m	m^2	1500	25.63	38445
		（其他略）					
合　计							209886

表6-31 ××工程项目其他项目清单与计价汇总表 表-07

工程名称：××中学教师住宅工程 标段： 第1页 共1页

序号	项目名称	计量单位	金额/元	备注
1	暂列金额	项	300000	
2	暂估价		100000	
2.1	材料暂估价		—	
2.2	专业工程暂估价	项	100000	
3	计日工		20210	
4	总承包服务费		15000	
5				
合计			435210	—

表6-32 ××工程项目暂列金额明细表 表-07-1

工程名称：××中学教师住宅工程 标段： 第1页 共1页

序号	项目名称	计量单位	暂定金额/元	备注
1	工程量清单中工程量偏差和设计变更	项	100000	
2	政策性调整和材料价格风险	项	100000	
3	其他	项	100000	
4				
5				
合计			300000	—

表6-33 ××工程项目材料暂估单价表 表-07-2

工程名称：××中学教师住宅工程 标段： 第1页 共1页

序号	材料名称、规格、型号	计量单位	单价/元	备注
1	钢筋（规格、型号综合）	t	5000	用在所有现浇混凝土钢筋

表6-34 ××工程项目专业工程暂估价表 表-07-3

工程名称：××中学教师住宅工程 标段： 第1页 共1页

序号	工程名称	工程内容	金额/元	备注
1	入户防盗门	安装	100000	

续表

序号	工程名称	工程内容	金额/元	备注
合　计			100000	—

表6-35　××工程项目计日工表　　表-07-4

工程名称：××中学教师住宅工程　　标段：　　第1页　共1页

编号	项目名称	单位	暂定数量	综合单价/元	合价/元
1	人工				
(1)	普工	工日	200	35	7000
(2)	技工(综合)	工日	50	50	2500
(3)					
人　工　小　计					9500
2	材料				
(1)	钢筋(规格、型号综合)	t	1	5500	5500
(2)	水泥42.5	t	2	571	1142
(3)	中砂	m^3	10	83	830
(4)	砾石(5~40mm)	m^3	5	46	230
(5)	页岩砖(240mm×115mm×53mm)	千片	1	340	340
(6)					
材　料　小　计					8042
3	施工机械				
1	自升式塔式起重机(起重力矩1250kN.m)	台班	5	526.20	2631
2	灰浆搅拌机(400L)	台班	2	18.38	37
施工机械小计					2668
总　　计					20210

表 6-36　××工程项目总承包服务费计价表　　表-07-5

工程名称:××中学教师住宅工程　　标段:　　第1页　共1页

序号	项目名称	项目价值/元	服务内容	费率/%	金额/元
1	发包人发包专业工程	100000	1. 按专业工程承包人的要求提供施工工作面并对施工现场进行统一管理,对竣工资料进行统一整理汇总 2. 为专业工程承包人提供垂直运输机械和焊接电源接入点,并承担垂直运输费和电费 3. 为防盗门安装后进行补缝和找平并承担相应费用	5	5000
2	发包人供应材料	1000000	对发包人供应的材料进行验收及保管和使用发放。	1	10000
合　计					15000

表 6-37　××工程项目规费、税金项目清单与计价表　　表-07-6

工程名称:××中学教师住宅工程　　标段:　　第1页　共1页

序号	项目名称	计算基础	费率/%	金额/元
1	规费			253302
1.1	工程排污费	按工程所在地环保部门规定计算		
1.2	社会保障费	1.2.1+1.2.2+1.2.3		186751
1.2.1	养老保险费	人工费	14	118842
1.2.2	失业保险费	人工费	2	16977
1.2.3	医疗保险费	人工费	6	50932
1.3	住房公积金	人工费	6	50932
1.4	危险作业意外伤害保险	人工费	0.5	4244
1.5	工程定额测定费	税前工程造价	0.14	11375
2	税金	分部分项工程费+措施项目费+其他项目费+规费	3.41	277445
合　计				530747

表6-38　××工程项目工程量清单综合单价分析表　　表-08

工程名称：××中学教师住宅工程　　标段：　　第1页　共5页

项目编码	010201003001			项目名称		混凝土灌注桩				计量单位	m
清单综合单价组成明细											
定额编号	定额名称	定额单位	数量	单价/元				合价/元			
				人工费	材料费	机械费	管理费和利润	人工费	材料费	机械费	管理费和利润
AB0291	挖孔桩芯混凝土C25	$10m^3$	0.0571	946.89	2893.72	83.50	292.73	54.07	165.24	4.77	16.72
AB0284	挖孔桩护壁混凝土C20	$10m^3$	0.02295	963.17	2812.73	86.32	298.38	22.10	64.55	1.98	6.85
人工单价	小　计							76.17	229.79	6.75	23.57
42元/工日	未计价材料费										
清单项目综合单价								336.27			

	主要材料名称、规格、型号	单位	数量	单价/元	合价/元	暂估单价/元	暂估合价/元
材料费明细	C25混凝土	m^3	0.58	275.97	160.06		
	C20混凝土	m^3	0.252	250.74	63.19		
	水泥42.5	kg	(276.09)	0.571	(157.65)		
	中砂	m^3	(0.385)	83	(31.96)		
	砾石5~40mm	m^3	(0.732)	46	(33.67)		
	其他材料费			—	6.54	—	
	材料费小计			—	229.79	—	

续表6-38　××工程项目工程量清单综合单价分析表

工程名称：××中学教师住宅工程　　标段：　　第2页　共5页

项目编码	010416001001			项目名称		现浇构件钢筋				计量单位	t
清单综合单价组成明细											
定额编号	定额名称	定额单位	数量	单价/元				合价/元			
				人工费	材料费	机械费	管理费和利润	人工费	材料费	机械费	管理费和利润
AD0899	现浇螺纹钢筋制安	t	1.000	317.57	5397.70	62.42	113.66	317.57	5397.70	62.42	113.66

续表

项目编码	010416001001	项目名称	现浇构件钢筋	计量单位	t

清单综合单价组成明细

定额编号	定额名称	定额单位	数量	单价/元				合价/元			
				人工费	材料费	机械费	管理费和利润	人工费	材料费	机械费	管理费和利润
人工单价		小计						317.57	5397.70	62.42	113.66
42元/工日		未计价材料费									
清单项目综合单价								5891.35			

材料费明细	主要材料名称、规格、型号	单位	数量	单价/元	合价/元	暂估单价/元	暂估合价/元
	螺纹钢筋 Q235,Ø14	t	1.07			5000.00	5350.00
	焊条	kg	8.64	4.00	34.56		
	其他材料费			—	13.14	—	
	材料费小计			—	47.70	—	5350.00

续表6-38　××工程项目工程量清单综合单价分析表

工程名称：××中学教师住宅工程　　标段：　　第3页　共5页

项目编码	020506001001	项目名称	外墙乳胶漆	计量单位	m^2

清单综合单价组成明细

定额编号	定额名称	定额单位	数量	单价/元				合价/元			
				人工费	材料费	机械费	管理费和利润	人工费	材料费	机械费	管理费和利润
BE0267	抹灰面满刮耐水腻子	$100m^2$	0.010	363.73	3000		141.96	3.65	30.00		1.42
BE0276	外墙乳胶漆底漆一遍面漆二遍	$100m^2$	0.010	342.58	989.24		133.34	3.43	9.89		1.33
人工单价		小计						7.08	39.89		2.75
42元/工日		未计价材料费									
清单项目综合单价								49.72			

续表

项目编码	020506001001	项目名称	外墙乳胶漆	计量单位	m^2

清单综合单价组成明细

定额编号	定额名称	定额单位	数量	单价/元				合价/元			
				人工费	材料费	机械费	管理费和利润	人工费	材料费	机械费	管理费和利润

材料费明细	主要材料名称、规格、型号	单位	数量	单价/元	合价/元	暂估单价/元	暂估合价/元
	耐水成品腻子	kg	2.50	12.00	30.00		
	××牌乳胶漆面漆	kg	0.353	21.00	7.41		
	××牌乳胶漆底漆	kg	0.136	18.00	2.45		
	其他材料费			—	0.03	—	
	材料费小计			—	39.89	—	

续表 6－38　××工程项目工程量清单综合单价分析表

工程名称：××中学教师住宅工程　　标段：　　第 4 页　共 5 页

项目编码	030212001001	项目名称	电气配管	计量单位	m

清单综合单价组成明细

定额编号	定额名称	定额单位	数量	单价/元				合价/元			
				人工费	材料费	机械费	管理费和利润	人工费	材料费	机械费	管理费和利润
CB1528	砖墙暗配管	100m	0.01	344.85	64.22		136.34	3.44	0.64		1.36
CB1792	暗装接线盒	10 个	0.001	18.56	9.76		7.31	0.02	0.01		0.01
CB1793	暗装开关盒	10 个	0.023	19.80	4.52		7.80	0.46	0.10		0.18
人工单价		小计						3.92	0.75		1.55
42 元/工日		未计价材料费						2.75			
清单项目综合单价								8.97			

材料费明细	主要材料名称、规格、型号	单位	数量	单价/元	合价/元	暂估单价/元	暂估合价/元
	刚性阻燃管 DN20	m	1.10	2.20	2.42		
	××牌接线盒	个	0.012	2.00	0.02		
	××牌开关盒	个	0.236	1.30	0.31		
	其他材料费			—		—	
	未计价材料费小计			—	2.75	—	

续表6－38 ××工程项目工程量清单综合单价分析表

工程名称：××中学教师住宅工程　　标段：　　第5页 共5页

项目编码	030801005001			项目名称		塑料给水管安装			计量单位		m
清单综合单价组成明细											
定额编号	定额名称	定额单位	数量	单价/元				合价/元			
				人工费	材料费	机械费	管理费和利润	人工费	材料费	机械费	管理费和利润
CH0240	塑料给水管安装	10m	0.1	51.15	23.94	0.45	20.50	5.12	2.39	0.05	2.05
CH0850	管道消毒、冲洗	100m	0.01	23.60	7.37		9.30	0.24	0.07		0.09
人工单价		小　计						5.36	2.46	0.05	2.14
42元/工日		未计价材料费						9.21			
清单项目综合单价								19.22			
材料费明细	主要材料名称、规格、型号				单位	数量		单价/元	合价/元	暂估单价/元	暂估合价/元
	××牌PP－R管DN20				m	1.02		5.67	5.78		
	××牌PP－R管件				个	1.15		2.98	3.43		
	其他材料费							—		—	
	未计价材料费小计							—	9.21	—	

本章小结

工程量清单计价方法是一种与现行的定额计价模式共存于招标投标计价活动中的另一种计价方式。2003年7月1日，我国正式出台并开始执行了《建设工程工程量清单计价规范》(GB 50500—2003)，其中包括建筑工程、装饰装修工程、安装工程、市政工程和园林绿化工程。《建设工程工程量清单计价规范》GB 50500—2008（建设部第63号）自2008年7月9日发布，12月1日起实施。

新计价规范的条文数量由原计价规范的45条增加到136条，其中强制性条文由6条增加到15条。新计价规范的内容涵盖了工程实施阶段从招投标开始到工程竣工结算办理的全过程，并增加了条文说明。包括工程量清单的编制，招标控制价和投标报价的编制，工程发、承包合同签订时对合同价款的约定，施工过程中工程量的计量与价款支付，索赔与现场签证；工程价款的调整，工程竣工后竣工结算的办理以及对工程计价争议的处理。

新计价规范规定构成一个分部分项工程量清单的5个要件——项目编码、项目名称、项目特征、计量单位和工程量,这5个要件在分部分项工程量清单的组成中缺一不可。即由原来的“四个统一”变为“五个统一”。

新计价规范中工程量清单包括分部分项工程量清单、措施项目清单、其他项目清单、规费与税金项目清单几部分。

其中规费项目清单包括工程排污费;工程定额测定费;社会保障费:养老保险费、失业保险费、医疗保险费;住房公积金;危险作业意外伤害保险。税金项目清单包括营业税;城市维护建设税;教育费附加。

思考与习题

1. 工程量清单的概念是什么?
2. 如何编制工程量清单?
3. 工程量清单计价法的概念及组成内容是什么?
4. 简述工程量清单计价方法与定额计价方法的区别。
5. 如何编制工程量清单计价中的综合单价?
6. 熟悉工程量清单计价的计算规则。

第7章 工程项目合同价格的管理

教学目标

1. 熟悉工程价款结算的概念及方法。
2. 熟悉并掌握工程预付款、工程进度款、工程变更、工程结算的步骤。
3. 掌握工程索赔的概念及索赔的依据和方法。

导入案例

施工阶段是资金投入最大的阶段,是招投标工作的延伸,是合同的具体化。加强施工控制,就是加强履约行为的管理,在实践中往往把施工阶段作为工程造价控制的重要阶段。

业主在施工阶段工程造价控制的主要任务是通过工程付款控制、工程变更费用控制、预防并处理好费用索赔、挖掘节约工程造价潜力来实现实际发生费用不超过计划投资。

财政部、建设部于 2004 年 10 月 20 日印发了《建设工程价款结算暂行办法》(财建[2004]369 号),2007 年中国造价管理协会发布了协会标准《建设项目工程结算编审规程》(CECAGC3—2007),对工程结算进行了规范。

2007 年 11 月 1 日,国家发改委、财政部、建设部等九部委联合发布《标准施工招标文件》(第 56 号令),规定了新的通用合同条款。对工程变更的估价原则、暂列金额、计日工、暂估价、价格调整、计量与支付、预付款、工程进度款、竣工结算、索赔、争议的解决等都有明确规定。

2008 年 7 月 9 日发布了《建设工程工程量清单计价规范》(GB 50500—2008)(建设部第 63 号),并于 12 月 1 日起实施。新计价规范的内容涵盖了工程实施阶段从招投标开始到工程竣工结算办理的全过程,并增加了条文说明。包括工程量清单的编制,招标控制价和投标报价的编制,工程发、承包合同签订时对合同价款的约定,施工过程中工程量的计量与价款支付,索赔与现场签证,工程价款的调整,工程竣工后竣工结算的办理以及对工程计价争议的处理。反映了不同的计价主体对工程造价的逐步深化、逐步细化、逐步接近和最终确定工程造价的过程。

7.1 工程量清单计价规范下合同价款的约定

《建设工程工程量清单计价规范》(GB 50500—2008)中规定:实行招标的工程合同价款应在中标通知书发出之日起 30 天内,由发、承包人双方依据招标文件和中标人的投标文件在书面合同中约定。不实行招标的工程合同价款,在发、承包人双方认可的工程价款基础上,由发、承包人双方在合同中约定。

新《建设工程工程量计价规范》(以下简称新《规范》)中规定,实行工程量清单计价的工程,应选用单价合同。

1. 单价合同

包括固定单价合同和可调单价合同。

1)固定单价合同

是指双方在合同中约定综合单价包含的风险范围和风险费用的计算方法,在约定的风险范围内综合单价不再调整。风险范围以外的综合单价调整方法,应当在合同中约定,特点如下。

(1)以工程量清单和工程单价表为基础和依据来计算合同价格。

(2)通常是由发包方委托工程造价咨询机构提出总工程量估算表,即"暂估工程量清单",列出分部分项工程量,由承包方以此为基础填报单价。

(3)最后工程的总价应按照实际完成工程量计算,由合同中分部分项工程单价乘以实际工程量,得出工程结算的总价。

2)可调单价合同

指在合同中签订的单价,根据合同约定的条款可做调整。可调价格包括可调综合单价和措施费等。《建设工程价款结算暂行办法》第八条中规定调整的因素包括以下几个方面。

(1)法律、行政法规和国家有关政策变化影响合同价款。

(2)工程造价管理机构的价格调整。

(3)经批准的设计变更。

(4)发包人更改经审定批准的施工组织设计(修正错误除外)造成费用增加。

(5)双方约定的其他因素。

2. 选择单价合同的原因

工程量清单计价模式下选择单价合同的原因如下。

1)与国际工程管理接轨的一个形式

国际上通用的国际咨询工程师联合会制定的FIDIC合同条件、英国的NEC合同条件以及美国的AIA系列合同条件,主要采用的就是单价合同。

2)符合工程量清单计价模式的基本要求

在工程量清单计价模式中工程量清单由招标人编制,工程量在招标过程中属于一种估算量,而综合单价由投标人自主报价,投标人根据自身企业的管理水平,全面分析市场变化,考虑经营风险后确定。

3)能够真正体现风险分担的风险管理原则

发包人承担工程量清单的风险,承包人承担综合单价的风险。发包人在施工准备阶段,精心编制工程量清单,分析工程中可能产生的问题,制定相应的管理对策。承包人由于综合单价的不可调整性,必须提高自身的投标报价水平,增强企业的管理能力,以自己的综合实力完成工程建设,实现自己的利润目标。

3. 合同价款的约定

根据现行的《建设工程工程量清单计价规范》(GB 50500—2008)(建设部第63号)文规定:发、承包人双方应在合同条款中对下列事项进行约定;合同中没有约定或约定不明的,由双方协商确定;协商不能达成一致的按本规范执行。

(1)预付工程款的数额、支付时间及抵扣方式。

(2)工程计量与支付工程进度款的方式、数额及时间。

(3)工程价款的调整因素、方法、程序、支付及时间。

(4)索赔与现场签证的程序、金额确认与支付时间。

(5)发生工程价款争议的解决方法及时间。

(6)承担风险的内容、范围以及超出约定内容、范围的调整办法。

(7)工程竣工价款结算编制与核对、支付及时间。

(8)工程质量保证(保修)金的数额、预扣方式及时间。

(9)与履行合同、支付价款有关的其他事项等。

7.2 工程价款的结算

7.2.1 工程价款结算的概念

工程结算是指对建设工程的承发包合同价款按照合同约定的条款和结算方式进行工程预付款、工程进度款、工程竣工价款结算的经济活动。工程结算在项目施工中通常需要发生多次,一直到整个项目全部竣工验收,从而完成最终建筑产品的工程造价的确定和控制。

7.2.2 工程价款结算的方法

财政部、建设部于 2004 年 10 月 20 日印发了《建设工程价款结算暂行办法》(财建[2004]369 号),2007 年中国造价管理协会发布了协会标准《建设项目工程结算编审规程》(CECAGC3—2007),对工程结算进行了规范。

按照现行规定,我国工程价款结算根据不同情况,可以采用多种方式。

1. 按月结算

采取旬末或月中预支、月终结算、竣工后清算的办法。即每月月末由承包方提出已完成工程月报表以及工程款结算清单、交现场监理工程师审查签证并经过业主确认后,办理已完工程的工程价款月终结算。跨年度竣工的工程,在年终进行工程盘点,办理年度结算。目前,我国建安工程项目中,大多数采用按月结算的办法。

2. 分段结算

对当年开工,但当年不能竣工的单项工程或单位工程,可按工程形象进度,划分不同阶段进行结算。分段结算可按月预支工程款,分段划分标准由各部门、自治区、直辖市、计划单列市规定。

3. 竣工后一次结算

当建设项目或单位工程全部建安工程建设期在 12 个月以内时,或工程承包合同价值在 100 万元以下者,可采用工程价款每月月中预支,竣工后一次性结算的方式。

4. 目标结算

是在工程合同中,将承包工程内容分解成不同的控制界面,以业主验收控制界面作为支付工程价款的前提条件,换言之,是将合同中的工程内容分解为不同的验收单元,当承包商完成单元工程内容并经业主验收后,业主支付构成单元工程内容的工程价款。

在目标结算方式下,承包商要得到工程款,必须履行合同约定的质量标准完成界面内的工程内容;否则承包商会遭受损失。

目标结算方式中,对控制界面的设定应明确描述,以便实现量化和质量控制,同时也要适应项目资金的供应周期和支付频率。

7.2.3 施工阶段工程价款的构成

施工阶段工程价款的构成如图7.1所示。

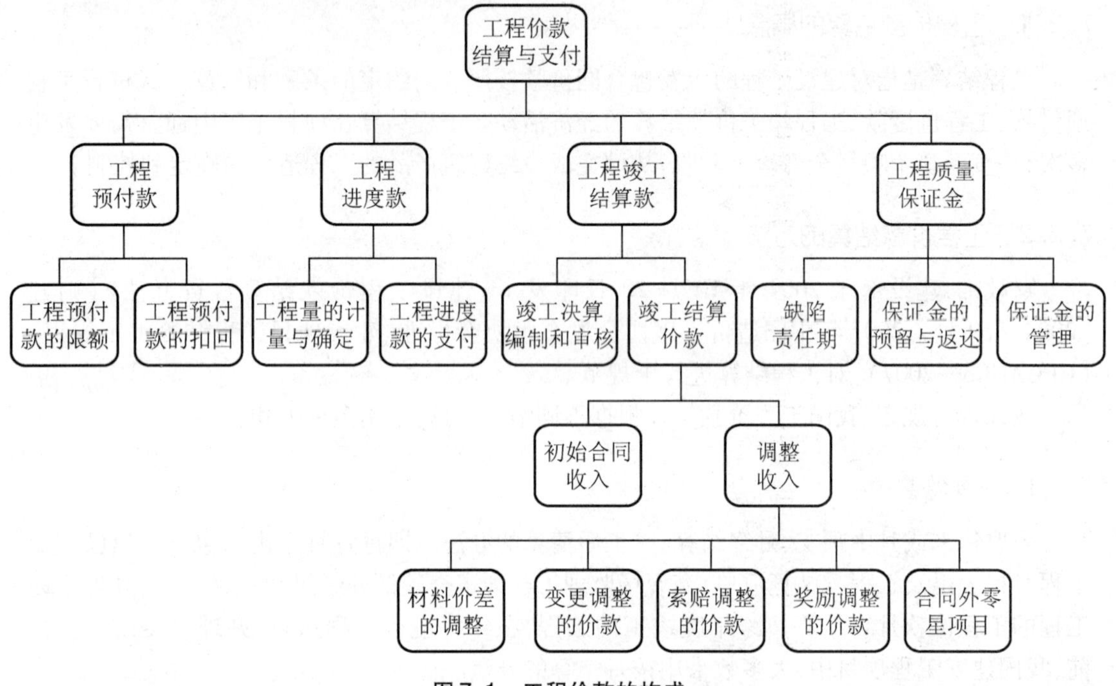

图7.1 工程价款的构成

1. 工程预付款

工程预付款是建设工程施工合同订立后由发包人按照合同的约定,在正式开工前预先交付给承包人的工程款。它是施工准备和所需主要材料、结构件等流动资金的主要来源。

我国目前工程承发包中,大多工程实行包工包料,即承包商必须有一定数量的备料周转金。通常在工程承包合同中,会明确规定发包方在开工前拨付给承包方一定数额的工程预付备料款。该预付款构成承包商为工程项目储备主要材料、构件所需要的流动资金。

我国《建筑工程施工合同示范文本》规定,实行工程预付款的,双方应当在专用条款内约定发包方向承包方预付工程款的时间和数额,开工后按约定的时间和比例逐次扣回。预付时间应不迟于约定的开工日期前7天。发包方不按约定预付,承包方在约定预付时间7天后向发包方发出要求预付的通知,发包方收到通知后仍不能按要求预付,承包方可在发出通知后7天停止施工,发包方应从约定应付之日起向承包方支付应付款的贷款利息,并承担违约责任。

建设部颁布的《招标文件范本》中规定,工程预付款仅用于承包方支付施工开始时与本工程有关的动员费用。如承包方滥用此款,发包方有权立即收回。在承包方向发包方提交金额等于预付款数额(发包方认可的银行开出)的银行保函后,发包方按规定的金额和规定的时间向承包方支付预付款,在发包方全部扣回预付款之前,该银行保函将一直有效。当预付款被发包方扣回时,银行保函金额相应递减。

1）预付备料款的限额

预付备料款的限额可由以下主要因素决定：主要材料（包括外购构件）占工程造价的比重；材料储备期；施工工期。

对于施工企业常年应备的备料款限额，可按以下公式计算

$$备料款限额=\frac{年度承包工程总值\times 主要材料所占比重}{年度施工日历天数}\times 材料储备天数 \quad (7-1)$$

一般情况建筑工程不得超过当年建安工作量（包括水、电、暖）的 30%；安装工程按年安装工程量的 10%；材料所占比重较大的安装工程按年计划产值的 15% 左右拨付。

实际工程中，备料款的数额，亦可根据各工程类型、合同工期、承包方式以及供应体制等不同条件来确定。如工业项目中钢结构和管道安装所占比重较大的工程，其主要材料所占比重比一般安装工程高，故备料款的数额亦相应提高。

2）备料款的扣回

由于发包单位拨付给承包单位的备料款属于预支性质，工程实施过程中，随着工程所需主要材料储备的逐步减少，应以抵充工程价款的方式陆续扣回。其扣款方式有两种。

（1）可以从未施工工程尚需的主要材料及构件的价值相当于备料款数额时起扣，从每次结算工程价款中，按材料比重扣抵工程价款，竣工前全部扣清。其基本表达公式是

$$T=P-\frac{M}{N} \quad (7-2)$$

式中：T——起扣点，即预付备料款开始扣回时的累计完成工作量金额；

M——预付备料款限额；

N——主要材料所占比重；

P——承包工程价款总额。

$$N=\frac{主要材料费}{工程合同价} \quad (7-3)$$

（2）建设部《招标文件范本》中明确规定，在乙方完成金额累计达到合同总价的一定比例（如 10%）后。由承包方开始向发包方还款，发包方从每次应付给的金额中，扣回工程预付款，并至少在合同规定的完工期前 3 个月将工程预付款的总计金额按逐次分摊的办法扣回，当发包方一次付给承包方的余额少于规定扣回的金额时，其差额应转入下一次支付中作为债务结转。发包方不按规定支付工程预付款，承包方按《建设工程施工合同文本》第 21 条享有权利。

2. 工程进度款

建安企业在工程施工中，按照每月形象进度或者控制界面等完成的工程数量计算各项费用，向建设单位（业主）办理工程进度款的支付（即中间结算）。

以按月结算为例，现行的中间结算办法是，施工企业在旬末或月中向建设单位提出预支工程款账单，预支一旬或半月的工程款，月终再提出工程款结算账单和已完工程月报表，收取当月工程价款，并通过银行结算，按月进行结算，并对现场已完工程进行盘点，有关资料要提交监理工程师和建设单位审查签证。多数情况下是以施工企业提出的统计进度月报表为支取工程款的凭证，即工程进度款。其支付步骤如图 7.2 所示。

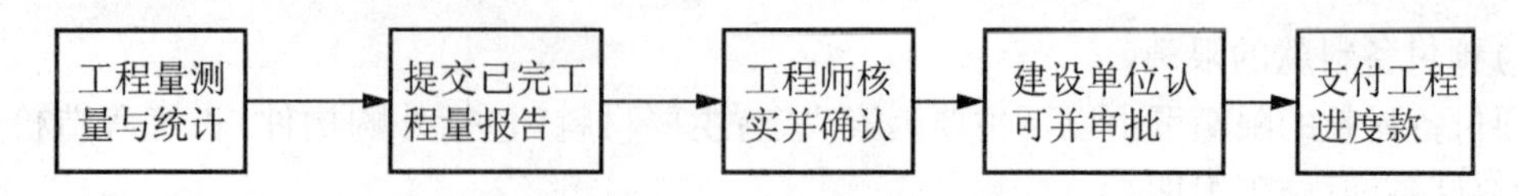

图 7.2　支付步骤

工程进度款支付过程中,需遵循如下要求。

1)工程量的确认

参照 FIDIC 条款的规定,工程量的确认应做到以下 3 点。

(1)承包方应按合同约定的时间,向工程师提交已完工程量的报告。工程师接到报告后 7 天内按设计图纸核实已完工程量(以下称计量),并在计量前 24 小时通知承包方,承包方为计量提供便利条件并派人参加。承包方不参加计量,以发包方或工程师核实的计量结果作为工程价款支付的依据。

承包人应在每个付款周期末,向发包人递交进度款支付申请,并附相应的证明文件。除合同另有的约定外,进度款支付申请应包括下列内容。

① 本周期已完成工程的价款。

② 累计已完成的工程价款。

③ 累计已支付的工程价款。

④ 本周期已完成计日工金额。

⑤ 应增加和扣缴的变更金额。

⑥ 应增加和扣缴的索赔金额。

⑦ 应抵扣的工程预付款。

⑧ 应扣减的质量保证金。

⑨ 根据合同应增加和扣减的其他金额。

⑩ 本付款周期实际应支付的工程价款。

(2)工程师收到承包方报告后 7 天内未进行计算,从第 8 天起,承包方报告中开列的工程量即视为已被确认,作为工程价款支付的依据。工程师不按约定时间通知承包方,使承包方不能参加计量,计量结果无效。

(3)工程师对承包方超出设计图纸范围或因自身原因造成返工的工程量,不予计量。

2)合同收入的组成

财政部制定的《企业会计准则——建造合同》中对合同收入的组成内容进行了解释。合同收入包括两部分内容。

(1)合同中规定的初始收入,即建造承包方与发包方在双方签订的合同中最初商订的合同总金额,它构成合同收入的基本内容。

(2)因合同变更、索赔、奖励等构成的收入,这部分收入并不构成合同双方在签订合同时已在合同中商订的合同总金额,而是在执行合同过程中由于合同变更、索赔、奖励等原因而形成的追加收入。

3)工程进度款支付

我国工商行政管理总局、建设部颁布的《建设工程施工合同文本》中对工程进度款支付作了如下规定。

(1)在双方计量确认后 14 天内,发包方应向承包方支付工程进度款。同期用于工程上的发包方供应材料设备的价款以及按约定时间甲方应按比例扣回的预付款,同期结算。

(2)符合规定范围的合同价款的调整、工程变更调整的合同价款及其他条款中约定的追加合同价款,应与工程进度款同期调整支付。

(3)发包方超过约定的支付时间不付工程进度款,承包方可向发包方发出要求付款通知,发包方收到承包方通知后仍不能按要求付款,可与承包方协商签订延期付款协议,经承包方同意后可延期支付。协议须明确延期支付时间和从发包方计量签字后第15天起计算应付款的贷款利息。

(4)发包方不按合同约定支付工程进度款,双方又未达成延期付款协议,导致施工无法进行,承包方可停止施工,由发包方承担违约责任。

3. 工程变更款

1)工程变更的概念

在工程项目的实施过程中,由于多方面的情况变更,经常出现工程量的变化、施工进度的变化以及承发包方执行合同的变化,这些就产生了工程变更。工程变更包括设计变更、进度计划变更、施工条件变更以及出现原招标文件和工程量清单中未包括的"新增工程"等的变更。按照《建设工程施工合同》有关规定,承包方按照工程师发出的变更通知及有关要求,需要进行下列变更。

(1)更改工程有关部分的标高、基线、位置和尺寸。

(2)增减合同中约定的工程量。

(3)改变有关工程的施工时间和顺序。

(4)工程变更所需要的其他附加工作。

2)工程变更的产生原因

在工程项目的实施过程中,经常碰到来自业主方对项目要求的修改,设计方由于业主要求的变化或现场施工环境、施工技术的要求而产生的设计变更等。由于这些多方面变更,经常出现工程量变化、施工进度变化、业主方与承包方在执行合同中的争执等问题。这些问题的产生,一方面是由于主观原因,如勘察设计工作粗糙,以致在施工过程中发现许多招标文件中没有考虑或估算不准确的工程量,因而不得不改变施工项目或增减工程量;另一方面是由于客观原因,如发生不可预见的事故,自然或社会原因引起的停工和工期拖延等,致使工程变更不可避免。

3)工程变更价款的计算方法

工程变更价款的确定应在双方协商的时间内,由承包商提出变更价格,报工程师批准后方可调整合同价或顺延工期。造价工程师对承包方(乙方)所提出的变更价款,应按照有关规定进行审核、处理,主要有以下几个方面。

(1)承包方在工程变更确定后14天内,提出变更工程价款的报告,经工程师确认后调整合同价变更合同价款按下列方法进行。

① 合同中已有适用于变更工程的价格,按合同已有的价格计算变更合同价款。

② 合同中只有类似于变更工程的价格,可以参照类似价格变更合同价款。

③ 合同中没有适用或类似于变更工程的价格,由承包方提出适当的变更价格,经工程师确认后执行。

(2)承包方在双方确定变更后14天内不向工程师提出变更工程价款报告时,视为该项变更不涉及合同价款的变更。

(3)工程师应在收到变更工程价款报告之日起14天内予以确认。工程师无正当理由不确认时,自变更价款报告送达之日起14天后视为变更工程价款报告已被确认。

(4)工程师不同意承包方提出的变更价款,可以和解或者要求合同管理及其他有关主管部门(如工程造价管理站)调解。和解或调解不成的,双方可以采用仲裁或向人民法院起诉的方式解决。

(5)工程师确认增加的工程变更价款作为追加合同价款,与工程款同期支付。

(6)因承包方自身原因导致的工程变更,承包方无权要求追加合同价款。

4. 工程索赔

1)索赔的概念

索赔是在经济合同的实施工程中,合同一方因对方的不履约或未能正确履行合同所规定的义务而受到损失,向对方提出的索赔要求。它的性质属于经济补偿行为。

建设工程施工中的索赔是发、承包双方行使正当权利的行为,承包人可向发包人索赔,发包人也可向承包人索赔。

2)索赔的内容

在承包工程中,索赔要求通常有以下两个方面。

(1)合同工期的延长。承包合同中都列有工期和工程延期的罚款条款。如果工程延期是由承包商管理不善造成的,则其必须承担责任,接受合同规定的处罚。而对外界干扰引起的工期拖延,承包商可以通过索赔,取得业主对合同工期延长的认可,则在这个范围内免去合同处罚。

(2)费用补偿。由于非承包商自身责任造成工程成本增加,使承包商增加额外费用,蒙受经济损失,可根据合同规定向业主提出费用索赔要求。当该要求得到业主认可,则业主应向承包商追加支付这笔费用以补偿损失。这样,承包商通过索赔不仅可以弥补损失,而且还能增加工程利润。

3)索赔的分类

从不同的角度,按不同的标准,索赔有以下几种分类方法。

(1)按照干扰事件的性质可分为以下几类。

① 工程拖延索赔。业主未能按合同规定的时间提供施工条件,如未及时交付设计图纸、技术资料、场地、道路等;非承包商原因业主指示停止工程实施;其他不可抗因素作用等原因,造成工程中断。

② 不可预见的外部障碍或条件索赔。例如,地质条件与预计的不同,出现未能预见的岩石、淤泥或地下水等。

③ 工程变更索赔。业主或监理工程师指令修改设计、增加或减少工程量、增加或删除部分工程、修改实施计划等变更,造成工期延长和费用损失,承包商对此提出索赔。

④ 工程终止索赔。由于某种原因、不可抗力因素影响、业主违约等使工程被迫在竣工前停止实施,并不再继续施工,使承包商蒙受经济损失,因此承包商提出索赔。

⑤ 其他索赔。如货币贬值、汇率变化、物价上涨、政策法令变化、业主推迟支付工程款

等原因引起的索赔。

(2)按索赔要求可分为以下几类。

① 工期索赔。即要求业主延长工期,推迟竣工日期。

② 费用索赔。即要求业主补偿费用损失,调整合同价格。

(3)按索赔的起因可分为以下几类。

① 业主违约。包括业主和监理工程师没有履行合同责任、没有正确地行使合同赋予的权利、工程管理失误、不按合同支付工程款等。

② 合同错误。例如合同条文不全、错误、矛盾,设计图纸错误等。

③ 合同变更。如双方签订新的变更协议、备忘录、修正案等;业主或监理工程师下达工程变更指令等。

④ 工程环境变化。包括法律的变更,市场物价、货币兑换率、自然条件的变化等。

⑤ 不可抗力因素。如恶劣的气候条件、地震、洪水、战争状态、禁运等。

(4)按索赔的处理方式可分为以下几类。

① 单项索赔。单项索赔是针对某一干扰事件提出的。其特点是,索赔处理是在合同实施过程中,干扰事件发生时或发生后立即进行,并在合同规定的索赔有效期内向业主提交索赔意向书和索赔报告。

② 总索赔。总索赔亦称一揽子索赔或综合索赔。这是国际承包工程中经常采用的索赔处理和解决方法。一般是在工程竣工前,承包商将工程实施过程中未解决的单项索赔集中起来,提出一份索赔报告,合同双方在工程支付前后进行最终谈判,以一揽子方案解决索赔问题。

4)索赔程序

索赔工作是对一个或一些具体干扰事件发生后进行索赔所涉及的各项工作。这些工作通常由施工合同条件规定。FIDIC 合同条件对索赔程序及争议的解决程序有非常详细和具体的规定。承办商必须严格按照合同规定办事,在合同规定的有效期内提出索赔意向和索赔报告,按合同规定的程序工作。

承包人索赔按下列程序处理。

(1)承包人在合同约定的时间内向发包人递交费用索赔意向通知书。

(2)发包人指定专人收集与索赔有关的资料。

(3)承包人在合同约定的时间内向发包人递交费用索赔申请表。

(4)发包人指定的专人初步审查费用索赔申请表,符合索赔规定的条件时予以受理。

(5)发包人指定的专人进行费用索赔核对,经造价工程师复核索赔金额后,与承包人协商确定并由发包人批准。

(6)发包人指定的专人应在合同约定的时间内签署费用索赔审批表,或发出要求承包人提交有关索赔的进一步详细资料的通知,待收到承包人提交的详细资料后,按第(4)、(5)款的程序进行。

5)索赔计算

(1)工期索赔的计算有以下几种方法。

① 比例法。在工程实施中,业主推迟设计资料、设计图纸、建设场地、行使道路等条件的提供,会直接造成工期的推迟或中断,从而影响整个工期。通常,上述活动的推迟时间可

直接作为工期的延长天数。但是,当提供的条件能满足部分施工时,应按比例法来计算工期索赔值。

在实际工程中,干扰事件常常仅影响某些分项工程,要分析它们对总工期的影响,可以采用比例法分析。

【例7-1】某工程施工中,业主推迟工程室外楼梯设计图纸的批准,使该楼梯的施工延期20周,该室外楼梯工程的合同造价为45万元,而整个工程的合同总价为500万元,则承包商应提出索赔工期多少周?

解:工期索赔=(受干扰部分工程合同价/工程合同总价)×该部分工程受干扰工期拖延量

=(45/500)×20=1.8周

答:承包商应提出1.8周的工期索赔。

② 网络分析法。网络分析法是通过分析干扰事件发生前后的网络计划,对比两种工期的计算结果,从而计算出索赔工期。

(2)费用索赔计算。费用索赔是整个工程合同索赔的重点和最终目标。费用索赔的计算方法,一般有以下几种。

① 实际费用法。实际费用法是工程索赔计算时最常用的一种方法。这种方法的计算原则是,以承包商为某项索赔工作所支付的实际开支为根据,向业主要求费用补偿。

② 修正费用法。修正的总费用法是对总费用法的改进,即在总费用计算的原则上,去掉一些不合理的因素,使其更合理。

5. 工程现场签证

1)现场签证的意义

现场签证是在施工现场由发包人、监理人和承包方的负责人或指定代表共同签署的,用来证实施工活动中某些特殊情况的一种书面手续。它不包含在施工合同和图纸中,也不像实际变更文件有一定的程序和正式手续。它的特点是临时发生,具体内容不同,没有规律性,是施工阶段投资控制的重点,也是影响工程投资的关键因素之一。

2)现场签证的主要内容

(1)现场经济签证包括:①零星用工,施工现场发生的与主体工程施工无关的用工;②零星工程;③临时增补项目;④合同遗漏项目;⑤隐蔽工程签证;⑥窝工、非承包人原因停工造成的人员、机械经济损失;⑦议价材价格认定;⑧其他需要签证的费用。

(2)工期签证包括:①设计变更造成工期变更签证;②停水、停电签证;③其他非承包人原因造成的工期签证。

6. 工程价款调整

1)工程价款调整时间

招标工程以投标截止日前28天、非招标工程以合同签订前28天为基准日,其后国家的法律、法规、规章和政策发生变化影响工程造价的,应按省级或行业建设主管部门或其授权的工程造价管理机构发布的规定调整合同价款。

2)综合单价调整范围的规定

在合同履行过程中,因非承包人原因引起的工程量的变化,对工程量清单项目的综合单价产生影响时，是否调整综合单价以及如何调整应在合同中约定。若合同未作约定，按以下原则办理。

(1)当工程量清单项目工程量的变化幅度在10%以内时，其综合单价不做调整，执行原有综合单价。

(2)当工程量清单项目工程量的变化幅度在10%以外，且其影响分部分项工程费超过0.1%时，其综合单价以及对应的措施费(如有)均应作调整。

注意：调整的方法是由承包人对增加的工程量或减少后剩余的工程量提出新的综合单价和措施项目费，经发包人确认后调整。

3)图纸错误单价的调整

若施工中出现施工图纸(含设计变更)与工程量清单项目特征描述不符的，发、承包双方应按新的项目特征确定相应工程量清单项目的综合单价。

4)因分部分项工程量清单漏项或非承包人原因的工程变更

(1)新增项目综合单价调整应按以下规则进行。

① 合同中已有适用的综合单价，按合同中已有的综合单价确定。

② 合同中有类似的综合单价，参照类似的综合单价确定。

③ 合同中没有适用或类似的综合单价，由承包人提出综合单价，经发包人确认后执行。

(2)措施项目变化时，措施费的调整应按以下规则进行。

① 原措施费中已有的措施项目，按原措施费的组价方法调整。

② 原措施费中没有的措施项目，由承包人根据措施项目变更情况，提出适当的措施费变更，经发包人确认后调整。

5)人工单价的调整

施工期内，当人工单价发生变化时，依据合同约定按省级或行业建设主管部门或其授权的工程造价管理机构发布的人工成本信息进行调整。

6)物价波动导致工程价款的调整

(1)施工期内，当物价波动超出一定幅度时，应按合同约定调整工程价款。

(2)合同没有约定或约定不明确的，应按省级或行业建设主管部门或其授权的工程造价管理机构的规定调整。

(3)承包人应在采购材料前将拟采购数量和新的材料单价递交发包人核对，发包人确认用于本合同工程时，应将确认的采购数量和调整材料单价通知承包人，作为双方调整工程价款的依据。但由于承包人原因致使工期延后的，不予调整。

7)发生不可抗力事件导致工程价款的调整

(1)工程本身的损害、因工程损害导致第三人人员伤亡和财产损失以及运至施工场地用于施工的材料和待安装的设备的损害，由发包人承担。

(2)发包人、承包人人员伤亡由其所在单位负责，并承担相应费用。

(3)承包人的施工机械设备损坏及停工损失，由承包人承担。

(4)停工期间，承包人应发包人要求留在施工场地的必要的管理人员及保卫人员的费用由发包人承担。

(5)工程所需清理、修复费用，由发包人承担。

8)确认工程价款调整的程序

当工程价款调整因素确定后,发承包双方按合同约定的时间和程序提出并确认调整的工程价款。当合同未作约定或本规范的有关条款未作规定时,按图 7.3 所示程序办理。

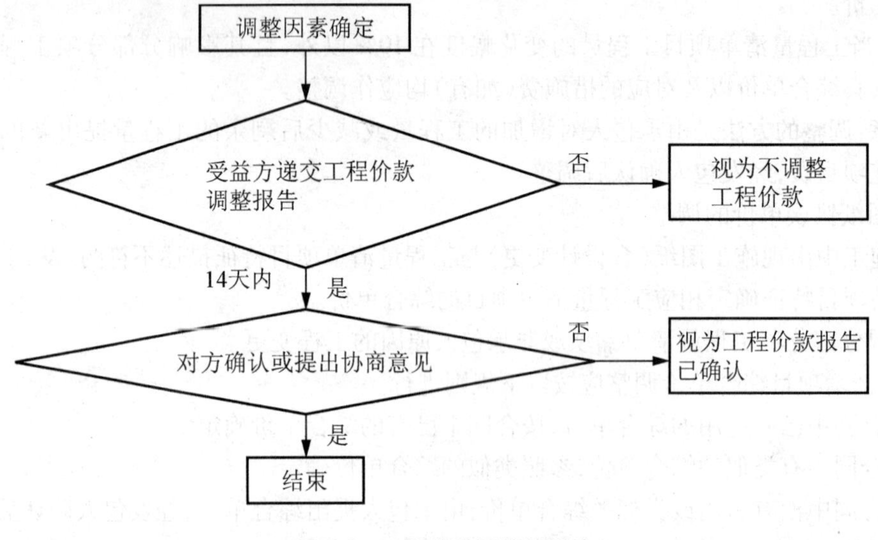

图 7.3 工程价款调整的程序

7.3 工程竣工结算

7.3.1 工程竣工结算的含义及要求

工程竣工结算指施工企业按照合同规定的内容全部完成所承包的工程,经验收质量合格,并符合合同要求之后,对照原设计施工图,根据增减变化内容,编制调整预算,作为向发包单位进行的最终工程价款结算。

《建设工程施工合同文本》中对竣工结算作了如下规定。

(1)工程竣工验收报告经甲方认可后 28 天内,乙方向甲方递交竣工结算报告以及完整的结算资料,甲乙双方按照协议书约定的合同价款及专用条款约定的合同价款调整内容,进行工程竣工结算。

(2)甲方收到乙方递交的竣工结算报告及结算资料后 28 天内进行核实,给予确认或者提出修改意见。甲方确认竣工结算报告后通知经办银行向乙方支付工程竣工结算价款。乙方收到竣工结算价款后 14 天内将竣工工程交付甲方。

(3)甲方收到竣工结算报告及结算资料后 28 天内无正当理由不支付工程竣工结算价款,从第 29 天起按乙方同期向银行贷款利率支付拖欠工程价款的利息,并承担违约责任。

(4)甲方收到竣工结算报告及结算资料后 28 天内不支付工程竣工结算价款,乙方可以催告甲方支付结算价款。甲方在收到竣工结算报告及结算资料后 56 天内仍不支付的,乙方可以与甲方协议将该工程折价,也可以由乙方申请人民法院将该工程依法拍卖,乙方就该工程折价或者拍卖的价款优先受赏。

(5)工程竣工验收报告经甲方认可后 28 天内,乙方未能向甲方递交竣工结算报告及完整的结算资料，造成工程竣工结算不能正常进行或工程竣工结算价款不能及时支付，甲方要求交付工程的，乙方应当交付；甲方不要求交付工程的，乙方承担保管责任。

(6)甲乙双方对工程竣工结算价款发生争议时，按争议的约定处理。

实际工作中，当年开工、当年竣工的工程，只需要办理一次性结算。跨年度的工程，在年终办理一次年终结算，将未完工程结转到下一年度，此时竣工结算等于各年度结算的总和。

办理工程价款竣工结算的一般公式为

竣工结算 = 预算（或概算）+ 施工过程中 - 预付及已结工程价款

= 合同价款 + 合同价款调整数额 - 已结算工程价款

7.3.2 工程竣工结算的作用

(1)工程竣工结算可作为考核业主投资效果，核定新增固定资产价值的依据。

(2)工程竣工结算亦可作为双方统计部门确定建安工作量和实物量完成情况的依据。

(3)工程竣工结算还可作为造价部门经建设银行终审定案，确定工程最终造价，实现双方合同约定的责任依据。

(4)工程竣工结算可作为承包商确定最终收入，进行经济核算，考核工程成本的依据。

7.3.3 工程竣工结算的编制依据

(1)原施工图预算及其工程承包合同。

(2)竣工报告和竣工验收资料，如基础竣工图和隐蔽资料等。

(3)经设计单位签证后的设计变更通知书、图纸会审纪要、施工记录、业主委托监理工程师签证后的工程量清单。

(4)预算定额及其有关技术、经济文件。

7.3.4 工程竣工结算的编制内容

1. 工程量增减调整

这是编制工程竣工结算的主要部分，即所谓的量差，就是说所完成的实际工程量与施工图预算工程量之间的差额。量差主要表现为以下几个方面。

(1)设计变更和漏项。因实际图纸修改和漏项等而产生的工程量增减，该部分可依据设计变更通知书进行调整。

(2)现场工程更改。实际工程中施工方法出现不符、基础超深等均可根据双方签证的现场记录，按照合同或协议的规定进行调整。

(3)施工图预算错误。在编制竣工结算前，应结合工程的验收和实际完成工程量情况，对施工图预算中存在的错误予以纠正。

2. 价差调整

工程竣工结算可按照地方预算定额或基价表的单价编制，因当地造价部门文件调整发生的人工、计价材料和机械费用的价差均可以在竣工结算时加以调整。未计价材料则可根据合同或协议的规定，按实调整价差。

3. 费用调整

属于工程数量的增减变化,需要相应调整安装工程费的计算;属于价差的因素,通常不调整安装工程费,但要计入计费程序中,换言之,该费用应反映在总造价中;属于其他费用的,如停窝工费用、大型机械进出场费用等,应根据各地区定额和文件规定,一次结清,分摊到工程项目中去。

7.3.5 工程竣工结算的编制方式

(1)以施工图预算为基础编制竣工结算。对增减项目和费用等,经业主或业主委托的监理工程师审核签证后,编制的调整预算。

(2)包干承包结算方式编制竣工结算。这种方式实际上是按照施工图预算加系数包干编制的竣工结算。依据合同规定,倘若未发生包干范围以外的工程增减项目,包干造价就是最终结算造价。

(3)以房屋建筑每 m^2 造价为基础编制竣工结算。这种方式是双方根据施工图和有关技术经济资料,经计算确定出每 m^2 造价,在此基础上,按实际完成的 m^2 数量进行结算。

(4)以投标的造价为基础编制竣工结算。如果工程实行招、投标,承包方可对报价采取合理浮动。通常中标一方根据工期、质量、奖惩、双方所承担的责任签订工程合同,对工程实行造价一次性包干。合同所规定的造价就是竣工结算造价。在结算时只需将双方在合同中约定的奖惩费用和包干范围以外的增减工程项目列入,并作为“合同补充说明”进入工程竣工结算。

7.3.6 工程价款与工程竣工结算编制实例

【例7-2】某施工单位承包某工程项目,甲乙双方签订的关于工程价款的合同内容如下。

(1)建筑安装工程造价660万元,建筑材料及设备费占施工产值的比重达60%。

(2)工程预付备料款为建筑安装工程造价的20%。

(3)工程进度款逐月计算。

(4)工程保修金为建筑安装工程造价的3%,竣工结算月一次扣留。

(5)建筑材料和设备价差调整按当地工程造价管理部门有关规定执行(按当地工程造价管理部门有关规定上半年材料价差上调10%,在6月份一次调增。)。

工程各月实际完成产值见表7-1。

表7-1 各月实际完成产值(单位:万元)

月份	2月	3月	4月	5月	6月
完成产值	55	110	165	220	110

问题:

(1)通常工程竣工结算的前提是什么?

(2)工程价款结算方式有哪几种?

(3)该工程的工程预付款、起扣点为多少?

(4)该工程 2 月至 5 月,每月拨付工程款为多少?累计工程款为多少?

(5)6 月份办理工程竣工结算,该工程结算总造价为多少?甲方应付工程尾款为多少?

(6)该工程在保修期间发生屋面漏水,甲方多次催促乙方修理,乙方一再拖延,最后甲方另请施工单位修理,修理费 1.5 万元,该项费用如何处理?

解:分析要点:本实例主要考核工程结算方式、按月结算工程款的计算方法、工程预付款的起扣点的计算;要求针对本实例对工程结算方式、工程预付款的起扣点的计算、按月结算工程款的计算方法和工程竣工结算等内容进行全面、系统地学习掌握。6 个问题回答如下。

(1)工程竣工结算的前提是承包商按照合同规定的内容全部完成所承包的工程,并符合合同要求,经相关部门联合验收质量合格。

(2)工程价款的结算方式包括按月结算、分段结算、竣工后一次结算和目标结算等方式。

(3)工程预付款金额为:$660 \times 20\% = 132$ 万元

起扣点:$T = P - \dfrac{M}{N} = 660 - \dfrac{132}{60\%} = 440$ 万元

(4)各月拨付工程款

2 月:甲方拨付给乙方的工程款 55 万元,累计工程款 55 万元;

3 月:甲方拨付给乙方的工程款 110 万元,累计工程款 165 万元;

4 月:甲方拨付给乙方的工程款 165 万元,累计工程款 330 万元;

5 月:工程预付款应从 5 月份开始起扣,因为 5 月份累计实际完成的施工产值为

$330 + 220 = 550$ 万元 $> T = 440$ 万元;

5 月份应扣回的工程预付款 $= (550 - 440) \times 60\% = 66$ 万元;

5 月份甲方拨付给乙方的工程款 $= 220 - 66 = 154$ 万元,累计工程款 484 万元;

(5)工程结算总造价为

$660 + 660 \times 0.6 \times 10\% = 699.6$ 万元

甲方应付工程尾款为

$699.6 - 484 - (699.6 \times 3\%) - 132 = 62.612$ 万元;

(6)1.5 万元维修费应从乙方(承包方)的质量保证金中扣除。

7.3.7 工程竣工结算的审查

工程竣工结算审查是竣工结算阶段的一项重要工作。审查工作通常由业主、监理公司或审计部门把关进行。审核内容通常有以下几方面。

(1)核对合同条款。主要针对工程竣工是否验收合格,竣工内容是否符合合同要求,结算方式是否按合同规定进行;套用定额、计费标准、主要材料调差等是否按约定实施。

(2)审查隐蔽资料和有关签证等是否符合规定要求。

(3)审查设计变更通知是否符合手续程序,加盖公章否。

(4)根据施工图核实工程量。

(5)审核各项费用计算是否准确,主要从费率、计算基础、价差调整、系数计算、计费程序等方面着手进行。

7.4 动态结算

现行的工程价款结算方法是静态结算，没有反映价格等因素变化的影响。因此，要全面反映工程价款的结算，应实行工程价款的动态结算。所谓动态结算就是要把各种动态因素渗透到结算过程中，使结算价大体能反映实际的消耗费用。

常用的动态结算方法有以下几种。

1. 按竣工调价系数办理结算

目前，有些地区按竣工调价系数办理竣工结算。这种方法是合同双方采用现行的概、预算定额基价作为合同承包价。竣工时，根据合理的工期及当地建设工程造价管理部门颁发的各个季度的竣工调价系数，以直接工程费为基础，调整由于人工费、材料费、机械费等费用上涨（或下降）及工程变更等影响造成的价差。

【例 7－3】某建筑工程已竣工，按预算定额计算的合同承包价为 4360000 元，其中：直接工程费 3700000 元，间接费 360000 元，利润 169200 元，税金 130800 元，查工程造价部门颁发的该类工程本年度竣工调价系数为 1.024，试计算竣工工程价款。

解：(1)计算间接费占直接工程的百分比

$$\frac{360000}{3700000}\times 100\% = 9.73\%$$

(2)计算利润占直接工程费、间接费的百分比

$$\frac{169200}{3700000+360000}\times 100\% = 4.17\%$$

(3)计算税金占直接工程费、间接费、利润的百分比

$$\frac{130800}{3700000+360000+169200}\times 100\% = 3.093\%$$

(4)计算调整后的工程结算价款

调整后的工程结算价款 = 直接工程费 ×1.024×(1+9.73%)×(1+4.17%)×(1+3.093%)

=3700000 元 ×1.024×1.0973×1.0417×1.03093

=4464768.05 元

2. 按实际价格计算

由于建筑材料市场的建立和发展，材料采购的范围和选择余地越来越大。为了调动合同双方的积极性，合理降低成本，工程主要材料费可按地方工程造价管理部门定期公布的最高限价结算，也可由双方根据市场供应情况共同定价。只要符合质量和工程的要求，合同文件规定承包人可以按上述两种方法确定主要材料单价后计算工程材料费。

3. 按调价文件结算

该方法是合同双方按现行的预算定额基价确定承包价。在合同期内，按照工程造价管理部门颁布的调价文件结算工程价款。调价文件一般规定了逐项调整主要材料价差的指导价

格,还规定了地方材料按工程材料费为基础用综合系数调整价差的方法。上述调价文件可按季或半年公布一次,当工程跨季或跨年时,还应分段调整材料价差后再计算竣工工程价款。

4. 调值公式法

用调值公式来计算工程实际结算价款,主要调整建筑安装工程造价中有变化的内容。因此,要将工程造价划分为固定不变的费用和变化的费用两部分。一般情况下,人工费、主要材料费需要调整计算。调值公式表达如下

$$P = P_0\left(a_0 + a_1 \frac{A}{A_0} + a_2 \frac{B}{B_0} + a_3 \frac{C}{C_0} + a_4 \frac{D}{D_0} + \cdots\right) \tag{7-4}$$

式中:P——调值后的工程实际结算价款;

P_0——调值前的合同价款或工程进度款;

a_0——固定不变的费用,不需要调整部分;

$a_1,a_2,a_3,a_4,\cdots$——分别表示各有关费用在合同总价中的比重;

$A_0,B_0,C_0,D_0,\cdots$——签订合同时与$a_1,a_2,a_3,a_4,\cdots$对应的各项费用的基期价格或价格指数;

$A,B,C,D,\cdots$——在工程结算月份与$a_1,a_2,a_3,a_4,\cdots$对应的各项费用的现行价格或价格指数。

各部分费用占合同总价的比重,在投标时要求承包方提出,并在价格分析中予以论证,也可以由业主在招投标文件中规定一个范围,由投标人在此范围内选定。

如某国际承包工程的标书在对用外币支付项目的各费用比重规定了以下范围,见表7-2,并允许投标人根据其施工方法在该范围内选定具体系数。

表7-2 某国际承包工程用外币支付项目的各费用比重

外籍人员工资	水泥	钢材	设备	海上运输	固定费用
0.10~0.20	0.10~0.16	0.09~0.13	0.35~0.48	0.04~0.08	0.17

【例7-4】某建筑工程,合同总价为160万元,合同签订日期为1999年2月,工程于1999年5月建成交付使用,根据表7-3所列各项费用构成比重及有关价格指数,计算该工程的实际结算价款。

表7-3 各项费用构成比重及有关价格指数

项目	人工费	钢材	木材	水泥	粗集料	砂	不调价费用
比重/%	12	18	3	16	7	5	39
1999年2月价格指数	110.3	101.2	98.5	103.2	97.4	95.7	
1999年5月价格指数	118.5	100.9	107.2	104.1	98.6	96.4	

解:实际结算工程价款

$$P = 160 \times \left(0.39 + 0.12 \times \frac{118.5}{110.3} + 0.18 \times \frac{100.9}{101.2} + 0.03 \times \frac{107.2}{98.5} + 0.16 \times \frac{104.1}{103.2} + 0.07 \times \frac{98.6}{97.4} + 0.05 \times \frac{96.4}{95.7}\right)\text{万元}$$

本章小结

(1)施工阶段工程造价控制的主要任务是通过工程付款控制、工程变更费用控制、预防并处理好费用索赔、挖掘节约工程造价潜力来实现实际发生费用不超过计划投资。

(2)工程价款结算涵盖了工程实施阶段从招投标开始到工程竣工结算办理的全过程,包括工程量清单的编制,招标控制价和投标报价的编制,工程发、承包合同签订时对合同价款的约定,施工过程中工程量的计量与价款支付,索赔与现场签证;工程价款的调整,工程竣工后竣工结算的办理以及对工程计价争议的处理。

(3)预付备料款的限额。预付备料款的限额可由以下主要因素决定:主要材料(包括外购构件)占工程造价的比重;材料储备期;施工工期。

(4)工程价款结算分为按月结算、竣工后一次结算、分段结算、目标结算。

(5)工程进度款的支付步骤:工程量的确认;合同收入的组成;工程进度款支付 。

(6)工程进度款的计算:按月完成工作量收取;按逐月累计完成工作量计算;工程变更价款的计算方法。

(7)工程变更价款的确定应在双方协商的时间内,由承包商提出变更价格,报工程师批准后方可调整合同价或顺延工期。

(8)索赔分为工期索赔和费用索赔。

(9)动态结算方法:按竣工调价系数办理结算;按实际价格计算;按调价文件结算;调值公式法。

思考与习题

1. 合同的选择有哪几种类型?分别说明每种类型的概念及特点。
2. 简述合同价款约定的方式。
3. 什么是工程价款结算?
4. 工程价款结算的方法有哪些?
5. 简述我国工程价款结算中工程预付款(预付备料款)的支付与扣回方法。
6. 简述我国工程价款结算中工程进度款的结算方法。
7. 简述竣工结算的概念及编制依据和方法。
8. 简述索赔的内容、分类和程序。
9. 简述工程索赔中的工期索赔和费用索赔的方法。
10. 简述工程变更价款的确定方法。
11. 工程价款的动态结算的方法有哪些?
12. 某企业承包的建筑工程合同造价为800万元。双方签订的合同规定工程工期为5个月;工程预付备料款额度为工程合同造价的20%;工程进度款逐月结算;经测算其主要材料费所占比重为60%;工程保留金为工程合同造价的3%;按有关规定上半年材料和设备价差在5月份上调10%;各月实际完成的产值见表7-4。

表 7－4　各月实际完成产值

月　　份	1 月	2 月	3 月	4 月	5 月	合计
完成产值/万元	67	133	200	267	133	800

试计算：(1)该工程的工程预付款、起扣点为多少？

(2)该工程每月拨付工程款是多少？累计工程款多少？

(3)5 月份办理工程竣工结算，该工程结算造价为多少？甲方应付工程结算款是多少？

第8章　工程竣工决算

教学目标

1. 了解竣工决算的概念及作用。
2. 掌握竣工决算的内容及竣工决算的编制。
3. 熟悉工程项目保修、保修费用及其处理。

导入案例

以下为上海达安医学检测中心有限公司的医学实验室及办公楼工程项目竣工决算报表。

1. 项目基本情况

(1)工程名称:上海达安医学检测中心医学实验室及办公楼工程。

(2)工程建设规模:经上海市张江高科技园区领导小组办公室《沪张江园区办项字(2006)224号》文批复,该工程的装修项目费用约800万元,实际装修工程发生费用8206363.00元。本工程项目除装修工程外,还包括电梯、空调、消防等工程,以及购买房屋款项等。

(3)建设期间:2006年12月至2007年5月。

(4)建设单位:上海市达安医学检测中心有限公司。

(5)设计单位:上海建筑装饰(集团)有限公司。

(6)施工单位:上海建筑装饰(集团)有限公司。

(7)工程监理单位:上海万国建设工程项目管理有限公司。

(8)投资控制和审价单位:上海百通项目管理咨询有限公司。

(9)工程验收情况:该项目装修工程已于2007年4月30日经监理单位验收为合格。

2. 项目预、决算情况

1)投资预算情况

中山大学达安基因股份有限公司对上海达安医学检测中心的投资总额为5000万元。

2)工程项目建设资金来源及到位情况

该项目所需资金为中山大学达安基因股份有限公司的投资款,截止到竣工决算编制日,累计收到投资款5000万元。

3)投资完成情况

该项目累计完成投资额46982479.50元,其中:建安投资11348277.00元;待摊投资3290552.50元;其他投资32343650.00元。工程原申报的竣工决算为46982479.50元,经审核后的竣工决算为46982479.50元。截止到决算编制日,该项目已全部完工,无尾工工程。

4)工程价款结算情况

该项目已全部完成装修和安装工程,工程价款已经上海百通管理咨询有限公司审核,截止到工程决算日尚未支付的工程相关款项共1132807.85元,其中:欠施工单位上海建筑装饰(集团)有限公司工程款1004088.70元,欠投资控制单位上海百通项目管理咨询有限公司投资控制和审价服务费95000.00元。无错付、超付工程款现象。

竣工决算是由建设单位编制的反映建设项目实际造价和投资效果的文件,是项目竣工报告的重要组成部分。所有竣工验收的项目应在办理手续之前,对所有建设项目的财产和物资进行认真清理,及时而正确地编报竣工决算。它对于总结分析建设过程的经验教训,提高工程造价管理水平和积累技术经济资料,为有关部门制定类似工程的建设计划与修订概预算定额指标提供资料和经验,都具有重要的意义。

8.1 项目竣工决算

8.1.1 竣工决算的概念及作用

1. 竣工决算及其分类

建设工程竣工决算是指在项目竣工验收将会使用阶段,由建设单位编制的建设项目从筹建到竣工投产或使用全过程的全部实际支出费用的文件,它反映了建设项目的实际造价和投资效果。

为了严格执行基本建设项目竣工验收制度,正确核定新增固定资产价值,考核投资效果,建立健全项目法人责任制,按照国家规定基本建设项目规模的大小,可分为大、中型建设项目竣工决算和小型建设项目竣工决算两大类。

必须指出,施工企业为了总结经验,提高自身经营管理水平,在单位工程(或单项工程)竣工后,往往也编制单位工程(或单项工程)竣工成本决算,用以核算工程实际成本,将其与预算成本比较计算成本降低额,作为分析实际成本,反映经营成果,总结经验和提高管理水平的手段,它与上述的建设工程竣工决算在概念和内容方面都不一样。

2. 竣工决算的作用

竣工验收是工程项目建设全过程的最后一个程序,是全面考核基本建设工作,检查其是否合乎设计要求和工程质量的重要环节,是投资成果转入生产或使用的标志。而所有竣工验收的项目在办理验收手续之前,必须对所有财产和物质进行清理,编好竣工决算。

1)竣工决算是国家对基本建设投资实行计划管理的重要手段

按照国家基本建设投资的规定,在批准基本建设项目计划任务书时,根据投资估算估计基本建设计划投资额;在确定基本建设项目设计方案时,编制设计概算决定基本建设项目计划总投资的最高数额;为了保证投资计划的实施,在施工图设计时编制施工图预算,确定单项工程或单位工程的计划价格,并且规定它不能超过相应的概算。施工企业要在施工图预算指标控制之下编制施工预算,确定施工计划成本。然而,在基本建设项目从筹建到竣工投产或交付使用的全过程中,各项费用的实际发生额,基本建设投资计划的实际执行情况,只能从建设单位编制的建设工程竣工决算中全面地反映出来。通过把竣工决算的各项费用数额与设计概算中的相应费用指标相比较,可得出节约或超支的情况,通过分析节约或超支的原因总结经验教训,加强投资计划管理以提高基本建设投资效果。

2)竣工决算是对基本建设实行“三算”对比的基本依据

“三算”对比是指设计概算、施工图预算和竣工决算的对比,这里的设计概算和施工图预算都是人们在建筑施工前不同建设阶段根据有关资料进行计算,确定拟建工程所需要的费用。在一定意义上,它们属于人们主观上的估算范畴。而建设工程竣工决算所确定的建设费用是人们建设活动中实际支出的费用,它在“三算”对比中具有特殊的作用,能够直接反映出固定资产投资计划完成情况和投资效果。

3)竣工决算是竣工验收的主要依据

按国家基本建设程序规定,当批准的设计文件规定的工业项目经负荷运转和试生产,生产出合格的产品,民用项目符合设计要求,能够正常使用时,应该及时组织竣工验收工作,对建设项目进行全面考核。在竣工验收之前,建设单位向主管部门提出验收报告,其中主要组成部分是建设单位编制的竣工决算文件,它作为验收委员会(或小组)的验收依据。验收人员要检查建设项目的实际建筑物、构筑物和生产设备与设施的生产和使用情况,同时审查竣工决算文件中的有关内容和指标,确定建设项目的验收结果。

4)竣工决算是确定建设单位新增资产价值的依据

在竣工决算中详细地计算了建设项目所有的建筑工程费、安装工程费、设备费和其他费用等新增固定资产总额及流动资金,作为建设管理部门向企事业使用单位移交财产的依据。

5)竣工决算是基本建设成果和财务的综合反映

建设工程竣工决算包括了基本项目从筹建到建成投产(或使用)的全部费用。它除了用货币形式表示基本建设的实际成本和有关指标外,还包括建设工期、主要工程量和资产的实物量以及技术经济指标。它综合了工程的年度财务决算,全面地反映了基本建设的主要情况。

8.1.2 竣工决算的内容

建设项目竣工决算应包括从筹建到竣工投产全过程的全部实际费用,即建筑工程费用,安装工程费用、设备工器具购置费用和工程建设其他费用以及预备费和投资方向调节税支出费用等。按照财政部印发的财基字【1998】4 号关于《基本建设财务管理若干规定》的通知,竣工决算的内容包括竣工财务决算说明书、竣工财务决算报表、工程竣工图和工程造价对比分析 4 个部分,其中前两个部分又被称为建设项目竣工财务决算,是竣工决算的核心内容和重要组成部分。

1. 竣工财务决算说明书

竣工决算说明书主要包括以下内容:①建设项目概况;②会计账务的处理、财产物资情况及债权债务的清偿情况;③资金节余、基建结余资金等的上交分配情况;④主要技术经济指标的分析、计算情况;⑤基本建设项目管理及决算中存在的问题、建议;⑥需说明的其他事项。

2. 建设项目竣工财务决算报表

按财政部印发的财基字【1998】4 号关于《基本建设财务管理若干规定》的通知和财基字【1998】498 号《基本建设项目竣工财务决算报表》和《基本建设项目竣工财务决算报表填表说明》的通知,建设项目竣工财务决算报表按大、中型建设项目和小型建设项目分别制定,有关报表格式如下。

1)建设项目财务决算审批表

表 8 - 1 为建设项目财务决算审批表,大、中、小型建设项目竣工决算都要填报此表。表 8 - 1中建设性质按新建、扩建、改建、迁建和恢复建设项目等分类填列;主管部门是指建设单位的主管部门;所有建设项目均须先经开户银行签署意见后,按下列要求报批。

(1)中央级小型建设项目由主管部门签署审批意见。

(2)中央级大、中型建设项目报所在地财政监察专员办理机构签署意见后,再由主管部门签署意见报财政部审批。

(3)地方级项目由同级财政部门签署审批意见。

已具备竣工验收条件的项目,3个月内应及时填报此审批表,如3个月内不办理竣工验收和固定资产移交手续的视同项目已正式投产,其费用不得从基建投资中支付,所实现的收入作为经营收入,不再作为基建收入管理。

表8-1 建设项目财务决算审批表

建设项目法人(建设单位)		建设性质	
建设项目名称		主管部门	
开户银行意见: 盖章 年 月 日			
专员办审批意见: 盖章 年 月 日			
主管部门或地方财政部门审批意见: 盖章 年 月 日			

2)大、中型建设项目概况表

表8-2用来反映建设项目总投资、基建投资支出、新增生产能力、主要材料消耗和主要技术经济指标等方面的设计或概算数与实际完成数的情况。

表8-2中建设项目名称、建设地址、主要设计单位和主要施工单位,应按全名填列;各项目的设计、概算、计划指标是指经批准的设计文件和概算、计划等确定的指标数据;设计概算批准文号,是指最后经批准的日期和文件号;新增生产能力、完成主要工程量、主要材料消

耗的实际数据，是指建设单位统计资料和施工企业提供的有关成本核算资料中的数据；主要技术经济指标，包括单位面积造价、单位生产能力投资、单位投资增加的生产能力、单位生产成本和投资回收年限等反映投资效果的综合性指标；收尾工程是指全部工程项目验收后还遗留的少量收尾工程，在表中应明确填写收尾工程内容、完成时间，尚需投资额(实际成本)，可根据具体情况填写并加以说明，该部分工程完工后不再编制竣工决算；基建支出，是指建设项目从开工起至竣工止发生的全部基建支出，包括形成资产价值的交付使用资产，即固定资产、流动资产、无形资产、递延资产支出，以及不形成资产价值按规定应核销的非经营性项目的待核销基建支出和转出投资，这些基建支出，应根据财政部门历年批准的“基建投资表”中的数据填列。

表8-2　大、中型工程项目概况表

<table>
<tr><td>工程项目名称（单项工程）</td><td colspan="2"></td><td>建设地址</td><td colspan="4"></td><td rowspan="13">基建支出</td><td colspan="2">项目</td><td>概算/元</td><td>实际/元</td><td>主要指标</td></tr>
<tr><td rowspan="2">主要设计单位</td><td colspan="2" rowspan="2"></td><td rowspan="2">主要施工企业</td><td colspan="4" rowspan="2"></td><td colspan="2">建筑安装工程</td><td></td><td></td><td></td></tr>
<tr><td colspan="2" rowspan="2">设备工具器具待摊投资</td><td rowspan="2"></td><td rowspan="2"></td><td rowspan="2"></td></tr>
<tr><td rowspan="5">占地面积/m^2</td><td rowspan="2">计划</td><td rowspan="2">实际</td><td rowspan="5">总投资/万元</td><td colspan="2" rowspan="2">设计</td><td colspan="2" rowspan="2">实际</td></tr>
<tr><td colspan="2" rowspan="2">其中：建设单位管理费</td><td rowspan="2"></td><td rowspan="2"></td><td rowspan="2"></td></tr>
<tr><td rowspan="3"></td><td rowspan="3"></td><td rowspan="2">固定资产</td><td rowspan="2">流动资产</td><td rowspan="2">固定资产</td><td rowspan="2">流动资产</td></tr>
<tr><td colspan="2">其他投资</td><td></td><td></td><td></td></tr>
<tr><td></td><td></td><td></td><td></td><td colspan="2" rowspan="2">待核销基建支出</td><td rowspan="2"></td><td rowspan="2"></td><td rowspan="2"></td></tr>
<tr><td rowspan="2">新增生产能力</td><td colspan="2">能力(效益)</td><td>设计</td><td colspan="4"></td></tr>
<tr><td colspan="2"></td><td></td><td colspan="4"></td><td colspan="2" rowspan="2">非经营项目转出</td><td rowspan="2"></td><td rowspan="2"></td><td rowspan="2"></td></tr>
<tr><td rowspan="3">建设起止时间</td><td rowspan="2">设计</td><td colspan="6" rowspan="2">从　年　月开工至　年　月竣工</td></tr>
<tr><td colspan="2"></td><td></td><td></td><td></td></tr>
<tr><td>实际</td><td colspan="6">从　年　月开工至　年　月竣工</td><td colspan="2">合　计</td><td></td><td></td><td></td></tr>
<tr><td rowspan="2">设计概算批准文号</td><td colspan="7" rowspan="2"></td><td rowspan="5">主要材料消耗</td><td>名称</td><td>单位</td><td rowspan="5"></td><td rowspan="5"></td><td rowspan="5"></td></tr>
<tr><td>钢材</td><td>t</td></tr>
<tr><td rowspan="4">完成主要工程量</td><td colspan="2" rowspan="2">建筑面积/m^2</td><td colspan="5" rowspan="2">设备(台　套　吨)</td><td>木材</td><td>m^3</td></tr>
<tr><td rowspan="2">水泥</td><td rowspan="2">t</td></tr>
<tr><td>设计</td><td>实际</td><td colspan="2">设计</td><td colspan="3">实际</td></tr>
<tr><td></td><td></td><td colspan="2"></td><td colspan="3"></td><td rowspan="3">主要技术经济指标</td><td colspan="5" rowspan="3"></td></tr>
<tr><td rowspan="2">收尾</td><td colspan="2">工程内容</td><td colspan="2">投资额</td><td colspan="3">完成时间</td></tr>
<tr><td colspan="2"></td><td colspan="2"></td><td colspan="3"></td></tr>
</table>

需要注意的有以下几点。

(1)建筑安装工程投资支出、设备工具投资支出，待摊投资支出和其他投资支出构成建设项目的建设成本。其中建筑安装工程投资支出是指建设单位按项目概算发生的建筑工程和安装工程的实际成本,不包括被安装设备本身的价值以及按合同规定支付给施工企业的预付备料款和预付工程款;设备工具器投资支出是指建设单位按照项目概算内容发生的各种设备的实际成本和为生产准备的不够固定资产标准的工具、器具的实际成本;待摊投资支出是指建设单位按项目概算内容发生的,按规定应当分摊计入交付使用资产价值的各项费用支出,包括建设单位管理费、土地征用及迁移补偿费、勘察设计费、研究试验费、可行性研究费、临时设施费、设备检验费、负荷联动试运转费、包干结余、坏账损失、借款等利息、合同公证及工程质量监理费、土地使用税、汇兑损益、国外借款手续费及承诺费、施工机构迁移费、报废工程损失、耕地占用税、土地复垦及补偿费、投资方向调节税、固定资产损失、器材处理亏损、设备盘亏毁损、调整器材调拨价格折价、企业债券发行费用、概(预)算审查费、(贷款)项目评估费、社会中介机构审计费、车船使用税、其他待摊销投资支出等;其他投资支出是指建设单位按项目概算内容发生的构成建设项目实际支出的房屋购置和基本禽畜、林木等购置、饲养、培养支出以及取得各种无形资产和递延资产发生的支出。

(2)待核销基建支出是指非经营性项目发生的江河清障、航道清淤、飞播造林、补助群众造林、水土保持、城市绿化、取消项目可行性研究费、项目报废等不能形成资产部分的投资,但是若形成资产部分的投资,应计入交付使用资产价值。

(3)非经营性项目转出投资支出是指非经营性项目为项目配套的专用设施投资,包括专用道路、专用通讯设施、送变电站、地下管道等。这部分内容产权不属本单位,但是,若产权归属本单位的,应计入交付使用资产价值。

3)大、中型建设项目竣工财务决算表

表8-3是用来反映建设项目的全部资金来源和资金占用(支出)情况,是考核和分析投资效果的依据。该表采用平衡表形式,即资金来源合计应等于资金占用(支出)合计。

表8-3 大、中型建设项目竣工财务决算表 单位:元

资金来源	金额	资金占用	金额	补充资料
1. 基建拨款		1. 基本建设支出		(1)基建投资借款期末余额
(1)预算拨款		(1)交付使用资产		(2)应收生产单位投资借款期末数
(2)基建基金拨款		(2)在建工程		(3)基建结余资金
(3)进口设备转账拨款		(3)待核销基建支出		
(4)器材转账拨款		(4)非经营项目转出投资		
(5)煤代油专用基金拨款		2. 应收生产单位投资借款		
(6)自筹资金拨款		3. 拨付所属投资借款		
(7)其他拨款		4. 器材		
2. 项目资本		其中:待处理器材损失		
(1)国家资本		5. 货币资金		
(2)法人资本		6. 预付及应收款		

续表

资金来源	金额	资金占用	金额	补充资料
(3)个人资本		7. 有价证券		
3. 项目资本公积金		8. 固定资产		
4. 基建借款		减:累计折旧		
5. 上级拨入投资借款		固定资产净值		
6. 企业债券资金		固定资产清理		
7. 待冲基建支出		待处理固定资产损失		
8. 应付款				
9. 未交款				
(1)未交税金				
(2)未交基建收入				
(3)未交基建包干结余				
(4)其他未交款				
10. 上级拨入资金				
11. 留成收入				
合计		合计		

资金来源包括基建拨款、项目资本金、项目资本金公积金、基建借款、上级拨入投资借款、企业债券资金、待冲基建支出、应付款和未交款以及上级拨入资金和企业留成收入等。其中,预算拨款、自筹资金拨款及其他拨款、项目资本金、基建借款及其他借款等项目,是指自项目开工建设至竣工止的累计数,应根据历年批复的年度基本建设财务决算和竣工年度的基本建设财务决算中资金平衡表相应项目的数字进行汇总;项目资本金是经营性项目投资者按国家关于项目资本金制度的规定,筹集并投入项目的非负债资金,按其投资主体不同,分为国家资本金、法人资本金、个人资本金和外商资本金并在财务决算表中单独反映,竣工决算后,相应转为生产经营企业的国家资本金、法人资本金、个人资本金和外商资本金;项目资本公积金是指经营性项目对投资者实际缴付的出资额超出其资金的差额(包括发行股票的溢价净收入)、资产评估确认价值或者合同协议约定价值与原账面净值的差额、接受捐赠的财产、资本汇率折算差额等,在项目建设期间作为资本公积金,项目建成交付使用并办理竣工决算后,转为生产经营企业的资本公积金;基建收入是指基建过程中形成的各项工程建设副产品变价净收入、负荷试车的试运行收入以及其他收入,具体内容如下。

(1)工程建设副产品变价净收入,包括煤炭建设过程中的工程煤收入、矿山建设中的矿产品收入以及油(汽)田钻井建设过程中的原油(汽)收入等。

(2)经营性项目为检验设备安装质量进行的负荷试车或按合同及国家规定进行试运行所实现的产品收入,包括水利、电力建设移交生产前的水、电、热费收入,原材料、机电轻纺、农林建设移交生产前的产品收入以及铁路、交通临时运营收入等。

(3)各类建设项目总体建设尚未完成和移交生产,但其中部分工程简易投产而发生的经营性收入等。

(4)工程建设期间各项索赔以及违约金等其他收入。

以上各项基建收入均是以实际所得纯收入计列,即实际销售收入扣除销售过程中所发生的费用和税收后的纯收入。

资金占用(支出)反映建设项目从开工准备到竣工全过程的资金支出的全面情况。具体内容包括基本建设支出、应收生产单位投资借款、库存器材、货币资金、有价证券和预付及应收款以及拨付所属投资借款和库存固定资产等。

补充资料的“基建投资借款期末余额”是指建设项目竣工时尚未偿还的基建投资借款数,应根据竣工年度资金平衡表内的“基建借款”项目期末数填列;“应收生产单位投资借款期末数”,应根据竣工年度资金平衡表内的“应收生产单位投资借款”项目的期末数填列;“基建结余资金”是指项目竣工时的结余资金,应根据竣工财务决算表中有关项目计算填列,基建结余资金计算公式为

基建结余资金 = 基建拨款 + 项目资本金 + 项目资本公积金 + 基建借款 + 企业债券资金 + 待冲基建支出 - 基本建设支出 - 应收生产单位投资借款

4)大、中型建设项目交付使用资产总表

表8-4反映建设项目建成后,交付使用新增固定资产、流动资产、无形资产和递延资产的全部情况及价值,可作为财产交接、检查投资计划完成情况和分析投资效果的依据。表中各栏目数据应根据交付使用资产明细表的固定资产、流动资产、无形资产、递延资产的汇总数分别填列,表8-4中总计栏的总计数应与竣工财务决算表中的交付使用资产的金额一致;表8-4中第2、7栏的合计数和8、9、10栏的数据应与竣工财务决算表中交付使用的固定资产、流动资产、无形资产、递延资产的数据相符。

表8-4 大、中型建设项目交付使用资产总表 单位:元

单项工程项目名称	总计	固定资产					流动资产	无形资产	递延资产
		建筑工程	安装工程	设备	其他	合计			
1	2	3	4	5	6	7	8	9	10

交付单位盖章 年 月 日 接收单位盖章 年 月 日

5)小型建设项目竣工财务决算总表

表 8 - 5 是大、中型建设项目概况表与竣工财务决算表合并而成的,主要反映小型建设项目的全部工程和财务情况。可参照大、中型建设项目情况表指标和大、中型建设项目竣工财务决算的指标口径填列。

表 8 - 5　小型工程项目竣工财务决算总表

<table>
<tr><td rowspan="2">工程项目
(单项工程)</td><td colspan="2" rowspan="2"></td><td colspan="2" rowspan="2">建设地址</td><td colspan="3" rowspan="2"></td><td colspan="2">资金来源</td><td colspan="2">资金运用</td></tr>
<tr><td>项目</td><td>金额/元</td><td>项目</td><td>金额/元</td></tr>
<tr><td>初步设计概算批准文号</td><td colspan="7"></td><td rowspan="3">1. 基建拨款
其中:预算拨款
2. 项目资本
3. 资本公积
4. 基建借款
5. 上级拨入借款
6. 企业债券资金
7. 待冲基建支出
8. 应付款
9. 未交款
10. 上级拨入资金
11. 留成收入</td><td rowspan="3"></td><td rowspan="3">1. 交付使用资产
2. 待核销基建支出
3. 转出投资
4. 应收生产单位投资借款
5. 拨付所属投资借款
6. 器材
7. 货币资金
8. 预付及应收款
9. 有价证券
10. 固定资产</td><td rowspan="3"></td></tr>
<tr><td rowspan="4">占地面积</td><td>计划</td><td>实际</td><td>总投资/万元</td><td colspan="2">设计</td><td colspan="2">实际</td></tr>
<tr><td rowspan="3"></td><td rowspan="3"></td><td rowspan="3"></td><td colspan="2"></td><td colspan="2"></td></tr>
<tr><td>固定资产</td><td>流动资产</td><td>固定资产</td><td>流动资产</td><td rowspan="2"></td><td rowspan="2"></td><td rowspan="2"></td><td rowspan="2"></td></tr>
<tr><td></td><td></td><td></td><td></td></tr>
<tr><td rowspan="2">新增生产能力</td><td colspan="2">能力(效益)</td><td>设计</td><td colspan="4">实际</td><td rowspan="7"></td><td rowspan="7"></td><td rowspan="7"></td><td rowspan="7"></td></tr>
<tr><td colspan="2"></td><td></td><td colspan="4"></td></tr>
<tr><td rowspan="2">建设起止时间</td><td>计划</td><td colspan="6">从　年　月开工至　年　月竣工</td></tr>
<tr><td>实际</td><td colspan="6">从　年　月开工至　年　月竣工</td></tr>
<tr><td rowspan="3">建设成本</td><td colspan="3">项目</td><td colspan="2">概算/元</td><td colspan="2">实际/元</td></tr>
<tr><td colspan="3" rowspan="2">建筑工程
设备、工具器具
待摊投资
合计</td><td colspan="2" rowspan="2"></td><td colspan="2" rowspan="2"></td></tr>
<tr><td>合计</td><td></td><td>合计</td><td></td></tr>
</table>

6)建设项目交付使用资产明细表

大、中型和小型建设项目均要填列此表,表 8 - 6 是交付使用财产总表的具体化,反映交付使用固定资产、流动资产、无形资产和递延资产的详细内容，是使用单位建立资产明细账和登记新增资产价值的依据。表8-6中固定资产部分要逐项盘点填列；工具、器具和家具等低值易耗品，可分类填列；各项资产合计数应与交付使用资产总表一致。

表8-6　建设项目交付使用资产明细表　　单位：元

单项工程项目名称	建筑工程			设备、工具、器具、家具						流动资产		无形资产		递延资产	
	结构	面积/m^2	价值	名称	规格型号	单位	数量	价值	设备安装费	名称	价值	名称	价值	名称	价值
合计															

交付单位盖章　　年　　月　　日　　　　　　　　接收单位盖章　　年　　月　　日

3. 建设工程竣工图

建设工程竣工图是真实地记录各种地上地下建筑物、构筑物等实际情况的技术文件，是工程进行交工验收、维护改建和扩建的依据，是国家的重要技术档案。国家规定：各项新建、扩建、改建的基本建设工程，特别是基础、地下建筑、管线、结构、井巷、桥梁、隧道、港口、水坝以及设备安装等隐蔽部位，都要编制竣工图。为确保竣工图质量，必须在施工过程中（不能在竣工后）及时做好隐蔽工程检查记录，整理好设计变更文件。竣工图编制的具体要求如下。

（1）凡按图竣工没有变动的，由施工单位（包括总包和分包施工单位）在原施工图上加盖"竣工图"标志后，即作为竣工图。

（2）凡在施工过程中，虽有一般性设计变更，但能将原施工图加以修改补充作为竣工图的，可不重新绘制，施工单位负责在原施工图（必须是新蓝图）上注明修改的部分，并附以设计变更通知单和施工说明，加盖"竣工图"标志后，作为竣工图。

（3）凡结构形式改变、施工工艺改变、平面布置改变、项目改变以及有其他重大改变，不宜再在原施工图上修改、补充者，应重新绘制改变后的竣工图。由设计原因造成的，由设计单位负责重新绘图；由施工原因造成的，由施工单位负责重新绘图；由其他原因造成的，由建设单位自行绘图或委托设计单位绘图。施工单位负责在新图上加盖"竣工图"标志，并附以有关记录和说明，作为竣工图。

（4）为了满足竣工验收和竣工决算需要，还应绘制能反映竣工工程全部内容的工程平面图。

4. 工程造价比较分析

经批准的概预算是考核实际建设工程造价的依据，在分析时，可将决算报表中所提供的实际数据和相关资料与批准的概预算指标进行对比，以反映出竣工项目总造价和单方造价是节约还是超支，在比较的基础上，总结经验教训，找出原因，以利改进。

为考核概预算执行情况，正确核实建设工程造价，财务部门首先应积累概预算动态变化资料，如设备材料价差、人工价差和费率价差及设计变更资料等；其次再考查竣工工程实际造价节约或超支的数额。为了便于进行比较分析，可先对比整个项目的总概算，然后对比单项工程的综合概算和其他工程费用概算，最后对比分析单位工程概算，并分别将建筑安装工程费、设备工器具费和其他工程费用逐一与竣工决算的实际工程造价对比分析，找出节约和超支的具体内容和原因。在实际工作中，侧重分析以下内容。

1）主要实物工程量

概预算编制的主要实物工程量的增减必然使工程概预算造价和竣工决算实际工程造价随之增减。因此，要认真对比分析和审查建设项目的建设规模、结构、标准、工程范围等是否遵循批准的设计文件规定，其中有关变更是否按照规定的程序办理，它们对造价的影响如何。对实物工程量出入较大的项目，还必须查明原因。

2）主要材料消耗量

在建筑安装工程投资中，材料费一般占直接工程费的70%以上，因此考核材料费的消耗是重点。在考核主要材料消耗量时，要按照竣工决算表中所列主要材料实际超概算的消耗量，查清是在哪一个环节超出量最大，并查明超额消耗的原因。

3）建设单位管理费、建筑安装工程间接费

要根据竣工决算报表中所列的建设单位管理费与概预算中所列的数额进行比较，确定其节约或超支数额，并查明原因。对于建筑安装工程间接费的费用取费标准，国家和各地均有统一的规定，要按照有关规定查明是否多列或少列费用项目，有无重计、漏计、多计的现象以及增减的原因。

以上所列内容是工程造价对比分析的重点，应侧重分析，但对具体项目应进行具体分析。究竟选择哪些内容作为考核、分析重点，还得因地制宜，视项目的具体情况而定。

8.1.3 竣工决算的编制

建设项目按批准的设计文件所规定的建设内容全部建成验收后编制竣工决算，对工期长、单项工程多的大型或特大型建设项目可分期分批地对具有独立生产能力的单项工程办理单项工程竣工决算并向使用单位移交。单项工程竣工决算是建设项目竣工决算的组成部分，在建设项目全部竣工验收后汇总编制建设项目竣工决算。建设项目竣工后90天内建设单位应将审查通过的竣工决算按项目投资隶属关系上报主管部门。

1. 竣工决算的编制依据

建设工程竣工决算编制的主要依据有以下几点。

（1）经批准的可行性研究报告及其投资估算书。

（2）经批准的初步设计或扩大初步设计及其概算或修正概算书。

（3）经批准的施工图设计及其施工图预算书。

（4）设计交底或图纸会审会议纪要。

（5）招投标的标底、承包合同、工程结算资料。

（6）施工记录或施工签证单及其他施工过程中发生的费用记录如索赔报告与记录、停工报告等。

（7）竣工图及各种竣工验收资料。

(8)历年基建资料、历年财务决算与批复文件。

(9)设备、材料调价文件和调价记录。

(10)有关财务核算制度、办法及其他相关资料、文件等。

2. 竣工决算的编制步骤

建设工程竣工决算的基本编制步骤如下。

(1)收集、整理、分析原始资料。

从工程开始就按编制依据的要求,收集、整理、分析有关资料,做好建设项目档案资料的归集整理和财务处理;财产物资的盘点核实及债权债务的清偿,做到账账、账证、账实、账表相符;对各种设备、材料、工具、器具等要逐项盘点核实并填列清单,妥善保管,或按照国家有关规定处理,不准任意侵占和挪用。

(2)进行工程对照、核实工程变动情况,重新核算各单位工程、单项工程造价。

将竣工资料与原设计图纸进行查对、核实,必要时可实地测量,确认实际变更情况。根据经审定的施工单位竣工结算等原始资料,按照有关规定对原概(预)算进行增减调整,重新核定工程造价。

(3)核定其他各项投资费用。

对经审定的待摊投资、待核销基建支出和非经营项目的转出投资及其他投资,按照财政部印发的财基字【1998】4 号关于《基本建设财务管理若干规定》的通知要求,严格划分和核定后,分别计入相应的基建支出(占用)栏目内。

(4)编制竣工财务决算说明书。

按上述要求编制,力求内容全面、简明扼要、文字流畅、说明问题。

(5)填报竣工财务决算报表。

建设项目投资支出各项费用在归类后分别计入各报表内,计入固定资产价值内的费用有建筑工程费、安装工程费、设备及工器具购置费(单位价值在规定标准以上,使用期超过一年的)及待摊投资支出;计入无形资产的费用有土地费用(以出让方式取得土地使用权的)、国内外的专有技术和专利及商标使用费及技术保密费等;计入递延资产的费用有样品样机购置费、生产职工培训费、农垦开荒费及非常损失等。

(6)做好工程造价对比分析。

(7)清理、装订竣工图。

(8)按国家规定上报审批、存档。

3. 新增资产价值的确定

竣工决算是办理交付使用财产价值的依据。正确核定新增资产价值,不但有利于建设项目交付使用后的财务管理,而且为建设项目的经济评价提供依据。

1)新增资产的分类

按照新的财务制度和企业会计准则,新增资产按其性质可分为固定资产、流动资产、无形资产、递延资产和其他资产 5 大类。

(1)固定资产。固定资产是指使用期限超过一年,单位价值在规定标准以上(如 1000 元、1500 元或 2000 元),并且在使用过程中保持原有物质形态的资产,包括房屋及建筑物、构筑物、机电设备、运输设备、工具器具等。不同时具备以上两个条件的资产为低值易耗品,应列入流动资产范围内,如企业生产办公使用的工具、器具、家具等。

(2)流动资产。流动资产是指可以在一年内或超过一年的一个营业周期内变现或者运用的资产,包括现金、各种存货以及应收和预付款项等。

(3)无形资产。无形资产是指企业长期使用但没有实物形态的资产,包括专利权、著作权、非专利技术、商誉等。

(4)递延资产。递延资产是指不能全部计入当年损益,应当在以后年度分期摊销的各项费用,包括开办费、租入固定资产的改良工程(如延长使用寿命的改装、翻修、改造等)支出等。

(5)其他资产。其他资产是指具有专门用途,但不参加生产经营,经国家批准的特种资产,如银行冻结存款和冻结物资、涉及诉讼的财产等。

2)新增资产价值的确定

(1)新增固定资产价值的确定。新增固定资产价值是投资项目竣工投产后所增加的固定资产价值,即交付使用的固定资产价值,是以价值形态表示建设项目的固定资产最终成果的指标。从建设项目微观来看,核定新增固定资产价值、分析其完成情况,是加强工程造价全过程管理的重要方面;从国民经济宏观上看,新增固定资产意味着国民财政增加,不仅可以反映出固定资产再生产的规模和速度,而且可以据此分析国民经济各部门的技术、产业结构变化与相互间适应的情况以及考核投资经济效果等。因此,核定新增固定资产价值无论对建设项目还是对国民经济建设均具有重要的意义。

① 新增固定资产价值包括的内容。新增固定资产包括已投入生产或交付使用的建筑、安装工程造价,达到固定资产标准的设备、工器具的购置费用以及增加固定资产价值的其他费用。其他费用包括土地征用迁移费(即通过划拨方式取得无限期土地使用权而支付的土地补偿费、附着物和青苗补偿费、安置补助费、迁移费等)、联合试运费、勘察设计费、项目可行性研究费、施工机构迁移费、报废工程损失费和建设单位管理费中达到固定资产标准的办公设备、生活家具、用具和交通工具等的购置费。

② 新增固定资产价值的计算。新增固定资产价值计算以单项工程为对象,单项工程建成后经有关部门验收鉴定合格,正式移交生产或使用,即应计算新增固定资产价值。一次性交付生产或使用的工程应一次计算新增固定资产价值;分期分批交付生产或使用的工程,应分期分批计算新增固定资产价值。计算时应注意以下情况。

(a)对为提高产品质量、改善劳动条件、节约材料消耗、保护环境而建设的附属辅助工程,只要全部建成并正式验收或交付使用后,就应计入新增固定资产价值。

(b)对于单项工程中不构成生产系统,但能独立发挥效益的非生产性工程,如住宅、食堂、医务所、托儿所、生活服务设施等,在建成并交付使用后,也应计算新增固定资产价值。

(c)凡购置达到固定资产标准且不需要安装的设备工器具,均应在交付使用后计入新增固定资产价值。

(d)属于新增固定资产价值的其他投资,如与建设项目配套的专用铁路线、专用公路、专用通信设施、送变电站、地下管道、专用码头等由本项目投资且其产权归属本项目所在单位的,按新财务制度规定,应在受益单项工程交付使用的同时一并计入新增固定资产价值。

③ 交付使用资产成本的计算内容。交付使用资产成本的计算内容有以下几个方面。

(a)房屋、建筑物、管道、线路等固定资产的成本包括建筑工程成本和应分摊的待摊投资。

(b)动力设备和生产设备等固定资产的成本包括需要安装设备的采购成本、安装工程成本、设备基础支架等建筑工程成本、砌筑锅炉等的建筑工程成本和应分摊的待摊投资。

(c)运输设备及其他不需要安装的设备、工具、器具、家具等固定资产一般仅计算采购成本,不计分摊的待摊投资。

(d)待摊投资的分摊方法。增加固定资产的其他费用,应按各受益单项工程以一定比例共同分摊。分摊时的具体规定一般是:建设单位管理费按建筑工程、安装工程和需要安装设备价值的总额按比例分摊;土地征用费、勘察设计费等费用只按建筑工程造价分摊。

【例8-1】某建设项目及其第一车间的建筑工程费、安装工程费、需安装设备费以及应分摊费用见表8-7。

表8-7 各项费用 单位:万元

竣工决算	建筑工程	安装工程	需安装设备	建设单位管理费	土地征用费	勘察设计费
建设项目	3000	500	1500	35	120	60
第一车间	500	200	500	—	—	—

解:计算分摊费用和新增固定资产价值如下

应分摊建设单位管理费 $=\dfrac{500+200+500}{3000+500+1500}\times 35=8.4$ 万元

应分摊土地征用费 $=\dfrac{500}{3000}\times 120=20$ 万元

应分摊勘察设计费 $=\dfrac{500}{3000}\times 60=10$ 万元

第一车间新闻固定资产价值 $=500+200+500+8.4+20+10=1238.4$ 万元

(2)新增流动资产价值的确定。

① 货币资金,即现金、银行存款和其他货币资金(包括在外埠存款、还未收到的在途资金、银行汇票和本票等资金),一律按实际入账价值核定计入流动资产。

② 应收和应预付款,包括应收工程款、应收销售款、其他应收款、应收票据及预付分包工程款、预付分包工程备料款、预付工程款、预付备料款、预付购货款和待摊费用,其价值的确定。一般情况下按应收和应预付款项的企业销售商品、产品或提供劳务时的实际成交金额或合同约定金额入账核算。

③ 各种存货是指建设项目在建设过程中需要储存的各种自制和外购的各类货物,包括各种器材、低值易耗品和其他商品等。其价值的确定:外购的,按照买价加运输费、装卸费、保险费、途中合理损耗、入库前加工整理或挑选费用及缴纳的税金等进行计价;自制的,按照制造过程中发生的各项实际支出计价。

(3)新增无形资产价值的确定。

① 无形资产计价原则。无形资产的计价,原则上应按取得时的实际成本计价。财务制度规定,根据企业取得无形资产的途径不同,计价有相应的原则。

(a)投资者以无形资产作为资本金或合作条件投入的,按照对其评估确认或合同协议约定的金额计价。

(b)企业购入的无形资产按照实际支付的价款计价。

(c)企业自制并依法申请取得的无形资产,按其开发过程中的实际支出计价。

(d)企业接受捐赠的无形资产,可按照发票账单所持金额或同类无形资产的市价计价。

② 无形资产价值的确定。

(a)专利权的计价。专利权分为自制和外购两种。自制专利权,按其开发过程中的实际支出计价,主要包括专利的研究开发费用、专利登记费、专利年费和法律诉讼费等;专利转让时(包括购入和卖出),其价值主要包括转让价格和手续费用,由于专利是具有专有性并能带来超额利润的生产要素,因此其转让价格不能按其成本估价,而应依据所带来的超额收益来估价。

(b)非专利技术的计价。非专利技术是指具有某种专有技术或技术秘密、技术诀窍,是先进的、未公开的、未申请专利的,可带来经济效益的专门知识和特有经验,如工业专有技术、商业(贸易)专有技术、管理专有技术等。它也包括自制和外购两种:外购非专利技术,应由法定评估机构确认后,再进一步估价,一般通过其产生的收益来估价,其方法类似专利技术;自制的非专利技术,一般不得以无形资产入账,自制过程中所发生的费用,按财务制度可作当期费用处理,这是因为非专利技术自制时难以确定是否成功,这样处理符合稳健性原则。

(c)商标权的价值。商标权是商标经注册后,商标所有者依法享有的权益,它受法律保障,分为购入(转让)和自制两种。企业购入和转让商标权时,商标权的计价一般根据接受方新增的收益来确定;自制的,尽管在商标设计、制作、注册和保护、广告宣传方面都要花费一定费用,但一般不能作为无形资产入账,而直接以销售费用计入当期损益。

(d)土地使用权的计价。取得土地使用权的方式有两种,计价方法也有两种:一是建设单位向土地管理部门申请,通过出让方式取得有限期的土地使用权而支付出让金,应以无形资产计入核算;二是建设单位获得土地使用权是通过行政划拨的,这就不能作为无形资产核算,只有在将土地使用权有偿转让、出租、抵押、作价入股和投资时,按规定补交土地出让金后,才可作为无形资产计入核算。

(4)新增递延资产价值的确定。

① 开办费的计价。筹建期间建设单位管理费中未计入固定资产的其他各项费用,如建设单位经费,包括筹建期间工作人员工资、办公费、差旅费、印刷费、生产职工培训费、样品样机购置费、农业开荒费、注册登记费等以及不计入固定资产和无形资产的汇兑损益、利息支出等。按照财务制度规定,除了筹建期间不计入资产价值的汇兑净损失外,开办费从企业开始生产经营月份的次月起,按照不短于5年的期限平均摊入管理费用中。

② 以经营租赁方式租入的固定资产改良工程支出的计价。以经营租赁方式租入的固定资产改良工程支出是指能增加租入的固定资产的效用或延长其使用寿命的改装、翻修、改建等支出,应在租赁有效期限内分期摊入制造费用或管理费用中。

(5)新增其他资产计价。新增其他资产主要以实际入账价值核算。

4. 竣工决算的审查

竣工决算编制完成后,在建设单位或委托咨询单位自查的基础上,应及时上报主管部门并抄送有关部门审查,必要时,应由有权机关批准的社会审计机构组织外部审查。大中型建设项目的竣工决算,必须报该项目的批准机关审查,并抄送省、自治区、直辖市财政厅、局和财政部审查。竣工决算的审查一般从以下几个方面进行。

(1)审查竣工决算的文字说明是否实事求是,有无掩盖问题的情况。

(2)审查工程建设的设计概算、年度建设计划执行情况;是否有超计划的工程和无计划的楼堂管所工程;设计变更有无设计部门通知;工程增减有无业主与施工企业的双方签证。

(3)审查各项支出是否符合规章制度,有无乱挤乱摊以及扩大开支范围和铺张浪费等问题。

(4)审查报废工程损失、非常损失等项目是否经有权机关批准。

(5)审查工程建设历年财务收支是否与开户银行账户收支额相符。

(6)审查工程建设拨款、借贷款、交付使用财产应核销投资、转出投资、应核销其他支出等项的金额是否与历年财务决算中有关项目的合计数额相符。

(7)审查应收、应付的每笔款项是否全部结清。

(8)审查工程建设应摊销的费用是否已全部摊销。

(9)审查应退余料是否已清退。

(10)审查工程建设有无结余资金和剩余物资,数额是否真实,处理是否符合有关规定等。

工程建设竣工决算经审查、批准,即宣布基本建设项目的全部工作结束。

5. 竣工决算中需防止出现的问题

建设工程竣工决算是建设项目管理工作的一个重要环节,正确、及时、完整地编制建设工程竣工决算,对于考核建设成本、分析投资效益、促进竣工工程及时投产、积累技术资料、总结建设经验等方面,都具有重要意义。目前建设工程竣工决算应防止出现以下问题。

(1)已经竣工投产的工程,不及时和拒不办理交工验收,继续吃基建投资“大锅饭”。

这个问题不单纯是财务手续问题,而且成了影响投资效益提高的一个十分突出的问题,对生产建设带来许多不良影响。首先,它扩大了基本建设投资支出。工程建成投产后因为没有办理交工验收,企业不提折旧,所发生的维修费、更新改造资金以及生产职工的工资等,都在基建投资中开支,扩大了建设支出。据有关方面测算,按现有全国的投资规模,在建项目的工期拖长一年,由于多消耗、少产出,造成的损失就会有近百亿元,由此造成的损失浪费是十分惊人的。其次,这样做不利于固定资产的管理。由于工期拖长,大量资金积压在建设过程中,由投资而形成的固定资产比例降低,工程竣工投产后,由于未办交工验收手续,生产厂对各类固定资产究竟有多少心中无数。另外,生产厂拿不到全厂总图纸,对地下管线等隐蔽工程不清楚,也影响生产、维修的正常进行。再者,这样不交工也不利于经济核算。工程竣工投产后不办理交工验收,生产厂对已经使用的固定资产不提折旧或估提折旧,影响产品成本的真实性,掩盖了企业管理中的问题。

2)竣工决算中,对国家规定、制度不能严格执行。

有些是人为的,也有些是受水平或认识的限制,或是由于外在的压力等,违反财经纪律的情况屡有发生,决算中脱离实际,高估冒算,弄虚作假多列费用,加大工程支出等问题十分突出。建设项目概算超估算、预算超概算、决算超预算的情况是我国固定资产领域中非常普遍的现象,有些是因为设计、施工质量低劣;有些则是因为概算定额和编制方法落后等;更多的则是因为主观因素,如施工队伍故意高估冒算,存在“审出就减,审不出就赚,粗审多赚,细审少赚”的想法,从而使工程竣工决算不切合实际,决算超预算,预算超概算,使国家投资失控。

6. 做好竣工决算工作的几点建议

(1)要及时做好竣工验收工作,这是对建设工程的全面考核,是编制竣工决算的前提。

建设项目必须根据批准的设计任务书、初步设计和技术设计文件、作为施工依据的施工图设计、设备技术说明书、国家规定的建筑安装工程技术验收规范、质量检验评定标准、主管部门(或上级机关)有关建设和批复的文件等,经有关单位或专门组织对建设工程进行检查、测试、鉴定全面考核,即通过竣工验收检验工程质量和生产能力(或工程效益)是否达到设计文件的要求。

按国家要求,新建、扩建、改建的基本建设项目和技术改造项目符合或基本符合竣工验收标准时应在3个月内办理验收投产和资产交付使用手续,并做出竣工报告和竣工决算。3个月内不办理验收和移交财产手续的,取消企业和主管部门(或地方)的基建试车收入分成,由银行监督上交财政。有的建设项目和单项工程基本建成,只是零星土建工程和少数非主要设备未按设计规定的内容全部建成,但不影响正常生产的,也应办理竣工验收手续。对剩余工程,应按设计要求在规定期限内完成。有的项目初期一时不能达到设计能力所规定的产量,不应因此拖延验收和办理固定资产手续。有些建设项目或单项工程,已形成部分生产能力或实际上生产方面已经使用,近期不能按原设计规模续建的,应从实际出发,可缩小规模,报主管部门批准后,对已完成的工程和设备,尽快组织验收。建设项目的某一个或几个单项工程,已按设计和施工图要求建设完工,具有独立生产或使用条件的,建设单位可以组织验收,先办理单项工程验收,及时交付使用。待整个建设项目按照设计内容全部建成或基本建成,再办理全部工程验收。

(2)对已经竣工投产,但未办理交工验收手续的工程,要进行一次全面的检查,督促其及时办理交工验收手续,以发挥基本建设的投资效果,增加生产能力,并正确划清建设单位资金和生产(使用)单位资金的界限。

对于在建工程,要如实确定其性质和类别(包括正常跨年度工程和不正常的在建工程,如已投产使用未办理移交的工程、已竣工未投产使用的工程、主体已基本完工尚需收尾配套的工程、长期拖延工期的工程、停缓建工程、报废工程等),认真查明原因,分析情况,采取措施进行处理。对已经基本建成,尚有少量收尾工程的,要抓紧扫尾,尽快办理交工验收。对工程全部验收投产以后遗留的少量收尾工程,其实际成本可根据具体情况估算确定,则纳入竣工决算,完工后不再编制竣工决算,对交接双方有争议的问题,上级主管部门要负责解决。工程已办交工验收手续以后,要转为使用的固定资产,并按照规定提取折旧基金。

(3)加强施工管理,要求施工单位要抓施工进度,抓收尾工程。

进一步加强施工管理,施工单位及时按期完成工程进度,施工过程中建立健全原始记录制度,搞好经济核算,为及时交工验收创造条件。

(4)投资银行要进一步做好基本建设财务拨款工作,实行“竣工后一次结算”的办法。

积极配合有关部门,狠抓工程收尾投产,对已完工的项目,要督促其尽快作出竣工决算,办理交工验收和固定资产转账手续。

(5)企业领导应加强对交工验收工作的领导,组织计划、物资、技术、财务部门清理已完工程,迅速办理交工验收手续。

在没有编报竣工决算、清理结束以前,机构不得撤销,有关人员不得调离。企业领导对竣工决算报表的合法性、真实性要承担法律责任。

(6)财务人员应认真学习国家颁布的有关法律、法规、条例、准则等,熟悉会计法规和会计制度,严格遵守会计准则,遵守会计职业道德,遵守财经纪律,按规定的程序与方法处理会计事项,提高会计工作质量。

编制建设工程竣工决算要做到真实、准确、完整和及时,不断完善决算管理制度。工程竣工后,要认真做好各项账务、物资以及债权债务的清理结束工作,对于各项债权、债务,应及时收回和偿还,无法收回或偿还的款项,应注明原因,按照财务会计的规定处理入账,并最后落实其余额。对于库存的各种设备、材料、施工机具,要逐项清点核实,并做好施工现场剩余设备和材料回收的工作,以核实结余物资。所有结余的设备、材料,应按国家规定进行处理,收回的资金、各种设备、材料都应按规定作价调拨,不得无偿调用。建设单位自有的固定资产也应清理盘点,该回收的要及时回收。在清理各项财产物资、债权债务的基础上,落实结余资金,收回的结余资金应按基本建设投资取得的渠道通过投资银行进行归还和上交,不得混淆、挪用和转移。做到工完账清,账实相符,账账相符。

8.2 保修费用的处理

8.2.1 土木工程项目保修

1. 建设项目保修及其意义

1)保修的含义

《中华人民共和国建筑法》第六十二条规定:“建筑工程实行质量保修制度”。建设工程质量保修制度是国家所确定的重要法律制度,它是指建设工程在办理交工验收手续后,在规定的保修期限内(按合同有关保修期的规定),因勘察设计、施工、材料等原因造成的质量缺陷,应由责任单位负责维修。项目保修是项目竣工验收交付使用后,在一定期限内由施工单位对建设单位或用房进行回访,对于工程发生的确实是由于施工单位施工责任造成的建筑物使用功能不良或无法使用的问题,由施工单位负责修理,直到达到正常使用的标准。保修回访制度属于建筑工程工后管理范畴。

2)保修的意义

建设工程质量保修制度是国家所确定的重要法律制度,建设工程保修制度对于完善建设工程保修制度、促进承包方加强质量管理、保护用户及消费者的合法权益能够起到重要的作用。

2. 保修的范围和最低保修期限

1)保修范围

建筑工程的保修范围包括地基基础工程、主体结构工程、屋面防水工程和其他土建工程,以及电气管线、上下水管线的安装工程,供热、供冷系统工程等项目。

2）保修的期限

保修的期限应当按照保证建筑物在合法寿命内正常使用，保证使用者的合法权益的原则确定。具体的保修期限，按照国务院《建设工程质量管理》第四十条规定执行。

（1）基础设施工程、房屋建筑的地基、基础工程和主体结构工程，为设计文件规定的该工程的合理使用年限。

（2）屋面防水工程，有防水要求的卫生间、房间和外墙面的防渗漏为 5 年。

（3）供热与供冷系统为 2 个采暖期和供热期。

（4）电气管理、给排水管道、设备安装和装修工程为 2 年。

（5）其他项目的保修期限由承发包双方在合同中规定。建设工程的保修期，自竣工验收合格之日算起。

建设工程在保修范围和保险期限内发生质量问题的，承包人应当履行保修义务，并对造成的损失承担赔偿责任。凡是由于用户使用不当而造成建筑功能不良或损坏的，不属于保修范围；凡属工业产品项目发生问题的，也不属于保修范围。以上两种情况应由建设单位自行组织修理。

8.2.2　保修费用及其处理

1. 保修费用的含义

保修费用是指保修期限和保修范围内合情合理的维修、反工等各项费用支出。保修费用应按合同和相关规定合理确定和控制。保修费用一般可参照建筑安装工程造价的确定程序和方法计算，也可以按照建筑安装工程造价或承包工程合同的一定比例计算（目前取 5%）。

2. 保修费用的处理

根据《中华人民共和国建筑法》规定，在保修费用的处理问题上，必须根据修理项目的性质、内容以及检查修理等多因素的实际情况，区别保修责任的承包问题，对于保修的经济责任的确定，应当由有关责任方承担。由建设单位和施工单位共同商定经济处理办法。

（1）承包单位未按国家有关规范、标准和设计要求施工，造成的质量缺陷，由承包单位负责返修并承担经济责任。

（2）由于设计方面的原因造成的质量缺陷，由设计单位承担经济责任，可由施工单位负责维修，其费用按有关规定通过建设单位向设计单位索赔，不足部分由建设单位负责协同有关方解决。

（3）因建筑材料、建筑购配件和设备质量不合格引起的质量缺陷，属于承包单位采购的或经其验收同意的，由承包单位承担经济责任；属于建设单位采购的，由建设单位承担经济责任。

（4）因使用单位使用不当造成的损坏问题，由使用单位自行负责。

（5）因地震、洪水、台风等不可抗拒原因造成的损坏问题，施工单位、设计单位不承担经济责任，由建设单位负责处理。

（6）根据《中华人民共和国建筑法》第七十五条的规定，建筑施工企业违反该法规定，不履行保修义务的，责令改正，可以处以罚款。在保修期间发生屋顶、墙面渗漏、开裂等质量缺陷，有关责任企业应当依据实际损失给予实物或价值补偿。质量缺陷由勘察设计原因、监理原因或者建筑材料、建筑构配件和设备等原因造成的，根据民法规定，施工企业可以在保修或赔偿损失之后，向有关责任者追偿。因建筑工程质量不合格而造成的损害的，受损害人有权向责任者要求索赔。因建设单位或设计的原因、施工的原因、监理的原因产生的建设质量问题，造成他人损失的，以上单位应当承担相应的赔偿责任。受损害人可以向任何一方要求赔偿，也可以向以上各方提出共同赔偿要求。有关各方赔偿后，可以在查明原因后向真正责任人追偿。

(7)涉外工程的保修问题，除参照上述办法进行处理外，还应依照原合同条款的有关规定执行。

本章小结

工程竣工验收阶段管理的内容包括：竣工结算的编制与审查、竣工决算的编制、保修费用的处理、建设项目的后评价。

工程竣工决算是指在建设项目竣工验收阶段，建设单位根据国家有关规定编制的决算报告，主要是建设项目从筹建到竣工投产或使用全过程的全部实际支出费用的文件，包括竣工财务决算报表、竣工财务决算说明书、竣工工程平面图、工程造价对比分析4部分，它反映了建设项目的实际造价和投资效果。

项目保修是项目竣工验收交付使用后，在一定期限内由施工单位对建设单位或用房进行回访，对于工程发生的确实是由于施工单位施工责任造成的建筑物使用功能不良或无法使用的问题，由施工单位负责修理，直到达到正常使用的标准。

在保修费用的处理问题上，必须根据修理项目的性质、内容以及检查修理等多因素的实际情况，区别保修责任的承包问题，保修的经济责任，应当由有关责任方承担，由建设单位和施工单位共同商定经济处理办法。

思考与习题

1. 简述竣工决算的概念及编制依据与编制步骤。
2. 简述保修费用的处理方法。
3. 案例分析。

案例1：某建设项目及其主要生产车间的有关费用见表8－8，计算该车间新增固定资产价值。

表8－8　某建设项目及其主要生产车间的有关费用　　单位：万元

费用类别	建筑工程费	设备安装费	需安装设备价值	土地征用费
建设项目竣工决算	1000	450	600	50
生产车间竣工决算	250	100	280	

案例2：某建设单位拟编制某工业生产项目的竣工决算数据。该项目包括A、B两个主

要生产车间和 C、D、E、F 共 4 个辅助生产车间及若干办公、生活建筑物。在建设期内，各单项工程竣工决策数据见表 8－9。工程建设其他投资完成情况如下：支付行政划拨土地的土地征用及迁移费 500 万元，支付土地使用权出让金 700 万元，建设单位管理费 400 万元（其中 300 万元构成固定资产），勘察设计费 340 万元，专利费 70 万元，非专利技术费 30 万元，获得商标权 90 万元，生产职工培训费 50 万元。

(1)什么是建设项目竣工决算？竣工决算包括哪些内容？

(2)编制竣工决算的依据有哪些？

(3)如何编制竣工决算？

(4)试确定 A 生产车间的新增固定资产价值。

表 8－9　某工业项目竣工决算数据　　单位：万元

项目名称	建筑工程	安装工程	需安装设备	不需安装设备	生产工器具	
					总额	达到固定资产标准
A 生产车间	1800	380	1500	300	130	80
B 生产车间	1500	350	1200	240	100	60
辅助生产车间	20000	230	800	160	90	50
附属建筑	700	40		20		
合　计	6000	10000	3500	720	320	190

第9章 计算机在工程造价管理中的应用

教学目标

1. 了解工程造价管理信息技术应用的发展及应用现状。
2. 熟悉工程造价管理常用软件。
3. 熟悉广联达清单计价 GCL2008 软件的打开及其界面和主要功能;能运用广联达清单计价 GCL2008 软件制作工程量清单、工程量清单计价标底和工程量清单计价投标。

导入案例

利用广联达软件算量。

某工程为一商业广场,立面呈阶梯状,层数由一层至四层渐渐升高。外立面呈现4种不同弧度。同一层层高不同,分为6个独立板块。本工程利用手工计算难度相当大,也很繁琐,当时因为要在12天内赶着做出该栋及其他2栋楼的成本。而利用软件只用了1.5天时间,就顺利完成了该栋楼的预算任务。

本工程利用手工计算主要有以下几方面的困难和麻烦:①由于本工程是局部地下室,基础分为两大块,开挖深度、基础类型、基础厚度全不相同,但它们之间又有连接和相互扣减关系,回填土、外运土的计算等所有基础工程量表达式很难准确列式且计算复杂;②梁、柱类截面尺寸较多,和墙体之间的扣减关系相当繁琐;③平面造型较为复杂,中间最大的厅两边为弧形墙设计,墙体方量及抹灰的计算需要用复杂的公式推导出来;④几乎每一层都有坡屋面,板与板之间的标高都不同、扣减关系错综复杂;⑤此次的工程量需分层汇总以便于月进度报量及提供材料计划;⑥弧形梁、墙、板等异形构件较多,此类构件列式较难,手工很难准确计算。

在确定用软件开始分解工程后,由于该工程有6种不同层高,又有砖墙相互连接,存在扣减关系不能分开,所以部分坡屋面选择在子楼层中处理。为了准确、细致、快速完成工程量计算,列出了以下计算流程。±0以上主体部分:墙、柱、梁、板、楼梯→突出屋面部分→室内装修→室外装修→突出主体外的零星构件→其他(建筑面积、平整场地、回填、台阶、散水等);基础地下室部分:承台、地梁、满基→自动生成土方构件→剪力墙、地下室柱、顶板、梁→室内装修→室外防水。

9.1 概 述

9.1.1 工程造价管理信息技术应用现状及发展

随着建筑信息化的发展及计算机的迅速普及,工程造价电算化已经成为必然的趋势。

从20世纪60年代开始,工业发达国家的一些公司已经开始利用计算机做估价工作,比我国早10年左右。但是,国内外在造价管理体制和方法上的差异,造成我国工程造价软件的发展与国外出现了较大的差异。工业发达国家的工程造价软件一般重视已完工程数据的利用、价格管理、造价控制等方面。由于各国的造价管理都具有不同的特点,这些软件在各国体现出不同的特点,这也说明了应用软件的首要原则在于满足用户的要求。在最近10年中,造价行业已经发生了巨大的变化:中国的基础建筑投资平均以每年15%的速度增长,但造价从业人员的数量,已经不足10年前的80%,造价从业人员的平均年龄比10年前降低了8.47岁,粗略计算目前平均每个造价从业者的工作量大概是10年前的40倍。在这个过程中电算化起的作用是显而易见的,造价工作者学习、使用计算机辅助工作也是必然的选择,否则一定会跟不上行业的发展,因时间问题、准确性及工作强度等原因而退出造价行业。

经过了10多年的发展,图形自动算量软件经历了从最初的表格计算到绘图法,然后到先进的 CAD 识图法；钢筋算量从单根统计到智能计算。每一次的进步，都使软件业界的工作模式产生一次很大的变革和飞跃，同时也为广大造价工作者应用软件进行工程量计算提供了广阔的应用空间。

9.1.2 图形算量软件的基本思路

由北京广联达慧中软件技术有限公司推出的广联达图形算量软件 GCL2008 软件，是专为在目前传统定额模式向清单模式过渡时期研制的先进实用的算量工具，适用于定额模式和清单模式下不同的算量要求。

(1)本软件的构架思路是：以楼层为计算单元，每个楼层之间不发生任何扣减关系。以房间为扣减单元，所有扣减都是以房间为单元通过公式进行计算扣减的，因此在绘图时，不管绘图的先后顺序，只要形成封闭的空间就行，房间的装饰由软件自动计算。以构件为设置单元，在绘图过程中是以构件为单元进行的，不能一次性用两种以上的构件进行绘图，构件的代码相互之间不可以调用。

(2)图形算量是用代码为最小单元通过列式进行的。这与手工算量统筹法原理相同，代码为基本的数据代码，绘图是把此代码由未知变为已知，通过计算得到工程量。如手工统筹法是用三线一面为基础数据量进行计算，而计算机就是用已放开的 500 多代码为基本数据量进行计算。

(3)用软件做工程的顺序。

按施工图的顺序：先结构后建筑、先地上后地下、先主体后屋面、先室内后室外。将一套图分成 4 个部分如图 9.1 所示，再把每部分的构件分组，分别一次性处理完每组构件的所有内容，做到清楚、完整。

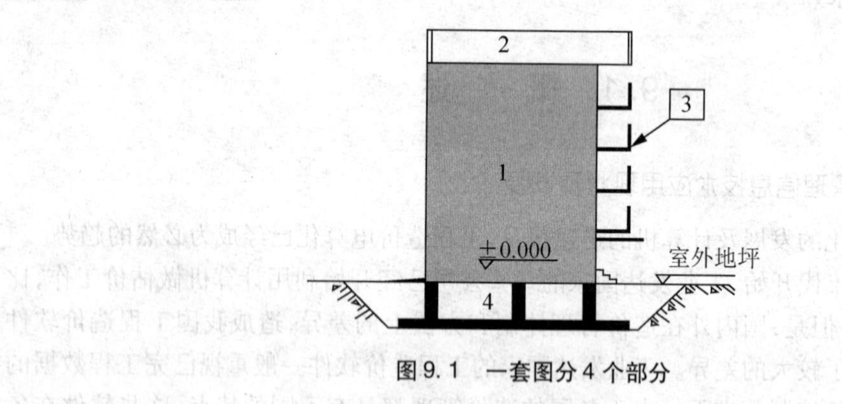

图 9.1 一套图分 4 个部分

9.2 图形算量

9.2.1 新建工程

第 1 步：双击桌面“广联达图形算量软件 GCL2008”图标，如图 9.2 所示，启动软件。

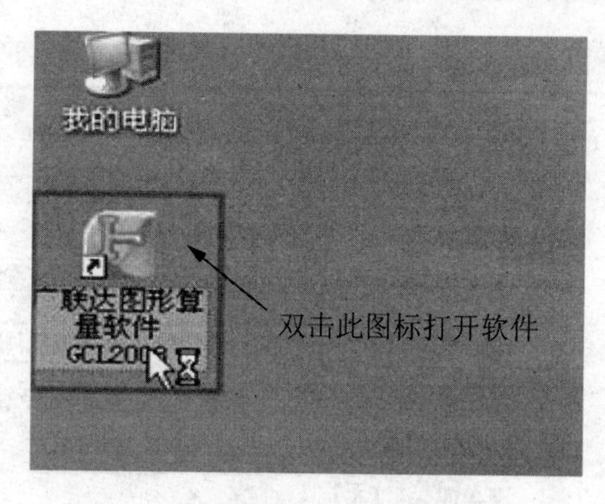

图9.2　第1步

第2步：单击“新建向导”，如图9.3所示。

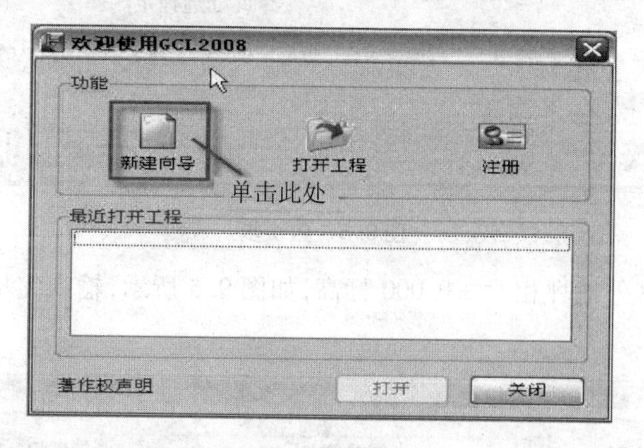

图9.3　第2步

第3步：按照实际工程的图纸输入工程名称，如图9.4所示。

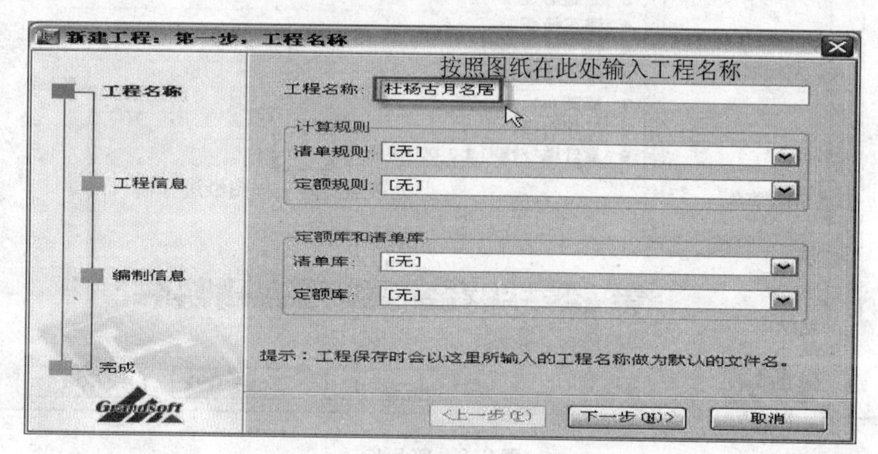

图9.4　第3步

第4步：根据实际情况，对所做工程需要的规则和定额库进行选择，如图9.5所示，选择完毕后单击“下一步”按钮。

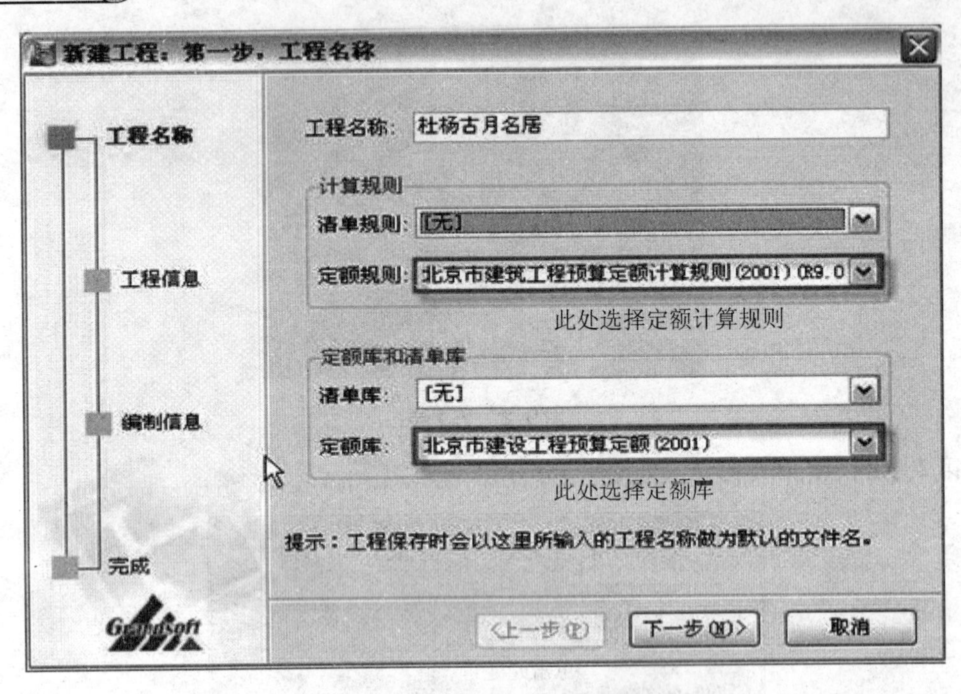

图9.5　第4步

第5步：输入室外地坪相对±0.000标高，如图9.6所示，输入完毕后单击“下一步”按钮。

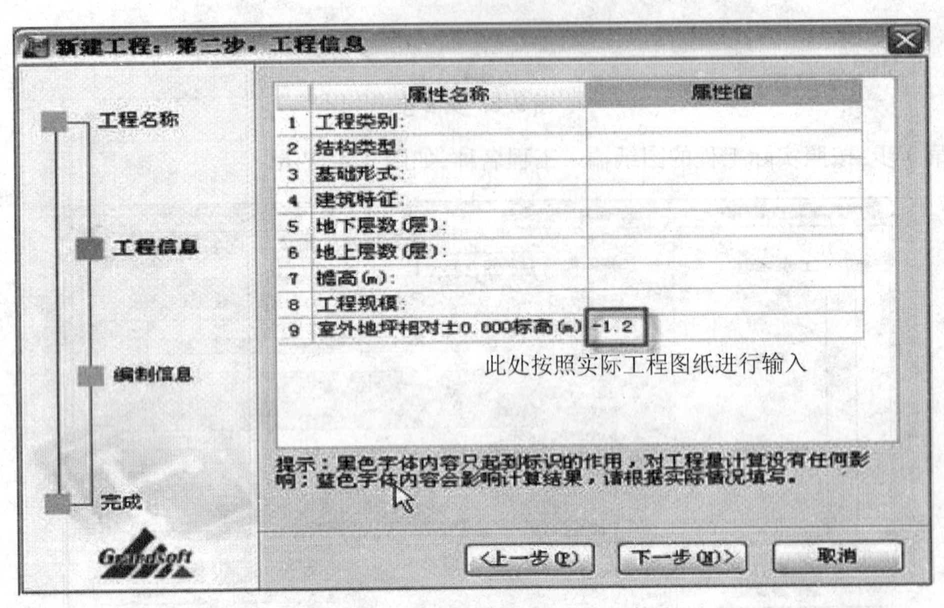

图9.6　第5步

第6步：编制信息页面的内容只起标识作用，不需要进行输入，直接单击“下一步”按钮。

第7步：确认输入的所有信息没有错误以后，单击“完成”按钮，如图9.7所示，完成新建工程的操作。

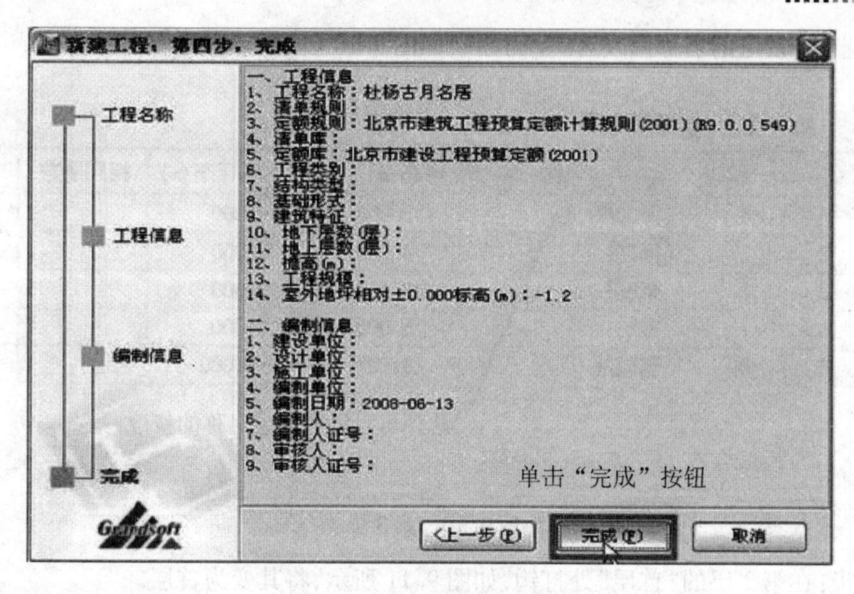

图9.7 第7步

9.2.2 新建楼层

第1步：单击“工程设置”下的“楼层信息”，在右侧的区域内可以对楼层进行定义，如图9.8所示。

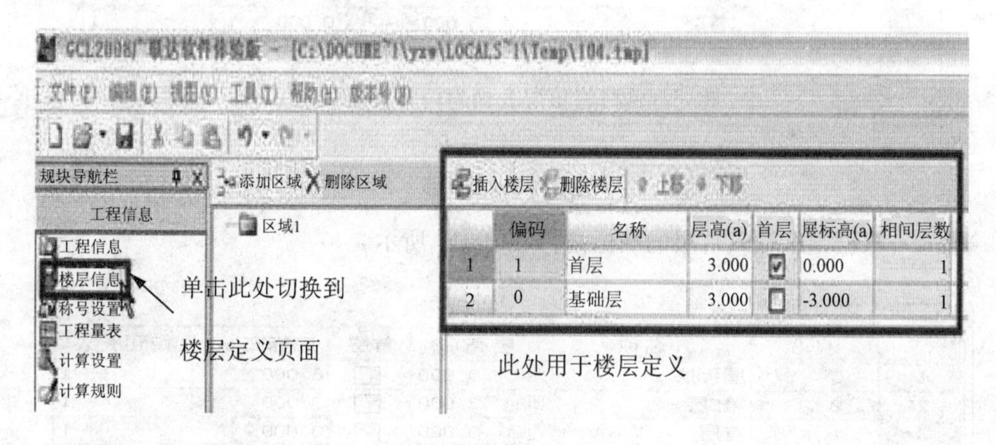

图9.8 第1步

第2步：单击“插入楼层”按钮进行楼层的添加，如图9.9所示。

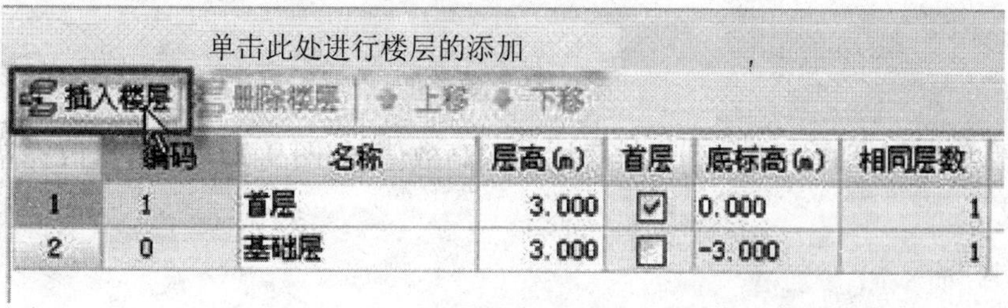

单击此处进行楼层的添加

插入楼层 删除楼层 上移 下移

	编码	名称	层高(m)	首层	底标高(m)	相同层数
1	1	首层	3.000	☑	0.000	1
2	0	基础层	3.000	☐	-3.000	1

图9.9 第2步

第3步:将顶层的名称修改为“屋面层”,如图9.10所示。

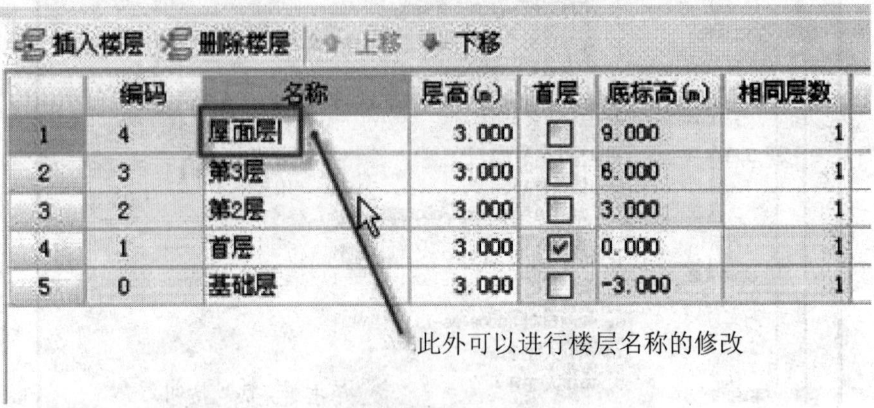

插入楼层 删除楼层 上移 下移

	编码	名称	层高(m)	首层	底标高(m)	相同层数
1	4	屋面层	3.000	☐	9.000	1
2	3	第3层	3.000	☐	6.000	1
3	2	第2层	3.000	☐	3.000	1
4	1	首层	3.000	☑	0.000	1
5	0	基础层	3.000	☐	-3.000	1

此外可以进行楼层名称的修改

图9.10 第3步

第4步:在第2层的“首层”处打钩,如图9.11所示,将其变为首层。

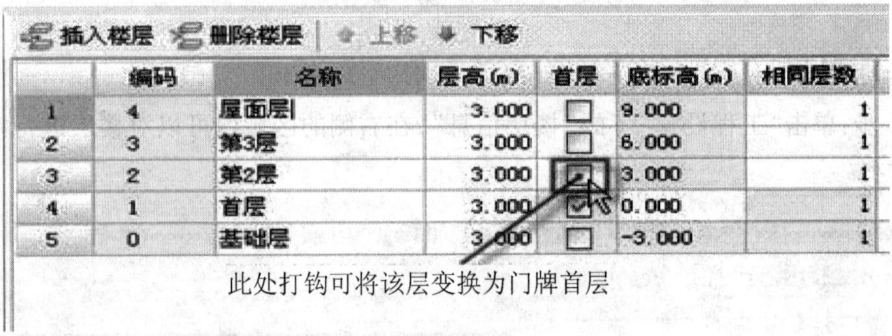

插入楼层 删除楼层 上移 下移

	编码	名称	层高(m)	首层	底标高(m)	相同层数
1	4	屋面层	3.000	☐	9.000	1
2	3	第3层	3.000	☐	6.000	1
3	2	第2层	3.000	☐	3.000	1
4	1	首层	3.000	☑	0.000	1
5	0	基础层	3.000	☐	-3.000	1

此处打钩可将该层变换为门牌首层

图9.11 第4步

第5步:根据图纸输入首层的底标高,如图9.12所示。

插入楼层 删除楼层 上移 下移

	编码	名称	层高(m)	首层	底标高(m)	相同层数
1	3	屋面层	3.000	☐	6.000	1
2	2	第2层	3.000	☐	3.000	1
3	1	首层	3.000	☑	0.000	1
4	-1	第-1层	3.000	☐	-3.000	1
5	0	基础层	3.000	☐	-6.000	1

在此位置按照图纸输入首层底标高

图9.12 第5步

第6步:根据图纸在层高一列修改每层的层高数值,如图9.13所示,修改完毕后楼层的定义就完成了。

插入楼层 删除楼层 上移 下移

	编码	名称	层高(m)	首层	底标高(m)	相同层数
1	3	屋面层	2.240	☐	7.400	1
2	2	第2层	3.300	☐	4.100	1
3	1	首层	4.100	☑	0.000	1
4	-1	第-1层	3.200	☐	-3.200	1
5	0	基础层	0.720	☐	-3.920	1

根据图纸在此处对每项层的层高进行修改

图 9.13　第 6 步

9.2.3　计算设置和计算规则

算量软件中影响计算结果的主要有两个方面的内容,一个是构件自身的计算方式,比如通常所说的按照实体积计算还是按照规则计算;另一个是构件相互之间的扣减关系。针对以上两个方面,GCL2008 都做了优化,在计算设置中可以修改构件自身的计算方式。在计算规则中列出了各种构件的扣减方法,用户可以进行修改。有些情况下某些构件的计算规则是有争议的,规则放开后用户调整或修改起来就很方便。另一方面计算规则放开也可以帮助用户更好地理解软件的计算。

9.2.4　轴网

第 1 步:单击模块导航栏中的"绘图输入",如图 9.14 所示,切换到"绘图输入"页面。

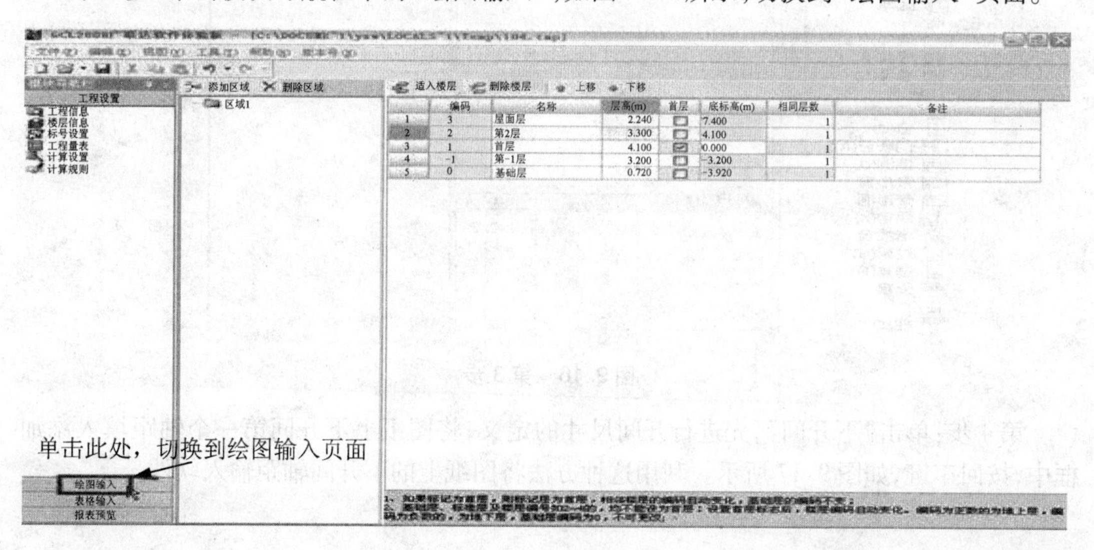

图 9.14　第 1 步

第 2 步:单击"绘图输入"下的" + ",展开左侧所有的构件,单击模块导航栏中的"轴网",如图 9.15 所示。

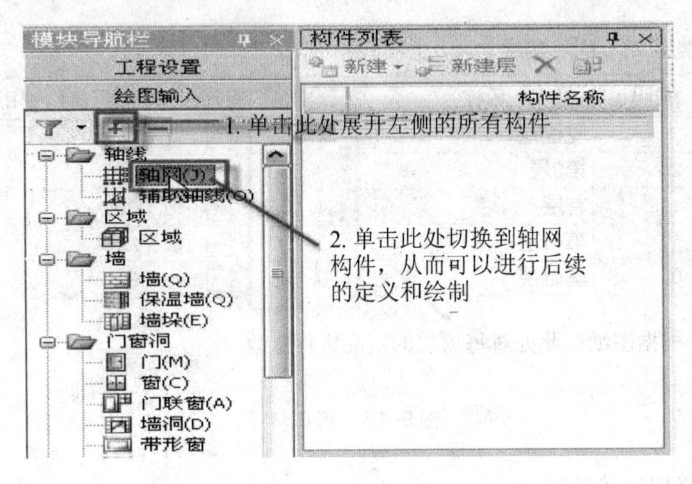

图 9.15 第 2 步

第 3 步:单击“定义”按钮,切换到定义状态,在构件列表中单击“新建”,选择“新建正交轴网”,如图 9.16 所示。

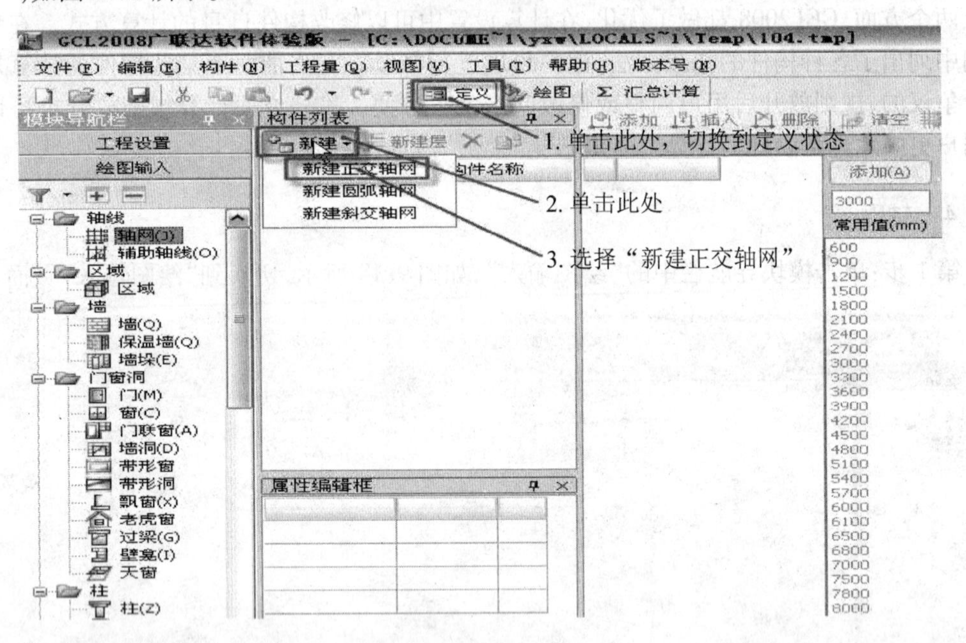

图 9.16 第 3 步

第 4 步:单击“下开间”,先进行开间尺寸的定义,将图纸上下开间第一个轴距填入添加框中,按回车键,如图 9.17 所示。利用这种方法将图纸上的下开间轴距输入软件。

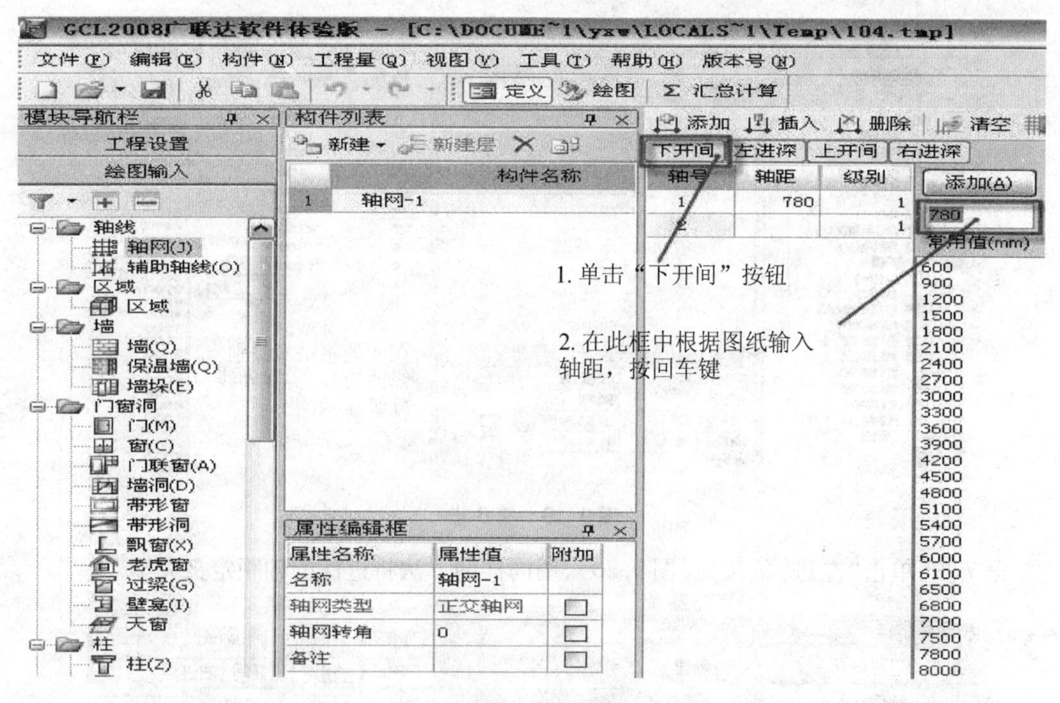

图9.17 第4步

第5步：图纸中5轴右侧的轴线是1/5轴，在输入5轴和1/5轴的间距650并按回车键后会发现，软件默认出现的轴号是6，单击轴号位置，直接将其修改为1/5，如图9.18所示，继续输入后面的轴距。

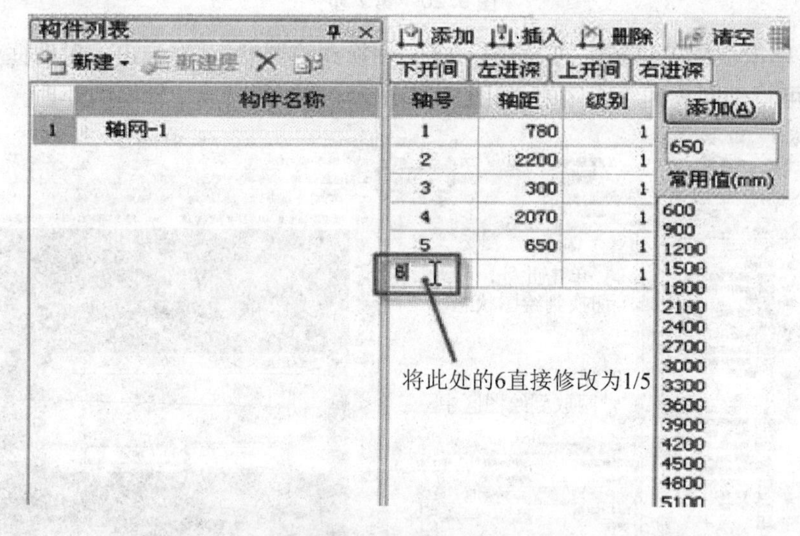

图9.18 第5步

第6步：输入1/5轴和6轴之间轴距并按回车键后也会出现上面的情况，利用同样的方法直接修改轴号即可。下开间的轴距都输入完毕后，将最后一道轴线的轴号级别修改为2，这样就可以实现轴线的分级显示，如图9.19所示。

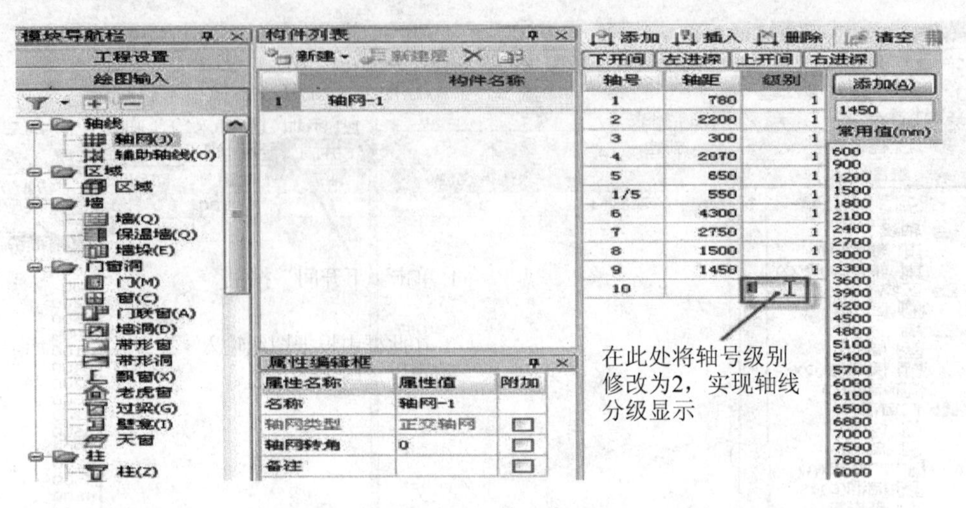

图9.19　第6步

第7步：单击"左进深"按钮（图9.20），用同样的方法将进深的轴距定义完毕。

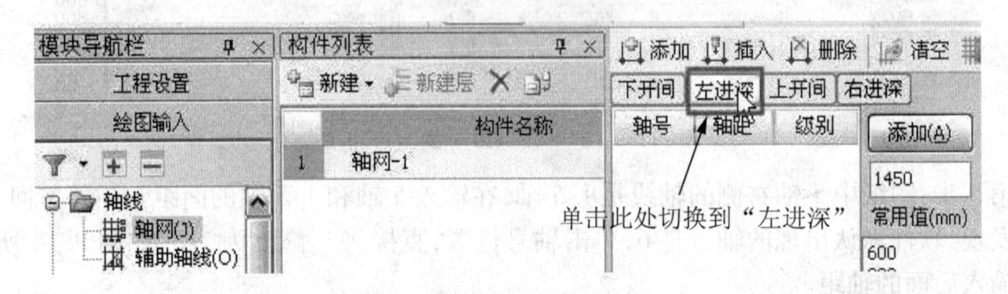

图9.20　第7步

第8步：单击常用工具条中的"绘图"按钮，切换到绘图状态，在弹出的对话框中单击"确定"按钮，就可将轴网放到绘图区中，如图9.21所示，这样就完成了轴网的处理。

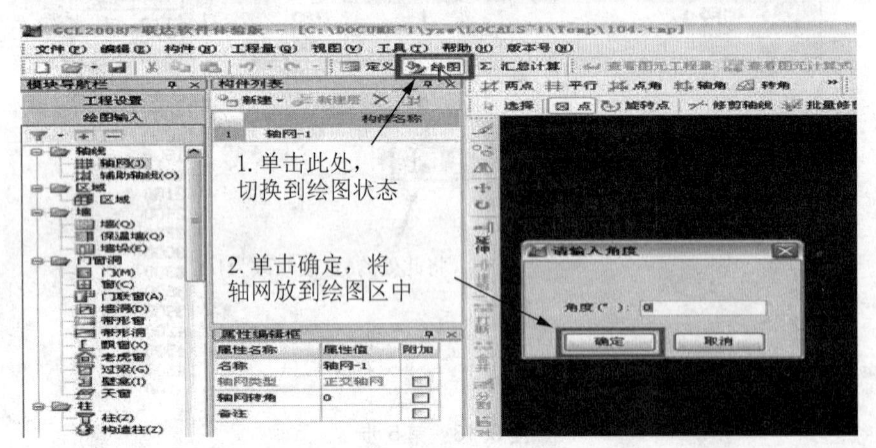

图9.21　第8步

9.2.5　柱(定义)

第1步：在模块导航栏中，单击"柱"构件，在"构件列表"中单击"新建"按钮，选择"新建矩形柱"，如图9.22所示，建立一个KZ－1。

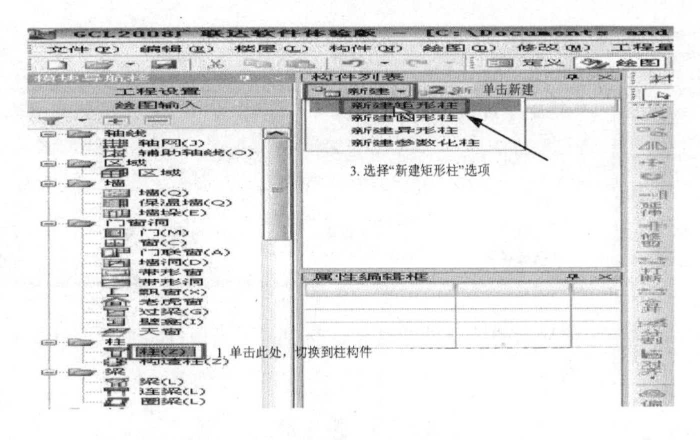

图 9.22 第 1 步

第 2 步:在属性编辑框中按照图纸来输入 KZ－1 的名称、类别、材质、混凝土类型、标号和截面,如图 9.23 所示。

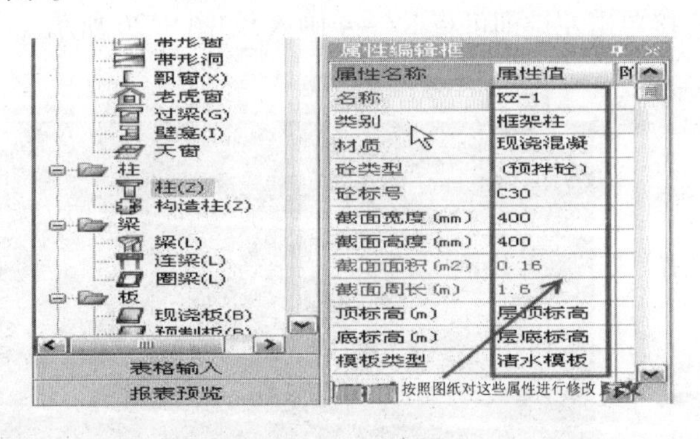

图 9.23 第 2 步

第 3 步:在构件列表中 KZ－1 的名称上单击鼠标右键,选择"复制"命令,如图 9.24 所示,建立一个相同属性的 KZ－2,利用这种方法,快速建立相同属性的构件。对于个别属性不同的构件,仍然可以利用 KZ－1 进行复制,然后只修改不同的截面信息。利用这种方法,依次定义所有柱。

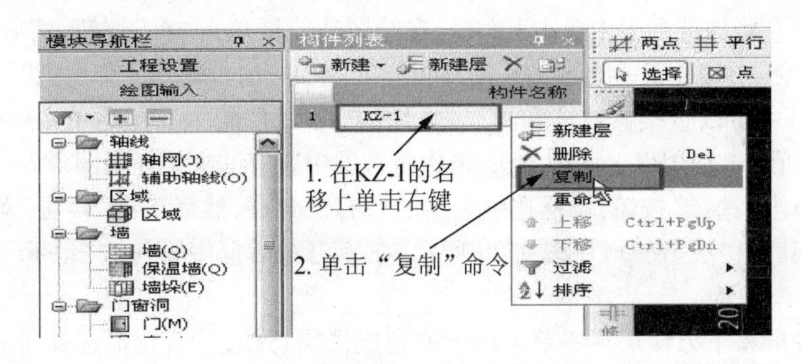

图 9.24 第 3 步

第 4 步:单击"定义"按钮,此时屏幕右侧就会显示出当前柱的量表,当前的柱构件将来需要计算的工程量就是这些量,如图 9.25 所示,到此为止,柱子的定义就完成了。

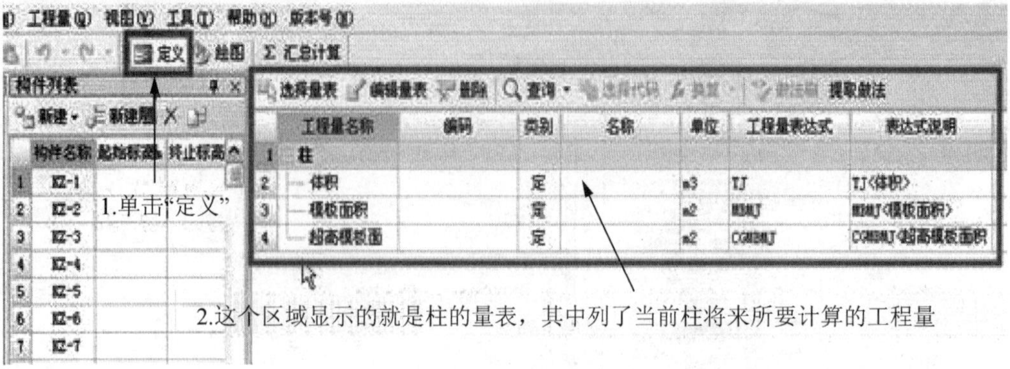

1.单击"定义"
2.这个区域显示的就是柱的量表，其中列了当前柱将来所要计算的工程量

图 9.25　第 4 步

9.2.6　柱(绘制)

第 1 步：在左侧构件列表中单击 KZ－4，在绘图功能区单击"点"按钮，然后将光标移动到 F 轴和 7 轴交点，直接单击左键即可将 KZ－4 画入，如图 9.26 所示。

1. 在此处单击，选择KZ-4
2.在此处单击"点"按钮
3.将光标移到此轴线交点上，单击鼠标左键，完成点画

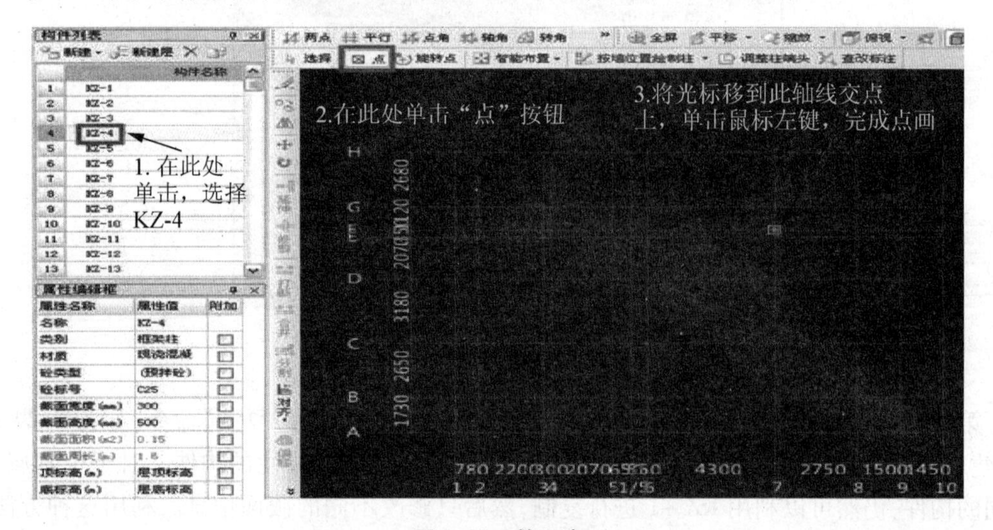

图 9.26　第 1 步

第 2 步：在左侧构件列表中单击 KZ－1，在绘图功能区单击"点"按钮，然后将光标移动到 H 轴和 5 轴交点，按住键盘上的 Ctrl 键，同时单击左键，这时软件会弹出"设置偏心柱"的窗口，在此窗口中可以直接修改柱和轴线之间的位置尺寸，输入完毕后单击"关闭"按钮即可，如图 9.27 所示。利用以上两种方法，依次将首层中所有的框架柱全部画入。

第 3 步：单击"选择"按钮，拉框选中首层的所有框架柱，然后单击"楼层"菜单下的"复制选定图元到其他楼层"命令，如图 9.28 所示，在弹出对话框中只勾选"地下"室，单击"确定"按钮即可。

第 4 步：在屏幕下方楼层页签单击地下室完成楼层切换，然后拉框选择所有柱，在属性编辑框中修改混凝土标号为 C30，如图 9.29 所示。

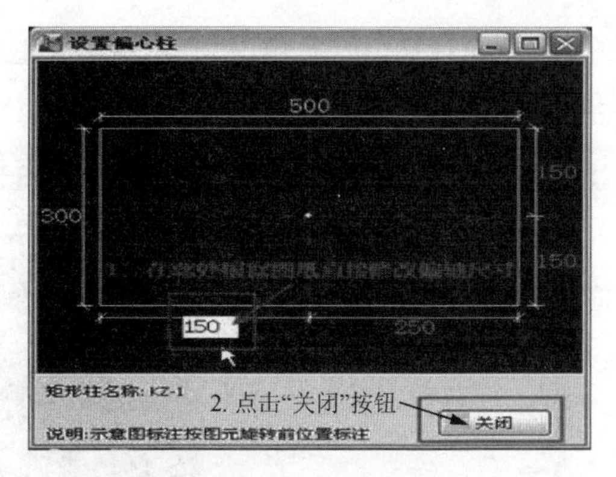

图 9.27　第 2 步

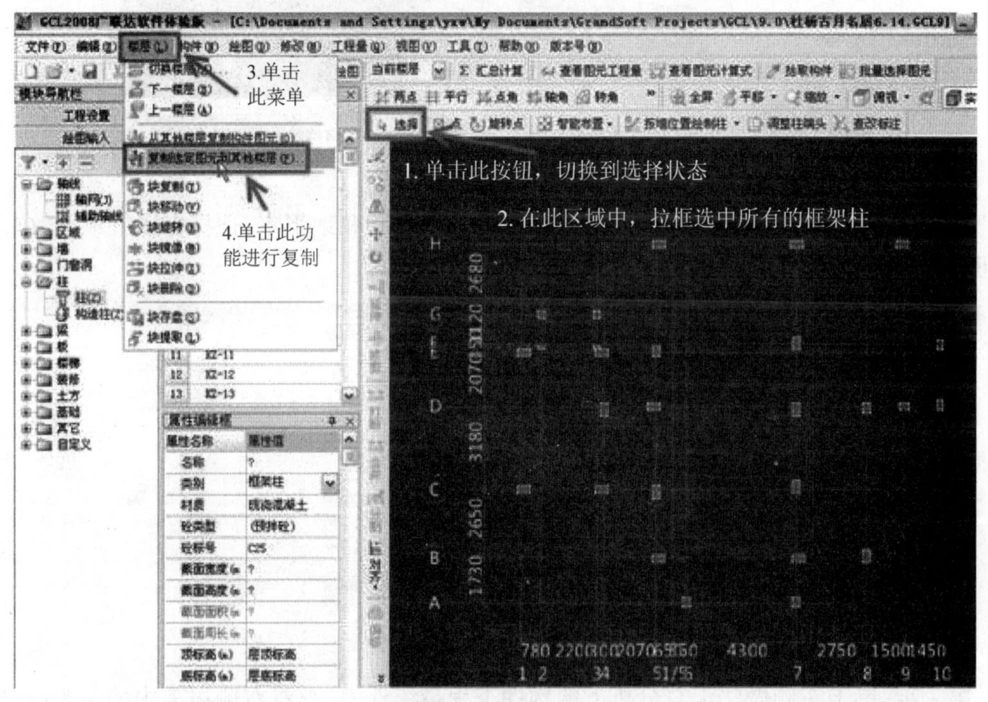

图 9.28　第 3 步

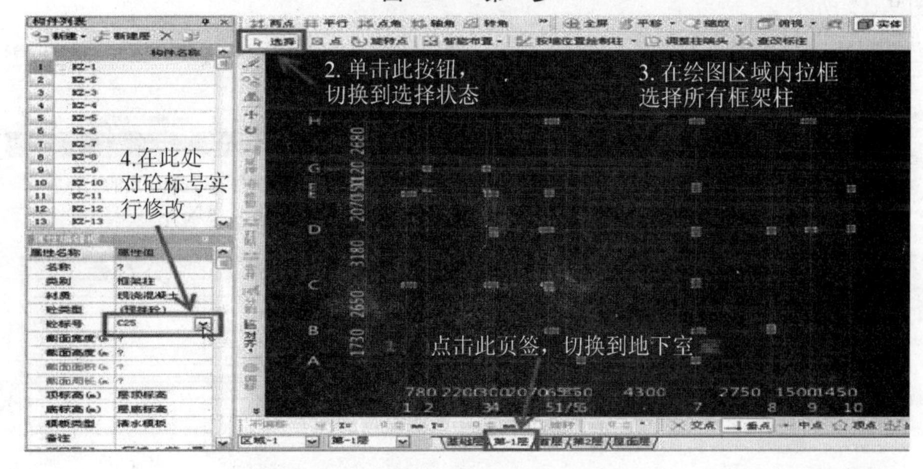

图 9.29　第 4 步

第5步:单击工具栏中的“汇总计算”按钮,单击“确定”按钮,汇总完毕后单击“确定”按钮,在模块导航栏中切换报表预览界面,如图9.30所示。

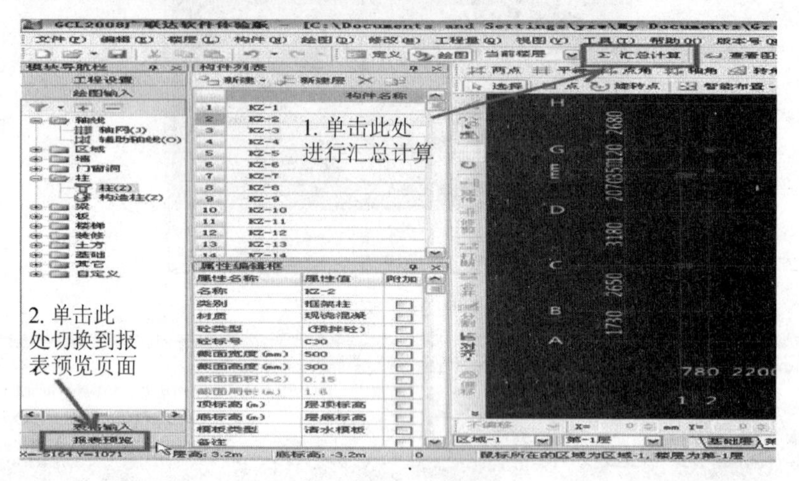

图9.30 第5步

第6步:在弹出的设定报表范围的对话框中选择首层和地下室,选择完毕后单击“确定”按钮,如图9.31所示,在弹出的提示框中单击“确定”按钮。

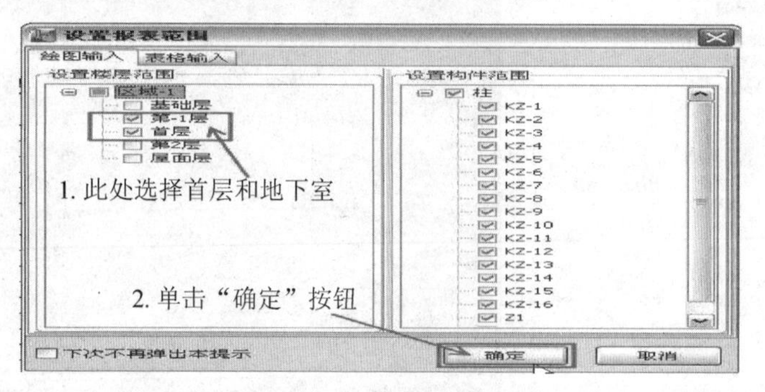

图9.31 第6步

第7步:单击左侧做法汇总分析下的构件工程量统计表,查看右侧报表中的量表统计结果,如图9.32所示。

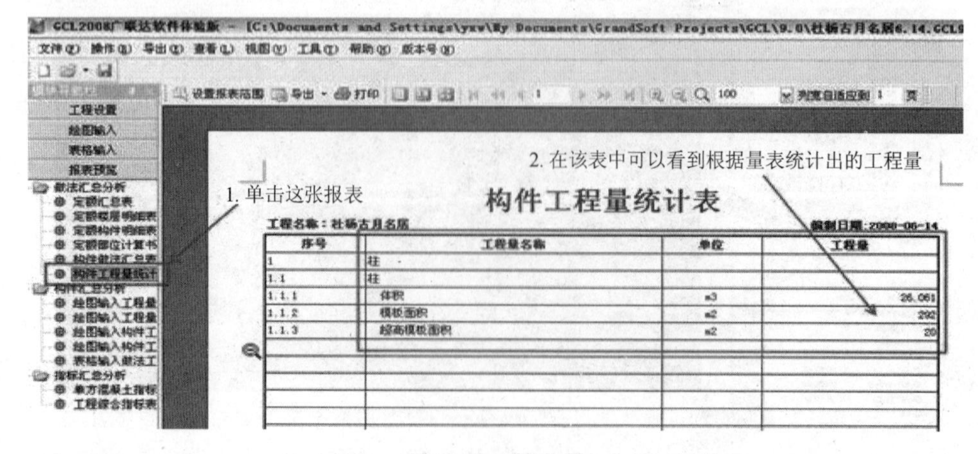

图9.32 第7步

9.2.7 表格输入和报表预览

第 1 步:选择“模块导航栏”中的“表格输入”,切换到表格输入界面,和绘图输入一样,最初看到的都是构件类别,单击表格输入下的加号,把所有类别全部展开显示出具体构件,把滚动条拉到最下面,选择模块导航栏中的某类构件,单击构件列表中的“新建”按钮,修改名称,输入数量。单击工具条中查询右边的下拉箭头,选择查询定额库,在定额库中找到相应的定额项,双击完成定额套取,在工程量表达式中输入计算公式。

第 2 步:单击常用工具栏中的“汇总计算”按钮,在弹出的提示框中单击“确定”按钮,汇总完毕,单击“确定”按钮。选择模块导航栏中的报表预览切换到报表界面,查看整个工程的工程量。在弹出的设置报表范围窗口中选择全部楼层,全部构件,单击“确定”按钮,再单击弹出的提示框中的“确定”按钮。可以看到,模块导航栏中软件将常用的报表进行分类,便于快速查找。报表分为做法汇总分析表、构件汇总分析表、指标汇总分析表 3 大类,每一大类下面有具体的报表,根据自己的需求进行选择查看即可,如图 9.33 所示。

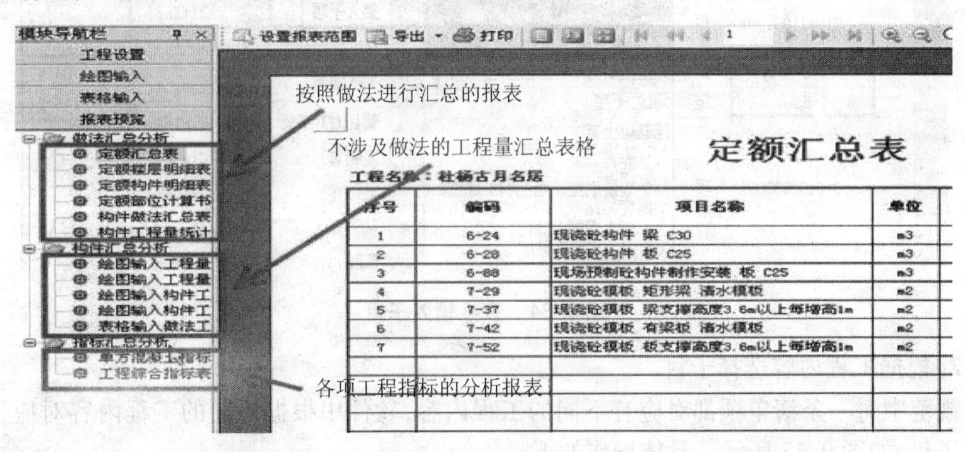

图 9.33 第 2 步

第 3 步:如果只需要打印工程的部分工程量,如柱、梁、板,可以单击常用工具栏上的“设置报表范围”按钮,在弹出的对话框中选择楼层、构件,选完后单击“确定”按钮,再单击弹出的提示框中的“确定”按钮。可以看到报表中只有柱、梁、板的工程量,直接单击“打印”按钮即可。软件中的报表界面布局是默认的,如果界面布局和要求不一样,可以使用软件的“列宽适应到”功能按照要求调整界面布局。这样就完成了报表的简单设计。

9.3 工程清单计价(投标)

投标方投标报价时很重要的工作就是对分部分项工程量清单、措施项目清单、其他项目清单进行组价报价,此外还要进行人材机的询价工作,最终形成报价文件。

9.3.1 分部分项工程量清单报价

1. 子目输入

使用消耗量定额对工程量清单进行组价有几种方式:①根据项目特征描述,直接输入定额子目;②查询定额库输入定额组价(比较简单);③根据清单项目的工程内容对应的定额子目选择组价;④查询指引项目输入组价。

1)根据项目特征内容直接输入

适用于清单项目特征描述较少,而又清楚定额子目的情况。选择要组价的清单项,单击鼠标右键,选择“插入子项”命令,输入定额子目,给定定额子目工程量即可,如图 9.34 所示。具体操作如下。

(1)选择要组价的清单项,单击鼠标右键选择“插入子项”命令。

(2)在插入的空白行的编号列,直接输入定额号,并输入工程量,按回车键确认。

(3)按回车键后,自动在下面插入一个空行,重复上一步。

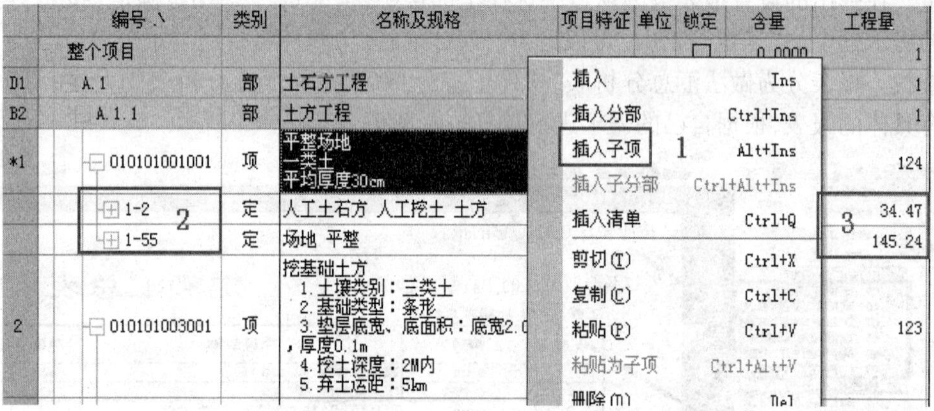

图 9.34 直接输入子目

2)根据工程内容选择子目

规范中每一条清单项都对应有不同的工程内容,软件中根据不同的工程内容对应了不同的子目,如图 9.35 所示。具体操作如下。

(1)单击相应的清单项。

(2)在属性窗口工程内容上单击鼠标右键插入指引项目,在编号列单击鼠标左键。

(3)从下拉列表中选择相应的定额子目。

(4)输入子目工程量。

3)根据指引项目输入子目

有些地区定额或造价管理部门,根据规范中每一条清单项的工程内容,给出了一些参考消耗量定额。关于子目,可以利用软件提供的指引项目查询得到,如图 9.36 所示。

(1)选择要组价的清单项。

(2)单击工程内容。

(3)单击“指引项目”按钮。

(4)在弹出对话框中单击“指引名称”栏中对应工程内容的项目。

(5)单击要选用的子目。

(6)单击选择即可把子目选择到相应的工程内容下。

(7)切换到下一条工程内容,重复(3)~(6)步骤。

(8)子目选择上后,输入工程量,即完成这条清单项的组价。

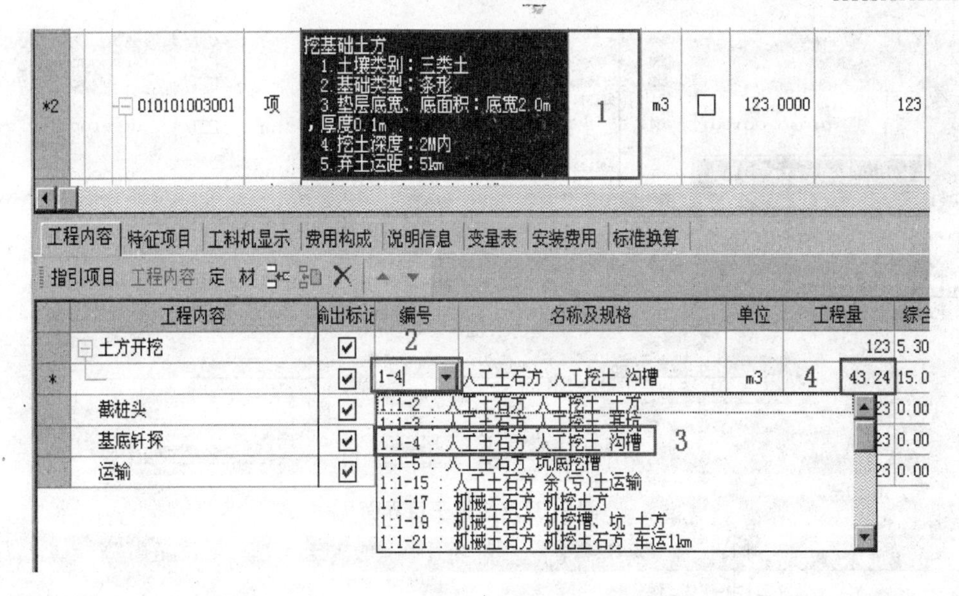

图 9.35　选择子目

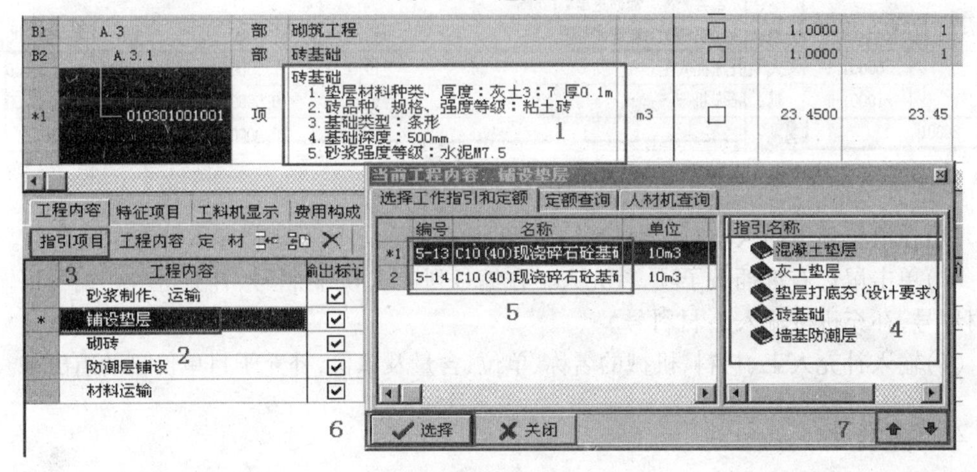

图 9.36　查询子目

4）子目关联输入

子目关联输入一般在输入混凝土分部子目时，因为浇筑混凝土时通常会用到模板，混凝土子目与模板子目之间有关联关系，输入混凝土子目时会弹出对应的模板子目，如图 9.37 所示。具体操作如下。

（1）输入混凝土子目。

（2）在弹出对话框中，可以选择模板类型，确定模板与混凝土之间的关联系数。

（3）输入混凝土子目工程量，模板子目工程量会自动计算出来。

（4）单击“确定”按钮。

5）补充子目

具体操作如图 9.38 所示。

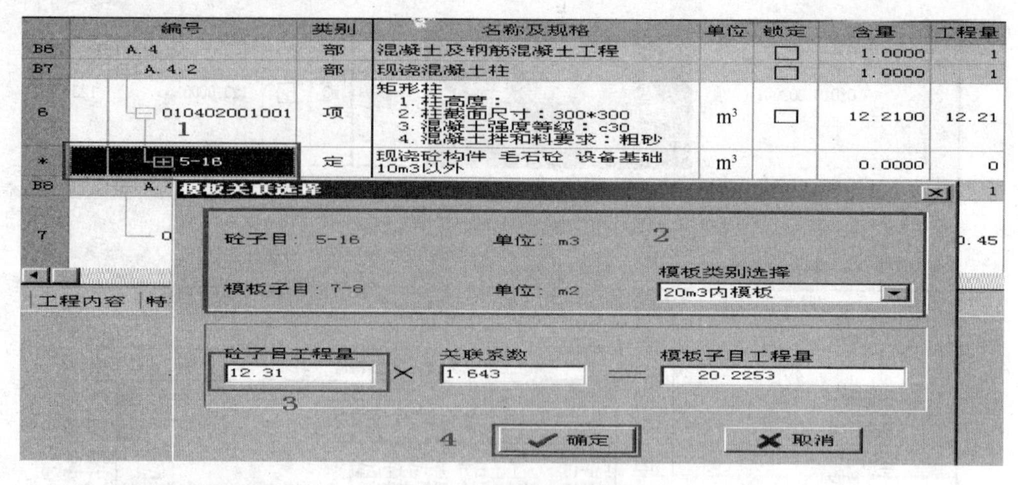

图 9.37　模板子目界面

编号	类别	名称及规格	项目特征	单位	锁定	含量	工程量	单价
010101005001	项	挖淤泥、流砂 1.挖掘深度:2m 2.弃淤泥、流砂距离:1.5km		m³	□	46.8000	46.8	0.00
B:10001	换	人工机械配合挖淤泥流砂		m³		0.0000	0	175.00
00001-1	人	挖淤泥人工		工日		1.5000	0	35.00
10001-1	机	清淤机		台班		0.5000	0	245.00
c:20001						0.0000		

图 9.38　补充子目

(1)在清单项下插入空行,编号列输入“B:定额号”,名称及规格输入补充定额名称。

(2)单击鼠标右键插入子项,补充人工在编号列输入 R:材料号,补充材料在编号列输入 C:材料号,补充机械输入 J:材料号。

(3)输入补充人工、材料、机械的名称、单位、含量及单价,补充子目单价自动组出来。

2. 子目换算

组价时输入子目,往往还要对子目进行多种换算。常用换算类型为配比换算、人材机乘以系数换算、直接换算。

(1)配比换算如图 9.39 所示。

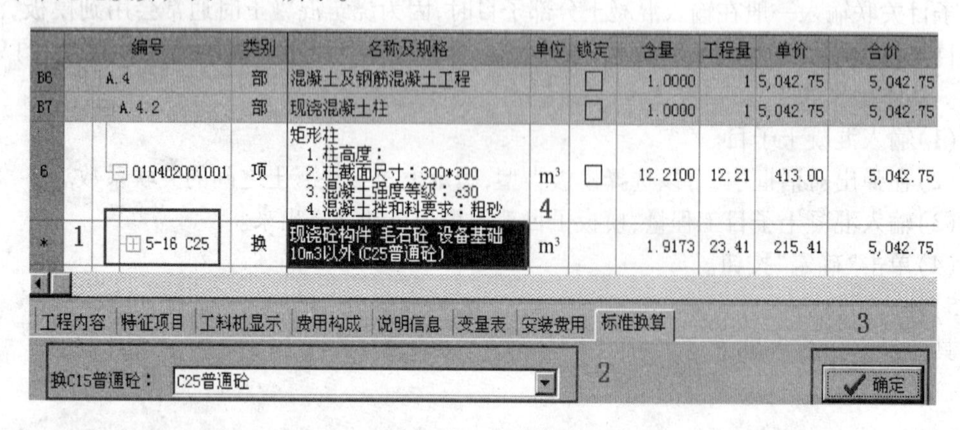

图 9.39　配比换算

(2)人材机乘以系数换算如图9.40所示。

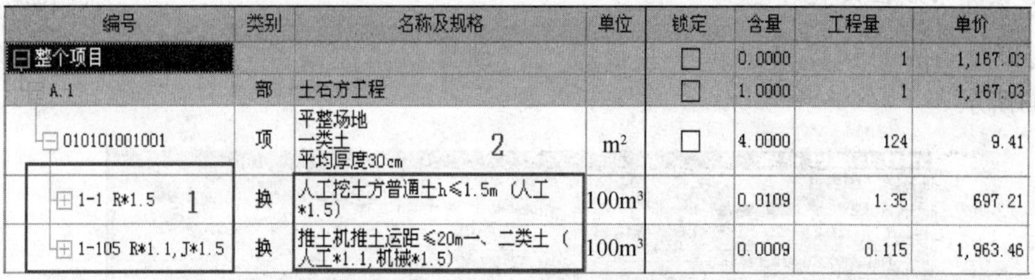

编号	类别	名称及规格	单位	锁定	含量	工程量	单价
整个项目				☐	0.0000	1	1,167.03
A.1	部	土石方工程		☐	1.0000	1	1,167.03
010101001001	项	平整场地 一类土 平均厚度30cm	m^2	☐	4.0000	124	9.41
1-1 R*1.5	换	人工挖土方普通土h≤1.5m (人工*1.5)	$100m^3$		0.0109	1.35	697.21
1-105 R*1.1,J*1.5	换	推土机推土运距≤20m一、二类土 (人工*1.1,机械*1.5)	$100m^3$		0.0009	0.115	1,963.46

图9.40　人材机乘以系数换算

(3)直接换算如图9.41所示。

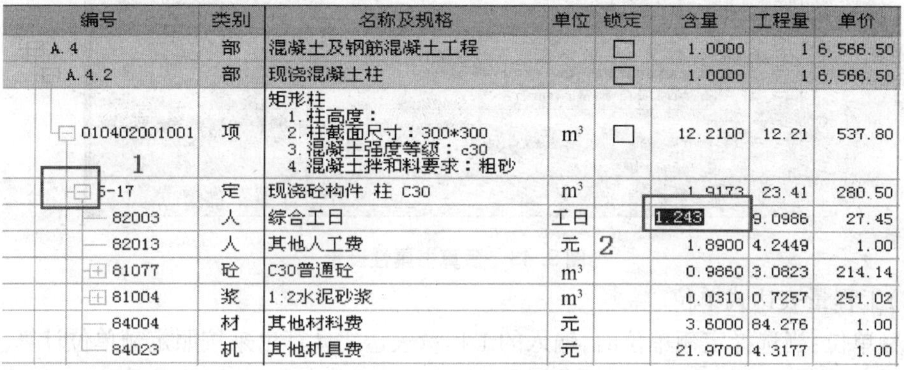

编号	类别	名称及规格	单位	锁定	含量	工程量	单价
A.4	部	混凝土及钢筋混凝土工程		☐	1.0000	1	6,566.50
A.4.2	部	现浇混凝土柱		☐	1.0000	1	6,566.50
010402001001	项	矩形柱 1.柱高度： 2.柱截面尺寸：300*300 3.混凝土强度等级：c30 4.混凝土拌和料要求：粗砂	m^3	☐	12.2100	12.21	537.80
5-17	定	现浇砼构件 柱 C30	m^3		1.9173	23.41	280.50
82003	人	综合工日	工日		1.243	9.0986	27.45
82013	人	其他人工费	元		1.8900	4.2449	1.00
81077	砼	C30普通砼	m^3		0.9860	3.0823	214.14
81004	浆	1:2水泥砂浆	m^3		0.0310	0.7257	251.02
84004	材	其他材料费	元		3.6000	84.276	1.00
84023	机	其他机具费	元		21.9700	4.3177	1.00

图9.41　直接换算

3. 单价构成

清单组价输入完子目后,清单项的综合单价和综合合价就会计算出来,综合单价中包括管理费和利润,如果要修改管理费和利润的费率怎么修改？单击工具栏中的“单价构成”按钮,输入正确的费率,然后按回车键即可,如图9.42所示。

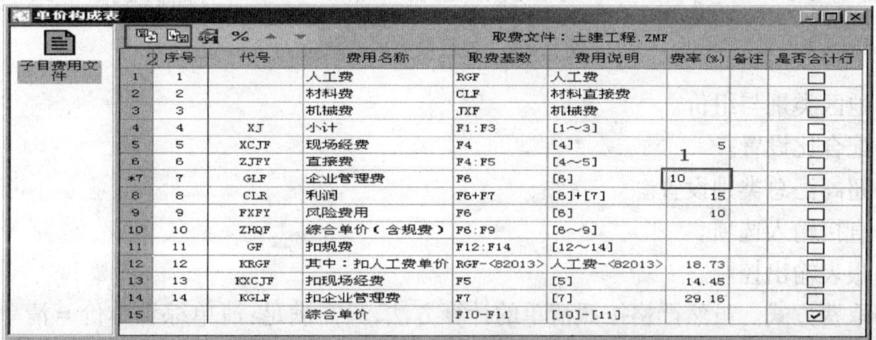

单价构成表

子目费用文件　　取费文件：土建工程.ZMF

	序号	代号	费用名称	取费基数	费用说明	费率(%)	备注	是否合计行
1	1		人工费	RGF	人工费			☐
2	2		材料费	CLF	材料直接费			☐
3	3		机械费	JXF	机械费			☐
4	4	XJ	小计	F1:F3	[1～3]			☐
5	5	XCJF	现场经费	F4	[4]	5		☐
6	6	ZJFY	直接费	F4:F5	[4～5]			☐
*7	7	GLF	企业管理费	F6	[6]	10		☐
8	8	CLR	利润	F6+F7	[6]+[7]	15		☐
9	9	FXFY	风险费用	F6	[6]	10		☐
10	10	ZHQF	综合单价(含规费)	F6:F9	[6～9]			☐
11	11	GF	扣规费	F12:F14	[12～14]			☐
12	12	KRGF	其中：扣人工费单价	RGF-<82013>	人工费-<82013>	18.73		☐
13	13	KXCJF	扣现场经费	F5	[5]	14.45		☐
14	14	KGLF	扣企业管理费	F7	[7]	29.16		☐
15	15		综合单价	F10-F11	[10]-[11]			☑

确定　取消

图9.42　单价构成

4. 预算书属性设置

可以对当前的预算书进行一些设置,在"预算书属性设置"对话框中可以实现,如图9.43所示。

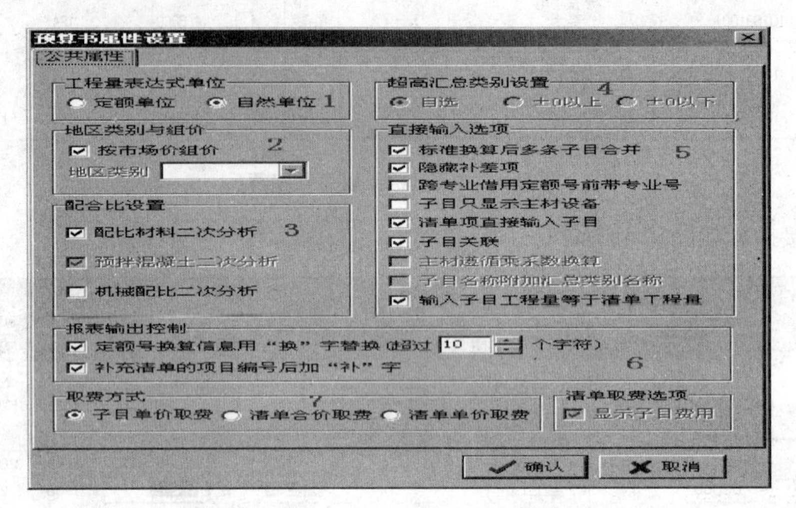

图9.43 预算书属性设置

(1)工程量表达式单位。

定额单位:当选择定额单位时,输入的工程量表达式计算出来按照定额单位计算。

自然单位:当选择自然单位时,计算出来的工程量会除以定额单位的单位因子。

例如:定额单位为$10m^3$,表达式计算出来的工程量为$13m^3$,当选择定额单位时,工程量为13,当选择自然单位时,工程量为1.3,对比如图9.44所示。

编号	类别	名称及规格	单位	工程量	工程量表达式
整个项目				1	1
010301001001	项	砖基础	m^3	13	13
3-1	定	M5.0水泥砂浆砖基础	$10m^3$	1.3	13 选择自然单位
3-1	定	M5.0水泥砂浆砖基础	$10m^3$	13	13 选择定额单位

图9.44 工程量表达式单位

(2)地区类别与组价。

(3)配合比设置。

(4)超高汇总类别设置。

(5)直接输入选项。

(6)报表输出控制。

(7)取费方式。虽然严格按照清单的计算方法,只需满足:清单综合单价=清单综合合价/工程量即可。但有的招标文件则要求:清单综合合价=清单综合单价×工程量。软件提供3种取费方式供选择。

① 子目单价取费,如图9.45所示。

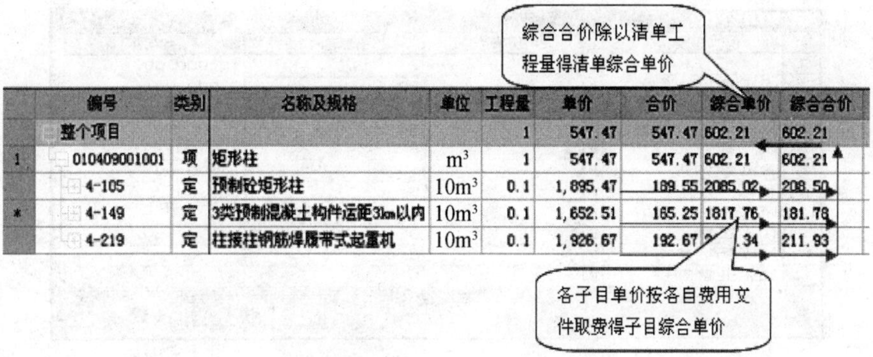

综合合价除以清单工程量得清单综合单价

	编号	类别	名称及规格	单位	工程量	单价	合价	综合单价	综合合价
	整个项目				1	547.47	547.47	602.21	602.21
1	010409001001	项	矩形柱	m^3	1	547.47	547.47	602.21	602.21
	4-105	定	预制砼矩形柱	$10m^3$	0.1	1,895.47	189.55	2085.02	208.50
*	4-149	定	3类预制混凝土构件运距3km以内	$10m^3$	0.1	1,652.51	165.25	1817.76	181.78
	4-219	定	柱接柱钢筋焊履带式起重机	$10m^3$	0.1	1,926.67	192.67	[illegible].34	211.93

各子目单价按各自费用文件取费得子目综合单价

图 9.45　子目单价取费

② 清单合价取费，如图 9.46 所示。

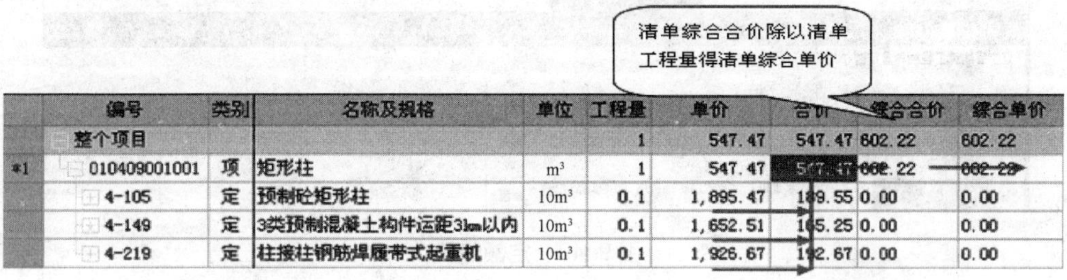

清单综合合价除以清单工程量得清单综合单价

	编号	类别	名称及规格	单位	工程量	单价	合价	综合合价	综合单价
	整个项目				1	547.47	547.47	602.22	602.22
*1	010409001001	项	矩形柱	m^3	1	547.47	547.47	602.22	602.22
	4-105	定	预制砼矩形柱	$10m^3$	0.1	1,895.47	189.55	0.00	0.00
	4-149	定	3类预制混凝土构件运距3km以内	$10m^3$	0.1	1,652.51	165.25	0.00	0.00
	4-219	定	柱接柱钢筋焊履带式起重机	$10m^3$	0.1	1,926.67	192.67	0.00	0.00

图 9.46　清单合价取费

③ 清单单价取费，如图 9.47 所示。

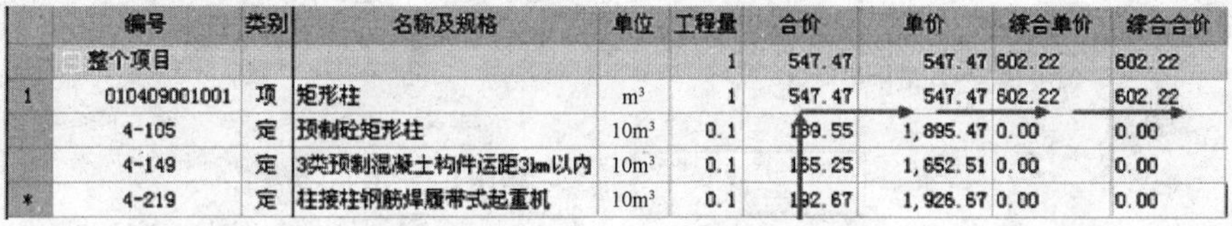

	编号	类别	名称及规格	单位	工程量	合价	单价	综合单价	综合合价
	整个项目				1	547.47	547.47	602.22	602.22
1	010409001001	项	矩形柱	m^3	1	547.47	547.47	602.22	602.22
	4-105	定	预制砼矩形柱	$10m^3$	0.1	189.55	1,895.47	0.00	0.00
	4-149	定	3类预制混凝土构件运距3km以内	$10m^3$	0.1	165.25	1,652.51	0.00	0.00
*	4-219	定	柱接柱钢筋焊履带式起重机	$10m^3$	0.1	192.67	1,926.67	0.00	0.00

图 9.47　清单单价取费

9.3.2　措施项目清单报价

1）添加措施项目

根据工程量清单计价相关规定，投标方在进行投标报价时，可以补充措施项目，添加措施项目与编制工程量清单时一样。

2）措施项目组价

措施项目的组价有 3 种方式：普通费用组价、定额组价、实物量组价。

（1）普通费用组价，如图 9.48 所示。

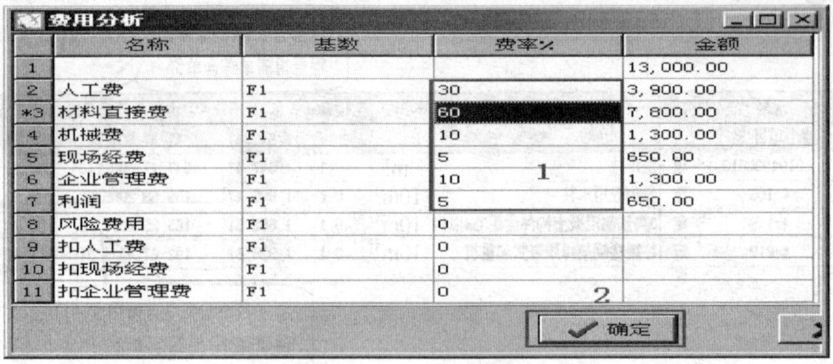

费用分析

	名称	基数	费率%	金额
1				13,000.00
2	人工费	F1	30	3,900.00
*3	材料直接费	F1	60	7,800.00
4	机械费	F1	10	1,300.00
5	现场经费	F1	5	650.00
6	企业管理费	F1	10	1,300.00
7	利润	F1	5	650.00
8	风险费用	F1	0	
9	扣人工费	F1	0	
10	扣现场经费	F1	0	
11	扣企业管理费	F1	0	

确定

图 9.48　普通费用组价

(2)定额组价,如图 9.49 所示。

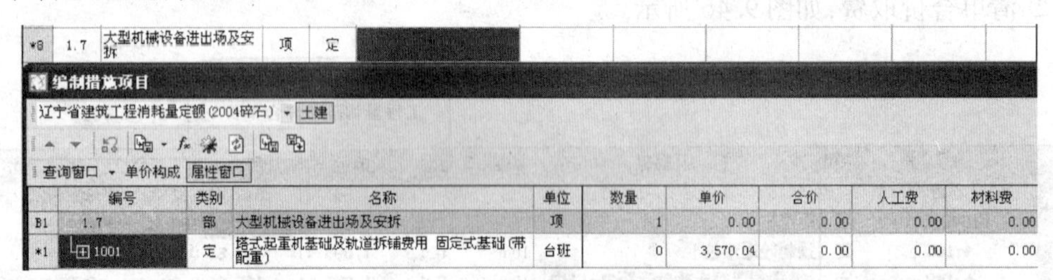
*8　1.7　大型机械设备进出场及安拆　项　定

编制措施项目

辽宁省建筑工程消耗量定额(2004碎石) 土建

查询窗口 单价构成 属性窗口

	编号	类别	名称	单位	数量	单价	合价	人工费	材料费
B1	1.7	部	大型机械设备进出场及安拆	项	1	0.00	0.00	0.00	0.00
*1	1001	定	塔式起重机基础及轨道拆铺费用 固定式基础(带配重)	台班	0	3,570.04	0.00	0.00	0.00

图 9.49　定额组价

(3)实物量组价,如图 9.50 图 9.51 所示。

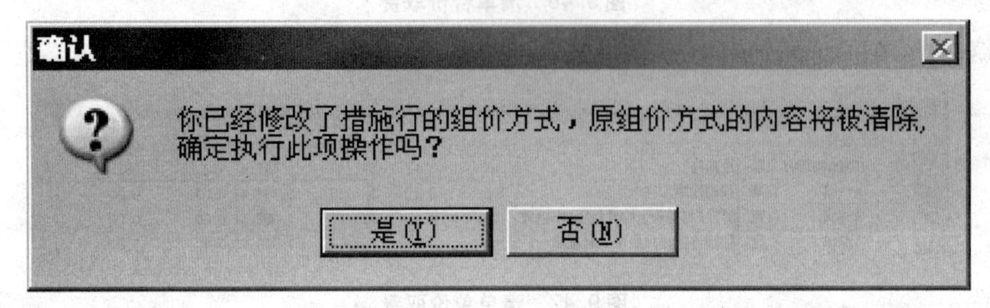

图 9.50　实物量组价图示一

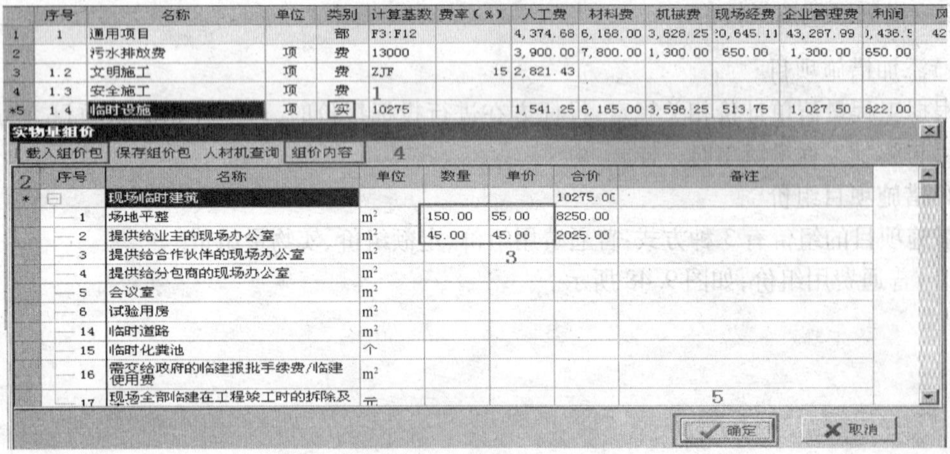

	序号	名称	单位	类别	计算基数	费率(%)	人工费	材料费	机械费	现场经费	企业管理费	利润	风
1	1	通用项目		部	F3:F12		4,374.68	6,168.00	3,628.25	:0,645.11	43,287.99	),436.5	42
2		污水排放费	项	费	13000		3,900.00	7,800.00	1,300.00	650.00	1,300.00	650.00	
3	1.2	文明施工	项	费	ZJF	15	2,821.43						
4	1.3	安全施工	项	费									
*5	1.4	临时设施	项	实	10275		1,541.25	6,165.00	3,598.25	513.75	1,027.50	822.00	

实物量组价

载入组价包　保存组价包　人材机查询　组价内容

	序号	名称	单位	数量	单价	合价	备注
*		现场临时建筑				10275.00	
	1	场地平整	m^2	150.00	55.00	8250.00	
	2	提供给业主的现场办公室	m^2	45.00	45.00	2025.00	
	3	提供给合作伙伴的现场办公室	m^2				
	4	提供给分包商的现场办公室	m^2				
	5	会议室	m^2				
	6	试验用房	m^2				
	14	临时道路	m^2				
	15	临时化粪池	个				
	16	需交给政府的临建报批手续费/临建使用费	m^2				
	17	现场全部临建在工程竣工时的拆除及	元				

确定　取消

图 9.51　实物量组价图示二

9.3.3 其他项目清单组价

其他项目清单组价处理相对比较简单,其他项目清单包括招标人和投标人两部分内容,投标人在投标报价时,对于招标人内容,根据招标人提供的资料如实填报,如图9.52所示。

序号	名称	取费基数	费率(%)	费用金额	是否合计行
	其他项目费				□
1	招标人部分				□
—1.1	预留金	15000		15000.00	□
—1.2	材料购置费	10000		10000.00	□
—	小计	F3:F4		25000.00	□

图9.52 其他项目清单组价

9.3.4 人材机处理

1. 人材机市场价的处理

采用工程量清单计价的工程,一般都是采用市场价组价,因此确定人材机的合理价格,是进行人材机处理时的重点。人材机市场价输入比较简单,可以通过直接载入广联达提供的人材机市场价信息得到,或者通过直接修改人材机的市场价两种方式实现。

(1)载入市场价信息,如图9.53所示。

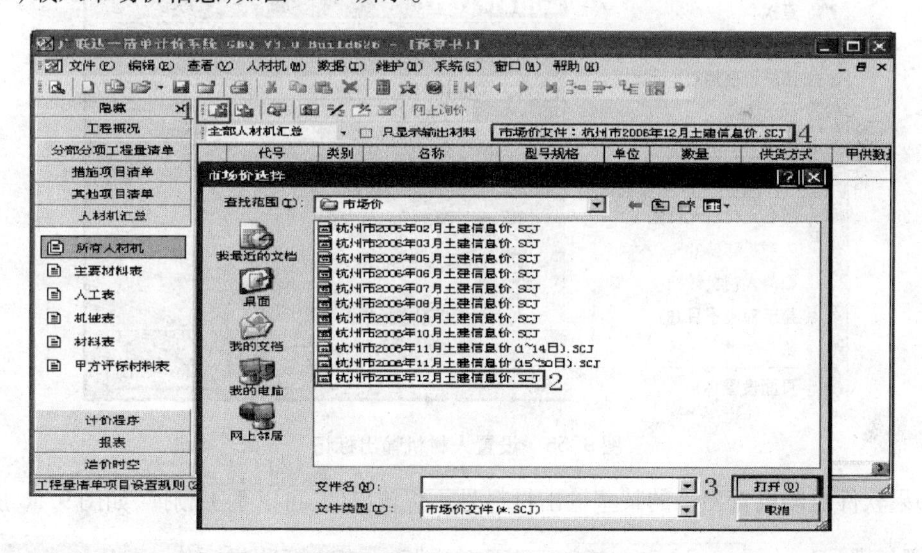

图9.53 载入市场价信息

(2)修改市场价信息存档。当手工修改了市场价后,可以把本工程中修改的材料市场价信息保存起来,以备下次调用。修改完市场价后,单击"保存市场价文件"按钮,在对话框中输入保存文件的名称,然后单击"保存"按钮,即可将文件保存。

(3)取多期市场价加权平均值。每一个工程施工周期都比较长,在施工期间购买的同一种材料的价格也不尽相同,因此在结算过程中就要把用到的每个时期的材料价格加权平均取一个数值作为结算的价格,如图9.54所示。

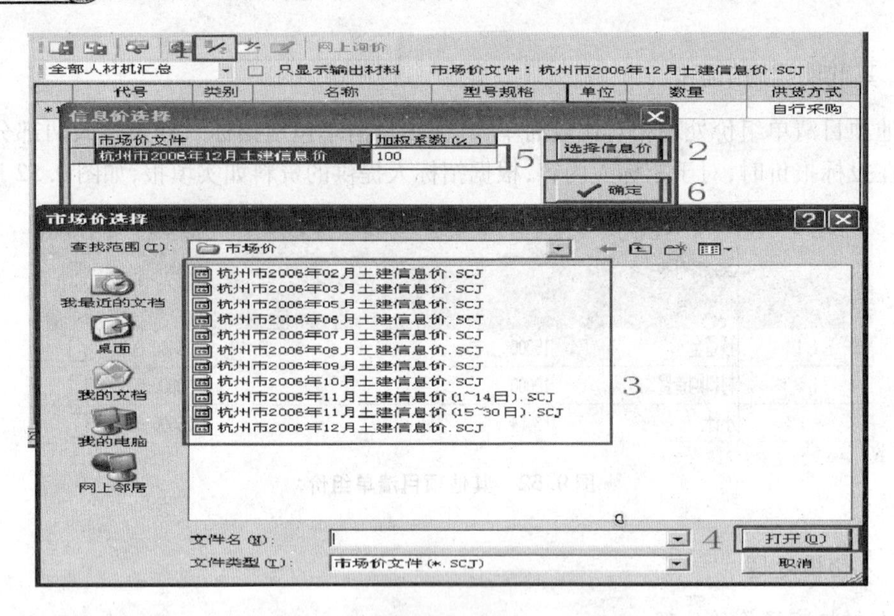

图 9.54　取多期市场价加权平均值

2. 设置人材机输出标记

设置人材机输出标记如图 9.55 所示。

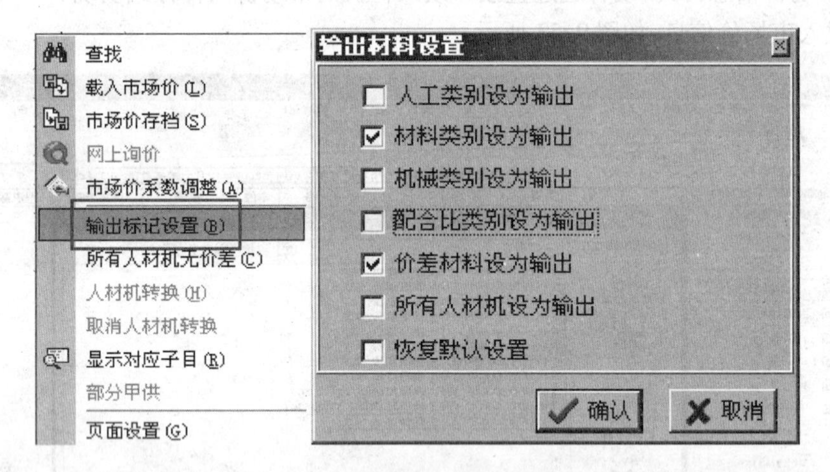

图 9.55　设置人材机输出标记

如果软件自动设置出来的某些输出材料是不想输出的，可以手工删掉，如图 9.56 所示。

全部人材机汇总　1　☑ 只显示输出材料　市场价文件：北京2005年08期工程造价信息.scj　2

	代号	类别	名称	型号规格	单位	数量	定额价	市场价	价差	输出标记
1	02001	材	水泥	综合	kg	10135.5114	0.366	0.500	0.134	☑
2	04025	材	砂子		kg	15334.4031	0.036	0.050	0.014	☑
3	04026	材	石子	综合	kg	26983.2087	0.032	0.060	0.028	☑
6	81077	砼	C30普通砼		m3	23.0823	214.140	312.090	97.950	☑
*10	84004	材	其他材料费		元	262.7305	1.000	1.000	0.000	☑
12	84023	机	其他机具费		元	599.6757	1.000	1.000	0.000	☑

图 9.56　手工删掉输出材料

3. 材料反查

材料反查如图 9.57 所示。

网上询价

全部人材机汇总 2　☑ 只显示输出材料　市场价文件：北京2005年08期工程:

	代号	类别	名称	型号规格	单位	数量	定额价
1	02001	材	水泥	综合	kg	14290.2402	0.366
2	04025	材	砂子		kg	24078.8272	0.036
*3	04026	材	石子	综合 1	kg	41442.1678	0.032

人材机对应子目

	编号	名称	材料数量
		合计 3	41,442.1678
*		整个项目	41,442.1678
	A.4	混凝土及钢筋混凝土工程	41,442.1678
	A.4.2	现浇混凝土柱	41,442.1678
	010402001001	矩形柱　1.柱高度：　2.柱截面。	41,442.1678
	5-17	现浇砼构件 柱 C30	26,983.2087
	81077	C30普通砼 4	26,983.2087
	04026	石子 综合	26,983.2087
	5-20	现浇砼构件 构造柱 C20	14,458.9591
	81075	C20普通砼	14,458.9591
	04026	石子 综合	14,458.9591

图 9.57　材料反查

4. 材料厂商确定

材料厂商确定如图 9.58 所示。

	代号	类别	名称	型号规格	单位	数量	产地	厂家
1	02001	材	水泥	综合	kg	14290.2402	昌平	北京第二水泥厂
2	04025	材	砂子		kg	24078.8272	沙河	北京沙河采砂场
*3	04026	材	石子	综合	kg	41442.1678	昌平	十三陵采石场

图 9.58　材料厂商确定

5. 主要材料表设置

主要材料表设置如图 9.59 图 9.60 所示。

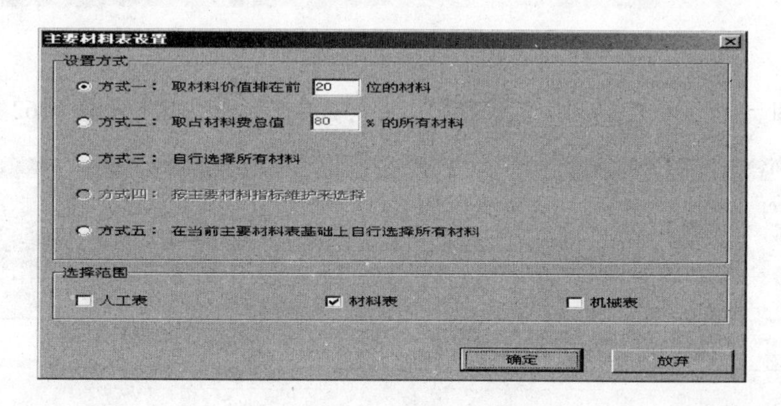

图 9.59　主要材料表设置一

6. 设置甲方评标材料表

(1)手工录入。根据招标人提供的资料录入招标人评标材料,但这样比较麻烦。

(2)历史工程导入,如图 9.61 所示。

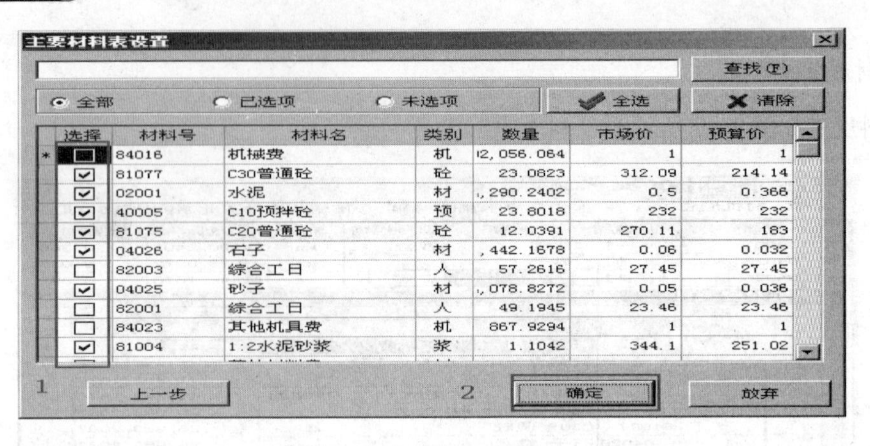

图 9.60 主要材料表设置二

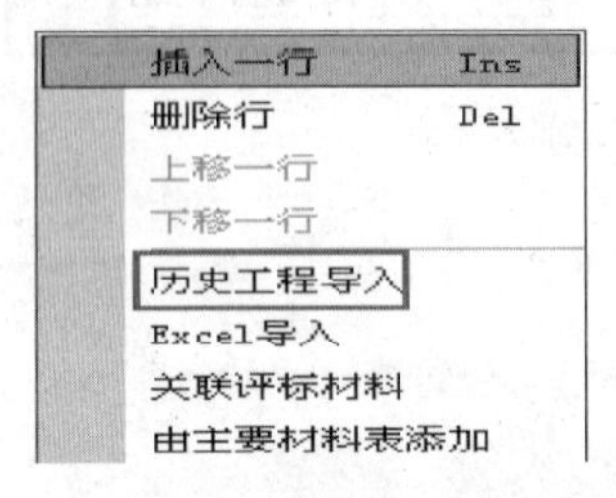

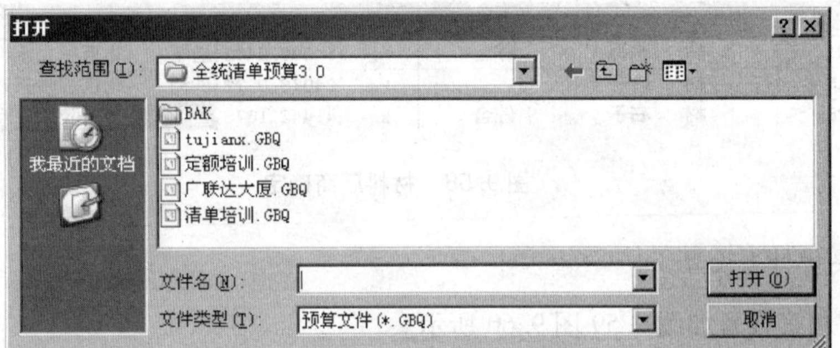

图 9.61 历史工程导入

(3)Excel 导入。单击鼠标右键,选择“Excel 导入”命令,弹出窗口如图 9.62 所示。

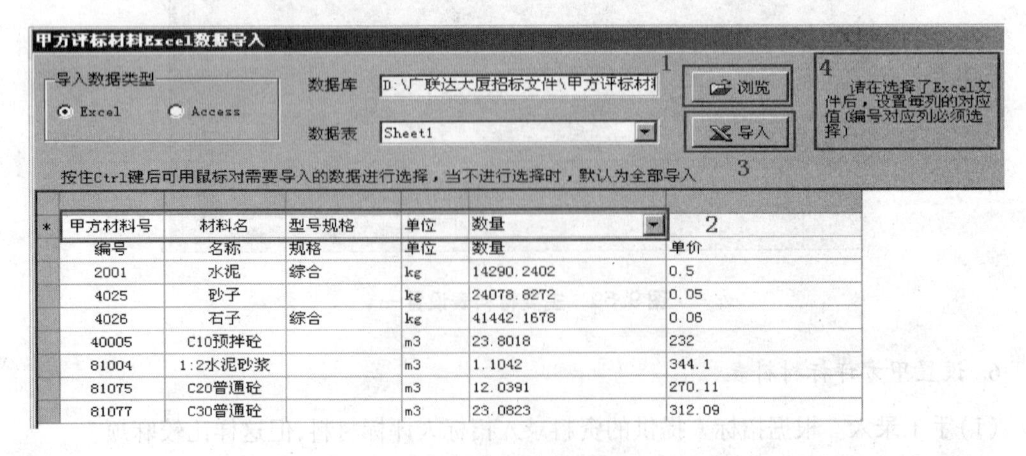

图 9.62 Excel 导入

(4)将主要材料表中的材料添加到评标材料表中,如图 9.63 所示。

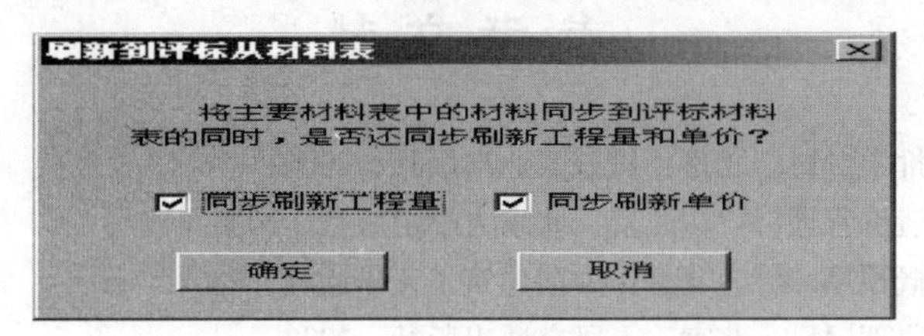

图 9.63　刷新到评标材料表

7. 材料供应方式设置

材料供应方式设置如图 9.64 所示。

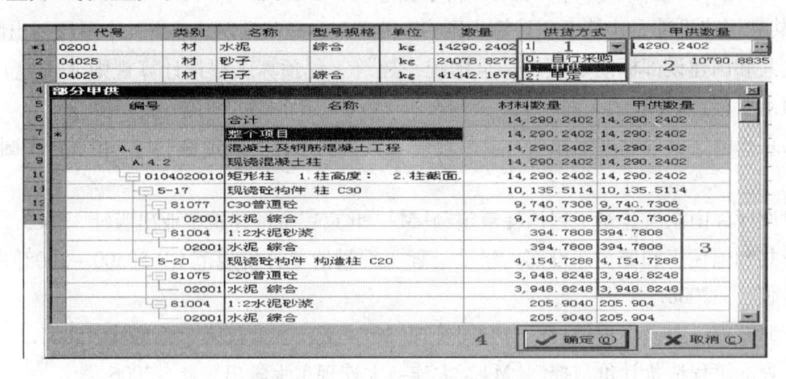

图 9.64　材料供应方式设置

9.3.5　计价程序处理

计价程序主要是添加删除费用项目、费率设置等。删除费用项目与措施项目处理相似。

本章小结

本章应用的广联达图形算量软件 GCL2008 软件,是专为在目前传统定额模式向清单模式过渡时期研制的先进实用的算量工具,适用于定额模式和清单模式下不同的算量要求,主要讲述了建筑工程定额计价模式及清单计价模式计算机软件的具体应用。本系统设计根据功能的划分、界面的设计和内存数据的结构,解决工程造价从算量到取费全过程的系统软件处理,使学生了解软件的流程、功能,并学会灵活地运用。

思考与习题

1. 运用工程量清单计价软件的目的和意义是什么?
2. 如何运用软件编制分部分项工程量清单?
3. 如何运用软件编制措施项目清单?
4. 如何运用软件编制其他项目清单?

参考文献

[1] 严玲，等. 工程计价学[M]. 北京：机械工业出版社，2006.
[2] 车春鹏，等. 工程造价管理[M]. 北京：北京大学出版社，2006.
[3] 吴贤国. 建筑工程概预算[M]. 北京：中国建筑工业出版社，2007.
[4] 李建峰. 工程定额原理[M]. 北京：人民交通出版社，2008.
[5] 黄伟典. 建设工程计量与计价[M]. 北京：中国环境科学出版社，2005.
[6] 郭婧娟. 工程造价管理[M]. 北京：清华大学出版社，2008.
[7] 张守健. 土木工程预算[M]. 北京：高等教育出版社，2002.
[8] 张建平，吴贤国. 工程估价[M]. 北京：科学出版社，2006.
[9] 中华人民共和国建设部. 建筑面积计算规则 GB/T 50353—2005[S]. 北京：中国计划出版社，2005.
[10] 中华人民共和国建设部标准定额司. 全国统一建筑工程预算工程量计算规则（土建）[S]. 北京：中国计划出版社，2003.
[11] 中华人民共和国建设部标准定额司. 全国统一建筑安装工程基础定额[M]. 北京：中国计划出版社，1995.
[12] 山东省建设厅. 山东省建筑工程消耗量定额[M]. 北京：中国建筑工业出版社，2003.
[13] 中华人民共和国住房和城乡建设部. 建设工程工程量清单计价规范 GB 50500—2008[S]. 北京：中国计划出版社，2008.
[14] 梅阳春，邹辉霞. 建设工程招投标与合同管理[M]. 武汉：武汉大学出版社，2004.
[15] 姜早龙，等. 工程造价计价与控制[M]. 大连：大连理工大学出版社，2006.
[16] 闫瑾. 建筑工程计量与计价[M]. 北京：机械工业出版社，2005.

北京大学出版社土木建筑系列教材(已出版)

序号	书名	主编	定价	序号	书名	主编	定价
1	建筑设备(第 2 版)	刘源全　张国军	46.00	48	工程经济学	张厚钧	36.00
2	土木工程测量(第 2 版)	陈久强　刘文生	40.00	49	工程财务管理	张学英	38.00
3	土木工程材料	柯国军	35.00	50	土木工程施工	石海均　马　哲	40.00
4	土木工程计算机绘图	袁　果　张渝生	28.00	51	土木工程制图	张会平	34.00
5	工程地质(第 2 版)	何培玲　张　婷	26.00	52	土木工程制图习题集	张会平	22.00
6	建设工程监理概论(第 2 版)	巩天真　张泽平	30.00	53	土木工程材料	王春阳　裴　锐	40.00
7	工程经济学(第 2 版)	冯为民　付晓灵	42.00	54	结构抗震设计	祝英杰	30.00
8	工程项目管理(第 2 版)	仲景冰　王红兵	45.00	55	土木工程专业英语	霍俊芳　姜丽云	35.00
9	工程造价管理	车春鹂　杜春艳	24.00	56	混凝土结构设计原理	邵永健	40.00
10	工程招标投标管理(第 2 版)	刘昌明　宋会莲	30.00	57	土木工程计量与计价	王翠琴　李春燕	35.00
11	工程合同管理	方　俊　胡向真	23.00	58	房地产开发与管理	刘　薇	38.00
12	建筑工程施工组织与管理(第2版)	余群舟	31.00	59	土力学	高向阳	32.00
13	建设法规(第 2 版)	肖　铭　潘安平	32.00	60	建筑表现技法	冯　柯	42.00
14	建设项目评估	王　华	35.00	61	工程招投标与合同管理	吴　芳　冯　宁	39.00
15	工程量清单的编制与投标报价	刘富勤　陈德方	25.00	62	工程施工组织	周国恩	28.00
16	土木工程概预算与投标报价	叶　良　刘　薇	28.00	63	建筑力学	邹建奇	34.00
17	室内装饰工程预算	陈祖建	30.00	64	土力学学习指导与考题精解	高向阳	26.00
18	力学与结构	徐吉恩　唐小弟	42.00	65	建筑概论	钱　坤	28.00
19	理论力学(第 2 版)	张俊彦　黄宁宁	40.00	66	岩石力学	高　玮	35.00
20	材料力学	金康宁　谢群丹	27.00	67	交通工程学	李　杰　王　富	39.00
21	结构力学简明教程	张系斌	20.00	68	房地产策划	王直民	42.00
22	流体力学	刘建军　章宝华	20.00	69	中国传统建筑构造	李合群	35.00
23	弹性力学	薛　强	22.00	70	房地产开发	石海均　王　宏	34.00
24	工程力学	罗迎社　喻小明	30.00	71	室内设计原理	冯　柯	28.00
25	土力学	肖仁成　俞　晓	18.00	72	建筑结构优化及应用	朱杰江	30.00
26	基础工程	王协群　章宝华	32.00	73	高层与大跨建筑结构施工	王绍君	45.00
27	有限单元法	丁　科　陈月顺	17.00	74	工程造价管理	周国恩	42.00
28	土木工程施工	邓寿昌　李晓目	42.00	75	土建工程制图	张黎骅	29.00
29	房屋建筑学	聂洪达　郄恩田	36.00	76	土建工程制图习题集	张黎骅	26.00
30	混凝土结构设计原理	许成祥　何培玲	28.00	77	材料力学	章宝华	36.00
31	混凝土结构设计	彭　刚　蔡江勇	28.00	78	土力学教程	孟祥波	30.00
32	钢结构设计原理	石建军　姜　袁	32.00	79	土力学	曹卫平	34.00
33	结构抗震设计	马成松　苏　原	25.00	80	土木工程项目管理	郑文新	41.00
34	高层建筑施工	张厚先　陈德方	32.00	81	工程力学	王明斌　庞永平	37.00
35	高层建筑结构设计	张仲先　王海波	23.00	82	建筑工程造价	郑文新	38.00
36	工程事故分析与工程安全	谢征勋　罗　章	22.00	83	土力学(中英双语)	郎煜华	38.00
37	砌体结构	何培玲	20.00	84	土木建筑 CAD 实用教程	王文达	30.00
38	荷载与结构设计方法	许成祥　何培玲	20.00	85	工程管理概论	郑文新　李献涛	26.00
39	工程结构检测	周　详　刘益虹	20.00	86	景观设计	陈玲玲	49.00
40	土木工程课程设计指南	许　明　孟茁超	25.00	87	色彩景观基础教程	阮正仪	42.00
41	桥梁工程	周先雁　王解军	52.00	88	工程力学	杨云芳	42.00
42	房屋建筑学(上：民用建筑)	钱　坤　王若竹	32.00	89	工程设计软件应用	孙香红	39.00
43	房屋建筑学(下：工业建筑)	钱　坤　吴　歌	26.00	90	城市轨道交通工程建设风险与保险	吴宏建　刘宽亮	68.00
44	工程管理专业英语	王竹芳	24.00	91	混凝土结构设计原理	熊丹安	32.00
45	建筑结构 CAD 教程	崔钦淑	36.00	92	城市详细规划原理与设计方法	姜　云	36.00
46	建设工程招投标与合同管理实务	崔东红	38.00	93	工程经济学	都沁军	42.00
47	工程地质	倪宏革　时向东	25.00	94	结构力学	边亚东	42.00

请登陆 www.pup6.cn 免费下载本系列教材的电子书(PDF 版)、电子课件和相关教学资源。

欢迎免费索取样书，并欢迎到北大出版社来出版您的大作，可在 www.pup6.cn 在线申请样书和进行选题登记，也可下载相关表格填写后发到我们的邮箱，我们将及时与您取得联系并做好全方位的服务。

联系方式：010-62750667，donglu2004@163.com，linzhangbo@126.com，欢迎来电来信咨询。